金枪鱼渔业资源与
养护措施丛书

# 金枪鱼

## 渔业资源与养护措施

### ——大西洋和印度洋

宋利明/主编

中国农业出版社
北京

# 内 容 提 要

本书由上、下两篇组成。上篇为大西洋和印度洋主要金枪鱼渔业资源与养护概况，包括 2 章，第一章为大西洋主要种群，第二章为印度洋主要种群；下篇为大西洋和印度洋金枪鱼渔业养护与管理措施，包括 2 章，第三章为养护大西洋金枪鱼国际委员会（ICCAT）建议，第四章为印度洋金枪鱼委员会（IOTC）决议及养护措施。

本书包括大西洋和印度洋海域与我国金枪鱼渔业有较大关系的蓝鳍金枪鱼、大眼金枪鱼、长鳍金枪鱼、黄鳍金枪鱼等物种的渔业、资源与养护措施概况；截至 2020 年 8 月依然有效的、影响我国金枪鱼渔业的养护大西洋金枪鱼国际委员会（ICCAT）和印度洋金枪鱼委员会（IOTC）金枪鱼渔业养护与管理措施。

本书可供我国各级远洋渔业管理部门工作人员，从事捕捞学、渔业资源学和国际渔业管理等研究的科研人员，海洋渔业科学与技术等专业的本科生、研究生以及从事金枪鱼渔业生产的企业参考使用。

**本书得到下列项目的资助：**

1. 2015—2016 年农业部远洋渔业资源调查和探捕项目（D8006150049）；

2. 2012 年科学技术部 863 计划项目（2012AA092302）；

3. 2012 年、2013 年农业部远洋渔业资源调查和探捕项目（D8006128005）；

4. 2011 年上海市教育委员会科研创新项目（12ZZ168）；

5. 2011 年高等学校博士学科点专项科研基金联合资助项目（20113104110004）；

6. 2009 年、2010 年农业部公海渔业资源探捕项目（D8006090066）；

7. 2007 年、2008 年农业部公海渔业资源探捕项目（D8006070054）；

8. 2007 年科学技术部 863 计划项目（2007AA092202）；

9. 2005 年、2006 年农业部公海渔业资源探捕项目（D8006050030）；

10. 2003 年上海高校优秀青年教师后备人选项目（03YQHB125）；

11. 2003 年农业部公海渔业资源探捕项目（D8006030039）；

12. 2000 年科学技术部 863 计划项目（8181103）。

# 丛书序

我国大陆金枪鱼延绳钓渔业始于 1988 年在南太平洋探索开展的冰鲜金枪鱼延绳钓渔业。由于各种因素影响，初期有过一段曲折的历程，但并未阻止我国大陆金枪鱼延绳钓渔业向前发展。1993年 7 月，中国水产总公司在大西洋开拓了我国大陆超低温金枪鱼延绳钓渔业，并很快取得成功。成功的秘诀之一是与上海海洋大学紧密合作，走生产与科技相结合的道路，依托强有力的应用科研为支撑，在较短时期内掌握了超低温金枪鱼延绳钓渔业的理论技术和捕捞技能。如今，我国已经成为世界上捕捞规模最大、作业方式最全、渔场范围最广的金枪鱼延绳钓渔业大国。在全国 40 多家金枪鱼渔业企业中，中水集团远洋股份有限公司是其中最大的金枪鱼延绳钓渔业企业，公司确立了走专业化金枪鱼企业的发展道路。在总结汲取我国金枪鱼渔业企业成长壮大经验教训的基础上，为了更好地培育和积聚可持续发展的新动力，2019 年，中水集团远洋股份有限公司与上海海洋大学共同成立了国家远洋渔业工程技术研究中心中水渔业分中心，分中心的任务之一是对世界主要金枪鱼类的渔业状况、资源状况和养护措施开展研究。

金枪鱼渔业涉及捕捞技术、渔业资源、渔场渔具和国际渔业管理等领域，其中渔业资源是最重要的基础领域。本丛书聚焦我国在三大洋区主捕的鲣、大眼金枪鱼、黄鳍金枪鱼、长鳍金枪鱼和北方蓝鳍金枪鱼，就美洲间热带金枪鱼委员会（IATTC，东太平洋）、中西太平洋渔业委员会（WCPFC，中西太平洋）、养护大西洋金枪鱼国际委员会（ICCAT）和印度洋金枪鱼委员会（IOTC）4 个国际金枪鱼渔业管理组织，在它们各自管辖的海域内，本丛书编者收集了大量上述捕捞对象的渔业状况、资源状况和养护管理措施的文献和资料，对其进行编写而形成此丛书。读者从此丛书中可以了解国际金枪鱼渔业管理的丰富内容、管理理念、发展趋势和最新要求。

本书主编宋利明教授是上海海洋大学海洋渔业领域的知名学者。早在 1993 年，他就随中国水产总公司第一艘超低温金枪鱼延绳钓渔船"金丰 1 号"从国内奔赴大西洋公海，专门从事金枪鱼渔业科学研究，是我国第一批进行金枪鱼渔业研究的科技人员之一，具有长期的海上科研经历及深厚的应用理论基础。宋利明教授为我国金枪鱼延绳钓渔业科学研究和技术推广辛勤耕耘已达 27 年，可谓著述丰硕，桃李满洋，为我国远洋渔业发展做出了重要贡献。

本书副主编隋恒寿经理是中水集团远洋股份有限公司负责金枪鱼渔业生产经营管理的部门总经理。1994 年，他毕业于上海海洋大学海洋捕捞专业，一出校门就来到中国水产总公司的金枪鱼延绳钓船上工作，从普通船员起步，历任水手、二副、大副、海上总指挥、项目经理等多个职位，是我国为数不多的既有大学专业背景、又曾长达数年在金枪鱼延绳钓渔船上工作过的生产管理技术骨干。26 年专注一个职业，使其对金枪鱼延绳钓的生产管理和国际履约有着非常丰富的一线经验及深刻理解。

当今全球海洋生物资源利用，保护强于开发，管控重于开放，国际渔业管理也不例外。我国正在大力倡导"一带一路"国际合作，实施"走出去"发展战略，已经加入世界上大多数国际渔业组织，而且积极履行远洋渔业大国责任，并正式宣布控制远洋渔船规模，要求远洋渔业企业必须时时处处维护我国负责任渔业大国形象，提高对外经贸发展质量。在此背景下，本丛书的编发，不仅有助于金枪鱼渔业企业以国际渔业资源维度作依据，前瞻生产布局和实施精准捕捞，而且有助于遵循国际渔业管理维度，科学规划战略和合规守约经营，从而促进我国金枪鱼产业有序、可持续发展。因此，本丛书对我国金枪鱼渔业企业具有重要的实用价值和现实意义，是我国金枪鱼渔业管理研究的又一里程碑。

宗文峰

中水集团远洋股份有限公司

2020 年 2 月

# 前　言

　　我国远洋金枪鱼渔业经过 30 多年的历程，逐步发展壮大，现已成为我国当前远洋渔业的一大产业。远洋金枪鱼渔业是我国"十三五"渔业发展规划的重要内容之一，属于需稳定优化的渔业。

　　尽管目前我国的远洋金枪鱼渔业取得了 35 万吨左右的年产量，但我国个别金枪鱼渔业企业渔船在生产过程中由于对国际金枪鱼渔业管理组织的养护和管理措施了解不全面，出现了一些问题，给企业造成了很大的经济损失，也影响了企业在国际上的声誉。鲣、大眼金枪鱼、黄鳍金枪鱼和长鳍金枪鱼是我国金枪鱼渔业的主要捕捞对象。编者根据有关文献和资料整理编写了大西洋和印度洋海域与我国金枪鱼渔业有较大关系的这 4 种金枪鱼的渔业、资源与养护概况，截至 2020 年 8 月依然有效地影响我国远洋金枪鱼渔业的 ICCAT 和 IOTC 金枪鱼渔业养护与管理措施。本书的出版旨在提高我国远洋金枪鱼渔业企业的国际履约能力，提升我国负责任渔业大国的国际形象，保障远洋金枪鱼渔业的可持续发展。

　　需要注意的是，由于渔业资源是动态的，因此种群状况和渔业养护和管理措施可能会发生变化。由于本书覆盖内容较多，作者的水平有限，难免会存在一些不当之处。敬请各位读者批评指正。

编　者

2020 年 9 月

# 目　录

# 上 篇

## 大西洋和印度洋主要金枪鱼
## 渔业资源与养护概况

　　本篇总结了最近对大西洋和印度洋海域蓝鳍金枪鱼、长鳍金枪鱼、大眼金枪鱼和黄鳍金枪鱼种群进行科学评估所得出的资源状况，以及区域性渔业管理组织（regional fisheries management organisations，RFMO）当前采取的管理措施概要。此外，本篇从丰度、开发/管理（捕捞死亡率）和环境影响（兼捕）3 个方面，描述了这些种群的资源和管理状况。

　　养护大西洋金枪鱼国际委员会（以下简称 ICCAT）和印度洋金枪鱼委员会（以下简称 IOTC）的管辖区域见彩图 1。

　　本篇回答了每个金枪鱼种群的 3 个主要问题：

　　**1. 种群是否处于"资源型过度捕捞"？**　　本篇记录了每年可繁殖鱼类的丰度，即产卵种群生物量（spawning stock biomass，SSB），并将其与产生最大可持续产量的产卵种群生物量（$SSB_{MSY}$）估值，即长期产出最高平均渔获量的生物量（渔业管理的目标）估值，进行比较。当 SSB 低于 $SSB_{MSY}$ 时，种群处于"资源型过度捕捞"状况。而"生产型过度捕捞"并不一定意味着资源处于马上灭绝或崩溃的危险，是指当前鱼类不能在其最高繁殖水平下进行生长和繁殖。如果种群已经处于"资源型过度捕捞"，本篇将指出相关渔业管理组织正在采取的补救措施。

　　**2. 是否具有成为"资源型过度捕捞"的危险？**　　本篇估计了用于衡量捕捞强度的捕捞死亡率（$F$），并将其与产出最大可持续产量（MSY）的捕捞死亡率（$F_{MSY}$）进行比较。当 $F$ 高于 $F_{MSY}$ 时，种群存在成为"资源型过度捕捞"种群的风险。这被称为"生产型过度捕捞"。如果资源正在发生"生产型过度捕捞"，本篇将指出相关渔业管理组织正在采取的补救措施。

　　**3. 用于捕获金枪鱼的方法是否也捕获大量非目标物种？**　　本篇同时以兼捕率衡量捕捞对环境的影响。兼捕是指任何被渔船捕获但并非船长想要的物种。所有捕捞方法都会导致某些非目标物种的兼捕。本篇确定了渔具的相对兼捕率，并报告 RFMO 为各种物种采取的缓解措施。

　　本篇的评级方法：对于每个种群，均使用颜色等级（绿色等级、黄色等级、红色等级）对 3 个方面（种群丰度、捕捞死亡率和对环境的影响）进行评定。

　　每个种群根据标准分别用颜色等级进行评定，不仅可以表明问题的严重性，而且还可以表明未来这些问题继续存在的可能性。①红色等级表示该种群"不可持续"（即该金枪鱼种群的开发状态正处于"生产型过度捕捞"，资源状态已经处于"资源型过度捕捞"，兼捕率正在造成不利的种群影响，但没有足够的数据证明兼捕的影响），并且没有执行充分的补救措施；②黄色等级表示该种群"不可持续"，但正在执行充分的补救措施；③绿色等级表示该种群"可持续"。

　　颜色等级评定的标准见彩图 2。

# 第一章
# 大西洋主要种群

**区域性渔业管理组织**：ICCAT。大西洋金枪鱼类种群由 ICCAT 根据《养护大西洋金枪鱼国际委员会公约》（以下简称 ICCAT《公约》）进行管理，渔业资源量由研究与统计常设委员会（以下简称 SCRS）进行评估并向 ICCAT 提出建议。

**本部分数据来源**：本部分信息主要来源于 ICCAT（2018）。

## 一、大眼金枪鱼

2017 年大西洋大眼金枪鱼渔获量约为 $7.85×10^4$ 吨，较 2016 年的渔获量减少了 2%。在 1999—2006 年期间，作为主要捕捞渔具（占总捕捞量的 47%）的延绳钓渔获量急剧下降，但在过去几年内保持稳定。围网和竿钓渔业捕捞量分别占总渔获量的 35% 和 11%。估计资源量已经处于资源型过度捕捞，且正在发生生产型过度捕捞。

### 1. 资源评估

SCRS 最近（2018 年）的评估给出了较 2015 年的评估更悲观且更确定的结果。结合多个模型数据，SCRS 得出以下结论（彩图 3）：

（1）2017 年当前捕捞死亡率（以下简称 $F_{current}$）$F_{current}/F_{MSY}$ 比值估计为 1.63（范围：1.14～2.12），表明正在发生生产型过度捕捞。

（2）2017 年当前产卵种群生物量（以下简称 $SSB_{current}$）$SSB_{current}/SSB_{MSY}$ 比值约为 0.59（范围：0.42～0.80），表明该资源处于资源型过度捕捞状态。

（3）MSY 估计为 $7.62×10^4$ 吨（范围：$7.27×10^4$～$7.97×10^4$ 吨）。由于捕捞了大眼金枪鱼幼鱼，MSY 大幅降低。当前渔获量（$7.85×10^4$ 吨）高于 MSY 和总允许渔获量（以下简称 TAC，$6.5×10^4$ 吨）。

## 2. 管理

限制参考点：未定义

目标参考点：未定义。神户矩阵图中绿色象限表示为目标（建议第 11 - 13 号）。

捕捞控制规则（以下简称 HCR）：未定义，但建议第 11 - 13 号和第 15 - 07 号提供了一个框架。

ICCAT 针对大眼金枪鱼制定的主要约束性养护措施为由建议第 16 - 01 号修订的建议第 18 - 01 号，该建议修订了之前的建议。该多年管理计划要求：

（1）TAC 为 $6.5×10^4$ 吨，对 ICCAT 成员规定捕捞限额。该措施详细规定，如果超出限额，国家将会受到减少配额的惩罚。

（2）限制船长超过 20 米的延绳钓和围网渔船数量（因国家而异）。

（3）建立捕捞大眼金枪鱼的渔船活动记录。

（4）在西非海域，对利用漂浮物捕捞的渔船实行 2 个月禁捕，在此禁渔期/禁渔区，国家观察员覆盖率为 100%。

（5）有围网和竿钓渔业的国家每年提交人工集鱼装置（以下简称 FAD）管理计划。

虽然 TAC 确定为 $6.5×10^4$ 吨，但由于配额分配表中未包括分配给缔约方和合作的非缔约方（以下简称 CPC）具体的捕捞量，故建议第 16 - 01 号中允许的捕捞量远超过 $6.5×10^4$ 吨。令人担忧的是捕捞能力仍然很高，而且由于延绳钓和围网渔船从印度洋和太平洋海区转移到大西洋海区，捕捞能力正在增加。

此外，建议第 17 - 01 号确定禁止围网渔船丢弃大眼金枪鱼、鲣和黄鳍金枪鱼。

## 3. 总结

大西洋大眼金枪鱼 2017 年渔获量、2013—2017 年平均渔获量、MSY 等资源状况见表 1-1，资源丰度、捕捞死亡率和环境影响的评价见表 1-2。

表 1-1　大西洋大眼金枪鱼 2017 年渔获量、2013—2017 年平均渔获量、MSY 等资源状况

| 大西洋大眼金枪鱼 | 估计 | 年份 | 备注 |
| --- | --- | --- | --- |
| 渔获量（$×10^4$ 吨） | 7.8 | 2017 | |
| 5 年平均渔获量（$×10^4$ 吨） | 7.6 | 2013—2017 | |
| MSY（$×10^4$ 吨） | 7.6 | 2017 | 范围：7.3~8.0 |
| $F/F_{MSY}$ | 1.63 | 2017 | 范围：1.14~2.12 |
| $SSB/SSB_{MSY}$ | 0.59 | 2017 | 范围：0.42~0.80 |
| TAC（$×10^4$ 吨） | 6.5 | 2016 年及以后 | |

表 1－2　资源丰度、捕捞死亡率和环境影响的评价

| 项目 | 等级 | 说明 |
|------|------|------|
| 资源丰度 | 红色等级 | $SSB < SSB_{MSY}$ |
| 捕捞死亡率 | 红色等级 | $F > F_{MSY}$ |
| 环境 | 红色等级 | 47%的渔获物由延绳钓捕获。某些缓解措施已到位（鲨鱼、海龟、海鸟）。监管不足 |
| | 黄色等级 | 29%的渔获物由利用漂浮物（含FAD）的围网捕获。某些缓解措施已到位（鲨鱼、海龟） |
| | 黄色等级 | 11%的渔获由竿钓捕获，对饵料鱼资源的影响未知。几内亚湾内某些竿钓船与围网渔船一起作业，因此类似形成了单个船队 |
| | 绿色等级 | 6%的渔获由捕捞自由群的围网捕获，对非目标物种的影响小 |

## 二、黄鳍金枪鱼

2017 年黄鳍金枪鱼渔获量约为 $1.393 \times 10^5$ 吨，较 2016 年渔获量减少了 8%。主要作业渔具为围网（约占总渔获量的 69%）。自 20 世纪 90 年代初以来，围网渔业渔获量总体呈下降趋势，但在 2007 年后又开始增加。约 11% 的渔获量由延绳钓捕获，8% 的渔获量由竿钓渔业捕获。大西洋黄鳍金枪鱼资源处于资源型过度捕捞，但未发生生产型过度捕捞。

### 1. 资源评估

2016 年 SCRS 对黄鳍金枪鱼进行了全面评估。SCRS 的建议是对 4 种不同模型的结果取平均值。这些结果较之前（2011 年）的评估结果更为乐观，并表明（彩图 4）：

（1）$F/F_{MSY}$ 的比值（2014 年）估计为 0.77（范围 0.53～1.05），未发生生产型过度捕捞。

（2）$SSB/SSB_{MSY}$ 的比值（2014 年）估计为 0.95（范围 0.71～1.36）。这表明 2014 年资源处于轻度资源型过度捕捞状态。SCRS 指出，在模型中使用的 2 个主要丰度指标在最近几年中显示出相互矛盾的趋势：一组生物量呈增加趋势，另一组自 1990 年以来相对丰度保持不变。

（3）MSY 的估计值为 $1.263 \times 10^5$ 吨（范围 $1.191 \times 10^5 \sim 1.513 \times 10^5$ 吨）。因为利用 FAD 进行捕捞，渔业的整体选择性已经转向小型低龄黄鳍金枪鱼，MSY 比之前几十年低。当前渔获量（$1.393 \times 10^5$ 吨）高于 MSY，并且高于所确定的 TAC（$1.1 \times 10^5$ 吨）。

### 2. 管理

限制参考点：未定义。

目标参考点：未定义。神户矩阵图中绿色象限表示管理目标（建议第 11－13 号）。

HCR：未定义，但建议第 14－13 号和第 15－07 号提供了一个框架。

ICCAT 针对黄鳍金枪鱼制定的主要约束性养护措施为由建议第 16－01 号修订的建议第 18－01 号，该建议修订了之前的建议。该多年管理计划要求：

（1）TAC 为 $1.1 \times 10^5$ 吨（未按 CPC 分配）。

（2）建立捕捞黄鳍金枪鱼的渔船活动记录。

（3）在西非海域，对利用漂浮物捕捞的渔船实行两个月禁捕，在此禁渔期/禁渔区，国家观察员覆盖率为100%。

（4）有围网和竿钓渔业的国家每年提交FAD管理计划。

ICCAT在建议第16-01号中采用的TAC与SCRS当年提供的建议一致。然而，最近的渔获量高于TAC，SCRS警告目前可能正在发生生产型过度捕捞。TAC不在CPC间分配，因此很难执行。

此外，建议第17-01号规定禁止围网渔船丢弃大眼金枪鱼、鲣和黄鳍金枪鱼。

## 3. 总结

大西洋黄鳍金枪鱼2017年渔获量、2013—2017年平均渔获量、MSY等资源状况见表1-3，资源丰度、捕捞死亡率和环境影响的评价见表1-4。

表1-3　大西洋黄鳍金枪鱼2017年渔获量、2013—2017年平均渔获量、MSY等资源状况

| 项目 | 估计 | 年份 | 备注 |
|---|---|---|---|
| 渔获量（$\times 10^4$ 吨） | 13.9 | 2017 | |
| 5年平均渔获量（$\times 10^4$ 吨） | 12.9 | 2013—2017 | |
| MSY（$\times 10^4$ 吨） | 12.6 | 2014 | 范围：11.9～15.1 |
| $F/F_{MSY}$ | 0.77 | 2014 | 范围：0.53～1.05 |
| $SSB/SSB_{MSY}$ | 0.95 | 2014 | 范围：0.71～1.36 |
| TAC（$\times 10^4$ 吨） | 11.0 | | |

表1-4　资源丰度、捕捞死亡率和环境影响的评价

| 项目 | 等级 | 说明 |
|---|---|---|
| 资源丰度 | 黄色等级 | 2014年$SSB < SSB_{MSY}$。因为所使用的2组丰度指标得出矛盾的结果（1组增加，1组稳定），SSB的最近趋势不确定 |
| 捕捞死亡率 | 绿色等级 | $F < F_{MSY}$。近年来TAC已超出限额，SCRS指出当前可能正在发生生产型过度捕捞。2019年进行了评估 |
| 环境 | 绿色等级 | 48%的渔获物由捕捞自由群的围网捕获，对非目标物种的影响小 |
| | 红色等级 | 11%的渔获物由延绳钓捕获。某些缓解措施已到位（鲨鱼、海龟、海鸟）。监管不足 |
| | 黄色等级 | 8%的渔获物由竿钓捕获，对饵料鱼资源的影响未知。几内亚湾内某些竿钓船与围网渔船一起作业，因此类似形成单个船队 |
| | 黄色等级 | 21%的渔获物由利用漂浮物（含FAD）的围网捕获。某些缓解措施已到位（鲨鱼、海龟） |

## 三、北大西洋长鳍金枪鱼

ICCAT 区域有 3 个长鳍金枪鱼种群：北大西洋、南大西洋和地中海长鳍金枪鱼。2017 年北大西洋长鳍金枪鱼渔获量约为 $2.83 \times 10^4$ 吨，较 2016 年渔获量减少了 7%。渔获量由多种渔具捕获，包括竿钓（36%）、拖网（25%）、曳绳钓（19%）、延绳钓（19%）和其他渔具（1%）。北大西洋长鳍金枪鱼资源未处于资源型过度捕捞，由于通过基于科学的恢复计划，没有发生生产型过度捕捞。

### 1. 资源评估

北大西洋长鳍金枪鱼资源最近的评估是由 SCRS 在 2016 年利用截至 2014 年的数据进行的。结果显示（彩图 5）：

（1）$F/F_{MSY}$ 的比值估计为 0.54（区间：0.35～0.72），表明未发生生产型过度捕捞。

（2）$SSB/SSB_{MSY}$ 的比值估计为 1.36（区间：1.05～1.78），表明资源未处于资源型过度捕捞。

（3）MSY 估计为 $3.71 \times 10^4$ 吨。当前（2017 年）渔获量为 $2.83 \times 10^4$ 吨。自 2007 年以来，渔获量一直低于 MSY。

### 2. 管理

限制参考点：建议第 17 - 04 号确定 $0.4 \times SSB_{MSY}$ 的丰度限制参考点。

目标参考点：建议第 17 - 04 号将目标捕捞死亡率（以下简称 $F_{TAR}$）定为 $0.8 \times F_{MSY}$。虽然该建议没有确定丰度目标参考点，但设定了丰度阈值，即触发预先商定的管理行动以降低风险。2017 年该阈值设定为等于 $SSB_{MSY}$。

HCR：建议第 17 - 04 号提供 HCR 以支持建议第 16 - 06 号为北大西洋长鳍金枪鱼设定管理目标。根据建议第 17 - 04 号：

（1）北大西洋长鳍金枪鱼资源评估将每 3 年进行一次，下次资源评估在 2020 年进行。

（2）HCR 使用每次资源评估中所估计的以下 3 个值设定 3 年不变的年度 TAC：

a. $SSB/SSB_{MSY}$ 的估计。

b. $SSB_{MSY}$ 的估计。

c. $F_{MSY}$ 的估计。

（3）HCR 应按照以下方式设定下列控制参数：

a. 生物量阈值（以下简称 $SSB_{thresh}$）水平等于 $SSB_{MSY}$（$SSB_{thresh} = SSB_{MSY}$）。

b. 当资源状况达到或高于 $SSB_{thresh}$ 时，将采用相当于 $F_{MSY}$ 的 80% 作为捕捞死亡率目标（$F_{TAR} = 0.8 \times F_{MSY}$）。

c. 如果 SSB 估值低于 $SSB_{thresh}$ 且高于限制生物量（以下简称 $SSB_{lim}$），则根据建议中包含的公式，在下一年多的管理期间，捕捞死亡率将呈线性下降。

d. 如果 SSB 估值处于或低于 $SSB_{lim}$，则捕捞死亡率应定为最低捕捞死亡率（以下简称 $F_{MIN}$），以确保科学地监管渔获量的水平。

e. 所建议的最大渔获量限额（以下简称 $C_{max}$）为 $5 \times 10^4$ 吨，以避免资源评估不精确的影响。

f. 当 SSB≥SSB$_{thresh}$ 时，捕捞限额的（$D_{max}$）的最大增量不应超过之前建议的捕捞限额的 20%。

2017 年，由于采用了 HCR，确定了 2018—2020 年 3 年的年 TAC 为 $3.36 \times 10^4$ 吨；$F_{min}$ 设为 $0.1 \times F_{MSY}$。

此外，ICCAT 为北大西洋长鳍金枪鱼（建议第 16-06 号）确立的多年管理计划要求：

（1）将每个缔约方对捕捞北大西洋长鳍金枪鱼的渔船数量限制在 1993—1995 年的平均水平。

（2）北大西洋长鳍金枪鱼资源管理目标如下：

a. 至少有 60% 的概率维持资源在神户矩阵图中的绿色区域，同时最大程度地提高渔业的长期产量。

b. 如果 SCRS 对 SSB 的评估低于能够产出 MSY 的水平（SSB$_{MSY}$），最晚到 2020 年，以至少 60% 的可能在尽可能短的时间内将 SSB 恢复到 SSB$_{MSY}$，同时最大程度地提高平均体重和使 TAC 的年际波动最小。

### 3. 总结

北大西洋长鳍金枪鱼 2017 年渔获量、2013—2017 年平均渔获量、MSY 等资源状况见表 1-5，资源丰度、捕捞死亡率和环境影响的评价见表 1-6。

表 1-5 北大西洋长鳍金枪鱼 2017 年渔获量、2013—2017 年平均渔获量、MSY 等资源状况

| 项目 | 估计 | 年份 | 备注 |
|---|---|---|---|
| 渔获量（$\times 10^4$ 吨） | 2.8 | 2017 | |
| 5 年平均渔获量（$\times 10^4$ 吨） | 2.7 | 2013—2017 | |
| MSY（$\times 10^4$ 吨） | 3.7 | 2014 | |
| $F/F_{MSY}$ | 0.54 | 2014 | 范围：0.35~0.72 |
| SSB/SSB$_{MSY}$ | 1.36 | 2015 | 范围：1.05~1.78 |
| TAC（$\times 10^4$ 吨） | 3.36 | 2018—2020 | |

表 1-6 资源丰度、捕捞死亡率和环境影响的评价

| 项目 | 等级 | 说明 |
|---|---|---|
| 资源丰度 | 绿色等级 | SSB＞SSB$_{MSY}$ |
| 捕捞死亡率 | 绿色等级 | $F＜F_{MSY}$。已经根据科学建议设定降低捕捞死亡率的 TAC，以恢复资源 |
| 环境 | 黄色等级 | 36% 的渔获物由竿钓捕获，对饵料鱼资源的影响未知 |
| | 绿色等级 | 19% 的渔获物由曳绳钓捕获，对非目标物种的影响小 |
| | 红色等级 | 25% 的渔获物由中层拖网捕获，对非目标物种有一定的影响。对兼捕的监管差 |
| | 红色等级 | 19% 的渔获物由延绳钓捕获。某些缓解措施已到位（鲨鱼、海龟）。监管不足 |

## 四、南大西洋长鳍金枪鱼

ICCAT 区域有 3 种长鳍金枪鱼资源：北大西洋、南大西洋和地中海长鳍金枪鱼。2017 年南大西洋长鳍金枪鱼渔获量约为 $1.38 \times 10^4$ 吨，较 2016 年渔获量降低了 4%。渔获物主要由延绳钓（73%）和竿钓（26%）捕获。南大西洋长鳍金枪鱼资源未处于资源型过度捕捞，且未发生生产型过度捕捞。

### 1. 资源评估

南大西洋长鳍金枪鱼资源最近的评估是由 SCRS 在 2016 年进行的。此次评估使用了与之前（2013 年）评估类似的模型。然而，在筛选可用的渔获率数据后，使用的输入数据较少。整体分析结果较之前评估更为乐观。新的分析表明（彩图 6）：

（1）2014 年 $F/F_{MSY}$ 的中位数估计为 0.54（范围 0.31～0.87），表明未发生生产型过度捕捞。

（2）2015 年 $SSB/SSB_{MSY}$ 的比值估计为 1.10（范围 0.51～1.80），表明资源未处于资源型过度捕捞状态。

（3）MSY 估计值为 $2.59 \times 10^4$ 吨。当前（2017 年）渔获量为 $1.38 \times 10^4$ 吨。

### 2. 管理

限制参考点：未定义。

目标参考点：未定义。神户矩阵图中绿色象限表示管理目标（建议第 11 - 13 号）。

HCR：未定义，但建议第 11 - 13 号提供了框架。

自 2011 年以来，根据 SCRS 建议，TAC 降至 $2.4 \times 10^4$ 吨（ICCAT 建议第 11 - 05 号和建议第 13 - 06 号）。然而，由于是分配到各个缔约方，建议第 16 - 07 号所允许的渔获量超过了 $2.4 \times 10^4$ 吨。建议要求主要捕捞方提升其对渔获量的监测和报告。

### 3. 总结

南大西洋长鳍金枪鱼 2017 年渔获量、2013—2017 年平均渔获量、MSY 等资源状况见表 1 - 7，资源丰度、捕捞死亡率和环境影响的评价见表 1 - 8。

**表 1 - 7 南大西洋长鳍金枪鱼 2017 年渔获量、2013—2017 年平均渔获量、MSY 等资源状况**

| 项目 | 估计 | 年份 | 备注 |
| --- | --- | --- | --- |
| 渔获量（$\times 10^4$ 吨） | 1.38 | 2017 | |
| 5 年平均渔获量（$\times 10^4$ 吨） | 1.5 | 2013—2017 | |
| MSY（$\times 10^4$ 吨） | 2.59 | 2014 | |
| $F/F_{MSY}$ | 0.54 | 2014 | 范围：0.31～0.87 |
| $SSB/SSB_{MSY}$ | 1.10 | 2015 | 范围：0.51～1.80 |
| TAC（$\times 10^4$ 吨） | 2.4 | 2017—2020 | |

表 1-8 资源丰度、捕捞死亡率和环境影响的评价

| 项目 | 等级 | 说明 |
| --- | --- | --- |
| 资源丰度 | 绿色等级 | $SSB > SSB_{MSY}$ |
| 捕捞死亡率 | 绿色等级 | $F < F_{MSY}$。为恢复资源，根据科学建议 TAC 已降至 $2.4 \times 10^4$ 吨。自 2013 年以来，捕捞量一直低于该水平 |
| 环境 | 红色等级 | 73%的渔获物由延绳钓捕获。某些缓解措施已到位（鲨鱼、海龟、海鸟）。监管不足 |
| | 黄色等级 | 26%的渔获物由竿钓捕获，对饵料鱼资源的影响未知 |

## 五、东大西洋和地中海蓝鳍金枪鱼

大西洋蓝鳍金枪鱼分布在整个北大西洋及其邻近海域，主要是地中海区域。ICCAT 确定两个种群：西大西洋，东大西洋和地中海蓝鳍金枪鱼。两者间存在较多混栖。

20 世纪 90 年代中期至今，尽管最近几年类似的误报已经大幅减少，东大西洋蓝鳍金枪鱼渔获量一直被严重误报。2017 年，报告的渔获量约为 $2.36 \times 10^4$ 吨，较 2016 年报告的渔获量增加了 23%。围网渔业的渔获量占总渔获量的 61%，其次为建网（17%）、延绳钓（15%）和一系列表层作业渔具（包括竿钓、手钓和曳绳钓）。该种群的丰度水平存在很大的不确定性。当前实行的 TAC 和严格的管理措施已经杜绝生产型过度捕捞。

### 1. 资源评估

2017 年 SCRS 利用多次修订的历史数据评估了东大西洋蓝鳍金枪鱼资源。由于 CPUE 数据的缺乏和 21 世纪初发生的大量误报，资源评估存在很大的不确定性。SCRS 无法估计基于生物量的参考点，得出结论如下（彩图 7）：

（1）$SSB/SSB_{MSY}$ 的当前比值未知。

（2）$F/F_{MSY}$（使用 $F_{0.1}$）的比值估计为 0.34（范围：0.25~0.44）。因此，不会发生生产型过度捕捞。自 2007 年以来，由于实行严格限制，渔获量已减少 70%以上。

（3）MSY 的估值未知。

### 2. 管理

限制参考点：未定义。

目标参考点：长期未定义。神户矩阵图中的绿色象限表示管理目标（建议第 11-13 号）。临时目标为到 2022 年至少有 60%的概率达到 $SSB_{MSY}$（建议第 17-07 号）。

HCR：未定义，但建议第 11-13 号和第 15-07 号提供了框架。

建议第 18-03 号确立了备选操作管理目标，于 2019 年进一步制定该目标，作为 ICCAT 过渡到使用大西洋蓝鳍金枪鱼资源管理程序的一部分。

自 2006 年以来，东大西洋和地中海蓝鳍金枪鱼资源一直是资源恢复计划的主题（ICCAT 建议

第 06－05 号），2007—2010 年期间每年对该计划进行修订，并在 2012 年再次修订（建议第 12－03 号）。通过采用建议第 18－02 号，ICCAT 将恢复计划转到 2019 年开始的管理计划，目标是将生物量保持在 $SSB_{0.1}$ 附近。

管理计划非常全面，并将多种保护要素与执行要素相结合。2019—2020 年的 TAC 分别为 $3.2 \times 10^4$ 吨和 $3.6 \times 10^4$ 吨。除 TAC 外，该计划还包括以下措施：

（1）管理捕捞能力（包括调整捕捞能力使得捕捞能力与配额更加相称）和养殖能力。

（2）确定延绳钓（7 个月）和围网渔业（11 个月）的禁渔期，并要求 CPC 在其年度捕捞计划中提供其他渔船的禁渔期信息。

（3）根据不同的渔业，设定 8 千克和 30 千克的最小规格。

（4）建立授权渔船、授权建网和授权养殖设施的记录名单。

（5）要求每周向 ICCAT 报告渔获情况。

（6）建立区域性观察员项目，对围网渔船和转移到网箱的区域性观察员覆盖率达到 100%。

（7）要求船长超过 15 米的所有渔船安装船舶监测系统（以下简称 VMS），并将 VMS 数据传输至 ICCAT。

（8）禁止未取得有效捕捞文件的蓝鳍金枪鱼贸易（建议第 09－01 号）。

（9）制定海上登船和检查程序。

（10）允许 SCRS 访问管理计划的所有监测、管制及侦察（以下简称 MCS）数据。

自 2006 年以来，对管理计划进行的多项修订导致对实际捕捞量的控制逐渐严格。加之配额减少，捕捞死亡率大大降低（当前 $F < F_{MSY}$）。使用中等补充量的方案，SCRS 评估得出资源可能已经恢复到 $SSB_{MSY}$，尽管这仍然存在相当大的不确定性。SCRS 预测表明，即使是在最悲观的情况下，将 TAC 逐渐增加到最保守的 MSY，也能使资源恢复到 $SSB_{MSY}$。自 2014 年年会以来，ICCAT 一直遵循该建议。

### 3. 总结

东大西洋和地中海蓝鳍金枪鱼 2017 年渔获量、2013—2017 年平均渔获量、MSY 等资源状况见表 1-9，资源丰度、捕捞死亡率和环境影响的评价见表 1-10。

表 1-9　东大西洋和地中海蓝鳍金枪鱼 2017 年渔获量、2013—2017 年平均渔获量、MSY 等资源状况

| 项目 | 估计 | 年份 | 备注 |
| --- | --- | --- | --- |
| 渔获量（$\times 10^4$ 吨） | 2.36 | 2017 | |
| 5 年平均渔获量（$\times 10^4$ 吨） | 1.7 | 2013—2017 | |
| MSY（$\times 10^4$ 吨） | N/A | | |
| $F/F_{MSY}$ | 0.34 | 2012—2014 | 使用 $F_{0.1}$ 代表 $F_{MSY}$ |
| $SSB/SSB_{MSY}$ | N/A | | |
| TAC（$\times 10^4$ 吨） | 2.8，3.2 和 3.6 | 2018—2020 | |

表 1 - 10　资源丰度、捕捞死亡率和环境影响的评价

| 项目 | 等级 | 说明 |
|------|------|------|
| 资源丰度 | 黄色等级 | 未知，但近年来有所增加 |
| 捕捞死亡率 | 绿色等级 | $F < F_{MSY}$。通过 TAC 和严格控制，捕捞死亡率明显降低 |
| | 绿色等级 | 61％的渔获物由捕捞自由群的围网渔业捕获 |
| 环境 | 绿色等级 | 15％的渔获物由延绳钓捕获。某些缓解措施已到位 |
| | 绿色等级 | 17％的渔获物由固定的建网捕获，对敏感物种的影响小 |
| | 黄色等级 | 3％的渔获物由竿钓捕获，对饵料鱼资源有一定的影响 |

# 第二章
# 印度洋主要种群

**区域性渔业管理组织**：印度洋金枪鱼类种群由 IOTC 根据《建立印度洋金枪鱼委员会协定》（以下简称 IOTC《协定》）进行管理。资源状况由 IOTC 科学委员会（以下简称 SC）评估，并向 IOTC 提出建议。

**数据来源**：本部分信息主要来源于 IOTC（2017）和 IOTC（2018）。

## 一、大眼金枪鱼

2017 年大眼金枪鱼报告渔获量约为 $9.05 \times 10^4$ 吨，较 2016 年渔获量增加了 4%。2013—2017 年期间，主要捕捞渔具为延绳钓（48%）。为了躲避海盗，渔船离开主要作业渔场，延绳钓的渔获量已从 2004 年的高渔获量大幅下降，但在 2012 年大幅增加，此后再次下降。相反，自 2000 年以来，围网渔业的渔获量（2013—2017 年平均占 32.5%）相对稳定。资源未发生生产型过度捕捞，且未处于资源型过度捕捞。

### 1. 资源评估

2016 年 SC 进行的评估在精度方面与 2013 年资源评估相似，但表现出相对较低的生物量和相对较高的捕捞死亡率。2016 年评估结果表明（彩图 8）：

（1）$F/F_{MSY}$ 的比值估计为 0.76（范围：$0.49 \sim 1.03$），表明未发生生产型过度捕捞。

（2）$SSB/SSB_{MSY}$ 的比值为 1.29（范围：$1.07 \sim 1.51$），表明资源未处于资源型过度捕捞状态。

（3）MSY 估计为 $1.04 \times 10^5$ 吨。2017 年渔获量低于该水平。

### 2. 管理

限制参考点：$0.5 \times SSB_{MSY}$ 和 $1.3 \times F_{MSY}$ 为临时限制（第 15 - 10 号决议）。第 16 - 09 号决议

确立了管理程序技术委员会，以帮助 IOTC 制订政策。$F/F_{MSY}$ 值为 0.76，较限制值 $F$ 约低 42%；$SSB/SSB_{MSY}$ 值为 1.29，约是 SSB 限制值的 2.6 倍。

目标参考点：$SSB_{MSY}$ 和 $F_{MSY}$ 为临时目标（第 15-10 号决议）。当前 SSB 高于目标 SSB 值，当前 $F$ 低于目标 $F$ 值。

HCR：未定义。第 16-09 号决议要求 IOTC 就管理程序达成一致，包括旨在维持或恢复资源到神户矩阵图中绿色象限的 HCR。

IOTC 未特别对大眼金枪鱼制定养护措施。第 19-05 号决议确立了禁止围网渔业丢弃大眼金枪鱼、鲣和黄鳍金枪鱼。第 19-02 号决议确立了 FAD 管理计划程序，包括在任何时候每艘渔船都不得投放多于 300 个海上激活的浮标；任何时候不得多于 500 个配有 GPS 和声呐系统的浮标，每艘渔船每年不得针对 500 个配有 GPS 和声呐系统的浮标进行作业。此外，第 19-02 号决议要求 CPC 渔船使用无网衣材料的非缠绕 FAD，鼓励 CPC 渔船使用可生物降解的 FAD，自 2022 年 1 月 1 日起，遇到所有传统 FAD（如由缠绕材料制成的）可从水中打捞上来，保留在船上且仅在港口处理。

由于预期可能需要采取管理措施，通过了第 16-10 号决议以促进实施 IOTC 养护和管理措施，第 17-02 号决议确立了建立养护和管理措施工作组（以下简称 WPICMM）。

### 3. 总结

印度洋大眼金枪鱼 2017 年渔获量、2013—2017 年平均渔获量、MSY 等资源状况见表 2-1，资源丰度、捕捞死亡率和环境影响的评价见表 2-2。

表 2-1　印度洋大眼金枪鱼 2017 年渔获量、2013—2017 年平均渔获量、MSY 等资源状况

| 项目 | 估计 | 年份 | 备注 |
| --- | --- | --- | --- |
| 渔获量（×10⁴ 吨） | 9.0 | 2017 | |
| 5 年平均渔获量（×10⁴ 吨） | 9.6 | 2013—2017 | |
| MSY（×10⁴ 吨） | 10.4 | 2015 | |
| $F/F_{MSY}$ | 0.76 | 2015 | 范围：0.49～1.03 |
| $SSB/SSB_{MSY}$ | 1.29 | 2015 | 范围：1.07～1.51 |
| TAC（×10⁴ 吨） | N/A | | |

表 2-2　资源丰度、捕捞死亡率和环境影响的评价

| 项目 | 等级 | 说明 |
| --- | --- | --- |
| 资源丰度 | 绿色等级 | $SSB > SSB_{MSY}$ |
| 捕捞死亡率 | 绿色等级 | $F < F_{MSY}$ |
| 环境 | 红色等级 | 48% 的渔获物由延绳钓捕获。某些缓解措施已到位（鲨鱼、海龟、海鸟）。监管不足 |
| | 黄色等级 | 24% 的渔获物由利用漂浮物（包括 FAD）的围网捕获。某些兼捕缓解措施已到位（海龟、鲨鱼） |
| | 绿色等级 | 9% 的渔获物由捕捞自由群的围网捕获，对非目标物种危害小 |
| | 黄色等级 | 19% 的渔获物由其他杂渔具捕获，如刺网。对该类存在大量兼捕的渔业报告很少 |

## 二、黄鳍金枪鱼

2017 年黄鳍金枪鱼渔获量约为 $40.9 \times 10^4$ 吨，与 2016 年渔获量相当。2013—2017 年期间，黄鳍金枪鱼的主要捕捞渔具为围网（占总渔获量的 37%）和延绳钓（12%）。近年来，刺网（17%）和其他杂渔具（29%）捕捞逐渐变得重要。这些渔具的渔获量严重低估。来自竿钓渔业的渔获量（5%）相对稳定。总体上，渔获量从 2004 年 $5.3 \times 10^5$ 吨的最高记录下降了 20%，但似乎在围网和其他杂渔具渔业方面又再次增加。由于近年来捕捞量的增加，估计该种群已处于资源型过度捕捞，且正在发生生产型过度捕捞。

### 1. 资源评估

2018 年对在 IOTC 区域内的黄鳍金枪鱼进行了新的资源评估，以更新 2016 年对黄鳍金枪鱼资源的评估。2018 年使用的模型是基于 2016 年开发的模型，并进行了一系列修改。该评估结果与 2016 年评估结果大体相似，但由于联合延绳钓 CPUE 的急剧下降趋势和近年来持续的高渔获量，因此评估结果更为悲观（彩图 9）：

（1）$F/F_{MSY}$ 的比值估计为 1.20（范围：1.00～1.71），表明正在发生生产型过度捕捞。

（2）由于 SSB 低于 $SSB_{MSY}$，种群处于资源型过度捕捞状态。$SSB/SSB_{MSY}$ 值为 0.83（范围：0.74～0.97）。

（3）MSY 估计为 $40.3 \times 10^4$ 吨（范围：$33.9 \times 10^4 \sim 43.6 \times 10^4$ 吨）。2017 年的渔获量为 $4.09 \times 10^5$ 吨，高于估计的 MSY。

### 2. 管理

限制参考点：临时限制参考点为 $0.4 \times SSB_{MSY}$ 和 $1.4 \times F_{MSY}$（第 15 - 10 号决议）。第 16 - 09 号决议确立了管理程序技术委员会，以帮助 IOTC 制订政策。$F/F_{MSY}$ 值为 1.20，较限制值 F 约低 14%；$SSB/SSB_{MSY}$ 值为 0.83，约为限制 SSB 的 2 倍。

目标参考点：$SSB_{MSY}$ 和 $F_{MSY}$ 为临时目标（第 15 - 10 号决议）。当前 SSB 和 F 值正在突破这些目标。

HCR：尚未定义。第 16 - 09 号决议要求 IOTC 就管理措施达成一致，包括旨在维持或恢复资源到神户矩阵图绿色象限的 HCR。

第 19 - 01 号决议为在 IOTC 管辖区域恢复印度洋黄鳍金枪鱼种群制定了一项临时计划。该计划详细说明了分渔具的黄鳍金枪鱼的捕捞限额，并规定船队超过其捕捞限额的缔约方在未来几年从其年度限额中扣除超额捕捞量。如果执行了这些捕捞限制，将可能导致捕捞量高于 SC 所建议的捕捞量。此外，第 19 - 01 号决议要求 CPC 在 2022 年 12 月 31 日前逐步减少补给船。第 19 - 05 号决议确立了禁止围网渔船丢弃大眼金枪鱼、鲣和黄鳍金枪鱼。第 19 - 02 号决议确立了 FAD 管理计划程序，包括在任何时候每艘渔船都不得投放多于 300 个海上激活的浮标；任何时候不得多于 500 个配有 GPS 和声呐系统的浮标，每艘渔船每年不得针对多于 500 个配有 GPS 和声呐系统的浮标投网。此外，第 19 - 02 号决议要求 CPC 渔船使用无网衣材料的非缠绕 FAD，鼓励 CPC 渔船使用可生物降解的 FAD，自 2022 年 1 月 1 日起，遇到的所有传统 FAD（如由缠绕材料制成的）可从水中打捞上来，保留在船上且仅在港口处理。

由于预期可能需要采取更多的管理措施，通过了第 16-10 号决议以促进 IOTC 养护和管理措施的实施，第 17-02 号决议确立了建立 WPICMM。

### 3. 总结

印度洋黄鳍金枪鱼 2017 年渔获量、2013—2017 年平均渔获量、MSY 等资源状况见表 2-3，资源丰度、捕捞死亡率和环境影响的评价见表 2-4。

**表 2-3　印度洋黄鳍金枪鱼 2017 年渔获量、2013—2017 年平均渔获量、MSY 等资源状况**

| 项目 | 估计 | 年份 | 备注 |
| --- | --- | --- | --- |
| 渔获量（$\times 10^4$ 吨） | 40.9 | 2017 | |
| 5 年平均渔获量（$\times 10^4$ 吨） | 39.9 | 2013—2017 | |
| MSY（$\times 10^4$ 吨） | 40.3 | 2017 | 范围：33.9～43.6 |
| $F/F_{MSY}$ | 1.20 | 2017 | 范围：1.00～1.71 |
| $SSB/SSB_{MSY}$ | 0.83 | 2017 | 范围：0.74～0.97 |
| TAC（$\times 10^4$ 吨） | N/A | 由第 19-01 号决议中按渔具分配 | |

注：渔获量和 MSY 以 1 000 吨计。

**表 2-4　资源丰度、捕捞死亡率和环境影响的评价**

| 项目 | 等级 | 说明 |
| --- | --- | --- |
| 资源丰度 | 红色等级 | $SSB < SSB_{MSY}$。资源生物量较低是由近年来捕捞量的增加造成的 |
| 捕捞死亡率 | 红色等级 | $F > F_{MSY}$ |
| 环境 | 红色等级 | 17% 的渔获物由刺网捕获，对刺网监管很差。刺网被认为具有很高的兼捕率。没有采取任何缓解措施，监管极其不足 |
| | 红色等级 | 12% 的渔获物由延绳钓捕获。某些缓解措施已到位（鲨鱼、海龟、海鸟）。监管不足 |
| | 黄色等级 | 24% 的渔获物由利用漂浮物（含 FAD）的围网捕获。某些兼捕缓解措施已到位（海龟、鲨鱼） |
| | 绿色等级 | 13% 的渔获物由捕捞自由群的围网捕获，对非目标物种的影响小 |
| | 绿色等级 | 24% 的渔获物由手钓捕获，预计对兼捕物种的影响较小 |
| | 绿色等级 | 4% 的渔获物由曳绳钓捕获，预计对兼捕物种的影响小 |
| | 黄色等级 | 5% 的渔获物由竿钓捕获，对非目标物种的兼捕少，但对饵料鱼资源的影响未知 |

## 三、长鳍金枪鱼

2017 年印度洋长鳍金枪鱼渔获量约为 $3.87 \times 10^4$ 吨，较 2016 年渔获量增加了 9%。几乎所有渔获物都是由漂流延绳钓捕获的。印度洋长鳍金枪鱼资源评估被认为不会发生资源型过度捕捞或生产型过度捕捞。然而，该结果有很大的不确定性。

### 1. 资源评估

SC 在 2016 年使用 2014 年数据进行了评估。评估结果表明（彩图 10）：

（1）$F/F_{MSY}$ 的比值估计为 0.85（范围：0.57～1.12）。因此，资源不太可能发生生产型过度捕捞。西热带印度洋的海盗迫使渔民把大部分延绳钓捕捞努力量转移到了南部和东部，南部和东部区域是长鳍金枪鱼的传统作业渔场。

（2）SSB 高于 $SSB_{MSY}$，表明资源未处于资源型过度捕捞状态（$SSB/SSB_{MSY}=1.80$）。

（3）MSY 的中位数估计为 $3.88×10^4$ 吨。

### 2. 管理

限制参考点：临时限制为 $0.4×SSB_{MSY}$ 和 $1.4×F_{MSY}$（第 15 - 10 号决议）。第 16 - 09 号决议确立了管理程序技术委员会，以帮助 IOTC 制订管理政策。$SSB/SSB_{MSY}$ 的值为 1.80，约为限制 SSB 的 4.5 倍，$F/F_{MSY}$ 值为 0.85，较限制值 F 约低 39%。

目标参考点：$SSB_{MSY}$ 和 $F_{MSY}$ 为临时管理目标（第 15 - 10 号决议）。当前 F 值低于 $F_{TAR}$，SSB 高于 $SSB_{TAR}$。

HCR：尚未定义。第 16 - 09 号决议要求 IOTC 就管理措施达成一致，包括旨在维持或恢复资源到神户矩阵图绿色象限的 HCR。

IOTC 未对长鳍金枪鱼制定养护和管理措施。由于预期可能需要采取管理措施，通过了第 16 - 10 号决议以促进 IOTC 养护和管理措施的实施，第 17 - 02 号决议建立了 WPICMM。

### 3. 总结

印度洋长鳍金枪鱼 2017 年渔获量、2013—2017 年平均渔获量、MSY 等资源状况见表 2 - 5，资源丰度、捕捞死亡率和环境影响的评价见表 2 - 6。

**表 2 - 5 印度洋长鳍金枪鱼 2017 年渔获量、2013—2017 年平均渔获量、MSY 等资源状况**

| 项目 | 估计 | 年份 | 备注 |
| --- | --- | --- | --- |
| 渔获量（$×10^4$ 吨） | 3.87 | 2017 | |
| 5 年平均渔获量（$×10^4$ 吨） | 3.6 | 2013—2017 | |
| MSY（$×10^4$ 吨） | 3.88 | 2014 | 范围：33.9～43.6 |
| $F/F_{MSY}$ | 0.85 | 2014 | 范围：0.57～1.12 |
| $SSB/SSB_{MSY}$ | 1.80 | 2014 | 范围：1.38～2.23 |
| TAC（$×10^4$ 吨） | N/A | | |

**表 2 - 6 资源丰度、捕捞死亡率和环境影响的评价**

| 项目 | 等级 | 说明 |
| --- | --- | --- |
| 资源丰度 | 绿色等级 | $SSB>SSB_{MSY}$。然而，评估结果存在相当大的不确定性 |
| 捕捞死亡率 | 绿色等级 | $F<F_{MSY}$ |
| 环境 | 红色等级 | 几乎 100% 的渔获物由延绳钓捕获。某些缓解措施已到位（鲨鱼、海龟、海鸟）。监管不足 |

下 篇

大西洋和印度洋金枪鱼渔业
养护与管理措施

# 第三章
# 养护大西洋金枪鱼国际委员会（ICCAT）建议

## 1. 第 04-10 号　关于 ICCAT 管理渔业所捕捞的鲨鱼类养护建议

忆及联合国粮食及农业组织（FAO）《鲨鱼类养护和管理国际行动计划》（简称 IPOA-鲨鱼）要求各国在其各自能力范围内，在符合国际法的条件下，通过区域性渔业管理组织合作，确保鲨鱼类资源的可持续性及通过鲨鱼类养护和管理的国家行动计划。

考虑到许多鲨鱼是 ICCAT《公约》区域内中上层生态系统的一部分，并且以鲨鱼类为目标的渔业也捕捞金枪鱼类及类金枪鱼类。

认识到为养护和管理鲨鱼类，有必要收集许多鲨鱼种类的渔获量、努力量、丢弃量、贸易及生物学特征数据。

### ICCAT 建议

（1）缔约方、合作的非缔约方、实体或捕鱼实体（以下简称 CPC）应根据 ICCAT 的数据报告程序，每年提供鲨鱼类渔获的 Task I 及 Task II 数据，包括可取得的历史数据。

（2）CPC 应采取措施，要求其所属渔船完全利用其所有鲨鱼类渔获，完全利用的定义为渔船抵达第一个卸鱼港口时，保留鲨鱼的所有部分，鱼头、内脏及鱼皮除外。

（3）CPC 应要求其所属渔船在抵达第一个卸鱼港口时，其留在船上的鱼鳍重量不超过船上鲨鱼鱼体重量的 5%，目前未要求鱼鳍和鱼体同时在第一个卸鱼港口一起卸下的渔船，CPC 应采取必要措施，以确保通过证明、国家观察员监控或其他适当措施使渔船遵守此规定。

（4）SCRS 应审议第（3）条所述的鲨鱼鳍相对于鱼体的比例，并在 2005 年向 ICCAT 报告，倘若有必要，应该对其进行修正。

（5）禁止渔船将违反本建议所获取的鱼鳍保留在船上、转载或卸下。

（6）CPC 应鼓励非专门捕捞鲨鱼类的渔船尽可能释放意外捕获的、不用作食品和（或）维持生计的活鲨鱼，特别是幼鱼。

（7）SCRS 应于 2005 年重新审议尖吻鲭鲨的种群评估结果，并提出管理建议替代方案供 IC-CAT 讨论，并且在 2007 年以前重新评估大青鲨及尖吻鲭鲨的种群状况。

（8）若可能，CPC 应研究以确定更具选择性的渔具。

（9）若可能，CPC 应确定鲨鱼类育稚区。

（10）ICCAT 应考虑向发展中国家就其收集鲨鱼类渔获数据提供适当协助。

（11）本建议仅适用于 ICCAT 所管理的渔业有关的鲨鱼类渔获。

## 2. 第 07 - 07 号　关于延绳钓渔业减少海鸟意外捕获的建议

认识到有必要加强管理以保护大西洋的海鸟。

考虑到 FAO《减少延绳钓渔业意外捕获海鸟的国际行动计划》（以下简称 IPOA - 海鸟），以及 IOTC 兼捕渔获物工作组的目标。

承认到目前为止一些 CPC 已确定有必要建立《国家海鸟保护行动计划》，并已完成或即将完成《国家海鸟保护行动计划》。

认识到一些种类的海鸟，特别是信天翁和海燕，受到灭绝的威胁。

注意到信天翁及海燕保护公约已生效。

回顾 ICCAT《关于海鸟意外死亡率的决议》（决议第 02 - 14 号）。

意识到正在进行的科学研究可能会有更有效的缓解措施，因此这些现行措施应视为临时措施。

### ICCAT 建议

（1）ICCAT 应建立机制，使 CPC 能够记录海鸟相互作用的数据，包括定期向 ICCAT 提交报告，并寻求同意实施以下机制。

（2）CPC 应收集并向秘书处提供与海鸟相互影响的所有可用信息，包括其渔船的意外捕获量。

（3）CPC 应通过采取有效的缓解措施，力求减少在所有渔区、季节和渔业中兼捕的海鸟。

（4）所有在南纬 20°以南捕鱼的渔船应携带并使用惊鸟绳（惊鸟杆）：

a. 惊鸟绳应该考虑推荐的设计及投放指南（详见附件）。

b. 惊鸟绳应于延绳钓渔船进入南纬 20°以南区域前安装完成。

c. 在可行的情况下，鼓励渔船在海鸟高度密集活动区域使用第 2 根惊鸟绳及惊鸟杆。

d. 所有渔船应携带随时可立即使用的备用惊鸟绳。

（5）使用单股尼龙丝延绳钓渔具捕捞剑鱼的延绳钓渔船可免除本建议第（4）条的规定，只要此类渔船在夜间投绳，夜间的定义为黄昏至拂晓这段时间，如捕鱼时航海天文历所指地理位置的黄昏至拂晓。此外，要求此类渔船使用至少 60 克的转环，并装配在离鱼钩不超过 3 米的位置，以达到最佳下沉速率。

适用该措施的 CPC 应将其渔船国家观察员的科学发现向 SCRS 报告。

（6）ICCAT 在收到 SCRS 提供的信息后，应考虑并在必要时修订第（4）条规定的缓解措施的适用范围。

（7）此措施为临时措施，未来将根据科学建议进行修改和调整。

（8）ICCAT 应在其 2008 年年会上根据 ICCAT 现行的海鸟评估结果，考虑采取额外措施来降低海鸟意外捕获率。

### 附件

## 设计和布设惊鸟绳指南

本指南是用于指导延绳钓渔船准备及执行惊鸟绳的相关规定。尽管此指南内容已相当详尽，但仍鼓励通过实验改进惊鸟绳的性能。此指南已考虑到环境和作业中的可变因素，如天气状况、投绳速度和船舶大小，这些因素都会对惊鸟绳的性能和设计产生影响。惊鸟绳的设计和使用可考虑这类可变因素来修改，但惊鸟绳的功能不能受影响。惊鸟绳设计和改进是持续进行的，因此今后应审查这些准则。

### 惊鸟绳的设计

1. 惊鸟绳的使用长度建议为 150 米，位于水面下的绳段的直径可大于水面上的绳段。这会增加阻力，从而缩短绳长，同时考虑到投绳速度和饵钩沉入水中所需的时间。位于水面上的绳段应当是结实而较细（例如直径约 3 毫米）且颜色鲜艳的绳索，如红色和橙色。

2. 绳索的水上部分要足够轻，使绳索的移动无法预测，以避免海鸟熟悉绳索移动；同时也应足够重避免绳索被风吹偏。

3. 最好用一个坚固的桶形转环将惊鸟绳固定在船上，以减少缠绕。

4. 飘带应使用颜色鲜艳且能产生强烈的不可预测运动的材料制成（例如，用红色聚氨酯管包裹的结实的细线），悬挂于固定的三向转环（降低缠绕概率）并连接在惊鸟绳上，悬挂位置应刚好在水面上。

5. 每组飘带之间的最大距离应为 5～7 米，理想情况下，每组飘带都应配对。

6. 每组飘带应可以用夹子拆卸，以便更有效地装配。

7. 飘带数量应根据渔船投绳速度调整，投绳速度较慢时需较多飘带。当投绳速度为 10 节时，3 组飘带为适合数量。

### 惊鸟绳的布设

1. 惊鸟绳应悬挂在船上的固定钢杆上，惊鸟杆高度越高越好，使惊鸟绳保护鱼饵远离船后一段距离，且不和渔具纠缠。惊鸟杆高度越高越能保护鱼饵。例如，高于水面 6 米以上的惊鸟绳可保护约 100 米远的饵料。

2. 惊鸟绳的设置应使飘带覆盖在水中饵钩的上方。

3. 鼓励布设多组惊鸟绳，以提供更大范围的保护区来保护诱饵不受鸟类攻击。

4. 由于惊鸟绳有可能发生断裂和打结，应在船上携带备用的惊鸟绳，更换损坏的惊鸟绳，确保捕鱼作业能够不间断地进行。

5. 当渔民使用自动投饵机时，应以下列方式确保惊鸟绳和投饵机的协调性：

（1）确保投饵机直接投饵到惊鸟绳保护范围内。

（2）当使用可投饵至左右舷的投饵机时，确保使用 2 根惊鸟绳。

（3）鼓励渔民安装手动、电动或油压绞机，以改善布设和回收惊鸟绳。

## 3. 第07-08号 关于 ICCAT 管辖区域内蓝鳍金枪鱼渔业的船舶监控系统（VMS）数据交换格式及协议的建议

根据 ICCAT《关于建立东大西洋及地中海蓝鳍金枪鱼资源多年恢复计划的建议》（第06-05号[①]）第49条。

### ICCAT 建议

（1）每一 CPC 应根据 ICCAT《关于建立 ICCAT 管辖区域内船舶监控系统最低标准的建议》（第13-14号[②]），对其捕捞蓝鳍金枪鱼的渔船安装 ICCAT《关于建立东大西洋及地中海蓝鳍金枪鱼资源多年恢复计划的建议》（第06-05号）第49条所要求的 VMS。

（2）ICCAT《关于建立管辖区域内船舶监控系统最低标准的建议》（第13-14号）第（1）条 a 款所要求的独立系统应符合附件1要求的规格与进程安排。

（3）假如发生技术性故障，每一 CPC 应按照上述第（1）条以电子方式向 ICCAT 秘书处发送信息，不管使用何种方法，应在接到信息后24小时内，通过电子方式发送给 ICCAT 秘书处。

（4）当在 ICCAT 管辖海域内作业时，CPC 应最迟在2008年1月31日前，至少每6小时向 ICCAT 秘书处传送信息。为避免重复传送信息，所传送的信息应使用连续编号（唯一识别码）。

（5）每一 CPC 应确保其岸上船舶监控中心（以下称为 FMC）向 ICCAT 秘书处按照附件2所确定的数据交换格式发送信息。

（6）按照 ICCAT《关于建立东大西洋及地中海蓝鳍金枪鱼资源多年恢复计划的建议》（第06-05号）第56及第57条所确定的情况，在 ICCAT《公约》区域内按照 ICCAT 国际联合检查计划从事海上作业检查的 CPC，应要求 ICCAT 秘书处提供在检查船100海里范围内的所有渔船按照第（3）条得到的所有信息。

（7）CPC 应采取必要措施，确保所有信息通过保密方式处理并提供给第（6）条所述的海上检查船。ICCAT 秘书处应确保所收到的信息以保密方式处理。鉴于对数据保密要求的考虑，3年或更久远的数据应可提供给 SCRS，作为科学研究的相关数据。

---

①第06-05号建议已由第14-04号、第17-07号和第18-02号建议取代。
②第13-14号建议已由第14-09号和第18-10号建议取代。

**附件 1**

1. 每一 CPC 应建立及运行 FMC，并应监控悬挂该国旗帜的渔船的捕捞活动。FMC 应配有计算机软、硬件，使其可自动处理及传送电子资料。每一 CPC 应提供备份及还原程序以应对系统故障情况。

2. 渔船 CPC 应采取必要措施，确保自其渔船取得的 VMS 信息能够按照计算机可读格式储存 3 年。

3. 安装在渔船上的卫星跟踪设施，应确保在所有实施时间均可自动给船旗 CPC 的 FMC 发送数据。

4. 每一 CPC 应采取必要措施，确保其 FMC 收到所要求的 VMS 数据。

## 附件 2

## 渔船 VMS 信息传送的格式

渔船 VMS 传送的船位信息见附表 3-1。

附表 3-1 船位信息内容

| 信息 | 代码 | 必填/非强制性项目 | 备注 |
|------|------|------------------|------|
| 开始记录 | SR | 必填 | 信息说明；表示信息的开始 |
| 地址 | AD | 必填 | 目的地；ICCAT |
| 序列号 | SQ | 必填① | 详细信息；当年信息序列号 |
| 信息种类 | TM② | 必填 | 详细信息；"POS"表示渔船通过 VMS 或卫星跟踪仪器故障时使用其他方法传送的船位信息 |
| 无线电呼号 | RC | 必填 | 船舶登记细节；渔船的国际无线电呼号 |
| 航次号 | TN | 非强制性 | 活动细节；当年作业航次序号 |
| 船名 | NA | 非强制性 | 船舶登记细节；船舶名称 |
| 缔约方内部号码 | IR | 非强制性 | 船舶登记细节；独特的缔约方船舶号码，在船旗国 3 个字母的国家代码后加上号码 |
| 外部注册号码 | XR | 非强制性 | 船舶登记细节；船舶舷侧号码或国际海事组织（IMO）号码（无舷侧号码时） |
| 纬度 | LA | 必填③ | 活动细节；发送信息时的船位 |
| 经度 | LO | 必填③ | 活动细节；发送信息时的船位 |
| 纬度（分） | LT | 必填④ | 活动细节；发送信息时的船位 |
| 经度（分） | LG | 必填④ | 活动细节；发送信息时的船位 |
| 日期 | DA | 必填 | 活动细节；发送信息的日期 |
| 时间 | TI | 必填 | 活动细节；发送信息的时间 |
| 信息记录结束 | ER | 必填 | 系统说明；表示信息记录结束 |

① 如果是 VMS 信息则为非强制性项目。

② 缔约方的 FMC 检测到 VMS 信息源第一次来自 ICCAT《公约》区域时，该信息应为"ENT"。假如缔约方的 FMC 发现第一次 VMS 信息源来自 ICCAT《公约》区域外时，该信息应为"EXI"，在此信息种类下，经度及纬度数据为非强制性项目。

渔船的卫星跟踪仪器故障时所传送的信息报告种类为"MAN"。

③ 手动信息必填项目。

④ VMS 信息必填项目。

### 船位信息的结构

每次传送数据的结构如下：

（1）双斜线（//）及字符"SR"代表信息的开始。

（2）双斜线（//）及代码表示数据成份的起始点。

（3）代码及信息以单斜线（/）隔开。

（4）每组信息以空格键隔开。

（5）字符"ER"及双斜线（//）代表信息记录结束。

## 4. 第 09 - 07 号　关于 ICCAT 管辖区域内有关渔业捕捞长尾鲨类的养护建议

忆及 ICCAT 通过《关于大西洋鲨鱼类的决议》（第 01 - 11 号）、《关于 ICCAT 管理渔业所捕捞鲨鱼类的养护建议》（第 04 - 10 号）、《关于修订〈关于 ICCAT 管理渔业所捕捞鲨鱼类的养护建议〉（第 04 - 10 号）的建议》（第 05 - 05 号）、《关于鲨鱼类的补充建议》（第 07 - 06 号）及《关于 ICCAT 管理渔业所捕捞的大眼长尾鲨养护建议》（第 08 - 07 号）。

考虑到长尾鲨科的长尾鲨属在 ICCAT《公约》区域内作为兼捕对象而被捕获。

注意到 SCRS 在其 2009 年会议中，建议 ICCAT 禁止船上保留和卸售大眼长尾鲨。

忆及有必要每年报告鲨鱼类渔获的 Task Ⅰ 及 Task Ⅱ 数据，以遵守《关于 ICCAT 管理渔业所捕捞的鲨鱼类养护建议》（第 04 - 10 号）。

### ICCAT 建议

（1）CPC 应禁止所有渔业在船上保留、转载、卸下、贮存、销售或提供出售大眼长尾鲨鱼体的任何部分或整尾，但墨西哥沿岸小型渔业最多可以捕捞 110 尾。

（2）CPC 应要求悬挂其旗帜的渔船，尽其可能，尽快释放在拉至船舷边、拉上船时未受伤的大眼长尾鲨。

（3）CPC 应尽力确保悬挂其旗帜的渔船不从事专捕长尾鲨科长尾鲨属的渔业。

（4）CPC 应按照 ICCAT 数据报告的规定，收集和提交除大眼长尾鲨以外的长尾鲨科的 Task Ⅰ 和 Task Ⅱ 数据，记录意外捕获的大眼长尾鲨、释放尾数及其状态（死鱼或活体）并向 ICCAT 报告。

（5）CPC 若可行应开展有关 ICCAT《公约》区域内长尾鲨科长尾鲨种的研究，以确认可能的育稚区。在此研究基础下，CPC 应酌情考虑采取禁渔区、禁渔期和其他措施。

（6）本建议取代《关于 ICCAT 管理渔业所捕捞大眼长尾鲨的养护建议》（第 08 - 07 号）。

## 5. 第 10‐06 号 关于 ICCAT 有关渔业捕捞大西洋尖吻鲭鲨的建议

考虑到大西洋尖吻鲭鲨由 ICCAT 管理的相关渔业捕获。

考虑到 SCRS 2008 年资源评估指出，北大西洋尖吻鲭鲨资源已衰退至 20 世纪 50 年代估算生物量的 50%，且有些模型的评估结果指出，资源生物量接近或低于维持 MSY 的水平，且目前捕捞死亡率水平高于 $F_{MSY}$。

忆及 ICCAT 通过《关于有关 ICCAT 管理渔业所捕捞的鲨鱼类养护建议》（第 04‐10 号）、《关于修订〈关于有关 ICCAT 管理渔业所捕捞的鲨鱼类养护建议〉（第 04‐10 号）的建议》（第 05‐05 号）及《关于有关鲨鱼的补充建议》（第 07‐06 号），包括 CPC 按照 ICCAT 数据报告的规定，每年提交鲨鱼类渔获的 Task Ⅰ 及 Task Ⅱ 数据的义务。

又忆及 SCRS 的建议，有必要改善特定鲨鱼种类的 Task Ⅰ 及 Task Ⅱ 数据。

认识到按照第 05‐05 号建议及第 07‐06 号建议，需继续降低北大西洋尖吻鲭鲨死亡率的义务。

注意到 SCRS 于 2008 年进行的生态风险评估得出尖吻鲭鲨的繁殖力低，即使捕捞死亡率处于较低的水平，也容易受到过度捕捞。

### ICCAT 建议

（1）CPC 应将其为履行第 04‐10、第 05‐05 及第 07‐06 号建议所采取的行动的信息纳入到 2012 年年度报告中，特别是改善其专捕及意外捕获的 Task Ⅰ 和 Task Ⅱ 数据收集所采取的步骤。

（2）ICCAT 执法分委员会（以下简称 COC）应自 2012 年起逐年审议第 1 条所述 CPC 所采取的行动。

（3）自 2013 年开始禁止未按照 SCRS 数据报告要求提交大西洋尖吻鲭鲨 Task Ⅰ 数据的 CPC 保留该鱼种，直到 ICCAT 秘书处取得此类数据为止。

（4）SCRS 应于 2012 年进行尖吻鲭鲨资源评估，并就下列事项向 ICCAT 提出建议：

a. 可维持 MSY 的尖吻鲭鲨年度渔获量。

b. 考虑鱼种辨识困难，其他适当的尖吻鲭鲨养护措施。

（5）SCRS 应于 2011 年 ICCAT 会议前完成鲨鱼类辨识指南并发送给 CPC。

## 6. 第10-07号　关于ICCAT管辖区域内有关渔业捕捞长鳍真鲨的养护建议

考虑到长鳍真鲨在ICCAT《公约》区域内作为兼捕对象被捕获。

考虑到：

（1）长鳍真鲨在生态风险评估中被列为风险程度最高的五大鱼种之一。

（2）其被拉上船时存活率高，且是鲨鱼渔获组成的一小部分。

（3）其为最容易辨识的鲨鱼鱼种之一。

（4）该鱼种渔获大部分为幼鲨组成。

进一步考虑到SCRS建议采取全长200厘米的最小渔获体长限制以保护幼鲨。

认识到这种最小渔获体长规定可能导致执法困难。

**ICCAT建议**

（1）CPC应禁止所有渔业的渔船在船上保留、转载、卸下、贮存、销售或提供出售长鳍真鲨鱼体的任何部分或整尾。

（2）CPC应通过其国家观察员计划记录长鳍真鲨的丢弃和释放尾数与其状态（死鱼或活体），并提交给ICCAT。

## 7. 第10-08号　关于有关 ICCAT 管理渔业所捕捞双髻鲨的建议

忆及 ICCAT 通过《关于有关大西洋鲨鱼类的决议》（第01-11号）、《关于 ICCAT 管理渔业所捕捞的鲨鱼类的养护建议》（第04-10号）、《关于修订〈关于 ICCAT 管理渔业所捕捞的鲨鱼类的养护建议〉（第04-10号）的建议》（第05-05号）及《关于鲨鱼类的补充建议》（第07-06号）。

注意到路氏双髻鲨和锤头双髻鲨是鲨鱼种类中可持续性存在疑问的鱼种。

考虑到在捕捞上船前，除窄头双髻鲨外，难以辨别双髻鲨不同种类间的差异，而且捕捞上船可能危及被捕捞个体的存活率。

忆及有必要每年提交鲨鱼类渔获的 Task Ⅰ 及 Task Ⅱ 数据，以遵守《关于 ICCAT 管理渔业所捕捞的鲨鱼类的养护建议》（第04-10号）。

### ICCAT 建议

（1）CPC 应禁止在 ICCAT《公约》区域与 ICCAT 有关的渔业在船上保留、转载、卸下、贮存、销售或提供出售双髻鲨科的双髻鲨（窄头双髻鲨除外）鱼体的任何部分或整尾。

（2）CPC 应要求悬挂其旗帜的渔船，尽可能尽快释放在拉至船舷边时未受伤的双髻鲨。

（3）发展中沿岸 CPC 捕捞供当地消费的双髻鲨可免除遵守第（1）条和第（2）条规定，但该 CPC 应按照 SCRS 建立的报告程序，提交 Task Ⅰ 数据及可能的 Task Ⅱ 数据。若不能提供分鱼种的渔获量数据，至少应提供双髻鲨属的渔获量数据。按照本条免除遵守此措施的发展中沿岸 CPC 应尽力不增加其双髻鲨的渔获量。此类 CPC 应采取必要措施，以确保双髻鲨科双髻鲨（窄头双髻鲨除外）不会进入国际贸易，并向 ICCAT 报告有关措施。

（4）CPC 应按照 ICCAT 数据报告的要求，记录双髻鲨的丢弃和释放尾数及其状态（死鱼或活体），并向 ICCAT 报告。

（5）若有可能，CPC 应在 ICCAT《公约》区域内进行有关双髻鲨的研究，以确认可能的育稚区。在此研究基础上，CPC 应考虑采取禁渔期、禁渔区及其他措施。

（6）ICCAT 及 CPC 应酌情独自或共同进行能力建设和其他合作活动，以保证本建议的有效执行，包括与其他合适的国际机构签订合作协议。

# 8. 第 10 - 09 号　关于 ICCAT 渔业兼捕海龟的建议

认识到在 ICCAT《公约》区域的一些捕鱼作业对海龟有不利的影响，有必要采取措施减轻这些不利影响。

强调有必要改善有关海龟种群死亡率的各种科学数据的收集工作，包括但不限于在 ICCAT《公约》区域内的渔业数据。

符合 FAO《负责任渔业行为守则》和《执行 1982 年 12 月 10 日〈联合国海洋法公约〉有关养护和管理跨界鱼类种群和高度洄游鱼类种群规定的协定》（以下简称 UNFSA），呼吁要降低废弃物、丢弃量、非目标鱼种渔获量（鱼类和非鱼类）以及对相关或相互依赖物种的影响降到最小，尤其是濒危物种。

鉴于 FAO 在 2005 年 3 月举行的第 26 届渔业委员会上通过了《降低捕捞作业中海龟死亡率的指南》，建议区域性渔业机构和管理部门实施该指南。

注意到与专门负责管理国际渔业的其他组织的养护和管理措施协调一致的重要性，特别是贯彻执行神户会议进程中所作出的承诺。

回顾 2008 年 9 月独立业绩审查小组向 ICCAT 建议"针对兼捕渔获物制定更强有力的方法，并制定和采取适当的减缓措施，包括报告这些措施在整个渔业中的有效性"。

进一步回顾 ICCAT 通过的《关于海龟的决议》（第 03 - 11 号）和《关于圆形钩的决议》（第 05 - 08 号）。

## ICCAT 建议

（1）每一 CPC 应按照渔具类型收集有关其船队在 ICCAT 渔业中与海龟相互影响的信息，包括考虑渔具特性、时间和地点、目标鱼种等对捕获率的影响和处理情况（死亡丢弃或活体释放），并最迟在 2012 年每年向 ICCAT 提交报告。要记录和报告的数据还必须包括海龟物种之间的相互影响，如可能，包括上钩或缠绕（包括 FAD 缠绕）、饵料类型、钓钩尺寸和类型及海龟的体型大小。强烈鼓励各 CPC 利用国家观察员收集这些信息。

（2）CPC 应要求：

a. 悬挂 CPC 旗帜且在 ICCAT 公约区域作业的围网船，能尽快避免下网包围海龟、释放遭包围或缠绕的海龟，包括遭 FAD 缠绕的海龟；并向船旗 CPC 报告围网船和（或）FAD 与海龟相互影响的信息，使这些信息包含在第（1）条规定的 CPC 报告的内容中。

b. 悬挂 CPC 旗帜且在 ICCAT 公约区域作业的漂流延绳钓船，在船上携带安全处理、解开缠绕和释放的设备，使其有能力以保证最大存活率的方式释放海龟。

c. 在悬挂 CPC 旗帜作业的漂流延绳钓船上的渔民利用上述第（2）条 b 款所述的设备，使海龟存活的可能性最大化，并接受安全处理和释放技术的培训。

（3）如可能，在 2011 年 SCRS 会议之前，且不迟于 2012 年，ICCAT 秘书处应汇编根据第 1 条所收集的数据以及科学研究所提供的信息文献和其他相关海龟兼捕减缓措施的信息，包括 CPC 提供的信息，向 SCRS 报告，供其考虑。

（4）SCRS 也应向 ICCAT 提出有关 ICCAT 渔业减缓海龟兼捕方法的建议，包括减少相互影响的次数和（或）与之相关的死亡率。无论评估是否按第（5）条所描述的进行，应该适时提出此类建议。

（5）基于第（3）条所采取的行动，SCRS 应尽快且最迟于 2013 年评估 ICCAT 渔业导致意外捕获海龟的影响。完成最初评估并向 ICCAT 提交结果，SCRS 应就未来评估的时间安排向 ICCAT 提出建议。

（6）ICCAT 在收到 SCRS 建议时，若有必要，应考虑额外措施以减缓 ICCAT 渔业兼捕海龟。

（7）ICCAT 及 CPC 应酌情单独和共同进行能力建设和其他合作，以支持这项工作的有效实施，包括与其他合适的国际机构签订合作协议。

（8）在其提交给 ICCAT 的年度报告中，CPC 应报告本建议的执行情况，主要针对第（1）、第（2）和第（7）条。此外，CPC 还应报告执行 FAO《关于减少捕捞作业中海龟死亡率的指南》所采取的其他相关行动。

（9）本建议取代《关于海龟的决议》（第 03 - 11 号）。

## 9. 第 11-08 号　关于 ICCAT 渔业捕捞镰状真鲨的养护建议

考虑到镰状真鲨被 ICCAT 有关渔业所捕获。

考虑到镰状真鲨在 2010 年大西洋生态风险评估中被列为脆弱性最高的鲨鱼种类。

考虑到 SCRS 建议对镰状真鲨采取适当的、类似于其他脆弱性鲨鱼种类所采取的养护和管理措施。

注意到镰状真鲨的栖息地分布遍及热带沿岸和大洋海域。

### ICCAT 建议

（1）CPC 应要求悬挂其旗帜并从事 ICCAT 管理渔业的渔船，释放所有镰状真鲨，不论死鱼或活体。另应禁止在船上保留、转载或卸售镰状真鲨的任何部分或整尾鱼体。

（2）CPC 应要求悬挂其旗帜的渔船，在充分考虑船员安全的情况下，尽快释放未受伤的镰状真鲨。从事 ICCAT 渔业的围网船应尽力采取额外措施，以提升意外捕获的镰状真鲨的释放后存活率。

（3）CPC 应通过其国家观察员计划，记录镰状真鲨的丢弃和释放尾数及其状态（死鱼或活体），并向 ICCAT 报告。

（4）发展中沿岸 CPC 捕捞供当地消费的镰状真鲨可免除遵守第（1）条和第（2）条规定，但此类 CPC 应按照 SCRS 建立的报告程序，提交 Task I 数据及可能的 Task II 数据。若 CPC 未提交鲨鱼分鱼种数据，应于 2012 年 7 月 1 日前提出鲨鱼类分鱼种数据收集改善计划，供 SCRS 及 ICCAT 审议。按照本条免除遵守本措施的发展中沿岸 CPC，应尽力不增加其镰状真鲨渔获量。此类 CPC 应采取必要措施，确保镰状真鲨不会进入国际贸易，并向 ICCAT 报告有关措施。

（5）未按照 SCRS 数据报告要求提交镰状真鲨 Task I 数据的 CPC，应遵守第（1）条规定，直到提交此类数据为止。

（6）第（1）条中，禁止保留的规定，不适用于其国内法规规定所有死鱼需卸下、其渔民不能从该鱼种中获取任何商业利益的 CPC，也不适用于禁止捕捞镰状真鲨的 CPC。

（7）CPC 应在其年度报告中，向 ICCAT 报告其为执行本建议通过国内法律或规定所采取的步骤，包括支持本项建议履行的监测、管控和监督措施。

（8）SCRS 的统计分委员会应于 2012 年评估第（4）条所述 CPC 提交数据收集的改善计划，及视需要对如何改善鲨鱼类数据收集提出建议。

（9）SCRS 应于 2013 年评估，按照第（3）条及第（4）条所提供的信息，向 ICCAT 报告镰状真鲨死亡率的来源，包括镰状真鲨的丢弃死亡率，并针对特定的镰状真鲨管理进行分析并提出建议。

（10）本措施应于 2013 年按照第（9）条根据 SCRS 所提建议进行审议。

## 10. 第 11 - 09 号    关于减少 ICCAT 延绳钓渔业意外兼捕海鸟的补充建议

回顾 ICCAT 通过的《关于减少延绳钓渔业意外兼捕海鸟的建议》（第 07 - 07 号）。

承认有必要强化管理机制，以保护大西洋濒危的海鸟。

考虑到 FAO 的《IPOA -海鸟》。

承认迄今为止，一些 CPC 已完成或即将完成关于海鸟保护的国家行动计划。

认识到一些种类的海鸟，特别是信天翁和海燕面临全球灭绝的威胁。

注意到《信天翁及海燕保护公约》已生效。

注意到地中海渔业委员会（以下简称 GFCM）通过文件编号第 GFCM - 35 - 2011 - 13 号的建议，开启与其他 RFMO 协调的进程，旨在减少 GFCM 管辖海域内渔业的海鸟意外兼捕量。

意识到 ICCAT 海鸟评估已经完成，并得出 ICCAT 渔业正在对海鸟物种产生影响的结论。

认识到一些 CPC 在其渔业中在减少海鸟兼捕方面取得的进展：

**ICCAT 建议**

（1）CPC 应按照第 10 - 10 号[①]建议，通过国家观察员记录各种海鸟的意外捕获量，并每年提交这类数据。

（2）CPC 应在充分考虑船员的安全和在可行的减缓措施下，通过采取有效的减缓措施，寻求减少所有渔区、渔汛期和渔业中海鸟的兼捕。

（3）在南纬 25°以南地区，CPC 应确保所有延绳钓船至少采取表 3 - 1 中的减缓措施。这些措施在其他海域也应酌情执行，并符合科学建议。

（4）在地中海海域，表 3 - 1 中的减缓措施应在自愿的基础上实施。鼓励 SCRS 按照第 GF-CM - 35 - 2011 - 13 号建议与 GFCM 协调工作。

（5）按照第（3）条使用的减缓措施应符合表 3 - 1 所述措施的最低技术标准。

（6）惊鸟绳的设计和布设也应符合附件 1 中所列的附加规范。

（7）CPC 应收集其如何执行此类措施和其为减少延绳钓渔业意外兼捕海鸟采取的国家行动计划的状况等信息，并提供给秘书处。

（8）2015 年，SCRS 应进行一次渔业影响评估，以评估这些减缓措施的效果。在渔业影响评估的基础上，如有必要，SCRS 应向 ICCAT 提出任何修订的建议。

（9）若有必要且符合预防性方法，ICCAT 应根据现有的任何新的科学信息，考虑采取降低海鸟意外捕获的额外减缓措施。

（10）虽有第（8）条的规定，本建议规定仍应尽可能在 2013 年 1 月前但不迟于 2013 年 7 月生效。

（11）ICCAT 第 07 - 07 号建议继续适用于南纬 20°至南纬 25°间区域。

---

①第 10 - 10 号建议已由第 16 - 14 号建议取代。

表 3 - 1　减缓措施应遵守的最低技术标准

| 减缓措施 | 描述 | 规格要求 |
| --- | --- | --- |
| 夜间投绳，甲板灯光减至最暗 | 海上黎明到黄昏之间禁止投绳；甲板灯光维持最暗 | 海上黎明到黄昏的定义见有关纬度、地方时间和相应日期的航海天文历；最低甲板灯光不应当违反安全与航行的最低标准 |
| 惊鸟绳 | 在投绳期间应投放惊鸟绳以防止海鸟接近支绳 | 对于船长大于或等于 35 米的渔船：至少设置 1 根惊鸟绳，若实际可行，鼓励渔船在海鸟高度密集或活动频繁时使用 2 根惊鸟竿和惊鸟绳；2 根惊鸟绳应同时投放，投放干线的两侧各一根。惊鸟绳的覆空范围必须大于或等于 100 米。使用的长飘带要足够长，无风情况下要下垂至海面。长飘带的间距不得超过 5 米<br><br>对于长度小于 35 米的渔船：至少设置 1 根惊鸟绳。覆空范围必须大于或等于 75 米。必须使用长飘带或短飘带（长度需大于 1 米）。短飘带：间距不超过 2 米。长飘带：惊鸟绳的前端 55 米，其间距不超过 5 米<br><br>惊鸟绳设计和布设的补充指南详见本决议附件 |
| 支线加重 | 在投绳前装配铅锤以加重支线 | 钓钩上方 1 米内应有总重量超过 45 克的铅坠；或钓钩上方 3.5 米内应有总重量超过 60 克的铅坠；或钓钩上方 4 米内应有总重量超过 98 克的铅坠 |

## 附件

## 设计与布设惊鸟绳的补充指南

**前言**

布设惊鸟绳的最低技术标准详见本决议表 3-1，不在此复述。这些补充指南用于协助延绳钓渔船准备和设计惊鸟绳。本补充指南内容比较详细，鼓励通过实验改善本决议表 3-1 要求的惊鸟绳的效果。本指南考虑环境和作业上的可变因素，如天气状况、投绳速度和船舶大小，所有这些因素均会影响惊鸟绳的性能和设计。考虑到这些可变因素，如果不影响惊鸟绳的性能，惊鸟绳的设计和使用可以改变。预计会对惊鸟绳设计进行持续改进，因此，将来应对本指南进行审议。

**惊鸟绳的设计**

1. 惊鸟绳水中部分系上适当的拖曳装置可增加其覆空范围。

2. 惊鸟绳水上部分应足够轻，其移动无法预测，以避免海鸟习惯其移动；同时也应当足够重，避免绳索被风吹偏。

3. 惊鸟绳最好应用坚固的桶形转环系于船上，以降低惊鸟绳纠缠。

4. 飘带应使用颜色鲜艳的材料制作，悬挂在一个坚固的三向转环（减少纠缠）上与惊鸟绳连接，能产生栩栩如生的动作，以致海鸟无法预测（例如外套红色聚氨酯橡胶管的牢固的细绳）。

5. 每组飘带应由两根或更多的裙带组成。

6. 每对飘带用夹子固定，应该可拆卸，因此惊鸟绳的装配更方便。

**惊鸟绳的布设**

1. 惊鸟绳应悬挂在渔船的固定钢杆上。惊鸟绳（杆）设置高度尽可能高，使惊鸟绳保护船尾后方相当一段距离的饵料，且不会与渔具纠缠。惊鸟绳（杆）高度越高越能保护鱼饵。例如，高出水面 7 米的惊鸟绳可保护约 100 米远的饵料。

2. 如果渔船只使用一根惊鸟绳，惊鸟绳应布设在下沉饵料的上风方向。如装有饵料的钓钩在船尾外侧投放，飘带绳和船的连接点应位于投饵一侧船舷外数米远。如渔船使用两根惊鸟绳，装有饵料的钓钩应布设在两根飘带之间的覆空区域内。

3. 鼓励布设多组惊鸟绳，更好地加强防范海鸟啄食饵料。

4. 由于惊鸟绳可能会断裂及打结，因此船上应携带备用惊鸟绳，以替换损坏的绳索并确保渔船作业不间断。如果延绳钓浮子与水中的飘带绳缠绕，为安全作业和减少操作问题，应让飘带绳脱离惊鸟绳。

5. 当渔民使用投饵机（BCM）时，应通过下列方式确保惊鸟绳和投饵机的协调：

（1）确保 BCM 直接投饵至惊鸟绳保护范围内。

（2）使用一台可投饵至左右两舷的 BCM（或多台 BCM）时，应当使用 2 根惊鸟绳。

6. 当手抛支线时，渔民应确保装有饵料的钓钩和盘绕的支线在惊鸟绳的保护下抛出，避开可能降低钓钩下沉速度的螺旋桨运转产生的湍流。

7. 鼓励渔民安装手动、电动或液压设备，以方便惊鸟绳投放和回收。

## 11. 第13-11号　关于修订《关于 ICCAT 渔业中海龟误捕的建议》（第10-09号）的建议

考虑到 ICCAT 在 2010 年通过《关于 ICCAT 渔业中海龟误捕的建议》（第10-09号），要求 SCRS 在 2013 年前对意外捕获海龟所造成的影响进行评估，并建议采取减缓此类意外捕获的方法，包括减少相互作用的数量和（或）与之相关的死亡率。

注意到 SCRS 在 2013 年提出了具体建议，以维持第10-09号建议的规定，并呼吁采取其他措施以减少海龟意外死亡率，通过安全处理方法处理捕获的海龟，例如使用剪线钳和脱钩器。

承认有必要对第10-09号建议进行修订，以纳入 SCRS 在 2013 年提出的具体的建议中。

**ICCAT 建议**

（1）第10-09号建议第（2）条 c 款以后插入以下内容：

① 关于安全处理实践。若要将海龟移出海面时，应使用适当的吊篮或抄网把被钓钩钩住或与渔具缠绕的海龟吊到甲板上。禁止从水中把海龟用附着在或缠绕在海龟身上的钓线直接拉起。如果海龟不能安全地从水中拉起，船员应尽可能地靠近鱼钩处剪断钓线，不要对海龟造成额外的不必要的伤害。

如果海龟被搬运到船上时，操作人员或船员应评估在释放前被捕捞或遭缠绕的海龟的健康状态。在切实可行的范围内，将运动困难或反应迟缓的海龟滞留在船上，并使海龟在释放前达到最佳状态。FAO 在《捕捞作业中降低海龟死亡率的指南》中描述了更多的实践方法。

在可行的范围内，在捕鱼作业中或国家观察员观察期间处理海龟（如标志放流活动）时，应当符合 FAO《捕捞作业中降低海龟死亡率的指南》中的要求。

② 关于剪线器的使用。

（ⅰ）延绳钓渔船应在船上携带剪线器，并在脱钩器无法不伤害海龟达到安全释放时使用。

（ⅱ）其他使用可能使海龟缠绕的渔具的船舶，应当在船上携带剪线器，使用这些工具来安全地取下渔具并释放海龟。

（2）有关脱钩器的使用。

a. 延绳钓船应在船上携带脱钩器，以便有效地从海龟身上取下钓钩。

b. 如果钓钩被吞食时，不得试图移除钓钩。相反，必须在尽可能靠近钓钩处剪断钓线，且不会对海龟造成额外的不必要伤害。

（3）第10-09号建议的第（4）、第（5）和第（6）条规定予以删除，并由下述内容取代：

（4）SCRS 应继续改进于 2013 年开始的海龟生态风险评估，并应在 2014 年会议上向 ICCAT 提出并讨论其未来海龟影响分析计划。收到 SCRS 的建议后，必要时，ICCAT 应考虑采取其他措施，以减少 ICCAT 渔业误捕海龟。

（4）第10-09号建议的第（7）、第（8）和第（9）条规定，变为第（5）、第（6）和第（7）条规定。

## 12. 第 13－13 号 关于在 ICCAT 管辖区域内总长 20 米或以上作业船舶建立授权名单的建议

回顾 ICCAT 在 2000 年会议上通过的《关于在 ICCAT〈公约〉区域内捕捞金枪鱼类及类金枪鱼类渔船登记及信息交换的建议》（第 00－17 号）。

回顾 ICCAT 在 1994 年会议上通过的《关于促进公海渔船遵守国际养护和管理措施协定的决议》（第 94－08 号）。

以及 ICCAT 已采取各种措施，以预防、阻止及消除大型金枪鱼渔船从事非法的、不报告的和不受管制的（以下简称 IUU）渔业。

注意到大型渔船移动性高，容易由一洋区渔场转至另一洋区渔场，且极有可能未及时向 ICCAT 登记而在 ICCAT《公约》区域内作业。

FAO 理事会在 2001 年 6 月 23 日通过一国际行动计划，旨在预防、阻止及消除 IUU 捕鱼活动，该计划要求 RFMO 采取行动，加强和采取与国际法一致的方式，预防、阻止及消除 IUU 捕鱼活动，特别是建立合法渔船及从事 IUU 捕捞活动船舶的名单。

ICCAT 在 2002 年建立全长 24 米或以上的 ICCAT 船舶名单，之后在 2009 年将此名单覆盖范围扩大，纳入了全长 20 米或以上的所有船舶。

国际海事组织（以下简称 IMO）海事安全分委员会在其第 92 届会议上通过 IMO 船舶识别号码机制的修改，删除了"仅从事捕捞作业的渔船除外"的条款，此条款在 2013 年 11 月 IMO 第 28 届大会上审议并通过。

承认利用 IMO 号码作为渔船单一识别码（以下简称 UVI）的作用。

**ICCAT 建议**

（1）ICCAT 应建立并保存授权在 ICCAT《公约》区域内捕捞金枪鱼类及类金枪鱼类总长 20 米或以上的船舶名单（以下简称为 LSFV）。就本建议的目的而言，不在此名单的 LSFV 视为未经批准捕捞、在船上保留、转载或卸售金枪鱼类和类金枪鱼类。

（2）各 CPC 应提交给 ICCAT 秘书处有关授权在 ICCAT《公约》区域内作业的 LSFV 名单，最初的名单以及之后的修正名单应通过电子方式向秘书处提交。此名单应包含下列内容：

a. 船名及登记号码。

b. IMO 或劳氏注册号码（以下简称 LR）（如指定）。

c. 以往的船名（如有）。

d. 以往的船旗（如有）。

e. 以往注销船籍的详细资料（如有）。

f. 国际无线电呼号（如有）。

g. 船舶类型、长度和总登记吨数（以下简称 GRT），或如可能，总吨数（以下简称 GT）。

h. 船东及经营者的姓名和地址。

i. 使用的渔具。

j. 授权捕鱼和（或）转载的期限，授权期限不应包括提交此名单给秘书处的日期前 30 日以上[①]。

ICCAT 名单应包含按照本条提交的所有 LSFV 名单。

（3）各 CPC 应在 ICCAT 对名单有任何加入、删除和（或）修改时，立即通知 ICCAT 秘书处。对授权期限的修正或对此名单的增加不应包含提交修正名单给秘书处的日期前 30 日以上。秘书处应从 ICCAT 船舶名单中删除授权期限已终止的任何渔船。

（4）ICCA 秘书处应保存 ICCAT 名单并采取一切措施，确保通过符合 CPC 指定的机密要求的电子方式公布此名单，并且确保此名单可以获取，包括在 ICCAT 网站上公布。

（5）a. 有船只在此名单上的 CPC 应：

ⅰ. 只有在可对其 LSFV 履行 ICCAT《公约》及养护和管理措施规定的义务时，才能批准 LSFV 在 ICCAT《公约》区域内作业。

ⅱ. 采取必要措施，确保其 LSFV 遵守 ICCAT 所有相关的养护和管理措施。

ⅲ. 采取必要措施，确保其在 ICCAT 名单上的 LSFV，在船上保留有效的渔船登记证书及捕捞和（或）转载授权书。

ⅳ. 确保其在 ICCAT 名单上的 LSFV 无 IUU 捕鱼活动记录，或曾有此类记录，但新船东已提供充分证据，证明先前船东和经营者无法律、受益或财务关系、或控制这些渔船，或已考虑所有相关事实，其 LSFV 并不从事或涉及 IUU 捕鱼行为。

ⅴ. 在国内法有效的最大范围内，确保其在 ICCAT 名单上的 LSFV 的船东和经营者与不在 ICCAT 名单上的 LSFV 在 ICCAT《公约》区域内的金枪鱼捕捞活动没有关联。

ⅵ. 在国内法有效的最大范围内，采取必要措施，确保其在 ICCAT 名单上的 LSFV 船东是船旗 CPC 的公民或法人，由此可对他们采取管控或惩罚措施。

b. 自 2016 年 1 月 1 日起，船旗 CPC 应根据实际情况在船舶仅拥有一 IMO 号码或由 IHS-Fairplay 所分配的 7 个连续数字 LR 号码情况下，批准其商业性 LSFV 在 ICCAT《公约》区域内作业。ICCAT 名单不应纳入无此类号码的船舶。

c. b 款规定不应适用于：

ⅰ. 无法取得 IMO/LR 号码的 LSFV，而且船旗 CPC 在其按照第（2）条提交信息时对其无法取得 IMO/LR 号码已作出解释。

ⅱ. 未批准在公海作业的木质 LSFV，而且船旗 CPC 在其按照第（2）条提交信息时通知秘书处此类 LSFV 可免除该项。

（6）CPC 应检视其按照第（5）条所采取的国内行动和措施，包括惩罚和制裁，并符合其国内法有关披露的方式，在 ICCAT 年会上向 ICCAT 报告其检视结果。在考虑任一 CPC 检视结果的报告时，ICCAT 应酌情要求在 ICCAT 名单上的 LSFV 的船旗 CPC 采取更进一步的行动，加强上述船舶遵守 ICCAT 的养护和管理措施。

（7）a. CPC 应按照其适用的法规采取措施，禁止不在 ICCAT 名单上的 LSFV 捕捞，在船上保留、转载及卸售金枪鱼类和类金枪鱼类。

b. 确保 ICCAT 统计文件计划所涵盖鱼种的相关养护和管理措施的有效性：

---

①建议第 14－10 中，此期限延长为 45 天。

ⅰ.假如该船舶属于租船安排时，船旗 CPC 或出租 CPC，应对在 ICCAT 名单上的 LSFV 签发统计文件。

ⅱ.LSFV 在 ICCAT《公约》区域内捕捞统计文件计划所涵盖鱼种并进入缔约方领土时，CPC 应要求附有经签发的在 ICCAT 名单上的 LSFV 的统计文件。

ⅲ.进口统计文件计划所涵盖鱼种的 CPC 和船旗国应合作，确保统计文件不是伪造的或不包含错误信息。

(8) 任何一个 CPC 有合理理由怀疑不在 ICCAT 名单上的 LSFV 在 ICCAT《公约》区域内从事捕捞和（或）转载金枪鱼类和类金枪鱼类时，应向 ICCAT 秘书处报告所有真实信息。

(9) a. 如果第（8）条所提到的此类船舶悬挂某一 CPC 的旗帜，秘书处应要求该 CPC 采取必要措施，以防止该船在 ICCAT《公约》区域内捕捞金枪鱼类和类金枪鱼类。

b. 如果第（8）条所提到的此类船舶悬挂的旗帜无法认定，或属无合作地位的非缔约方，秘书处应汇总此类信息，供 ICCAT 考虑。

(10) a. ICCAT 及有关 CPC 应互相联系，与 FAO 及其他相关 RFMO 全力建立及采取适当措施，如可行，包括适时建立具有相同性质的船舶名单，避免对其他大洋的金枪鱼类资源产生负面影响，此类负面影响可能包括 IUU LSFV 从大西洋转移至其他洋区造成过度捕捞的压力。

b. 2014 年在综合监控措施工作小组会议和 2014 年 ICCAT 年会上，应审议 IMO、FAO 和其他国际论坛有关船舶编码的相关发展，并根据需要考虑对本建议进行修订，以便其在第（5）条所述的生效日期（2016 年 1 月 1 日）前通过。

(11) 本建议取代 ICCAT《关于在 ICCAT 管辖区域内作业总长 20 米或以上船舶建立授权名单的建议》（第 11 - 12 号）。

## 13. 第 13 - 14 号　关于租船的建议

承认在 ICCAT《公约》下，缔约方应相互合作以维持金枪鱼类及类金枪鱼类资源可提供 MSY 的水平。

根据《1982 年 12 月 10 日联合国海洋法公约》（以下简称 UNCLOS）第 92 条，船舶航行应仅悬挂一国的旗帜，除相关国际法律文书规定的例外情况之外，在公海上应接受该国的专属管辖权。

认识到所有国家有发展其船队的需要和利益，使其能够在 ICCAT 相关建议下，充分利用其取得的捕捞机会。

注意到在租船安排实务上渔船不改变其悬挂的旗帜，除非有合适的规范，否则可能会严重降低 ICCAT 所制定的养护和管理措施的有效性。

了解 ICCAT 的所有相关因素，以便规范租船安排。

**ICCAT 建议**

租赁渔船与空船租赁不同，应遵守下列规定：

（1）租船国在发展其渔业的初始阶段，允许采用租船安排，租船安排的期限应与租船国的发展计划一致。

（2）租船国应为 ICCAT《公约》缔约方。

（3）被租的渔船应在负责任的 CPC 注册，或在明确同意采取并在其渔船执行 ICCAT 养护和管理措施的其他负责任的非缔约方、实体或捕鱼实体注册。所有有关的船旗 CPC 应切实履行其船旗国的责任，监控并确保其渔船遵守 ICCAT 的养护和管理措施。

（4）租船的缔约方和船旗 CPC，双方应根据其权利、义务和国际法下的管辖权，确认租用渔船将遵守 ICCAT 所建立的相关养护和管理措施。

（5）渔船按照租船安排在上述规定下作业所得的渔获，应列入租船缔约方的配额或捕捞机会。

（6）租船缔约方应将 SCRS 要求的渔获量及其他信息提交给 ICCAT。

（7）为实现有效的渔业管理，应按照 ICCAT 相关措施使用 VMS 及能区分渔场的工具，如对鱼类进行标志或标记。

（8）对于租赁渔船的国家观察员覆盖率应至少为捕捞努力量的 10%，并以第 10 - 10 号建议[①]第 1 条具体规定的方式计算。第 10 - 10 号建议的其他所有条款也适用于租赁渔船。

（9）租赁渔船应持有租船国签发的捕鱼许可证，且不应在 ICCAT 通过的《进一步修订〈关于建立在 ICCAT 管辖区域内被认定从事非法的、不报告的和不受管制的捕鱼活动船舶名单的建议〉（第 09 - 10 号）的建议》（第 11 - 18 号）所建立的 ICCAT IUU 名单上。

（10）当在租船安排下作业，租赁渔船尽可能不应被授权使用或享有船旗 CPC 的配额，且该船绝对不能同时在超过一个租船安排下授权捕鱼。

（11）除非租船安排有特别规定，并与相关国内法规一致，被租渔船的渔获应在租船缔约方

---

①第 10 - 10 号建议已由第 16 - 14 号建议取代。

特定港口或在其直接监督下卸售，以确保被租渔船的捕鱼行为未违反 ICCAT 养护和管理措施。租船公司必须为在缔约方合法成立的公司。

（12）任何海上转载行为必须符合 ICCAT 在 2012 年通过的《关于转载计划的建议》（第 12 - 06 号①），且必须事先获得租用国的确实授权，并在海上区域性观察员的监督下进行。

（13）a. 租船安排达成时，租船缔约方应向秘书处提供下述信息：

ⅰ. 出租船舶的船名（该国名称及拉丁字母名称）和注册信息。

ⅱ. 船东姓名和地址。

ⅲ. 渔船资料，包括船长、渔船类型及渔法。

ⅳ. 租船安排涵盖的鱼种及分给租用方的配额。

ⅴ. 租船安排的租期。

b. 租船安排达成时，船旗 CPC 应向秘书处提供下述信息：

ⅰ. 租船安排的同意书。

ⅱ. 实施上述规定所采取的措施。

ⅲ. 遵守 ICCAT 养护和管理措施的同意书。

c. 租船终止时，租船缔约方及船旗 CPC 双方均应通知秘书处。

d. ICCAT 秘书处应毫不延误地给所有 CPC 传送所有相关信息。

e. 船旗 CPC 的同意书。

f. 实施上述规定所采取的措施。

（14）租船缔约方每年应在 7 月 31 日之前，通过符合机密要求的方式，向 ICCAT 秘书处提交上一年度达成的特定租船安排和履行本建议的信息，包括被租渔船的渔获量和投放的捕捞努力量，以及被租渔船达到的国家观察员覆盖率水平。

（15）每年秘书处应汇总所有租船安排的结果并向 ICCAT 报告，ICCAT 应在年会上审议其是否遵守本建议。

（16）第 02 - 21 号建议由本建议取代。

---

①第 12 - 06 号建议已由第 16 - 15 号建议取代。

## 14. 第 14 - 06 号　关于 ICCAT 有关渔业捕捞尖吻鲭鲨的建议

考虑到大西洋尖吻鲭鲨为 ICCAT 管理的渔业所捕获。

忆及 ICCAT 通过《关于 ICCAT 管理渔业所捕捞的鲨鱼类养护建议》（第 04 - 10 号）、《修订〈关于 ICCAT 管理渔业所捕捞的鲨鱼类养护建议〉（第 04 - 10 号）的建议》（第 05 - 05 号）、《关于鲨鱼类的补充建议》（第 07 - 06 号）及《关于 ICCAT 有关渔业捕捞大西洋尖吻鲭鲨的建议》（第 10 - 06 号），包括 CPC 按照 ICCAT 数据报告规定，每年提交所有 ICCAT 管理渔业的鲨鱼类渔获 Task Ⅰ 及 Task Ⅱ 数据的义务。

又忆起按照《关于 ICCAT 有关渔业捕捞大西洋尖吻鲭鲨的建议》（第 10 - 06 号）和《关于未履行数据提交义务可进行处罚的建议》（第 11 - 15 号），每年未按规定提交一种或多种鱼类（包括鲨鱼类）Task Ⅰ 数据的 CPC，将禁止其渔船保留此类鱼类，直到 ICCAT 秘书处收到此类数据为止。

注意到 2012 年 6 月进行尖吻鲭鲨资源评估后，按照预防性做法，SCRS 建议不应增加尖吻鲭鲨的捕捞死亡率，直到取得南、北两个种群更可靠的资源评估结果为止。

进一步注意到尖吻鲭鲨在 2008 年和 2012 年生态风险评估中持续被列为脆弱等级最高、资源评估过程中的不确定性和该鱼种繁殖力相对较低。

进一步注意到 SCRS 的 2014 年管理建议指出，应考虑对生物脆弱性最高及需关注其养护的鲨鱼种群采取预防性管理措施，SCRS 针对尖吻鲭鲨建议不应增加该鱼种的渔获量，维持目前渔获水平直到取得南、北两种群更可靠的资源评估结果为止。

### ICCAT 建议

（1）CPC 应改善其渔获报告系统，确保充分按照 ICCAT 对 Task Ⅰ 和 Task Ⅱ 渔获量、努力量和体长数据的规定要求，向 ICCAT 提交尖吻鲭鲨的渔获量和努力量数据。

（2）CPC 应将其国内监控尖吻鲭鲨渔获量和养护管理尖吻鲭鲨所采取的行动信息，纳入其向 ICCAT 提交的年度报告中。

（3）鼓励 CPC 进行可提供有关尖吻鲭鲨的重要生物/生态参数、生活史和行为特性以及认定可能的繁殖、产卵和育稚区等信息的研究，且应使 SCRS 可取得此类信息。

（4）SCRS 应尽力于 2016 年前进行尖吻鲭鲨资源评估，视取得的数据，应评价管理措施并向 ICCAT 提出适当的建议。

（5）本建议取代和废除第 05 - 05 号和第 06 - 10 号建议。

## 15. 第 15 - 06 号　关于 ICCAT 有关渔业所捕鼠鲨的建议

忆及 ICCAT 通过《关于大西洋鲨鱼类的决议》(第 01 - 11 号)、《关于 ICCAT 管理渔业所捕捞的鲨鱼类养护建议》(第 04 - 10 号)、《关于修订〈关于 ICCAT 管理渔业所捕捞的鲨鱼类养护建议〉(第 04 - 10 号) 的建议》(第 05 - 05 号[①]) 及《关于鲨鱼类的补充建议》(第 07 - 06 号),包括 CPC 每年提交鲨鱼类渔获 Task Ⅰ 及 Task Ⅱ 数据的义务;《关于大西洋鼠鲨的决议》(第 08 - 08 号) 及《关于遵守现行有关鲨鱼类养护与管理措施的建议》(第 12 - 05 号[②])。

进一步忆及 ICCAT 已对 ICCAT 管理渔业所过度捕捞的资源脆弱的鲨鱼种类通过的管理措施,这些鲨鱼种类包括:大眼长尾鲨 (第 09 - 07 号)、长鳍真鲨 (第 10 - 07 号)、双髻鲨科 (第 10 - 08 号)、镰状真鲨 (第 11 - 08 号)。

注意到 SCRS 于 2009 年试图对大西洋 4 个鼠鲨种群 (西北、东北、西南和东南) 进行评估,表明南半球鼠鲨种群数据太少,导致不能对种群状态提出准确的报告并确定可持续的渔获量水平;然而在无捕捞死亡率的情况下,北半球种群恢复至 $B_{MSY}$,东北大西洋种群将需要 15～34 年,西北大西洋种群需 20～60 年 (参照种群状况和模型的预测结果)。

进一步注意到 SCRS 于 2008 年和 2012 年进行的生态风险评估总结,表明鼠鲨属于最脆弱鲨鱼种类,即使捕捞死亡率处于低水平,其依然易受过度捕捞的影响。

考虑到 2015 年 SCRS 会议报告中估算的西北大西洋和东北大西洋的鼠鲨生物量已衰退至低于 $B_{MSY}$,但目前的捕捞死亡率低于 $F_{MSY}$。

进一步注意到国际海洋开发委员会 (以下简称 ICES) 于 2015 年对东北大西洋种群的建议,建议基于预防性做法,不应批准渔船捕捞鼠鲨,也不允许鼠鲨卸岸。

认识到东北大西洋渔业委员会 (以下简称 NEAFC) 通过《关于 NEAFC 管辖区域的鼠鲨养护和管理措施建议》(第 2015 - 07 号),同意直到 2015 年底,不应在管辖区域进行专捕鼠鲨的渔业。

进一步认识到 GFCM 也通过第 GFCM/36/2012/3 号建议禁止在船上保留、转载、卸下、转移、贮存、销售或展示或提供出售在地中海捕捞的鼠鲨鱼体。

进一步认知到鼠鲨于 2014 年被列入《濒临绝种野生动植物国际贸易公约 (CITES)》附录二。

进一步注意到根据 SCRS 的建议,应对具高度生物脆弱性和养护关切的缺少数据且 (或) 其评估结果不确定性较大的鲨鱼种类考虑预防性管理措施。

认识到 SCRS 2015 年建议捕获的活鼠鲨应予以活体释放,并提交数据。

进一步认识到 SCRS 2015 年也建议应维持鼠鲨捕捞死亡率与科学建议的水平一致,且渔获量不得超过目前的水平。

进一步注意到 SCRS 与 ICES 合作于 2019 年进行西北和东北大西洋鼠鲨联合资源评估。

---

①第 05 - 05 号建议已由第 14 - 06 号建议取代。
②第 12 - 05 号建议已由第 18 - 06 号建议取代。

## ICCAT 建议

（1）CPC 应要求其所属渔船，尽其可能，尽快释放有关 ICCAT 管理渔业所捕捞且在拉至船舷边、拉上船时未受伤的鼠鲨。

（2）CPC 应按照 ICCAT 数据提交的规定，确保鼠鲨 Task Ⅰ 和 Task Ⅱ 数据的收集和提交，记录鼠鲨的丢弃量及释放量及其状态（死鱼或活体），并提交给 ICCAT。

（3）若有关 ICCAT 管理渔业所捕鼠鲨的渔获量超过 2014 年的水平，ICCAT 将考虑额外措施。

（4）鼓励 CPC 执行 2009 年 ICCAT 与 ICES 联合会议提出的建议，特别是在 ICCAT《公约》区域内以区域（种群）层面执行研究和监控计划，以解决鼠鲨主要生物数据的缺口及确认重要生活史阶段的高丰度区（如繁殖、产卵和育稚区）。SCRS 应持续与 ICES 软骨鱼类工作小组合作。

（5）应在下一次鼠鲨种群资源评估后审议本建议，该资源评估将由 SCRS 或视适当情况与其他被认可的科学组织合作进行。

## 16. 第 15 - 13 号　ICCAT 关于捕捞机会分配标准的决议

### ICCAT 决议

**资格标准**

参与者将有资格根据以下标准在 ICCAT 架构下获得可能的配额分配：

(1) 是 CPC。

(2) 有能力采取 ICCAT 的养护与管理措施，收集并提供相关资源的准确数据，并考虑其对此类资源进行科学研究的能力。

**标准适用的种群**

(3) 这些标准应在 ICCAT 分配配额时适用于所有种群。

**分配标准**

(4) 关于有资格参与者过去/目前捕捞活动的标准。

a. 有资格参与者的历史渔获量。

b. 有资格参与者的利益、捕捞方式和捕捞实践。

(5) 关于已分配种群和渔业状况的标准。

a. 与 MSY 有关的拟分配种群的状况，或在缺乏 MSY 的情况下，应商定生物参考点以及该渔业捕捞努力量的现有水平，同时考虑到有资格参与者按照公约目标对需要养护、管理、恢复的鱼类种群养护所作的贡献。

b. 种群的分布和生物学特性，包括种群在国家管辖区域及公海区域内的出现。

(6) 关于有资格参与者状况的标准。

a. 手工、生计渔业以及小规模沿海渔民的利益。

b. 主要依赖捕捞此类种群的沿海捕捞社区的需求。

c. 区域内沿海国家的需求，这些国家的经济主要依赖海洋生物资源的开发，包括受 ICCAT 管理的资源。

d. ICCAT 管理种群的渔业对发展中国家的社会经济贡献，特别是区域内的发展中小岛国家和发展中领地①。

e. 沿海国家和受 ICCAT 管理鱼种的其他国家对种群的各自依赖性。

f. 渔业对 ICCAT 公约区内有资格参与者的经济和（或）社会重要性。

g. ICCAT 管理种群的渔业对国家粮食安全（需求）、国内消费、从出口中获得收入以及有资格参与者就业的贡献。

h. 有资格参与者在公海参与拟分配种群捕捞的权利。

(7) 关于有资格参与者对遵守/数据提供/科学研究的标准。

a. 有资格参与者对 ICCAT 养护与管理措施的遵守或与 ICCAT 合作的记录，包括 LSFV，但对已根据相关 ICCAT 建议设立的遵守制裁事件除外。

b. 有资格参与者管辖的船舶相关责任的履行情况。

---

①对本文件而言，领地仅指公约缔约方所代表的领地。

c. 有资格参与者对种群的养护与管理、ICCAT 要求准确数据的收集和提供，以及考虑各自能力对种群科学研究所作出的贡献。

**适用分配标准的条件**

（8）分配标准应以公平、公正和透明的方式为原则，目的是确保所有符合条件的参与者均有机会。

（9）相关小组应基于种群类别应用分配标准。

（10）分配标准应在相关小组确定的时间内逐步应用于所有种群，以处理所有有关方的经济需求，包括最小化经济失调的需求。

（11）分配标准的应用应考虑有资格参与者按照公约的目标对养护、管理、恢复鱼类种群养护所作出的必要的贡献。

（12）分配标准应符合国际惯例，并鼓励以预防和消除过度捕捞及过度的捕捞能力的方式应用，以及确保捕捞努力量水平与 ICCAT 达成的和维持 MSY 的目标相符。

（13）分配标准的应用应避免使 IUU 渔获合法化，并应促进预防、威慑和消除 IUU 捕捞，尤其是方便旗渔船的捕捞。

（14）分配标准的应用应鼓励合作的非缔约方、实体及捕鱼实体成为缔约方（当其有资格成为缔约方时）。

（15）分配标准应应用于鼓励该区域发展中国家与其他渔业国间的合作，以便根据相关国际惯例，达到 ICCAT 管理种群的可持续利用。

（16）有资格参与者不应交易或出售其配额或部分配额。

# 17. 第16‑06号　关于北大西洋长鳍金枪鱼多年养护和管理计划的建议

回顾 ICCAT《关于北大西洋长鳍金枪鱼捕捞能力限制的建议》（第98‑08号）、《关于北方长鳍金枪鱼管理措施的建议》（第99‑05号）、《关于北大西洋长鳍金枪鱼种群恢复计划的补充建议》（第13‑05号）及《关于对北大西洋长鳍金枪鱼种群建立捕捞控制规则的建议》（第15‑04号）。

认识到这些建议中规定的一系列措施共同规定了北大西洋长鳍金枪鱼多年养护和管理计划。

认识到应简化有关北大西洋长鳍金枪鱼的现有管理措施，并将其合并为一项建议。

注意到 ICCAT《公约》目标是维持资源支持 MSY 的水平。

考虑到2016年 SCRS 的种群评估得出结论，北大西洋长鳍金枪鱼的相对丰度在过去几十年中继续增加，很可能在神户矩阵图的绿色区域，因此种群没有发生资源型过度捕捞，也没有发生生产型过度捕捞。

进一步考虑到2016年 SCRS 不能对增加 TAC 的风险提出建议，目前不建议增加 TAC。

SCRS 建议建立一个协调的、多年的研究计划，以提高对该种群的认识，并向 ICCAT 提供更准确的科学建议。

回顾从事北方长鳍金枪鱼渔业的所有船队必须提交有关其渔业的所需数据（渔获量、努力量和分体长渔获量），以便转交给 SCRS。

认识到应建立捕捞北大西洋长鳍金枪鱼的 ICCAT 船舶注册名单。

考虑到加强渔业科学家和管理人员之间对话常设工作组（以下简称 SWGSM）通过其他种群研究，提出把北大西洋长鳍金枪鱼作为审查捕捞控制规则的种群是合适的。

注意到 SCRS 在测试捕捞控制规则和对北大西洋长鳍金枪鱼进行管理策略评估方面取得的进展，并寻求推进这项工作。

进一步注意到 SCRS 在2017年完成了北大西洋长鳍金枪鱼的管理策略评估。

## ICCAT 建议
### 第一部分　一般规定

**多年管理和养护计划**

（1）在 ICCAT《公约》海域捕捞北大西洋长鳍金枪鱼的 CPC 应执行本多年管理和养护计划。

（2）北大西洋长鳍金枪鱼种群的管理目标是：

a. 保持种群状态至少有60％的概率处于神户矩阵图绿色区域，同时最大限度地保持渔业的长期产量。

b. 若 SCRS 评估得出 SSB 低于 $SSB_{MSY}$ 时，至少有60％的可能性恢复 SSB 使其达到 $SSB_{MSY}$ 或高于 $SSB_{MSY}$，且尽可能在短期内使平均渔获量最大化及 TAC 水平的年间波动最小化。

### 第二部分　渔获量限制

**TAC 和渔获量限制**

（3）2017年和2018年建立的北大西洋长鳍金枪鱼 TAC 为28 000吨。2019年和2020年的 TAC 为30 000吨，但须经 ICCAT 根据2018年 SCRS 的最新建议作出决定。如果 ICCAT 在本措施所涉期间根据第（14）条通过了捕捞控制规则，则应根据这些规则重新调整 TAC。

（4）年度 TAC 应在 ICCAT 的 CPC 之间按表 3-2 中所列方式分配：

表 3-2 年度 TAC 在 ICCAT 的 CPC 之间的分配

| CPC | 2017—2018 年度配额（t）[a] | 2019—2020 年配额（t）[b] |
| --- | --- | --- |
| 欧盟** | 21 551.3 | 23 090.7 |
| 中华台北** | 3 271.7* | 3 505.4 |
| 美国** | 527 | 564.6 |
| 委内瑞拉 | 250 | 267.9 |

\* 中华台北在 2017 年和 2018 年将 100 吨配额转让给圣文森特和格林纳达，200 吨配额转让给伯利兹。

\*\* 欧盟、美国和中华台北被授权在 2017 年将其 2015 年配额中未使用的部分分别转给委内瑞拉 60 吨、150 吨和 114 吨。

a. 根据第（3）条作出的任何决定，可改变 2018 年的配额。

b. 如果根据 ICCAT 的决定，TAC 增加到 30 000 吨，CPC 可以获得这些数量的配额。

（5）上述第（4）条未提及的 CPC 应限制其 2017—2018 年的年度度渔获量不超过 200 吨，2019—2020 年不超过 215 吨。

（6）除了第（4）和第（5）条，日本应努力将其北大西洋长鳍金枪鱼年总渔获量限制在其大西洋大眼金枪鱼延绳钓总渔获量的 4% 以内。

**配额未用完或超配额**

（7）CPC 年度配额/渔获量限额的任何未使用部分或超出部分可按表 3-3 中所列方式从调整年内或之前的相应配额/渔获量限额中扣除：

表 3-3 CPC 年度配额/渔获量限额的任何未使用部分或超出部分的调整方式

| 捕获年度 | 调整年度 |
| --- | --- |
| 2015 | 2017 |
| 2016 | 2018 |
| 2017 | 2019 |
| 2018 | 2020 |
| 2019 | 2021 |
| 2020 | 2022 |

但缔约方在任何一特定年度转用的未使用量最多不应超过其最初渔获量配额的 25%。

若任何一年 CPC 的总卸鱼量超出 TAC，ICCAT 将在下一次 ICCAT 会议上重新评估本建议，并酌情建议进一步的养护措施。

### 第三部分 捕捞能力管理措施

（8）捕捞北大西洋长鳍金枪鱼的 CPC 应自 1999 年开始，通过限制船数（娱乐性渔船除外）来限制其捕捞能力，即船数低于其 1993—1995 年间的平均船数。

（9）第（8）条规定不适用于平均渔获量少于 200 吨的 CPC。

## 第四部分　控制措施

### 捕捞北大西洋长鳍金枪鱼的特别许可及 ICCAT 船舶名单

（10）CPC 应向悬挂其旗帜并批准在 ICCAT《公约》区内捕捞北大西洋长鳍金枪鱼的全长 20 米或以上的船只签发特别许可证。各 CPC 应指出此类渔船已批准并将船名列在按照《关于建立批准在 ICCAT〈公约〉区内作业的全长 20 米或以上的船舶名单的建议》（第 13 - 13 号[①]）提交的渔船名单内。不在此名单内或在此名单内但未按要求指明批准捕捞北大西洋长鳍金枪鱼的船舶，视为未经批准捕捞，在船上保留、转载、运送、转移、加工或卸售北大西洋长鳍金枪鱼。

（11）若 CPC 对未按照第（10）条批准捕捞北大西洋长鳍金枪鱼的船舶设定船上最高兼捕渔获量，且此兼捕渔获量计入 CPC 的配额或渔获量限制，CPC 应允许此类船舶兼捕北大西洋长鳍金枪鱼。各 CPC 应在其年度报告中提供允许此类渔船的最高兼捕渔获量，ICCAT 秘书处应汇总此信息并提供给 CPC。

## 第五部分　捕捞控制规则和管理策略评价

（12）SCRS 应于 2017 年完善测试支持上述第（2）条所指管理目标的候选参考点（例如 $SSB_{thresh}$、$SSB_{lim}$ 和 $F_{target}$）及相关 HCR[②]（一般形式见附件 1）。SCRS 也应提供统计数据，并支持按照附件 2 的绩效指标所作出的决策。

（13）第（12）条所述分析的结果在 2017 年组织的科学家和管理人员之间的对话中讨论，对话将在 SWGSM 会议期间或作为第 2 小组闭会期间会议进行。

（14）基于 SCRS 按照前述第（12）条的工作和提出的建议及第（13）条所指的对话取得的进展，ICCAT 应继续努力在 2017 年对北大西洋长鳍金枪鱼种群通过 HCR，包括在不同种群状态下采取预先同意的管理行动。HCR/MSE 的应用是一迭代过程。为此目的，ICCAT 将考虑以下管理行动并视需要更新：

a. 若 SSB 平均水平低于 $SSB_{lim}$，ICCAT 应立即通过严厉的管理行动，以降低捕捞死亡率，包括暂停渔业和开始实施科学监控配额并评估种群状况等。把科学监控配额设定在最低且有效的水平。ICCAT 不应考虑重新开放渔业，直到 SSB 平均水平超过 $SSB_{lim}$ 且有高度的可能性。再者，在重新开放渔业前，ICCAT 应研究恢复计划，以确保种群恢复至神户矩阵图的绿色区域。

b. 若 SSB 平均水平等于或低于 $SSB_{thresh}$ 且等于或高于 $SSB_{lim}$（$SSB_{lim} \leqslant SSB \leqslant SSB_{thresh}$），且

Ⅰ. F 在或低于 HCR 所定水平，ICCAT 应确保应用的管理措施将 F 维持在或低于 HCR 所定的水平，直到平均 SSB 高于 $SSB_{thresh}$ 水平。

Ⅱ. F 在 HCR 所定水平以上，ICCAT 应采取步骤，以降低 F 至 HCR 所定水平，确保 F 在恢复 SSB 至 $SSB_{MSY}$ 水平或高于 $SSB_{MSY}$ 的水平。

c. 若 SSB 平均水平高于 $SSB_{thresh}$ 但 F 超过 $F_{target}$（$SSB > SSB_{thresh}$ 且 $F > F_{target}$），ICCAT 应立即采取措施把 F 降至 $F_{target}$。

d. 一旦 SSB 平均水平达到或超过 $SSB_{thresh}$ 且 F 低于或等于 $F_{target}$（$SSB > SSB_{thresh}$ 且 $F \leqslant F_{target}$），ICCAT 应确保应用的管理措施将把 F 维持在 $F_{target}$ 或低于 $F_{target}$，且在 F 增加到 $F_{target}$ 的

---

①第 13 - 13 号已由第 14 - 01 号取代。

②附件 1 提供了 SCRS 于 2010 年建议的 HCR 的一般形式，此建议符合《UNFSA》。

情况下，以渐进和适度的方式增加。

（15）第（14）条中提到的 HCR 应由 SCRS 通过管理策略评估进行评估，包括根据对种群进行新的评估。ICCAT 应审议这些评估的结果，并根据需要对报告作出调整。如有必要，IC-CAT 应要求 SCRS 评估调整后的 HCR，并根据 SCRS 的反馈进一步调整。这一迭代的过程应继续进行，ICCAT 应考虑科学建议，随时审议和修订 HCR。

### 第六部分　最后规定

（16）ICCAT 期望自 2016 年起实施北大西洋长鳍金枪鱼研究多年计划，该计划由 SCRS 提出，并在其长鳍金枪鱼工作计划中作了说明，并鼓励 CPC 为这项工作作出贡献。

（17）本建议取代 ICCAT 通过的《关于北大西洋长鳍金枪鱼恢复计划的补充建议》（第 13 - 05 号）、《关于限制北大西洋长鳍金枪鱼捕捞能力的建议》（第 98 - 08 号）、《关于北大西洋长鳍金枪鱼的管理措施建议》（第 99 - 05 号）及《关于北大西洋长鳍金枪鱼种群建立捕捞控制规则的建议》（第 15 - 04 号），且应于 2018 年修订。

**附件 1**

SCRS 于 2010 年建议的 HCR 的一般形式见彩图 11，此建议符合《UNFSA》（2010 年 WGSAM 报告）

## 附件2

SCRS为支持决策所提出的绩效指标见附表3-2。

附表3-2　SCRS为支持决策所提出的绩效指标

| 绩效指标与相关统计 | 测量单位 | 指标类型 |
| --- | --- | --- |
| 1. 状态 | | |
| 1.1 相对于 $B_{MSY}$ 的最低产卵种群生物量 | $B/B_{MSY}$ | [X] 年的最低值 |
| 1.2 相对于 $B_{MSY}$ 的平均产卵种群生物量[①] | $B/B_{MSY}$ | [X] 年的几何平均值 |
| 1.3 相对于 $F_{MSY}$ 的平均捕捞死亡率 | $F/F_{MSY}$ | [X] 年的几何平均值 |
| 1.4 在神户矩阵图绿色区域的概率 | B、F | $B \geqslant B_{MSY}$ 且 $F \leqslant F_{MSY}$ 的年份占比 |
| 1.5 在神户矩阵图红色区域的概率[②] | B、F | $B \leqslant B_{MSY}$ 且 $F \geqslant F_{MSY}$ 的年份占比 |
| 2. 安全性 | | |
| 2.1 产卵种群生物量高于 B 限制（$0.4B_{MSY}$）的概率[③] | $B/B_{MSY}$ | $B > B_{lim}$ 的年份占比 |
| 2.2 $B_{lim} < B < B_{thresh}$ 的概率 | $B/B_{MSY}$ | $B_{lim} < B < B_{thresh}$ 的年份占比 |
| 3. 产量 | | |
| 3.1 平均渔获量—短期 | 渔获量 | 1~3 年的平均值 |
| 3.2 平均渔获量—中期 | 渔获量 | 5~10 年的平均值 |
| 3.3 平均渔获量—长期 | 渔获量 | 15 年和 30 年的平均值 |
| 4. 稳定性 | | |
| 4.1 渔获量变化比例绝对值的平均值 | 渔获量（C） | [X] 年的 $\lvert (C_n - C_{n-1})/C_{n-1} \rvert$ 的平均值 |
| 4.2 渔获量的方差 | 渔获量（C） | [X] 年的方差 |
| 4.3 关闭渔业的概率 | TAC | TAC 等于零的年度占比 |
| 4.4 TAC 变化超过特定水平的概率[④] | TAC | 管理周期中变化率（$TAC_n - TAC_{n-1}$）$/TAC_{n-1} > X\%$ 的占比[⑤] |
| 4.5 TAC 在管理期间变化的最大数量 | TAC | 最大变化率[⑥] |

①　这一指标提供了成年鱼预期单位捕捞努力量渔获量（以下简称CPUE）的指示，因为CPUE被假定用来评价生物量。

②　这一指标只有助于区分实现1.4所述目标的策略的绩效。

③　这与等于1-关闭概率（4.3）略有不同，因为选择了的管理周期为3年。在下一个管理周期，B 已被确定为小于 $B_{lim}$，在3年内TAC固定在相对应的 $F_{lim}$ 的水平，捕获量将保持在这样的最低水平3年。然而，生物量可能对 F 的降低反应迅速，并迅速增加，以便在3年的循环中有1年或多年将有 $> B_{lim}$。

④　在HCR中没有TAC相关约束的情况下是有用的。

⑤　正负变化要单独上报。

⑥　正负变化要单独上报。

## 18. 第16-07号    ICCAT关于2017—2020年期间南方长鳍金枪鱼捕捞限额的建议

注意到2016年SCRS报告指出，南方长鳍金枪鱼种群极有可能未受到资源型过度捕捞且未发生生产型过度捕捞。

也注意到SCRS得出，采用2016年的TAC（24 000吨）进行预测显示，到2020年在所有情况下种群处于神户矩阵图绿色区域的可能性将增加至63%。

认识到报告的年总渔获量已显著低于MSY。

承认ICCAT《公约》的目标是维持资源在支持MSY的水平。

**ICCAT建议**

（1）2017—2020年期间在大西洋北纬5°以南捕捞的长鳍金枪鱼年度TAC应为24 000吨。

（2）尽管有第（1）条规定，若2017年向ICCAT报告的2016年总长鳍金枪鱼渔获量超过24 000吨，则2018年的TAC应扣除2016年渔获量超出24 000吨的部分。

（3）对南大西洋长鳍金枪鱼的年捕捞限额分配见表3-4：

**表3-4    南大西洋长鳍金枪鱼的年捕捞限额分配**

| CPC | 捕捞限额（吨）* |
|---|---|
| 安哥拉 | 50 |
| 伯利兹 | 250 |
| 巴西 | 2 160 |
| 中国大陆 | 200 |
| 中华台北 | 9 400 |
| 科特迪瓦 | 100 |
| 库拉索 | 50 |
| 欧盟 | 1 470 |
| 日本 | 1 355 |
| 韩国 | 140 |
| 纳米比亚 | 3 600 |
| 南非 | 4 400 |
| 圣文森特及格林纳丁斯 | 140 |
| 英国海外领地（圣赫勒拿） | 100 |
| 乌拉圭 | 440 |
| 瓦努阿图 | 100 |

＊下列年份捕捞限额转让需批准：

2017—2020年自巴西转让给日本：100吨。

2017—2018年自乌拉圭转让给日本：100吨。

2019—2020年自南非转让给日本：100吨。

未列在表中的所有其他CPC应限制其渔获量在25吨以下。

（4）对南大西洋长鳍金枪鱼，任何未使用或超出的个别捕捞限额部分，根据其情况，可以根据下述方式在调整期间或之前，在其捕捞限额上增加/扣除：

a. 年度配额的剩余配额可以根据表 3-5 的方式调整到每一 CPC 各自配额中，最高限额为其最初配额的 25%。

表 3-5　年度剩余配额的调整方式

| 渔获年度 | 调整年度 |
| --- | --- |
| 2016 | 2018 |
| 2017 | 2019 |
| 2018 | 2020 |
| 2019 | 2021 |
| 2020 | 2022 |

b. 在 ICCAT 会议前，上一年度有剩余配额的 CPC 应告知其打算在下一年使用其剩余配额的量。自一特定年度，TAC 的未使用总量扣除那些希望使用其剩余配额的 CPC 的需求量，可以在希望增加其配额的 CPC 间共享，与其剩余配额无关，但应限制在最初配额的 25% 以内。

c. 在所有 CPC 要求的剩余配额总量超过根据此机制提供的总量的情况下，在要求补充其配额的 CPC 间，应以其最初配额的比例，按比例分配剩余配额。

d. 对于 2016 年渔获量和 TAC，剩余配额仅可在渔获量低于总 TAC 的可用范围内使用。

e. 剩余配额的转用，仅适用于第（3）条明确提到的 CPC。

f. 对于南非、巴西和乌拉圭，若上述任何 CPC 均在 12 月 31 日前达到其各自捕捞限额，且上述其他 CPC 在同一年有可使用的剩余配额，那么上述有可使用的剩余配额的 CPC 应根据其各自最初配额的比例，最多自动转让 1 000 吨给该年已达到其捕捞限额的上述任何 CPC。此类剩余配额的转让不影响第（4）条 b 款所述的 CPC 各自转让最高剩余配额的限额。此类转让应在 CPC 遵守报告表中报告。

（5）若一特定 CPC 超出其配额，超出的渔获量必须根据第（4）条中的时间表从其最初配额中扣除总超出部分的 100%，且禁止该 CPC 请求下一年在现行机制下可利用的任何剩余配额。

（6）第（3）条中明确提到的所有 CPC 可以转让其配额的一部分给另一 CPC，根据双方协议并事先向 ICCAT 秘书处通知转让数量。ICCAT 秘书处应向所有 CPC 转发该项通知。

（7）捕捞南大西洋长鳍金枪鱼的 CPC 应完善其渔获报告系统，以确保完全根据 ICCAT 提供 Task Ⅰ 及 Task Ⅱ 渔获量、努力量和体长数据的要求，向 ICCAT 报告正确及有效的南大西洋长鳍金枪鱼渔获量及努力量数据。此外，在南大西洋的港口 CPC 应根据《ICCAT 港口检查机制的最低标准建议》（建议第 12-07[①]）向秘书处报告其港口检查结果。秘书处应向船旗 CPC 转发该报告。

①建议第 12-07 号由建议第 18-09 号取代。

（8）下一次南大西洋长鳍金枪鱼资源评估将在 2020 年进行。强烈鼓励目前捕捞南大西洋长鳍金枪鱼的科学家分析其渔业数据，并参与 2020 年的评估。

（9）应在 2020 年 ICCAT 会议上审查和修订所有南大西洋长鳍金枪鱼捕捞限额及分配安排，同时要考虑 2020 年南大西洋长鳍金枪鱼资源评估的最新结果。该项审查和修订也应处理 2017—2020 年 TAC 的任何超捕捞量。

（10）CPC 应向悬挂该国旗帜及批准在 ICCAT《公约》区内捕捞南大西洋长鳍金枪鱼的全长 20 米或以上的船舶核发特别许可证。各 CPC 应指出此类渔船已经批准，船名已列在根据《有关建立批准在 ICCAT〈公约〉区内作业全长 20 米或以上船舶名单建议》（建议第 14 - 10 号）提交的渔船名单上。不在此名单内或无须表明批准捕捞南大西洋长鳍金枪鱼的船舶，视为未经批准捕捞，在船上留存、转载、运送、转移、加工或卸下南大西洋长鳍金枪鱼。

（11）若 CPC 对渔船设定船上最高兼捕量限制，且此兼捕量计入 CPC 的配额或捕捞限额内，CPC 可以允许未根据第（10）条批准捕捞南大西洋长鳍金枪鱼的船舶兼捕南大西洋长鳍金枪鱼。各 CPC 应在其年度报告中提供允许此类渔船的最高兼捕限额。ICCAT 秘书处应汇总此信息并提供给 CPC。

（12）本建议全部取代 ICCAT 在 2013 年通过的《ICCAT 关于 2014—2016 年期间南方长鳍金枪鱼捕捞限额的建议》（建议第 13 - 06 号）。

## 19. 第16-11号　ICCAT关于大西洋旗鱼养护与管理措施的建议

考虑到根据2016年对大西洋旗鱼进行资源评估的结果及以预防性方式管理该鱼种，应对大西洋旗鱼东部种群和西部种群建立符合科学建议的捕捞限额。

回顾《ICCAT关于ICCAT养护与管理措施决策原则建议》（建议第11-13号）的规定。

注意到大西洋旗鱼东部种群和西部种群由不同的ICCAT管理的渔业（如延绳钓、围网、娱乐性和手工表层渔业）捕捞。

承认SCRS强调，最近的研究表明一些延绳钓渔业中使用圆形钩导致旗鱼死亡率降低，但一些目标鱼种的钓获率维持在相同或高于传统"J"形钩所观察到的钓获率。

认识到旗鱼的渔获量可能少报，根据SCRS，这是资源评估中不确定性的主要来源之一。

承认ICCAT加强旗鱼研究计划的重要性及改进旗鱼渔获数据报告的重要性。

### ICCAT建议

（1）所属渔船在ICCAT《公约》区内捕捞大西洋旗鱼的CPC应确保采取以下方式执行管理措施，以支持按照ICCAT《公约》的目标养护该鱼种。

a. 若任何一种大西洋旗鱼在任一年度的总渔获量超过其MSY平均值67%的水平（即东部种群1 271吨和西部种群1 030吨），ICCAT应审查本建议的执行情况及成效。

b. 为预防任何一种旗鱼的渔获量超过该水平，CPC应采取适当措施，以限制旗鱼的死亡率。此类措施可包括，如释放活的旗鱼、鼓励或要求使用圆形钩或其他有效的渔具改进方法、实施最小渔获体长或限制海上作业天数。

（2）CPC应加强其收集旗鱼渔获量数据的努力，包括活体和死亡丢弃量，且每年提交这些数据，作为提交Task Ⅰ和Task Ⅱ数据的一部分，以支持资源评估。SCRS应审查此类信息，并确定根据商业渔业（包括延绳钓、刺网和围网）、娱乐性渔业和手工渔业预估捕捞死亡率的可行性。

（3）SCRS也应提出新的数据收集倡议，作为ICCAT加强旗鱼研究计划的一部分，以克服此类渔业的数据缺失问题，特别是发展中CPC的手工渔业，并应建议ICCAT在2017年批准该倡议。

（4）CPC应从2017年开始，在其年度报告中说明其数据收集计划和执行本建议所采取的步骤。

（5）应根据下一次大西洋旗鱼资源评估结果审查本建议。

## 20. 第 16-14 号　ICCAT 关于制定渔船国家观察员计划最低标准的建议

回顾 ICCAT《公约》第 9 条要求缔约方应在 ICCAT 要求下，提供为实现 ICCAT《公约》目的所需的任何可用的统计、生物学及其他科学信息。

进一步回顾 2001 年《ICCAT 关于数据提交的截止日期和程序的决议》（决议第 01-16 号），ICCAT 对提交 Task Ⅰ 及 Task Ⅱ 数据制定明确的指南。

认识到数据质量不佳会影响 SCRS 进行准确的资源评估并提出管理建议，也影响 ICCAT 通过有效的养护与管理措施。

决心确保收集关于 ICCAT 渔业中目标鱼种和兼捕物种死亡的所有数据，以提高未来科学建议的准确性，同时考虑生态系统。

认识到国家和 RFMO 两级均利用国家观察员计划以达到收集科学数据的目的。

认识到对 ICCAT 鱼种的捕捞活动及管理的国际属性，以及需要派遣训练有素的国家观察员，改善相关数据的收集，提高其一致性和质量。

考虑发展中国家有关能力建设的需要。

认识到联合国大会可持续渔业第 63-112 号决议，鼓励 RFMO 建立和制定国家观察员计划，以改善数据收集。

考虑到 SCRS 表明，目前的国家观察员水平（5%）似乎不适合对总兼捕量提出合理估计，并建议将最低水平提升至 20%。

进一步考虑到 SCRS 建议进一步研究这一问题，以确定满足管理和科学目标的覆盖率。

认识到 SCRS 注意到许多船队可能没有执行目前强制的 5% 国家观察员覆盖率的措施，并强调需要实现这一最低覆盖率，以便 SCRS 能完成 ICCAT 下达的任务。

认识到电子监控系统已经在许多渔业中成功测试，且 SCRS 通过了热带围网船队实施的最低标准。

回顾《ICCAT 关于为渔船国家观察员计划制定最低标准的建议》（建议第 10-10 号），并希望加强管理，以改善科学数据的可获得性和国家观察员的安全。

### ICCAT 建议

**一般条款**

（1）尽管未来 ICCAT 可对特定渔业或捕捞活动实施额外的国家观察员计划，各 CPC 应对其国家观察员计划采取以下最低标准和协议，以确保收集和报告 ICCAT 管理渔业的相关科学信息。

**国家观察员的资格**

（2）在不影响 SCRS 建议的任何培训或技术能力的情况下，CPC 应确保其国家观察员具有以下基本能力，以完成其任务：

a. 有足够的知识与经验辨识 ICCAT 鱼种、收集渔具结构信息。

b. 在本计划下，观测及正确记录所收集的数据的能力。

c. 有能力履行以下第（7）条规定的职责。

d. 收集生物样本的能力。

e. 最低和适当的安全和海上求生训练。

（3）此外，为确保其国家观察员计划的完善，CPC 应确保国家观察员：

a. 不是被观察渔船的船员；

b. 不是被观察渔船的所有人或利益相关船东的雇员。

c. 目前与被观察渔业无财务或受益关系。

### 国家观察员覆盖率

（4）每一 CPC 应确保其国家观察员计划如下：

a. 每一漂流延绳钓渔业、围网渔业及 ICCAT 定义的竿钓渔业、建网渔业、刺网渔业和拖网渔业，其国家观察员覆盖率至少为捕捞努力量的 5%，覆盖率的计算方法如下：

围网渔业以网次数或航次数计算。

漂流延绳钓渔业以作业天数、投绳次数或航次数计算。

竿钓渔业和建网渔业以作业天数计算。

刺网渔业以作业小时数或天数计算。

拖网渔业以网次数或天数计算。

b. 尽管有 a 款，船长小于 15 米的渔船，若有安全隐患妨碍国家观察员的派遣，CPC 可以利用替代的科学监控方法，以确保符合上述覆盖率的方式收集等同于本建议规定的数据。在此情况下，有意利用替代方法的 CPC 必须向 SCRS 提出该做法的详细信息以供评估。SCRS 将就执行本建议规定的数据收集义务替代方法的适用性，向 ICCAT 提出建议。根据本条款实施的替代方法应在执行前得到 ICCAT 年度会议的批准。

c. 考虑到船队和渔业的特性，观察的作业船队的时空覆盖率要具有代表性，以确保按照本建议和任何 CPC 国家观察员计划的要求，收集足够且适当的数据。

d. 第（7）条中所述的关于捕捞作业方面的数据，包括渔获量。

（5）只要遵守本建议的所有规定，CPC 可以缔结双边安排，其一 CPC 可将其国家观察员安排在悬挂另一 CPC 旗帜的船上。

（6）CPC 应尽量确保国家观察员在执行任务期间轮换船舶。

### 观察员的任务

（7）CPC 应要求国家观察员：记录和报告所观察船舶进行的捕捞活动，至少应包括以下：

a. 收集资料，包括目标渔获、丢弃量和兼捕（包括鲨鱼、海龟、海洋哺乳类及海鸟）的总数量、适当情况下估算和测量渔获体长、处理状况（即留存、死体丢弃、活体释放）及为研究生命史收集生物样本（如性腺、耳石、脊椎骨、鱼鳞）。

b. 收集和报告发现的所有标志。

c. 捕捞作业信息，包括：

ⅰ. 渔获区域（经、纬度）。

ⅱ. 捕捞努力量信息（如下网次数、投钩数等）。

ⅲ. 每次捕捞作业的日期，适当时，包括捕捞活动开始和结束的时间。

ⅳ. 集鱼装置的使用，包括人工集鱼装置（FAD）。

ⅴ. 有关被释放动物存活率的状况（即死亡、活体、受伤等）。

d. 观察和记录所采取的兼捕减缓措施和其他相关信息。

e. 尽最大可能，观察和报告环境状况（如海况、气候和水文参数等。）

f. 根据热带金枪鱼类多年养护与管理计划通过的 ICCAT 国家观察员计划，观察和报告有关 FAD 的信息。

g. 执行 SCRS 建议和经 ICCAT 同意的任何其他科学性工作。

**观察员的义务**

（8）CPC 应确保国家观察员：

a. 在不干扰船员工作的情况不使用船舶的电子设备。

b. 熟悉船上的紧急逃生程序，包括救生筏、灭火器和急救箱的位置。

c. 视需要就国家观察员相关问题和任务与船长沟通。

d. 不妨碍或干扰船舶的捕捞活动和正常作业。

e. 出席负责执行国家观察员计划的科学机构或国内主管部门的报告会议。

**船长的义务**

（9）CPC 应确保船长对所指派的国家观察员：

a. 允许其适当了解船舶及其作业状况。

b. 允许国家观察员以有效的方式履行其职责，包括：

ⅰ. 提供适当接近船舶渔具、有关文件（包括电子和纸质渔捞日志）及渔获。

ⅱ. 在任何时刻与科学机构或国内主管部门的代表联系。

ⅲ. 确保适当接近有关捕捞的电子或其他设备，包括但不局限于：卫星导航设备；电子通信设备。

ⅳ. 确保被观察的船上没有人窜改或毁坏国家观察员的设备或文件，以阻碍、干扰或其他方式使其不可避免地妨碍国家观察员履行其职责，以任一方式恐吓、骚扰或伤害国家观察员，贿赂国家观察员。

c. 提供国家观察员食宿，包括住所、膳食和充分的卫生设备，待遇等同职务船员。

d. 在船桥或驾驶舱提供国家观察员充分的空间执行其职责任务，并在甲板上提供充分的空间以执行国家观察员任务。

**CPC 的责任**

（10）各 CPC 应：

a. 要求其船舶在捕捞 ICCAT 鱼种时，根据本建议规定载有一名国家观察员。

b. 关注国家观察员的安全。

c. 若可行且适当，鼓励其科学机构或国内主管部门与其他 CPC 的科学机构或主管部门达成协议，以相互交换国家观察员报告和国家观察员数据。

d. 在其年度报告中提供有关执行本建议的具体信息，供 ICCAT 和 SCRS 使用，此应包括：

ⅰ. 详细说明其国家观察员计划的结构与设计，除其他外包括：渔业类别和渔具类别的国家观察员覆盖率目标水平，及其计算方法；要求收集的数据；目前的数据收集和处理草案；有关如何挑选船舶以达成 CPC 国家观察员覆盖率目标水平的信息；国家观察员培训要求；及国家观察员资格要求。

ⅱ. 监测的船舶数量、渔业类别和渔具类别的覆盖率、以及计算此类覆盖率的方法。

e. 在初次提交第（10）条 d 款 i 所要求的信息后，只有在年度报告中国家观察员计划的结构和（或）设计变化时，才在报告中进行报告。CPC 应继续每年向 ICCAT 报告第（10）条 d 款 ii 所要求的信息。

f. 在符合现行其他数据报告要求的程序及 CPC 国内机密要求下，每年应使用 SCRS 指定的电子格式，向 SCRS 报告其国家观察员计划收集的数据，尤其是用于资源评估和其他科学目的的信息，以供 ICCAT 使用。

g. 在执行第（7）条所述任务时，确保其国家观察员执行规定收集可靠的数据，包括在需要且适当情况下进行摄影。

**ICCAT 秘书处的责任**

（11）ICCAT 秘书处应方便 SCRS 和 ICCAT 取得根据本建议所提交的相关数据和资料。

**SCRS 的责任**

（12）SCRS 应：

a. 根据需要和适当情况，编写一份国家观察员工作手册，以供 CPC 在其国家观察员计划中自愿使用，包括示范数据收集表格和标准化数据收集程序，同时考虑国家观察员手册和可能已通过其他来源包括 CPC、区域性和次区域性机构及其他组织，已经取得的相关资料；

b. 制定针对各渔业的电子监控系统指南。

c. 向 ICCAT 提供根据本建议收集和报告的科学数据和资料以及任何相关发现的摘要。

d. 根据需要，对如何改善国家观察员计划的成效提出建议，包括对本建议的修订和（或）CPC 执行此类最低标准和规定，以满足 ICCAT 的数据需要。

**电子监控系统**

（13）若 SCRS 确定电子监控系统对特定渔业有效，可以在渔船上安装电子监控系统，以补充或在 SCRS 的建议和 ICCAT 的决定实施之前，取代船上的国家观察员。

（14）CPC 应考虑经 SCRS 批准的关于使用电子监控系统的任何适用准则。

（15）鼓励 CPC 向 SCRS 报告其在 ICCAT 渔业中使用电子监控系统以补充国家观察员计划的经验。鼓励尚未实施此类系统的 CPC 探索其使用，并向 SCRS 报告其发现。

**给予发展中国家支持**

（16）发展中国家应向 ICCAT 报告其执行本建议规定的特别需求，ICCAT 应充分考虑这些特别需求。

（17）将使用可获得的 ICCAT 基金支持发展中国家实施国家观察员计划，特别是国家观察员的培训。

**最终条款**

（18）ICCAT 应不迟于 2019 年年会审查本建议，并考虑更新本建议，尤其是根据 CPC 提供的信息和 SCRS 的建议。

（19）废止建议第 10-10 号，并由本建议取代。

## 21. 第16-15号 ICCAT关于转载的建议

考虑到有必要打击IUU捕捞活动，因为其损害ICCAT所采取的养护与管理措施的有效性。

对于有组织地进行金枪鱼类"洗鱼"活动，IUU渔船的大量渔获物以合法许可的渔船名义转载表示严重关切。

鉴于有必要确保在ICCAT《公约》区域内所捕金枪鱼类和类金枪鱼类及与捕捞此类鱼种有关的其他鱼种转载活动的监控，尤其是大型漂流延绳钓渔船（以下简称LSPLV），包括管控其卸鱼量。

考虑到有必要确保此类LSPLV渔获数据的收集，以改进对这些种群的科学评估。

### ICCAT建议
### 第一部分 一般规定

（1）禁止所有海上转载作业，包括：

a. 在ICCAT《公约》区域内的金枪鱼类和类金枪鱼类以及与捕捞此类鱼种有关的其他物种，及

b. 在ICCAT《公约》区域外的金枪鱼类和类金枪鱼类以及与捕捞此类鱼种有关且在ICCAT《公约》区域内捕获的其他物种，

全长大于24米的LSPLV可以根据以下第三部分中确定的计划从事海上转载，所有其他转载必须在港内进行。

（2）CPC应采取必要措施，以确保悬挂其旗帜的渔船在港内转载金枪鱼类和类金枪鱼类及与捕捞此类鱼种有关的其他物种时，遵守附件3中规定的义务。

（3）本建议不适用于使用鱼叉捕捞剑鱼的船舶在海上转载生鲜剑鱼①。

（4）本建议不适用于在ICCAT《公约》区域外受另一区域性渔业管理组织所建立同等监控计划的转载。

（5）本建议不损害其他ICCAT建议中适用于海上转载或港内转载的其他要求。

### 第二部分 批准在ICCAT管辖区域内接受转载的运输船名单

（6）金枪鱼类和类金枪鱼类及与捕捞此类鱼种有关的其他鱼种的转载，仅能在根据本建议批准的运输船上进行。

（7）应建立批准在ICCAT《公约》区域内接受金枪鱼类和类金枪鱼类以及与捕捞此类鱼种有关的其他物种的ICCAT运输船名单。就本建议而言，不在此名单内的运输船视为未批准转载金枪鱼类和类金枪鱼类以及与捕捞此类鱼种有关的其他物种。

（8）为使其运输船纳入ICCAT运输船名单，船旗CPC或船旗非缔约方应在每一公历年以电子方式及ICCAT执行秘书指定的格式，提交批准在ICCAT《公约》区内接受转载的运输船名单。此名单应包含下列信息：

a. 船名、登记号码。

b. ICCAT编号（若有）。

---

① 就本建议而言，生鲜剑鱼是指活的、全鱼或去内脏/去头、去鳍和去内脏，但未进一步加工或冷冻的剑鱼。

c. IMO 号码。

d. 以往的船名（若有）。

e. 以往的船旗（若有）。

f. 以往从其他登记中删除的详细资料（若有）。

g. 国际无线电呼号。

h. 船舶类型、长度、GRT 及承载容量。

i. 船东及经营者的姓名及地址。

j. 批准转载的类型〔如港内和（或）海上〕。

k. 批准转载的期间。

（9）每一 CPC 应在 ICCAT 运输船名单有任何加入、删除及（或）修改发生时，立即告知 ICCAT 执行秘书。

（10）ICCAT 执行秘书应保存 ICCAT 运输船名单并采取措施，确保以符合国内保密要求的方式，通过电子途径公布该名单，包括在 ICCAT 网站上公布。

（11）应要求获得批准从事转载的运输船按照 ICCAT 所有适用建议安装及操作 VMS，包括《修订有关建立 ICCAT〈公约〉区域内 VMS 最低标准建议（建议第 03－14 号）的建议》（建议第18－10号）或后续任何建议，包括未来任何修订版本。

### 第三部分　海上转载监控计划

（12）对于金枪鱼类和类金枪鱼类及与捕捞此类鱼种有关的其他物种，在海上由 LSPLV 转载只能根据本部分、第四部分及附件 1 与附件 2 中规定的条款进行授权。

**批准 LSPLV 海上转载**

（13）批准其 LSPLV 在海上转载的每一船旗 CPC，应在每一公历年以电子方式及执行秘书指定的格式，提交其批准在海上转载的 LSPLV 名单。

此名单应包含下列信息：

a. 船名及登记号码。

b. ICCAT 编号。

c. 批准转载的期间。

d. 批准供 LSPLV 使用的运输船的船旗、船名及登记号码。

ICCAT 秘书处收到批准在海上转载的 LSPLV 名单后，应向运输船船旗 CPC 提供批准与其运输船进行转载作业的 LSPLV 名单。

**沿岸国授权**

（14）LSPLV 在一 CPC 管辖区域内的转载，须事先取得该 CPC 的批准。沿岸国事先批准的文件原件或副本必须保留在船上，并在 ICCAT 区域性观察员要求时可获得。CPC 应采取必要措施，以确保悬挂其旗帜的 LSPLV 遵守本部分条款：

**船旗国批准**

（15）LSPLV 不得在海上转载，除非其已经事先获得船旗国批准。事先批准的文件原件或副本必须保留在船上，并在 ICCAT 区域性观察员要求时可获得。

**通知义务**

LSPLV：

（16）为取得上述第（14）和第（15）条所提到的事先批准，LSPLV 的船长和（或）船东必须将以下信息至少在预期转载 24 小时前告知其船旗 CPC 主管部门，及适当情况下的沿岸 CPC：

a. LSPLV 的船名及其在 ICCAT 船舶名单中的编号。

b. 运输船船名及其在批准于 ICCAT 区域内接受转载 ICCAT 运输船名单中的编号，和在知悉情况下按鱼种类别，及在可能情况下按种群类别的转载产品。

c. 金枪鱼类和类金枪鱼类及在可能情况下按种群类别的转载数量。

d. 与捕捞金枪鱼类和类金枪鱼类有关的其他鱼种在知悉情况下按鱼种类别的转载数量。

e. 转载日期及地点；

f. 符合 ICCAT 统计区的鱼种类别及在适当情况下种群类别的渔获地理位置。

相关的 LSPLV 应在转载后 15 天内，根据附件 1 中规定的格式填写 ICCAT 转载申报书，连同其在 ICCAT 船舶名单中的编号，报送给船旗 CPC 及在适当情况下的沿岸 CPC。

**接受转载的运输船**

（17）接受转载的运输船船长应在转载完成后 24 小时内填写 ICCAT 转载申报书，连同其批准在 ICCAT 区域内接受转载的 ICCAT 运输船名单编号报送给 ICCAT 秘书处及 LSPLV 的船旗 CPC。

（18）接受转载的运输船船长应在卸鱼前 48 小时，将 ICCAT 转载申报书及其批准在 ICCAT 区域内接受转载的 ICCAT 运输船名单编号报送给卸鱼发生地国家的主管部门。

**ICCAT 区域性观察员计划**

（19）每一 CPC 应确保所有在海上转载的运输船，根据附件 2 中规定的 ICCAT 区域性观察员计划在船上配有一名 ICCAT 区域性观察员。ICCAT 区域性观察员应观察本建议的遵守情况，特别是转载数量与 ICCAT 转载申报书及视可行与渔船渔捞日志所记录的渔获量是否相符。

（20）禁止船上没有 ICCAT 区域性观察员的船舶在 ICCAT《公约》区域内进行或持续转载渔获，除非是在不可抗力的情况下，并正式向 ICCAT 秘书处报告。

### 第四部分　一般条款

（21）为确保 ICCAT 渔获及统计文件计划所涵盖有关鱼种的养护与管理措施的有效执行：

a. LSPLV 的船旗 CPC 在核发渔获统计文件时，应确认转载数量与每一 LSPLV 报告的渔获量相符。

b. LSPLV 的船旗 CPC 在确认转载是根据本建议进行后，才可对转载渔获签发渔获统计文件，该项确认应以通过 ICCAT 区域性观察员计划所取得的信息为基础。

CPC 应要求，进口 LSPLV 在 ICCAT《公约》区捕捞渔获统计文件计划所涵盖的鱼种到一 CPC 领土时，应具有经 ICCAT 船舶名单上的渔船签发的渔获统计文件及 ICCAT 转载申报书副本。

（22）前一年度有 LSPLV 进行转载的船旗 CPC 及接受转载的运输船船旗 CPC 应在每年 9 月 15 日前向执行秘书报告：

a. 前一年度转载的金枪鱼类和类金枪鱼类鱼种类别（若可能，种群类别）数量。

b. 前一年度转载与捕捞金枪鱼类和类金枪鱼类有关的其他物种在知悉情况下按鱼种类别的数量。

c. 前一年度转载过的 LSPLV 名单。

　　d. 评估自其 LSPLV 接受转载的运输船上的区域性观察员报告的内容与结论的完整报告。

　　此类报告应提供给 ICCAT 及其有关附属机构供审查及考虑。秘书处应将此类报告上传至有密码保护的网站。

　　（23）所有卸下或进口至 CPC 区域或领土内的未加工或已在船上加工处理的金枪鱼类和类金枪鱼类及与捕捞此类鱼种有关的其他物种，应附有 ICCAT 转载申报书，直到首次销售完成为止。

　　（24）从事海上转载的 LSPLV 的船旗 CPC 及适当情况下的沿岸 CPC，应审查根据本建议规定所取得的信息，以判定每艘船舶所报告的渔获量、转载量及卸鱼量之间的一致性，包括视需要与卸鱼国合作。执行本项核实工作时，应使船舶遭受最小的干扰和不便及避免渔获质量变坏。

　　（25）在 SCRS 要求及按照 ICCAT 保密要求时，SCRS 应有权取得根据本建议所收集的数据。

　　（26）ICCAT 执行秘书应每年在 ICCAT 会议上报告本建议的执行概况，ICCAT 应特别审查本建议的遵守情况。

　　（27）本建议取代《ICCAT 通过的有关转载计划的建议》（建议第 12 - 06 号）。

## 附件 1

ICCAT 转载声明见附表 3-3，转载位置填报内容见附表 3-4。

附表 3-3　ICCAT 转载声明

文件编号：

| 运输船 | | 渔船 | |
|---|---|---|---|
| 船名及无线电呼号： | | 船名及无线电呼号： | |
| 船旗国/实体/捕鱼实体： | | 船旗 CPC： | |
| 船旗国批准号码： | | 船旗国批准号码： | |
| 国内注册号码： | | 国内注册号码： | |
| ICCAT 名单号码： | | ICCAT 名单号码： | |
| IMO 号码： | | IMO 号码： | |
| | | 外部辨认： | |

| 日　月　时　年：20☐☐ | 代理姓名： | 渔船船长姓名： | 运输船船长姓名： |
|---|---|---|---|
| 离港日期 ☐☐☐☐☐ | 自： | 签名： | 签名： |
| 进港日期 ☐☐☐☐☐ | 至： | 签名： | |
| 转载日期 ☐☐☐☐☐ | | | |

转载时，使用千克或单位（如箱、筐）表示重量，且以该单位表示的卸下重量为 ☐☐☐ 千克。

附表 3-4　转载位置

| 鱼种<br>（若适用，按种群④）② | 港口 | 洋区③ | 产品类型①<br>（RD/GG/DR/FL/ST/OT） | 净重（千克） |
|---|---|---|---|---|
| | | | | |
| | | | | |
| | | | | |
| | | | | |
| | | | | |
| | | | | |

ICCAT 区域性观察员签名及日期（若在海上转载）：

① 应指出产品类型，如全鱼（RD）；去鳃去内脏（GG）；去鳃去内脏去鳍（DR）；切片（FL）；鱼排（ST）；其他（OT），请说明产品类型。

② 按种群类别的鱼种清单及描述此类的地理位置应填入本表格背面，请尽可能提供详细资料。

③ 大西洋、地中海、太平洋、印度洋。

④ 若无法取得种群水平资料，请说明。

**附件 2**

**ICCAT 区域性观察员计划**

1. 每一 CPC 应要求船名列在 ICCAT 区域内在海上接受转载的 ICCAT 船舶名单的运输船，每次在 ICCAT《公约》区内转载作业期间搭载一名 ICCAT 区域性观察员。

2. ICCAT 秘书处应指派区域性观察员，并将其派遣到经批准从悬挂执行 ICCAT 区域性观察员计划 CPC 船旗的 LSPLV 接受 ICCAT 区域转载渔获的运输船上。

3. ICCAT 秘书处应确保区域性观察员有能力正确地执行其任务。

**区域性观察员的指派**

4. 被指派的区域性观察员应具备以下的能力以完成其任务：

（1）有辨识 ICCAT 鱼种及渔具的能力，并优先考虑具有漂流延绳钓船担任区域性观察员经验的人员。

（2）对 ICCAT 养护与管理措施有良好的认知。

（3）有能力观察及正确记录。

（4）对被观察渔船的船旗国语言有良好的了解。

**区域性观察员的义务**

5. 区域性观察员应：

（1）完成 ICCAT 指南要求的技术培训。

（2）尽可能不是运输船船旗国的国民或公民。

（3）有能力执行以下第 6 条中规定的任务。

（4）姓名列在 ICCAT 秘书处所建立的区域性观察员名单内。

（5）不是 LSPLV 或运输船的船员，或不是 LSPLV 或运输船公司的雇员。

6. 区域性观察员应监测 LSPLV 及运输船遵守 ICCAT 通过的有关养护与管理措施。区域性观察员的任务是：

（1）考虑到本附件第 10 条中提到的安全顾虑，在转载前，前往拟转载到运输船的 LSPLV：

a. 核对渔船在 ICCAT《公约》区域内捕捞金枪鱼类和类金枪鱼类及与捕捞此类鱼种有关的其他物种的授权或执照的有效性。

b. 检查渔船自船旗 CPC，适当情况下从沿岸国取得的海上转载事先批准书。

c. 检查及记录船上的渔获物总量，和可能情况下按种群类别的总渔获量，以及将转载到运输船的数量。

d. 检查渔船船位监控系统是否正常运作，检查渔捞日志及在可能情况下核对其内容。

e. 核对船上是否有任何渔获物来自于其他渔船，及检查此类转移的文件。

f. 若有迹象表明 LSPLV 涉及任何违规行为，立即将该违规行为报告给运输船船长（充分考虑任何安全因素）和区域性观察员计划执行公司，该公司应立即转告 LSPLV 的船旗 CPC 主管部门。

g. 在区域性观察员报告内，记录其在渔船上执行任务的情况。

（2）观察运输船的活动：

a. 记录和报告所进行的转载活动。

b. 当进行转载时，核对渔船的位置。

c. 观测和估计按鱼种类别的金枪鱼类和类金枪鱼（若已知），及在可能情况下按种群类别的转载数量。

d. 捕捞金枪鱼类和类金枪鱼类时捕获的其他物种按鱼种类别（若可知）的数量。

e. 核对及记录有关 LSPLV 的船名及其 ICCAT 编号。

f. 核对转载申报书上显示的数据，包括在可能情况下比对 LSPLV 的渔捞日志。

g. 确认转载申报书上显示的数据。

h. 会签转载申报书。

i. 在区域性观察员离船的港口卸岸时，按鱼种类别观察和估计产品数量，核对该数量与海上转载作业期间所接受数量是否一致。

（3）此外，区域性观察员应：

a. 发布运输船转载活动的每日报告。

b. 汇总根据区域性观察员职责所收集的信息并撰写报告中，以及向船长提供在此报告中加入任何有关信息的机会。

c. 在观察期间结束后 20 天内，将上述报告提交给秘书处。

d. 履行 ICCAT 所规定的任何其他职责。

7. 区域性观察员应将与 LSPLV 和船东的捕捞作业有关的所有信息视为机密，并接收此书面要求作为指派担任区域性观察员的条件。

8. 区域性观察员应遵守对其被指派到的执行观察任务的船舶有管辖权的船旗国及有关沿岸国规定的法律与法规。

9. 区域性观察员应遵守适用于所有船员的等级和行为的规定，但此类规定不得妨碍本计划的区域性观察员的任务及第 10 条中规定的船上人员义务。

**运输船船旗国的责任**

10. 运输船船旗国及其船长对执行区域性观察员计划的有关条件，包括下述，特别是：

（1）允许区域性观察员接触船上人员、有关文件以及渔具和设备。

（2）在区域性观察员提出要求后，若船上有此类设备的话，允许其靠近被指派的船舶的下述设备，以帮助其完成第 6 条中规定的任务：

a. 卫星导航设备。

b. 使用中的雷达。

c. 以电子方式通讯。

d. 转载产品称重所使用的磅秤。

（3）提供区域性观察员食宿，包括住所、膳食和充分的卫生设备，待遇等同职务船员。

（4）在船桥或驾驶舱提供区域性观察员充分的空间进行文书工作，并在甲板上提供充分的空间以执行区域性观察员任务。

（5）允许区域性观察员决定观看转载作业的最佳位置及估计转载鱼种/种群数量的方法。就该条而言，运输船船长应考虑安全及可操作性，应满足区域性观察员的需要，包括在区域性观察员提出要求后暂时放置产品在运输船甲板供区域性观察员检查，及给予区域性观察员充分的时间以执行其任务。区域性观察员应以干扰最小化及避免危及转载产品质量的方式进行。

（6）根据第 11 条的规定，运输船船长应确保向区域性观察员提供所有必要的协助，以确保在天气及其他条件允许的情况下，运输船与渔船之间的安全运送。

（7）船旗国应确保船长、船员及船东在区域性观察员执行其任务时，不阻止、威胁、妨碍、干扰、贿赂区域性观察员。

要求 ICCAT 秘书处以符合任何适用的保密方式，向在其管辖的转载的运输船船旗国及 LSPLV 的船旗 CPC，提供该航次有关的所有原始数据、摘要和报告的副本。

ICCAT 秘书处应向 COC 和 SCRS 提交区域性观察员报告（包含渔船及运输船的信息及活动）。

### 转载期间 LSPLV 的责任

11. 若天气和其他条件允许，应允许区域性观察员登临 LSPLV 及同意区域性观察员接触船上人员、所有相关文件、VMS 及有必要的区域，以执行本附件第 6 条中规定的任务。LSPLV 船长应确保向区域性观察员提供所有必要的协助，以确保区域性观察员在运输船和 LSPLV 间的来往安全。若在转载作业开始前，海况对区域性观察员构成不可接受的风险，以致其无法登临 LSPLV，此类转载作业仍可继续进行。

### 区域性观察员费用

12. 希望进行转载作业的 LSPLV 的船旗 CPC 应支付执行本计划的费用，该费用以计划的总经费作为计算基准，并存入 ICCAT 秘书处的特别帐户，ICCAT 秘书处应管理执行本计划的账目。

13. 除非已按照第 12 条要求支付费用，否则 LSPLV 不得在海上转载。

### 信息共享

14. 为方便信息共享及在可行范围内协调有关 RFMO 的海上转载计划，包括区域性观察员手册在内的所有培训教材，及为支持 ICCAT《公约》海上转载区域性观察员计划的实施所开发和使用的数据收集表格，应上传到 ICCAT 网站的公开部分。

### 识别指南

15. SCRS 应与 ICCAT 秘书处及适当情况下的其他单位合作，制定新的或改进现有的冷冻金枪鱼类和类金枪鱼类的识别指南。ICCAT 秘书处应确保 CPC 及其他相关方可广泛取得此类识别指南，包括在 ICCAT 区域性观察员派遣前及执行类似海上转载区域性观察员计划的其他 RFMO 均可取得此类识别指南。

## 附件 3

**港内转载**

1. 对在其管辖区域内港口行使权力时，CPC 可以根据其国内法规及国际法执行较严格的措施。

2. 根据本建议第 1 部分规定，任一 CPC 在港内转载从 ICCAT《公约》区域捕捞的金枪鱼类和类金枪鱼类或在 ICCAT《公约》区域捕捞的与此类鱼种有关的其他物种，仅可按照《ICCAT 通过的 ICCAT 港口检查机制的最低标准建议》（建议 12 - 07 号）及以下程序进行：

**通知义务**

3. 渔船

（1）渔船船长必须在转载作业前至少 48 小时，向港口国主管部门报告运输船的船名和转载的日期/时间。

（2）渔船船长应在转载时，将以下情况向其船旗 CPC 报告：

a. 转载金枪鱼类和类金枪鱼类鱼种及按种群类别的数量（若可能）。

b. 转载与捕捞金枪鱼类和类金枪鱼类有关的其他物种在知悉情况下按物种分类的数量。

c. 转载日期及位置。

d. 接受转载的运输船船名、登记号码与船旗。

e. 符合 ICCAT 统计区的鱼种及在适当情况下按种群分类的渔获位置。

（3）有关的渔船船长应在不迟于转载后 15 天内，按照附件 1 中规定的格式填写 ICCAT 转载申报书，连同其在 ICCAT 渔船名单中的编号，提交给其船旗 CPC。

4. 接受船

（1）接受的运输船船长最迟应在转载开始前 24 小时及转载终止时，向港口国主管部门报告转载至该船的金枪鱼类和类金枪鱼类渔获数量，并在 24 小时内填写 ICCAT 转载申报书，并提交给主管部门。

（2）接受的运输船船长应在卸岸前 48 小时填写 ICCAT 转载申报书，并提交给卸鱼发生地的卸岸国主管部门。

**港口国及卸岸国合作**

5. 上述所指港口国及卸岸国应审查按照本附件规定取得的信息，包括视需要与渔船的船旗 CPC 合作，判定每艘船报告的渔获量、转载量及卸鱼量间的一致性。此项核实工作的进行应使船舶所受的干扰及不便降到最低，并避免渔获物质量变差。

**报告**

6. 每一渔船的船旗 CPC 应在其每年提交给 ICCAT 的年度报告中，包含其所属船舶的详细转载信息。

## 22. 第 17-02 号　关于修改北大西洋剑鱼养护第 16-03 号建议的建议

回顾《关于 ICCAT 修订北大西洋剑鱼资源恢复计划的补充建议》（第 06-02 号）和《关于 ICCAT 养护北大西洋剑鱼的建议》（第 10-02 号、第 11-02 号及第 16-03 号）。

又回顾《关于 ICCAT 养护和管理措施决策原则的建议》（第 11-13 号）和《关于制定捕捞控制规则和管理策略评价的建议》（第 15-07 号）。

考虑到在 2013 年和 2017 年的剑鱼种群评估之后，SCRS 表示种群没有发生资源型过度捕捞，也没有发生生产型过度捕捞，这是在 2009 年的种群评估中首次确定的。

认识到根据 2017 年的种群评估结果，SCRS 建议，13 700 吨的 TAC 在 2028 年之前将北大西洋剑鱼种群维持在恢复状态的概率只有 36%，而 13 200 吨的 TAC 将使这一概率增加到 50%，这与第 16-03 号的建议一致。

进一步认识到北大西洋剑鱼捕捞机会的总分配优于 TAC。

承认 2017 年种群评估后，SCRS 表明北大西洋剑鱼生物量接近 $B_{MSY}$。

回顾 ICCAT《关于遵守蓝鳍金枪鱼和北大西洋剑鱼渔业管理规定的建议》（第 96-14 号）。

考虑到 ICCAT 第二次绩效评估小组针对将一年度未使用完的配额延用至另一年度的可能性及这种做法与此鱼种的合理管理不一致表示关切。

注意到 ICCAT 通过的《关于捕捞机会分配原则的决议》（第 15-13 号）。

寻求确保总渔获量不超过年度 TAC。

### ICCAT 建议

（1）在北大西洋实际捕捞剑鱼的 CPC 应采取以下措施确保北大西洋剑鱼的养护目标为保持 $B_{MSY}$，且概率大于 50%。

（2）TAC 和渔获量限制

ⅰ. 北大西洋剑鱼 2018 年、2019 年、2020 年和 2021 年的 TAC 为 13 200 吨。

ⅱ. 表 3-6 所示的年度渔获量限额适用于 2018 年、2019 年、2020 年和 2021 年。

表 3-6　2018 年、2019 年、2020 年和 2021 年适用的渔获量限额

| CPC | 渔获量限额[2] |
| --- | --- |
| 欧盟[3] | 6 718[1] |
| 美国[3] | 3 907[1] |
| 加拿大 | 1 348[1] |
| 日本[3] | 842[1] |
| 摩洛哥 | 850 |
| 墨西哥 | 200 |
| 巴西 | 50 |

（续）

| CPC | 渔获量限额[②] |
|---|---|
| 巴巴多斯 | 45 |
| 委内瑞拉 | 85 |
| 特立尼达和多巴哥 | 125 |
| 英国（海外领地） | 35 |
| 法国（圣皮埃尔和密克隆） | 40 |
| 中国 | 100 |
| 塞内加尔 | 250 |
| 韩国[③] | 50 |
| 伯利兹[③] | 130 |
| 科特迪瓦 | 50 |
| 圣文森特和格林纳达 | 75 |
| 瓦努阿图 | 25 |
| 中华台北 | 270 |

注：① 这 4 个 CPC 的渔获量限额是根据《关于 ICCAT 修订北大西洋剑鱼恢复计划的补充建议》（第 06－02 号）第 3 条 c 款所示的配额分配的。

② 下述年渔获量限额的转让需得到批准：

自日本转让给摩洛哥：100 吨。

自日本转让给加拿大：35 吨。

自欧盟转让给法国（圣皮埃尔和密克隆）：12.75 吨。

自塞内加尔转让给加拿大：125 吨。

自特立尼达和多巴哥转让给伯利兹：75 吨。

自中华台北转让给加拿大：35 吨。

自巴西、日本、塞内加尔转让给毛里塔尼亚：各 25 吨，总计 75 吨，适用于 2018 年、2019 年、2020 年及 2021 年，条件是毛里塔尼亚根据本建议第 5 条提交其发展计划。若未提交发展计划，该类转让视为无效。未来有关毛里塔尼亚加入北大西洋剑鱼渔业的决定，应取决于其发展计划的提交。

该类转让并不改变表 22－1 中所示的 CPC 的渔获量限额相对分配比例。

③ 允许日本将其在南大西洋管理区捕捞的剑鱼渔获量最多 400 吨使用其北大西洋剑鱼剩余配额。

允许欧盟将其在南大西洋管理区捕捞的剑鱼渔获量最多 200 吨使用其北大西洋剑鱼剩余配额。

允许美国将其在南、北纬 5°间区域捕捞的剑鱼渔获量最多 200 吨使用其北大西洋剑鱼剩余配额。

允许伯利兹将其在南、北纬 5°间区域捕捞的剑鱼渔获量最多 75 吨使用其北大西洋剑鱼剩余配额。

允许韩国于 2018 年、2019 年、2020 年及 2021 年将其在南大西洋管理区捕捞的剑鱼渔获量最多 25 吨使用其北大西洋剑鱼剩余配额。

ⅲ．如果年度渔获量超过 13 200 吨的 TAC，超过其渔获量限额的 CPC 应按照本建议第 3 条的规定偿还其超配额量。经调整后剩余的任何渔获量应按上文（2）ⅱ表 3－6 中的渔获量限额按比例从每一 CPC 超额后的年度渔获量限额中扣除。

（3）任何剩余配额或超配额量，可根据情况，在调整年度间或之前从相应的配额/渔获量限额中增加或扣除，方法如表3－7：

**表3－7　剩余配额或超配额量的调整方法**

| 捕获年度 | 调整年度 |
| --- | --- |
| 2016 | 2018 |
| 2017 | 2019 |
| 2018 | 2020 |
| 2019 | 2021 |
| 2020 | 2022 |
| 2021 | 2023 |

然而，持有渔获量限额超过500吨的CPC，应在一特定年度使用其剩余配额的最大量不应超过其原始渔获量限额的15%〔如上述第（2）条ⅱ款所订且不包括配额转让部分〕，其他CPC则不应超过40%。

（4）如果日本的上岸量在任何一年内超过其渔获量限额，则应在以后的年份中扣除超额量，以便日本的上岸量总额不超过其从2018年开始的4年期间的总渔获量限额。当日本每年的上岸量低于其渔获量限额时，可将剩余配额转到随后几年的渔获量限额中，使日本在同一4年期间的上岸量不超过其总额。从2018—2021年管理期间的任何剩余配额或超配额量应适用于本规定的4年管理期。

（5）ICCAT应在其2021年会议上，按照SCRS根据最新的种群评估结果提出的建议以及《关于ICCAT捕捞机会分配标准的决议》（第15－13号）制定北大西洋剑鱼养护和管理措施。为支持这一努力，ICCAT应审议沿海发展中CPC的发展/管理计划和其他CPC的捕鱼/管理计划，以便酌情调整现有的渔获量限制和其他养护措施。在修改其捕鱼/管理计划时，每个CPC应在9月15日之前向ICCAT提交其捕鱼/管理计划的最新版本。

（6）当SCRS在评估资源状态并向ICCAT提供管理建议时，应考虑$0.4B_{MSY}$的暂时性限制参考点（以下简称LRP）或通过进一步分析所建立的任一更合理的LRP。

（7）根据《关于ICCAT建立捕捞控制规则及管理策略评价的建议》（第15－07号）第3条的规定，SCRS与ICCAT应持续对话，在后续的建议中考虑建立HCR。在建立HCR时，若生物量接近先前恢复计划建议（第99－02号）所设定的水平，则ICCAT应通过一恢复计划，包括SCRS建议的渔获水平，以达到ICCAT在所确定的期限内维持或恢复种群至$B_{MSY}$的目标。

（8）所有在北大西洋捕捞剑鱼的CPC应努力每年向SCRS提供最佳可用数据，包括由SCRS确定的分辨率尽可能高的每月的渔获量、体长、位置数据。提交的数据应尽可能广泛覆盖各年龄类别、符合最小尺寸限制的要求并在可能时按性别列出。即使没有安排进行种群评估，数据还应包括丢弃量（包括死亡的和活体）和努力量统计。SCRS应每年审议这类数据。

（9）为了保护剑鱼幼鱼，CPC应采取必要措施，禁止捕捞和卸岸体重低于25千克或下颌吻叉长（以下简称LJFL）小于125厘米的剑鱼；但是，CPC可以允许所述的船舶留存偶然捕获的小鱼，条件是这种偶然捕获量不得超过上述船只每次捕获的剑鱼总渔获量的15%。

（10）尽管有第（9）条的规定，任何 CPC 均可采取必要措施，禁止其船只在大西洋捕捞不到 25 千克/125 厘米的剑鱼，或在其管辖范围内卸岸并销售 LJFL 不到 119 厘米或 15 千克的剑鱼，但如果选择了这一替代办法，则不得容忍留存 LJFL 小于 119 厘米或 15 千克的箭鱼。对于已去头、去鳍和去内脏的剑鱼，也可以使用匙骨到尾部的脊椎骨（CK）长 63 厘米作为最小长度标准。选择此备选最小长度的缔约方应要求妥善记录丢弃量。SCRS 应继续监测和分析该措施对未成熟剑鱼死亡率的影响。

（11）尽管有 ICCAT《公约》第八条第 2 款关于上述规定的年度渔获量限额的规定，但其船只一直在实际捕捞北大西洋剑鱼的 CPC 应按照每一 CPC 的管理程序尽快执行这项建议。

（12）尽管有《关于 ICCAT 临时调整配额的建议》（第 01 - 12 号），在 ICCAT 闭会期间，按照第 2 条（2）款拥有大西洋剑鱼 TAC 的 CPC 可在捕捞年份内一次性转让其 TAC 的 15% 给其他 CPC，以符合国内义务和管理要求。任何此类转让不得用于抵扣超捕捞量。接受一次性渔获量限额转让的 CPC 不得再转让该渔获量限额。

（13）CPC 应向悬挂其旗帜的全长 20 米或以上的船舶签发有权在 ICCAT《公约》区域内捕捞北大西洋剑鱼的特别授权。每一缔约方应在其根据《关于建立 ICCAT 总长度为 20 米或以上获准在 ICCAT〈公约〉区域内作业的船舶记录的建议》（第 13 - 13 号）提交的船舶名单上指明已获得特别授权的船舶。未列入本记录或未经授权捕捞北大西洋剑鱼的船舶，被视为无权捕捞、保留在船上、转运、运输、转移、加工或卸陆北大西洋剑鱼。

（14）如果 CPC 为这些船只规定了船上兼捕渔获量的最高限额，而且有关兼捕渔获量计入 CPC 的配额或渔获量限额内，则 CPC 可允许未经第（13）条授权的船舶捕捞的北大西洋剑鱼作为兼捕渔获物。每一 CPC 应在其年度报告中规定允许此类船舶捕捞的兼捕渔获量的上限。这些数据应由 ICCAT 秘书处汇编并提供给所有 CPC。

（15）本建议取代《关于 ICCAT 养护北大西洋剑鱼的建议》（第 16 - 03 号）。

## 23. 第17-03号　ICCAT 修订南大西洋剑鱼养护建议第16-04的建议

考虑到 SCRS 指出大量未经量化的不确定性影响该种群，特别是因可获取数据的缺乏或不一致。

意识到 SCRS 强调由于现有的不确定性，已不能增加现行的 TAC。

承认这种管理南大西洋剑鱼多年的方法反映出 2015 年 ICCAT 通过的《ICCAT 关于捕捞机会分配标准的决议》（决议第 15-13 号）的重点。

承认像已经应用于 ICCAT 管辖下的其他种群一样，建立授权捕捞南大西洋剑鱼的 ICCAT 渔船登记名单将是适用的。

认识到基于 2017 年的资源评估结果，SCRS 建议目前 15 000 吨的 TAC 到 2028 年恢复南大西洋剑鱼种群至 MSY 的可能性仅为 26%，若 TAC 为 14 000 吨，恢复该种群的可能性将为 50%。

认识到根据 2017 年的资源评估结果，SCRS 确认南大西洋剑鱼资源已处于资源型过度捕捞。

考虑到第 2 次 ICCAT 绩效评估小组针对将一年度的剩余配额延用至另一年度的可能性及该实践与此鱼种的有效管理不一致表示关切。

寻求确保总捕捞量不超过年度 TAC。

**ICCAT 建议**

**TAC 及捕捞限额**

（1）对于 2018 年、2019 年、2020 年及 2021 年，TAC 及捕捞限额应如表 3-8 所示：

**表 3-8　2018—2021 年 TAC 及捕捞限额**

| TAC[①] | 捕捞限制（吨） |
| --- | --- |
| 巴西[②] | 3 940 |
| 欧盟 | 4 824 |
| 南非 | 1 001 |
| 纳米比亚 | 1 168 |
| 乌拉圭 | 1 252 |
| 美国[③] | 100 |
| 科特迪瓦 | 125 |
| 中国大陆 | 313 |
| 中华台北[③] | 459 |
| 英国 | 25 |
| 日本[③] | 901 |
| 安哥拉 | 100 |
| 迦纳 | 100 |

（续）

| TAC[①] | 捕捞限制（吨） |
|---|---|
| 圣多美普林西比 | 100 |
| 塞内加尔 | 417 |
| 韩国 | 50 |
| 伯利兹 | 125 |

注：①2018—2021 年的 4 年管理期间总捕获量不应超过 56 000 吨（14 000 吨×4）。若 4 年间任一年的年总捕捞量超过 14 000 吨，应调整后续年的 TAC 以确保 4 年的总捕捞量不超过 56 000 吨。原则上，这些调整应通过按比例降低各 CPC 配额的方式进行。

②巴西可在北纬 5°～15°区域内捕捞其年捕捞限额的 200 吨。

③日本、美国及中华台北 2016 年的剩余配额，可在表 3-8 中规定的配额外，在 2018 年分别增加 600 吨、100 吨及 300 吨。这些 CPC 也可以在 2017—2021 年间延用剩余配额，但每年延用量不应超过本款所规定的额度。

配额转让应根据第（5）条授权。

**剩余配额或超配额量**

（2）任何剩余配额或超配额量部分，可根据情况以表 3-9 为南大西洋剑鱼设定的方式，在调整年内或之前添加至或扣除其配额或捕捞限额：

**表 3-9　南大西洋剑鱼配额调整方法**

| 渔获年度 | 调整年度 |
|---|---|
| 2017 | 2019 |
| 2018 | 2020 |
| 2019 | 2021 |
| 2020 | 2022 |
| 2021 | 2023 |

然而，任一方在任一特定年度可延用的剩余配额最高不应超过前一年配额的 20%。

**转让**

（3）允许日本将其在北大西洋部分区域（西经 35°以东及北纬 15°以南）捕捞的 400 吨剑鱼，使用其南大西洋剑鱼的剩余配额。

（4）允许欧盟将其在北大西洋管理区域捕捞的 200 吨剑鱼，使用其南大西洋剑鱼的剩余配额。

（5）授权自南非、日本及美国的配额中各转让 50 吨给纳米比亚（总计 150 吨），自美国的配额中转让 25 吨给科特迪瓦，自美国的配额中转让 25 吨且自巴西及乌拉圭的配额中各转让 50 吨给伯利兹（总计 125 吨），并自巴西的配额中转让 50 吨给赤道几内亚。配额转移应根据相关 CPC 的要求，每年进行审查。

**最小渔获体长**

（6）为保护小型剑鱼，CPC 应采取必要措施以禁止在整个大西洋捕捞及卸下活体重量低于

25 千克或 LJFL 小于 125 厘米的剑鱼；然而，CPC 可以容许渔船偶然捕获小型剑鱼，但条件是该捕获量不得超过该船每次卸岸剑鱼总渔获尾数的 15%。

（7）尽管有第（6）条的规定，作为 25 千克/LJFL125 厘米最小渔获体长的替代措施，任一 CPC 可选择采取必要措施以禁止其船舶在大西洋捕捞和在其管辖范围内卸岸并销售 LJFL 小于 119 厘米或重量低于 15 千克的剑鱼及剑鱼的部分；若选择该替代措施，则不应允许剑鱼的 LJFL 小于 119 厘米或重量低于 15 千克。对已去头、尾、鳃、内脏的剑鱼，也可应用主匙骨至尾脊（CK）长不得小于 63 厘米的规定。选择此替代措施的缔约方应要求其渔船妥善记录丢弃量。SCRS 应持续监控并分析此措施对未成熟剑鱼死亡率的影响。

### 批准捕捞南大西洋剑鱼的 ICCAT 渔船名单

（8）CPC 应向悬挂其旗帜且经批准在公约区域内捕捞南大西洋剑鱼的总长（LOA）20 米或以上的船只签发特别许可证。每一 CPC 应指出此类渔船已经批准船名列于其根据《ICCAT 有关建立批准在 ICCAT〈公约〉区域内作业总长 20 米或以上船舶名单的建议》［建议第 13 - 13①］所提交的渔船名单上。未在该名单或虽在该名单却未明确批准捕捞南大西洋剑鱼的渔船，视为未经批准捕捞、留存在船上、转载、运送、转移、加工和卸下南大西洋剑鱼。

（9）CPC 应允许未根据第（8）条批准捕捞南大西洋剑鱼的渔船兼捕南大西洋剑鱼，条件是 CPC 规定了此类船只的最大船上兼捕限额，且有关的兼捕量在 CPC 的配额或捕捞限额内。各 CPC 应在其年度报告中提供允许此类渔船的最高兼捕限额，该信息应由 ICCAT 秘书处汇总并提供给 CPC。

### SCRS 可利用的数据

（10）CPC 应尽量恢复 2015 年以前任何缺失的渔业数据，包括可靠的 Task Ⅰ 及 Task Ⅱ 数据。CPC 应尽快将上述数据提供给 SCRS。自 2017 年起，CPC 应确保准确且及时地将数据提交给 SCRS。

（11）所有在南大西洋捕捞剑鱼的 CPC，每年均应尽力向 SCRS 提交最佳可利用的数据，包括 SCRS 确定的尽可能精确的渔获量、渔获体长、捕获位置及月份。所提交的数据应尽可能覆盖各年龄段，且符合最小渔获尺寸限制，并在可能的情况下按性别分类。即使在没有计划进行资源评估分析的年份，数据也应包括丢弃量（含死鱼及活体）和努力量统计。SCRS 应每年审查这些数据。

（12）当在 2021 年评估种群状况并向 ICCAT 提供管理建议时，SCRS 应考虑 $0.4B_{MSY}$ 的临时 LRP 或通过进一步分析所确定的任一更稳健的 LRP。

### 最终条款

（13）本建议中的任何安排均不得视为损害南大西洋剑鱼有关的未来安排。

（14）本建议废除并取代《ICCAT 关于南大西洋剑鱼的养护建议》（建议第 16 - 04 号）。

---

①已被建议第 14 - 10 号修订。

## 24. 第 17 - 04 号 ICCAT 关于北大西洋长鳍金枪鱼多年养护与管理计划（建议第 16 - 06）补充捕捞控制规则的建议

回顾《ICCAT 关于北大西洋长鳍金枪鱼多年养护与管理计划的建议》（建议第 16 - 06 号），即要求 SCRS 完善对候选参考点及相关 HCR 的测试，以支持其中建立的北大西洋长鳍金枪鱼的管理目标。

考虑到 2016 年 SCRS 资源评估断定北大西洋长鳍金枪鱼相对丰度较过去数年持续增加，且极可能落在神户矩阵图的绿色区域，因此种群未处于资源型过度捕捞且未发生生产型过度捕捞。

认识到 2017 年利用 MSE 进行的模拟，使 SCRS 能够针对广泛的、影响 2016 年评估结果的不确定性提供合理的建议。尽管在审查和改进 MSE 方面开展进一步工作是可取的，但任何关切都不足以阻止 SCRS 为临时实施 HCR 所提出的建立短期 3 年不变的 TAC。

进一步回顾 SWGSM 建议 ICCAT 最好在 2018 年考虑对北大西洋长鳍金枪鱼 MSE 进行外部审核。

认识到 SWGSM 建议，SCRS 在 2017 年通过 MSE 模拟测试了大量的 HCR，最终考虑了少量的合理的 HCR。所有选取的 HCR 预期均能满足有 60% 以上的概率落在神户矩阵图的绿色区域的目标。此外，96% 的操作模型显示在 2020—2045 年期间生物量高于 $B_{MSY}$ 的可能性至少为 60%。

注意到目标捕捞死亡率最高（$F_{target} = F_{MSY}$）的 HCR 与处于神户矩阵图绿色区域中的较低概率有关，尽管该概率高于 60%，但种群在 $B_{lim}$ 与 $B_{thresh}$ 间的较高概率仅略高于长期产量。

进一步注意到对渔业稳定性的渴求。

考虑到 SCRS 测试了需要确定的 $F_{min}$，以确保在种群状况降至生物参考点以下时对种群状况进行科学监测。

考虑到若 ICCAT 采纳一 HCR，通过建议第 16 - 06 确定的 TAC 应根据该采纳的 HCR 重新确定。

认为 SCRS 未来进一步探究并巩固 MSE 架构的意图并不妨碍在 SCRS 未来提出建议的前提下临时采用一 HCR。

注意到确定会导致 HCR 终止或修改的特殊情况的重要性。

### ICCAT 建议
#### 第一部分 一般条款

**管理目标**

（1）北大西洋长鳍金枪鱼多年管理与养护计划的管理目标为建议第 16 - 06 号第（2）条中的规定。

#### 第二部分 生物参考点及 HCR

（2）为实现北大西洋长鳍金枪鱼多年管理及养护计划的目的，应建立下述临时性参考点[①]：

a. $B_{thresh} = B_{MSY}$。

---

① 本建议中，HCR 及参考点的定义为 ICCAT 所通过的建议第 15 - 07 号中的定义。

b. $B_{lim}=0.4B_{MSY}$。

c. $F_{target}=0.8F_{MSY}$。

d. $F_{min}=0.1F_{MSY}$。

（3）应每3年对北大西洋长鳍金枪鱼进行一次资源评估，下次资源评估在2020年进行。

（4）HCR利用每次资源评估所估计的下述3项数值设定3年不变的TAC。各项数值应使用SCRS报告中"概要表格"中所报告的中位数：

a. 对应$B_{MSY}$的估计$B_{current}$。

b. $B_{MSY}$。

c. $F_{MSY}$。

（5）HCR应为附件1中所示形式及根据下述条件所设定的控制参数：

a. $B_{thresh}=B_{MSY}$。

b. 当种群状况处于或高于$B_{thresh}$时，$F_{target}=0.8F_{MSY}$。

c. 若估计的$B_{current}$低于$B_{thresh}$且高于$B_{lim}$时，下一多年管理期间的捕捞死亡率（以下简称$F_{next}$）将以下述方式线性降低：

$$\frac{F_{nest}}{F_{MSY}}=a+b\times\frac{B_{current}}{B_{MSY}}=-0.367+1.167\frac{B_{current}}{B_{MSY}}$$

其中，

$$a=\frac{F_{target}}{F_{MSY}}-\left[\frac{\dfrac{F_{target}}{F_{MSY}}-\dfrac{F_{min}}{F_{MSY}}}{\dfrac{B_{thresh}}{B_{MSY}}-\dfrac{B_{lin}}{B_{MSY}}}\right]\times\frac{B_{thresh}}{B_{MSY}}=-0.367$$

$$b=\left[\frac{\dfrac{F_{target}}{F_{MSY}}-\dfrac{F_{min}}{F_{MSY}}}{\dfrac{B_{thresh}}{B_{MSY}}-\dfrac{B_{lin}}{B_{MSY}}}\right]=1.167$$

d. 若估计的$B_{current}$处于或低于$B_{lim}$时，捕捞死亡率应设在$F_{min}$，以确保一定水平的渔获量供科学监测。

e. 建议的最大捕捞限额（以下简称$C_{max}$）为50 000吨，以避免潜在的不精确的资源评估带来的不利影响。

f. 当$B_{current}\geqslant B_{thresh}$时，捕捞限额的最大变动（以下简称$D_{max}$）不应超过前述建议的捕捞限额的20%。

（6）如附件1的附图1-1所示，第（5）条a～d款中所述的HCR得出了种群状况与捕捞死亡率间的关系。附件2的附表2-1报告了针对相对生物量（$B_{current}/B_{MSY}$）特定值所适用的相对捕捞死亡率值（$F_{next}/F_{MSY}$）。

### 第三部分　捕捞限额

**TAC及捕捞限额**

（7）应根据下述条件设定3年不变的TAC：

a. 若$B_{current}\geqslant B_{thresh}$，捕捞限额应设为：

$$TAC=F_{target}\times B_{current}$$

b. 若 $B_{current} < B_{thresh}$，捕捞限额应设为：

$$TAC = F_{next} \times B_{current}$$

其中一系列 $F_{next}$ 的参考值显示在附件 2 的附表 2 - 1 中，或通过上述第（5）条 c 款所报告的公式计算。

c. 若 $B_{current} \leq 0.4 B_{MSY}$，捕捞限额应设为：

$$TAC = F_{min} \times B_{current}$$

以确保一定水平的渔获量供科学监测。

d. 上述计算得到的捕捞限额将低于第（5）条 e 款中所报告的 $C_{max}$，且除了当 $B_{current} < B_{thresh}$ 之外，不应增减超过先前捕捞限额的 20%，除非 SCRS 判定特殊情况发生且据此达成管理响应。

e. 在第（7）条 c 款的情况下，若 SCRS 认为一定水平的渔获量能充分供科学监测，捕捞限额可设在低于 $F_{min} \times B_{current}$ 水平。

（8）根据第（4）、第（5）及第（7）条，2018—2020 年期间所确定的 3 年不变的年 TAC 为 33 600 吨。与建议 16 - 06 号设定的 TAC 分配一致，该 TAC 在以下的 CPC 间按表 3 - 10 分配：

**表 3 - 10　2018—2020 年期间年 TAC 的分配方法**

| CPC | 2018—2020 年配额（吨） |
| --- | --- |
| 欧盟 | 25 861.6 |
| 中华台北 | 3 926.0 |
| 美国 | 632.4 |
| 委内瑞拉 | 300.0 |

（9）上述第（8）条的规定不影响建议第 16 - 06 号第（4）条所要求的配额转让。

（10）上述第（8）条的规定不影响建议第 16 - 06 号第（5）条所确定的年捕捞限额。

（11）上述第（8）条的规定不影响建议第 16 - 06 号第（6）条的要求。

## 第四部分　最终条款

### 审视与特殊情况

（12）要求 SCRS 在 2018 年制定特殊情况的认定标准，特别是要考虑在定义特殊情况的特征与灵活性间取得适当平衡的需要，及适当的稳健性以确保特殊情况仅在必要时启用。

（13）若发生特殊情况，ICCAT 应通过 SWGSM 就一系列适当的管理响应制订指南。

（14）若发生特殊情况（例如资源曲线超出 MSE 测试的范围、极端环境模态转变、无法更新种群状况等），ICCAT 应审视并考虑修订 HCR 的可能性。SCRS 应将这些特殊情况纳入未来 MSE 的发展框架中，以便向 ICCAT 提供进一步的建议。

（15）SCRS 应及时在 2018 年 ICCAT 会议上对北大西洋长鳍金枪鱼 MSE 进行同行审查，包括操作模型、管理程序、绩效指标的计算及运算程序。基于该审查及综合报告中所述 MSE 需完善的内容，ICCAT 应考虑在 2018 年对临时 HCR 进一步完善。

（16）2018—2020 年期间，SCRS 应持续通过执行额外诊断检验、探索包括执行及认定在特定 HCR 下可能不符合目标的操作模型（以下简称 OM）的额外管理程序等继续推进 MSE 架构。SCRS 也应指出在各 HCR 下符合管理目标的 OM 的百分比。SCRS 应特别检验本建议中所通过

HCR 的变化，例如：

　　a. 设定一较低的 TAC 限制。

　　b. 当 $B_{current}$ 估值低于 $B_{thresh}$ 且高于 $B_{lim}$ 时，应用 20％TAC 变动的最高限制。

　　c. 当 $B_{current}$ 估值低于 $B_{thresh}$ 且高于 $B_{lim}$ 时，应用 20％TAC 最高减幅及 25％TAC 最高增幅的限制。

　　(17) ICCAT 应以通过一长期管理程序为目的，在 2020 年审视临时 HCR。

　　(18) 本建议修改建议第 16 - 06 号的第（3）及第（4）条，且不为将来 HCR 的实行设定惯例。ICCAT 应在 2018 年 ICCAT 会议上将本建议与建议第 16 - 06 号汇总为单一建议。

**附件 1**

HCR 的图形见彩图 12。

## 附件 2

基于 HCR 所得出的 $B_{lim}$ 与 $B_{thresh}$ 间平滑线性关系的相对生物量值及对应的相对捕捞死亡率见附表 3-5。

附表 3-5　基于 HCR 所得出的 $B_{lim}$ 与 $B_{thresh}$ 间平滑线性关系的相对生物量值及对应的相对捕捞死亡率

| $B_{current}/B_{MSY}$ | $F_{next}/F_{MSY}$ |
| --- | --- |
| 1 或以上 | 0.80 |
| 0.98 | 0.78 |
| 0.96 | 0.75 |
| 0.94 | 0.73 |
| 0.92 | 0.71 |
| 0.90 | 0.68 |
| 0.88 | 0.66 |
| 0.86 | 0.64 |
| 0.84 | 0.61 |
| 0.82 | 0.59 |
| 0.80 | 0.57 |
| 0.78 | 0.54 |
| 0.76 | 0.52 |
| 0.74 | 0.50 |
| 0.72 | 0.47 |
| 0.70 | 0.45 |
| 0.68 | 0.43 |
| 0.66 | 0.40 |
| 0.64 | 0.38 |
| 0.62 | 0.36 |
| 0.60 | 0.33 |
| 0.58 | 0.31 |
| 0.56 | 0.29 |
| 0.54 | 0.26 |
| 0.52 | 0.24 |
| 0.50 | 0.22 |
| 0.48 | 0.19 |
| 0.46 | 0.17 |
| 0.44 | 0.15 |
| 0.42 | 0.12 |
| 0.40 | 0.10 |

## 25. 第18–01号 补充并修订建议第16–01热带金枪鱼类多年养护与管理计划的建议

承认 ICCAT 热带金枪鱼类多年养护与管理计划的建议（建议第 16–01 号）适用于 2016 年及其以后各年，但某些条款在 2018 年到期。

### ICCAT 建议

（1）建议第 16–01 号第 3 条规定的年度渔获量限制应持续适用至 2019 年全年。

（2）终止建议第 16–01 号第 2 条（1）款和第 9 条（2）款。

（3）建议第 16–01 号第 3 条所列的 CPC，其 2019 年剩余或超用的年度渔获量限制的额度，在受该建议第 9 条（1）款及第 10 条限制下，应加至或减自其 2021 年的年度渔获量限制。

（4）ICCAT 应于 2019 年在适当场合审视热带金枪鱼类养护与管理措施。

（5）本建议补充并修订 ICCAT 热带金枪鱼类多年养护与管理计划的建议（建议第 16–01 号）。

## 26. 第 18－03 号　ICCAT 建立东大西洋及西大西洋蓝鳍金枪鱼初始管理目标的决议

忆及 SCRS 2015—2020 年科学策略计划其中一项主要目标是通过 MSE 估计预防性管理参考点与 HCR。

预期向使用 ICCAT 针对蓝鳍金枪鱼及其他优先鱼种所建议的管理程序过渡，并在面临不确定性的情况下能更有效地管理渔业，与《ICCAT 养护与管理措施决策原则的建议》（建议第 11－13 号）一致。

考虑到 ICCAT 计划在 2020 年前完成大西洋蓝鳍金枪鱼的 MSE。

了解到概念性目标是高层次期望目标，表达了期望的概括性目标，并没有在可衡量的目标或实现时间范围上包含任何具体细节，然而操作目标更加明确，且对于可衡量的目标更具体，达到此类目标的相关可能性超越了确定的时间范围。操作目标是任何 MSE 的关键基础组成。

正如 ICCAT 根据 ICCAT 有关发展 HCR 及 MSE 的建议（建议第 15－07 号）所同意的寻求提升管理程序的发展。

注意到 ICCAT 在 2019 年投入建立蓝鳍金枪鱼操作性管理目标的需要。

**ICCAT 建议**

（1）应为大西洋蓝鳍金枪鱼建立管理目标。操作目标将基于 ICCAT《公约》的目标，即维持资源量在支持 MSY 的水平。

（2）第 2 鱼种小组应着手建立蓝鳍金枪鱼各种群的初始操作管理目标，最好能在第 2 鱼种小组 2019 年期中会议中进行。为加快此项工作，应考虑以下候选管理目标：

a. 种群状况。该种群应有 ［　　］%以上的可能性落在神户矩阵图的绿色象限。

b. 安全性。该种群落在 $B_{lim}$（待定）以下的可能性应低于 ［　　］%。

c. 产量。最高总捕捞量。

d. 稳定性。管理期间 TAC 的任何增减均不应低于 ［　　］%。

（3）在发展初始操作管理目标时，应视情况否决、修改或补充第（2）条中候选管理目标。其次，第二鱼种小组需要考虑时间框架。此外，各候选管理目标内的量化要素可能在大西洋蓝鳍金枪鱼东部和西部种群间有所不同。

（4）第 2 鱼种小组将成立蓝鳍金枪鱼 MSE 模型技术小组及 SCRS 蓝鳍金枪鱼小组提供其对初始管理目标的建议，并在呈送此类目标供 ICCAT 在其 2019 年的年会上考虑前，先审视并考虑 SCRS 的任何投入。

（5）本决议将在 ICCAT 通过大西洋蓝鳍金枪鱼最终操作管理目标时废止。

## 27. 第 18 - 05 号　ICCAT 改善有关在 ICCAT《公约》区域内捕获枪鱼类养护与管理措施遵守情况审查的建议

忆及根据 ICCAT 取代建议第 15 - 05 号《有关进一步加强蓝枪鱼及大西洋白枪鱼种群恢复计划的建议》（建议第 18 - 04 号）及 ICCAT《关于大西洋旗鱼养护与管理措施的建议》（建议第 16 - 11 号），要求 CPC 通过其国家报告报告其如何履行此类措施。

进一步忆及第 2 次独立绩效评估报告建议 ICCAT 优先解决蓝枪鱼及大西洋白枪鱼报告的数据情况不完整的问题，COC 在其 2017 年会议上建议制定报告审查表，供在 2018 年年会上通过，以改善枪鱼类渔业履约情况。

承认有必要改进方法，以加快枪鱼类养护与管理措施履行与遵守的审查程序，同时减轻 CPC 报告的负担。

希望简化 ICCAT 报告要求，包括通过消除多余累赘的部分。

### ICCAT 建议

（1）所有 CPC 应使用附件 1 中的附表 3 - 6 审查表，连同其国家报告一并向 ICCAT 秘书处提交履行及遵守枪鱼类养护与管理措施的细节。该审查表要经秘书处与 COC 及第 4 鱼种小组（以下简称 PA4）主席共同协商后修订，反映 ICCAT 所通过的新的枪鱼类措施。

（2）若 CPC 履行附件 1 中附表 3 - 6 审查表所涵盖 ICCAT 枪鱼类措施的情况，与前一年度相比并无改变，也未因须反映新的枪鱼类措施而纳入新的需报告的内容，则该 CPC 在其年度报告中确认没有改变的情况下，不应要求提交枪鱼类审查表。若 CPC 履行情况与前一年度相比有所改变，或因须反映新的枪鱼类措施而纳入新的需报告的内容，则该 CPC 应仅须提交更新处或响应新报告范围处，并在国家报告中体现。然而，在 COC 根据第（4）条优先审核枪鱼类审查表的年度，CPC 应提交完整且更新的枪鱼类审查表。

（3）CPC 在悬挂其旗帜的船舶不太可能捕获审查表内建议案所包括的任何枪鱼类时，应豁免提交审查表，这种豁免的推荐是建立在此类 CPC 须提交必要数据并经枪鱼类小组证实。

（4）COC 应在其 2020 年年会上优先审核 CPC 提交的枪鱼类审查表。日后审核则将视 ICCAT 所决定的 ICCAT 会议周期而定，但 ICCAT 有权在适当情况下在期间的年会上考虑审议枪鱼类措施遵守情况。

## 附件 1

枪鱼类审查表见附表 3-6。

附表 3-6 枪鱼类审查表

**CPC 名称：**

备注：ICCAT 每一项要求必须以具有法律拘束力的方式实施，仅要求渔民执行措施不应当被视为履行。

| 建议案编号 | 条款编号 | 要求 | 履行状态 | 相关国内法规（若可行，列出条文、出处或该信息编纂为法典的链接） | 备注/说明 |
|---|---|---|---|---|---|
| 18-04 | 1 | 卸鱼限制-蓝枪鱼卸鱼限制。第1条对特定 CPC 建立个别卸岸量限制，也对所有其他 CPC 建立全体适用的卸岸量限制<br><br>在相关枪鱼类遵守表格中，您的 CPC 蓝枪鱼总卸岸量（计入所有渔业，包括商业型、休闲型、运动型、手工型、生计型）是否在第1条适用的限制内，或（在 CPC 具有个别卸岸量限制的情况下）是否在调整后卸岸量限制内 | 是或否 | | 若「否」，请指出总卸岸量，并说明为确保您的 CPC 卸岸量不超过 ICCAT 所设限制或调整后限制所采取的措施<br>（此项不允许填「不适用」） |
| 18-04 | 1 | 大西洋白枪鱼/尖吻四鳍旗鱼相加的卸岸量限制。第1条对特定 CPC 建立个别卸岸量限制，也对所有其他 CPC 建立全体适用的卸岸量限制<br><br>在相关枪鱼类遵守表格中，您的 CPC 大西洋白枪鱼/尖吻四鳍旗鱼总卸岸量（计入所有渔业，包括商业型、休闲型、运动型、手工型、生计型）是否在第1条适用的限制内，或（在 CPC 具有个别卸岸量限制的情况下）是否在调整后卸岸量限制内 | 是或否 | | 若「否」，请指出总卸岸量，并说明为确保您的 CPC 卸岸量不超过 ICCAT 所设限制或调整后限制所采取的措施<br>（此项不允许填「不适用」） |
| 18-04 | 2 | 当 CPC 接近其卸岸量限制时，该 CPC 应尽最大可能采取适当措施，确保拉到船边时仍活着的所有蓝枪鱼和大西洋白枪鱼/尖吻四鳍旗鱼均可以最能使其存活的方式释放 | 是或否或不适用 | | 若「否」或「不适用」，请说明原因<br>若「否」，请说明您的 CPC 计划采取何种措施以履行此要求<br>（未接近其卸岸量限制的 CPC，包括无个别卸岸量限制但受第1条全体适用的卸岸量限制的 CPC，应填答「不适用」） |

（续）

| 建议案<br>编号 | 条款<br>编号 | 要求 | 履行<br>状态 | 相关国内法规（若<br>可行，列出条文、<br>出处或该信息编纂<br>为法典的链接） | 备注/说明 |
|---|---|---|---|---|---|
| 18-04 | 2 | 对禁止死亡丢弃的 CPC 而言，在该项禁止已在其国家报告充分解释的情况下，其所卸下拉到船边时已死亡且未销售或进入贸易的蓝枪鱼及大西洋白枪鱼/尖吻四鳍旗鱼，不应列入第 1 条所设的限制内<br>您的 CPC 是否禁止蓝枪鱼及大西洋白枪鱼/尖吻四鳍旗鱼死亡丢弃 | 是或否 | | 若「是」，也请在此说明禁止死亡丢弃及有关销售/进入贸易的规定<br>（此项不允许填「不适用」） |
| 18-04 | 4 | CPC 应尽力使其 ICCAT 渔业所捕枪鱼类/尖吻四鳍旗鱼的释放后死亡率最小 | 是或否 | | 若「否」，请说明原因。若「是」，请说明如何执行；也请陈述任何有关处理枪鱼类兼捕的最佳实践的信息，若此类做法已执行 |
| 18-04 | 5 | 您的 CPC 休闲渔业是否会捕到蓝枪鱼或大西洋白枪鱼/尖吻四鳍旗鱼 | 是或否 | | （此项不允许填「不适用」） |
| 18-04 | 5 | 拥有休闲渔业的 CPC 应对其蓝枪鱼及大西洋白枪鱼/尖吻四鳍旗鱼卸鱼量维持 5%国家观察员覆盖率<br>您的 CPC 是否符合 5%的要求 | 是或否<br>或不适用 | | 若「否」或「不适用」，请说明原因<br>若「否」，也请说明您的 CPC 计划采取何种措施以履行此要求<br>（仅当在此份审查表中证实您的 CPC 无任何休闲渔业捕到蓝枪鱼或大西洋白枪鱼/尖吻四鳍旗鱼时，才能填「不适用」） |
| 18-04 | 6 | 拥有休闲渔业的 CPC 应通过国内法规，建立休闲渔业的最小渔获尺寸，以满足或大于下述尺寸限制：蓝枪鱼 LJFL 251 厘米及大西洋白枪鱼/尖吻四鳍旗鱼 LJFL168 厘米，或以重量计算的同等限制<br>您的 CPC 是否通过与此相符的最小渔获尺寸规定 | 是或否<br>或不适用 | | 若「是」，请说明您的 CPC 为此类鱼种分别设定的最小尺寸；若您的 CPC 采用同等重量执行此要求，也应说明<br>若「否」或「不适用」，请说明原因<br>若「否」，也请说明您的 CPC 计划采取何种措施以履行此要求<br>（仅当在此份审查表中证实您的 CPC 并无任何休闲渔业捕捞蓝枪鱼或大西洋白枪鱼/尖吻四鳍旗鱼时，才能填「不适用」） |

（续）

| 建议案编号 | 条款编号 | 要求 | 履行状态 | 相关国内法规（若可行，列出条文、出处或该信息编纂为法典的链接） | 备注/说明 |
|---|---|---|---|---|---|
| 18-04 | 7 | CPC 应禁止销售或提供销售休闲渔业捕获的蓝枪鱼或大西洋白枪鱼/尖吻四鳍旗鱼的任何部分或完整鱼体<br><br>您的 CPC 是否履行此禁止销售条款 | 是或否或不适用 | | 若「否」或「不适用」，请说明原因<br><br>若「否」，也请说明您的 CPC 计划采取何种措施以履行此要求<br><br>（仅当此份审查表中证实您的 CPC 无任何休闲渔业捕捞蓝枪鱼或大西洋白枪鱼/尖吻四鳍旗鱼时，才能填「不适用」） |
| 18-04 | 8 | CPC 应告知 ICCAT 其通过国内法规履行本建议条款所采取的措施，包括监测、管制及侦察措施<br><br>您的 CPC 是否向 ICCAT 提供此信息 | 是或否 | | 若「是」，请在此提供尚未在此份审查表其他部分提及的执行信息（包括监测、管制及侦察措施） |
| 18-04 | 9 | 您的 CPC 是否有非商业性渔业捕捞蓝枪鱼或大西洋白枪鱼/尖吻四鳍旗鱼 | 是或否 | | （此项不允许填「不适用」） |
| 18-04 | 9 | 有非商业性渔业的 CPC 应在其国家报告中提供其数据收集计划的相关信息 | 是或否或不适用 | | 若「是」，请概要说明数据收集计划<br><br>若「否」或「不适用」，请说明原因<br><br>若「否」，也请说明您的 CPC 计划采取何种措施以履行此要求<br><br>（仅当此份审查表中证实其没有任何非商业性渔业捕捞蓝枪鱼或大西洋白枪鱼/尖吻四鳍旗鱼的 CPC，才能填「不适用」） |
| 18-04 | 10 | CPC 应在每年 7 月 31 日前，提供其蓝枪鱼及大西洋白枪鱼/尖吻四鳍旗鱼活体及死亡丢弃量的估算，与包括国家观察员记录的卸鱼量和丢弃量数据在内的所有信息，作为其提交 Task I 及 Task II 数据的一部分，并支持资源评估 | 是或否 | | 若「否」，请说明原因，以及您的 CPC 计划采取何种措施以履行此要求 |

（续）

| 建议案编号 | 条款编号 | 要求 | 履行状态 | 相关国内法规（若可行，列出条文、出处或该信息编纂为法典的链接） | 备注/说明 |
|---|---|---|---|---|---|
| 16-11 | 1 | 所属渔船在《公约》区域内捕捞大西洋旗鱼的 CPC 应确保通过下述方式实施管理措施，以支持该鱼种的养护，符合 ICCAT《公约》目标……（b）为预防大西洋旗鱼任一种群的渔获量超过该水平，CPC 应采取或维持适当措施，以限制大西洋旗鱼的死亡率，例如：释放活的大西洋旗鱼、鼓励或要求使用圆形钩或其他经修改后有效的渔具、实施最小渔获尺寸及（或）限制在海上的天数 | 是或否 | | （此项不允许填「不适用」） |
| 16-11 | 2 | CPC 应加大其收集大西洋旗鱼渔获量数据的力度，包括活体和死亡丢弃量，并每年报告这些数据，作为 Task Ⅰ及 Task Ⅱ数据的一部分，并支持资源评估　您的 CPC 是否根据此要求加大数据收集的力度 | 是或否 | | 若「是」，请说明采取的措施　若「否」，请说明原因（以及您的 CPC 计划采取的任何措施）　（此项不允许填「不适用」） |
| 16-11 | 3 | CPC 应描述其数据收集计划，以及为履行本建议所采取的措施　您的 CPC 是否描述数据收集计划 | 是或否 | | 若「是」，请在此提供信息；若通过此份审查表以外的方式向 ICCAT 报告，也请指出　若「否」，请说明原因，以及您的 CPC 计划采取何种措施　（此项不允许填「不适用」） |

## 28. 第 18－06 号　ICCAT 取代关于改进与 ICCAT 渔业有关的鲨鱼类养护与管理措施遵守情况审查的建议第 16－13 号建议

回顾 ICCAT 根据生态系统方法，以一般或特定的方式通过了若干有关鲨鱼的建议。

进一步回顾《ICCAT 关于遵守鲨鱼类养护与管理现行措施的建议》（建议第 12－05 号）及《ICCAT 关于改进与 ICCAT 渔业有关的鲨鱼类养护与管理措施的遵守情况审查建议》（建议第 16－13 号），要求 CPC 报告其鲨鱼类养护与管理措施执行和遵守情况。

认识到有必要改进方法，以便对鲨鱼类养护与管理措施的执行和遵守情况进行审查，同时最大程度地减轻 CPC 的报告负担。

希望简化 ICCAT 报告要求，包括消除累赘的部分。

### ICCAT 建议

（1）所有 CPC 应使用附件 1 中的附表 3－7 审查表，将其执行和遵守鲨鱼类养护与管理措施的详细信息连同其年度报告一起提交至 ICCAT 秘书处，ICCAT 秘书处可在秘书处与 COC 和 PA4 主席协商后修订，以反映 ICCAT 所通过的新的鲨鱼类养护措施。

（2）若 CPC 在附件 1 的附表 3－7 审查表中包括 ICCAT 鲨鱼养护措施的实施与前一年度相比没有变化，并且未纳入其他报告内容以反映新的鲨鱼类养护措施，则不要求 CPC 提交鲨鱼类审查表，前提是它在年度报告中确认没有变化。若 CPC 的实施与前一年度相比有所变化，或者纳入其他报告内容以反映新的鲨鱼类养护措施，则仅要求 CPC 提交有关实施或对新报告内容和年度报告回应的此类更新。然而，在 COC 根据第（4）条优先审查鲨鱼类审查表的年份，CPC 应完整提交最新的鲨鱼类审查表。

（3）CPC 在悬挂其旗帜的船舶不太可能捕获第（1）条中建议所包括的任何鲨鱼类时，可以豁免提交审查表；但条件是相关 CPC 需鲨鱼类小组审核通过 CPC 提交的必要数据和证据。

（4）COC 应按照 ICCAT 确定的 ICCAT 会议优先审查 CPC 提交的鲨鱼类审查表，但 ICCAT 保留在其他年份的年会上考虑鲨鱼类措施执行问题的权利。

（5）本建议废除《ICCAT 关于遵守鲨鱼类养护与管理现行措施的建议》（建议第 12－05 号）和《ICCAT 有关改进和 ICCAT 渔业有关的鲨鱼类养护与管理措施的遵守情况审查的建议》（建议第 16－13 号）。

## 附件 1

鲨鱼类审查表见附表 3 - 7。

### 附表 3 - 7 鲨鱼类审查表

CPC 名称：

备注：每项 ICCAT 要求必须以具有法律拘束力的方式执行。仅要求渔民执行措施不应当被视为履行。

| 建议案编号 | 条款编号 | 要求 | 履行状态 | 相关国内法规（若可行，列出条文、出处或该信息编纂为法典的链接） | 备注/说明 |
|---|---|---|---|---|---|
| 04 - 10 | 1 | CPC 应根据 ICCAT 的数据报告程序，每年报告鲨鱼类渔获的 Task Ⅰ 及 Task Ⅱ 信息，包括取得的历史数据 | 是 或 否 或不适用 | | 若「否」或「不适用」，请说明原因<br>仅根据建议 11 - 15 号规定程序，经秘书处确认无鲨鱼渔获的 CPC 应填「不适用」 |
| 04 - 10 | 2 | CPC 应采取必要措施要求其渔民完全利用所有鲨鱼类渔获。完全利用的定义是指渔船抵达卸鱼首站时，留存鲨鱼类的所有部分，鱼头、内脏及鱼皮除外 | 是 或 否 或不适用 | | 若「是」，请说明措施的细节，包括监控遵守的方式<br>若「否」或「不适用」，请说明原因 |
| 04 - 10 | 3 | （1）CPC 应要求其所属渔船在抵达卸鱼首站时，留存在船上的鱼翅重量不超过船上鲨鱼类重量的 5% | 是 或 否 或不适用 | | 若「是」，请说明监控遵守的方式<br>若「否」或「不适用」，请说明原因 |
| 04 - 10 | 3 | （2）目前未要求鱼翅及鱼体须同时在卸岸首站一起卸下的 CPC 应采取必要措施，通过验证、国家观察员监控或其他适当措施，确保遵守 5% 比例 | 是 或 否 或不适用 | | 若「是」，请说明措施的细节，包括监控遵守的方式<br>若「否」或「不适用」，请说明原因 |
| 04 - 10 | 5 | 禁止渔船将违反本建议所获取的任一鱼翅留存在船上、转载或卸下 | 是 或 否 或不适用 | | 若「是」，请说明监控遵守的方式<br>若「否」或「不适用」，请说明原因 |
| 07 - 06 | 1 | CPC，特别是专业捕鲨的 CPC，应在 SCRS 下一次资源评估前，根据 ICCAT 要求的数据报告程序提供鲨鱼类渔获的 Task Ⅰ 及 Task Ⅱ 信息（包括死亡丢弃量及体长频度的估算） | 是 或 否 或不适用 | | 若「否」或「不适用」，请说明原因 |

（续）

| 建议案编号 | 条款编号 | 要求 | 履行状态 | 相关国内法规（若可行，列出条文、出处或该信息编纂为法典的链接） | 备注/说明 |
|---|---|---|---|---|---|
| 07-06 | 2 | CPC 应采取适当措施降低专捕鼠鲨及北大西洋尖吻鲭鲨渔业的渔获死亡率，直至 SCRS 或其他组织的资源评估结果足以决定可持续捕捞的水平为止 | 是或否或不适用 | | 若「是」，请说明措施的细节，包括监督遵守的方式 若「否」或「不适用」，请说明原因 |
| 09-07 | 1 | CPC 应禁止任何渔业在船上留存、转载、卸下、贮存、销售或提供出售大眼长尾鲨鱼体任一部分或整尾，但墨西哥沿岸小型渔业最多捕捞的 110 尾除外 | 是或否或不适用 | | 若「是」，请说明监控遵守的方式。 若「否」或「不适用」，请说明原因 |
| 09-07 | 2 | CPC 应要求悬挂其旗帜的船舶，最大可能地尽快释放拉至船舷边、拉上船时未受伤的大眼长尾鲨 | | | 若「否」或「不适用」，请说明原因 |
| 09-07 | 4 | CPC 应根据 ICCAT 数据报告规定，要求收集并提交除大眼长尾鲨以外的 Task Ⅰ 及 Task Ⅱ 数据。大眼长尾鲨丢弃及释放尾数与状态（死鱼或活体），也应根据 ICCAT 数据报告规定记录并向 ICCAT 报告 | 是或否或不适用 | | 若「否」或「不适用」，请说明原因 |
| 10-06 | 1 | CPC 应在 2012 年年度报告中报告其为履行建议 04-10、05-05 及 07-06 号所采取行动的信息，特别是改善其专捕及意外渔获的 Task Ⅰ 及 Task Ⅱ 数据收集所采取的方法 | 是或否或不适用 | | 若「否」或「不适用」，请说明原因 |
| 10-07 | 1 | CPC 应禁止任何渔业在船上留存、转载、卸下、贮存、销售或提供出售长鳍真鲨鱼体任一部分或整尾 | 是或否或不适用 | | 若「是」，请说明监控遵守的方式 若「否」或「不适用」，请说明原因 |
| 10-07 | 2 | CPC 应通过其国家观察员计划记录长鳍真鲨的丢弃及释放尾数与状态（死鱼或活体），并报告给 ICCAT | 是或否或不适用 | | 若「否」或「不适用」，请说明原因 |
| 10-08 | 1 | CPC 应禁止在 ICCAT《公约》区域与 ICCAT 有关的渔业在船上留存、转载、卸下、贮存、销售或提供出售双髻鲨科锤头双髻鲨（窄头双髻鲨除外）鱼体任一部分或整尾 | 是或否或不适用 | | 若「是」，请说明监控遵守的方式 若「否」或「不适用」，请说明原因 |

（续）

| 建议案编号 | 条款编号 | 要求 | 履行状态 | 相关国内法规（若可行，列出条文、出处或该信息编纂为法典的链接） | 备注/说明 |
|---|---|---|---|---|---|
| 10-08 | 2 | CPC 应要求悬挂其旗帜的船舶，最大可能地尽快释放在拉至船舷边时未受伤的双髻鲨 | 是或否或不适用 | | 若「否」或「不适用」，请说明原因 |
| 10-08 | 3 | （1）发展中沿岸 CPC 捕捞供当地消费的双髻鲨可豁免第 1 及第 2 条措施，但此类 CPC 应根据 SCRS 所建立的报告程序，提交 Task Ⅰ 数据，若可能则与 Task Ⅱ 数据一起提交。若不能提供各鱼种渔获数据，其至少应提供双髻鲨属渔获数据 | 是或否或不适用 | | 若「否」或「不适用」，请说明原因 |
| 10-08 | 3 | （2）根据豁免适用此禁令的发展中 CPC 应尽量不增加其双髻鲨的渔获量。此类 CPC 应采取必要措施，确保双髻鲨科锤头双髻鲨（窄头双髻鲨除外）不会进入国际贸易，并应向 ICCAT 报告此类措施 | 是或否或不适用 | | 若「是」，请说明措施的细节，包括监控遵守的方式 若「否」或「不适用」，请说明原因 |
| 10-08 | 4 | CPC 应根据 ICCAT 数据报告要求，记录双髻鲨的丢弃及释放尾数与状态（死鱼或活体），并向 IC-CAT 报告 | 是或否或不适用 | | 若「否」或「不适用」，请说明原因 |
| 11-08 | 1 | CPC 应要求悬挂其旗帜并经营 IC-CAT 管辖渔业的渔船，释放所有镰状真鲨，无论死鱼或活体。另禁止在船上留存、转载或卸售镰状真鲨鱼体的任一部分或整尾 | 是或否或不适用 | | 若「是」，请说明监控遵守的方式 若「否」或「不适用」，请说明原因 |
| 11-08 | 2 | CPC 应要求悬挂其旗帜的船舶，在充分考虑船员安全的情况下，尽快释放未受伤的镰状真鲨。从事 ICCAT 渔业的围网渔船应尽量采取额外措施，以提升意外捕获的镰状真鲨的存活率 | 是或否或不适用 | | 若「否」或「不适用」，请说明原因 |
| 11-08 | 3 | CPC 应通过其国家观察员计划，记录镰状真鲨的丢弃及释放尾数与状态（死鱼或活体），并向 ICCAT 报告 | 是或否或不适用 | | 若「否」或「不适用」，请说明原因 |

（续）

| 建议案编号 | 条款编号 | 要求 | 履行状态 | 相关国内法规（若可行，列出条文、出处或该信息编纂为法典的链接） | 备注/说明 |
|---|---|---|---|---|---|
| 11-08 | 4 | （1）发展中沿岸 CPC 捕捞供当地消费的镰状真鲨豁免第（1）及第（2）条规定的措施，但此类 CPC 应根据 SCRS 建立的报告程序，提交 Task Ⅰ 数据，若可能则同 Task Ⅱ 数据一并提交。若 CPC 未报告鲨鱼类鱼种类别数据，则应在 2012 年 7 月 1 日前提出鲨鱼分种类数据收集改善计划，供 SCRS 及 ICCAT 审核 | 是或否或不适用 | | 若「否」或「不适用」，请说明原因 |
| 11-08 | 4 | （2）根据本豁免适用禁令的发展中沿岸 CPC，应尽量不增加其镰状真鲨的渔获量。此类 CPC 应采取必要措施，确保镰状真鲨不会进入国际贸易，并应向 ICCAT 报告此类措施 | 是或否或不适用 | | 若「是」，请说明措施的细节，包括监控遵守的方式<br>若「否」或「不适用」，请说明原因 |
| 11-08 | 6 | 第（1）条中禁止留存的规定，不适用于国内法规定所有死鱼均须卸下、其渔民不可自此类鱼种获取任何商业利益、且禁止镰状真鲨渔业的 CPC | 是或否或不适用 | | |
| 11-15 | 1 | CPC 应在其国家报告中报告为履行所有 ICCAT 渔业报告义务所采取措施的信息，包括 ICCAT 管辖渔业所捕捞的鲨鱼类，尤其是改善其专捕和意外渔获的 Task Ⅰ 及 Task Ⅱ 数据所采取的措施 | 是或否或不适用 | | 若「是」，请说明监控遵守的方式。<br>若「否」或「不适用」，请说明原因 |
| 14-06 | 1 | CPC 应改善其渔获报告系统，确保根据 ICCAT 对 Task Ⅰ 及 Task Ⅱ 渔获量、努力量及体长数据规定要求向 ICCAT 报告尖吻鲭鲨的渔获量及努力量数据 | 是或否或不适用 | | 若「否」或「不适用」，请说明原因 |
| 14-08 | 2 | CPC 应将其国内监控尖吻鲭鲨渔获量，以及养护管理尖吻鲭鲨所采取的行动，写入其国家报告并提交给 ICCAT | 是或否或不适用 | | 若「否」或「不适用」，请说明原因 |

（续）

| 建议案编号 | 条款编号 | 要求 | 履行状态 | 相关国内法规（若可行，列出条文、出处或该信息编纂为法典的链接） | 备注/说明 |
|---|---|---|---|---|---|
| 15－06 | 1 | CPC 应要求其所属渔船，最大可能地尽快释放 ICCAT 有关渔业所捕捞且在拉至船舷边、拉上船时未受伤的鼠鲨 | 是 或 否或不适用 | | 若「否」或「不适用」，请说明原因 |
| 15－06 | 2 | CPC 应根据 ICCAT 数据报告规定，确保鼠鲨 Task Ⅰ 及 Task Ⅱ 数据的收集及提交。鼠鲨的丢弃及释放尾数与状态也应根据 ICCAT 数据报告规定进行记录并向 ICCAT 报告 | 是 或 否或不适用 | | 若「否」或「不适用」，请说明原因 |

## 29. 第 18-08 号　ICCAT 关于建立推定从事 IUU 捕捞活动船舶名单的建议

忆及 FAO 理事会在 2001 年 6 月 23 日通过一项旨在预防、阻止及消除 IUU 捕捞活动的国际行动计划（以下简称 IPOA-IUU）。该计划规定对从事 IUU 活动的船舶的认定应遵循商定的程序，并应以公平、透明和非歧视的方式加以应用。

关切 ICCAT 区域内 IUU 捕捞活动持续进行的事实，并且此类活动损害了 ICCAT 养护与管理措施的有效性。

进一步关切有证据表明大量从事此类捕捞活动的船东将其渔船转换船籍，以避免遵守 ICCAT 养护与管理措施，并规避 ICCAT 通过的非歧视性贸易措施。

决定通过对此类渔船采取措施以应对 IUU 捕捞活动增加的挑战，但不影响船旗国根据 ICCAT 有关文件采取进一步的措施；

考虑到 2002 年 5 月 27—31 日在东京召开的 ICCAT 打击 IUU 捕捞活动措施特别工作小组会议的结果。

认识到急需解决大型渔船和其他从事 IUU 捕捞活动及支持 IUU 捕捞相关活动的问题。

注意到此情况必须根据所有相关国际渔业法律文件，以及世界贸易组织（WTO）协议确定的有关权利及义务进行处理；统计及养护措施的永久工作组（以下简称 PWG）。

希望简化并改善先前 ICCAT 建议及决议案中有关建立 IUU 渔船名单程序和要求。

### ICCAT 建议

**IUU 活动的定义**

（1）就本建议而言，悬挂 CPC 或非 CPC 旗帜的船舶经推定在 ICCAT《公约》区域从事 IUU 捕捞活动，特别是当 CPC 提供证据证明此类船舶：

a. 未在 ICCAT《公约》区域捕捞金枪鱼类及类金枪鱼类的 ICCAT 船舶名单内登记，而在 ICCAT《公约》区域内捕捞金枪鱼类及类金枪鱼类。

b. 其船旗国在 ICCAT 相关养护与管理措施下没有分配到配额、渔获限制数量或努力量，而在 ICCAT《公约》区域内捕捞金枪鱼类及类金枪鱼类。

c. 未记录或报告其在 ICCAT《公约》区域内的渔获，或进行虚假报告。

d. 违反 ICCAT 养护措施，捕捞或卸下尺寸过小的鱼类。

e. 违反 ICCAT 养护措施，在禁渔期或禁渔区内捕捞。

f. 违反 ICCAT 养护措施，使用被禁用的渔具或渔法。

g. 与 IUU 船舶名单内船舶进行转载或参与其他作业，如补给或加油。

h. 在 ICCAT《公约》区域内未经沿岸国许可或违反沿岸国法规，在沿岸国管辖区域内捕捞金枪鱼类及类金枪鱼类，但不损害沿岸国对此类渔船采取措施的主权权利。

i. 无国籍而在 ICCAT《公约》区域内捕捞金枪鱼类或类金枪鱼类。

j. 从事违反 ICCAT 任何其他养护与管理措施的捕捞或捕捞相关活动。

**涉嫌 IUU 活动的信息**

（2）CPC 应每年在年会召开至少 70 天前，向秘书处提交过去 3 年内推定从事 IUU 捕捞活动船舶的任何信息，并附上所有有关推定从事 IUU 捕捞活动及船舶识别信息等辅助证据。

有关船舶的信息应基于 CPC 收集的信息，尤其是根据 ICCAT 相关建议及决议。CPC 应以本建议附件 1 的格式提交有关船舶及 IUU 捕捞活动的可用信息。

一旦收到此类信息，ICCAT 秘书处应立即将该信息发送给所有 CPC 及任何有关非 CPC，并要求 CPC 及任何有关非 CPC 在适当情况下调查涉嫌 IUU 活动及（或）监控此类船舶。

ICCAT 秘书处应要求船旗国将 CPC 提出将该船列入 IUU 船舶提议名单的情况通知船东，以及若 ICCAT 通过将该船列入最终 IUU 船舶名单可能导致的后果。

### 建立 IUU 船舶提议名单

（3）基于根据第（2）条收到的信息，ICCAT 秘书处应根据附件 2 拟定 IUU 船舶提议名单，并应至少在年会 55 天前将该提议名单连同提供的所有信息，一并通知所有 CPC 及所属船舶列入该名单的非 CPC。CPC 及非 CPC 应在 ICCAT 年会前至少 30 天发表任何意见，包括表明所列船舶未从事第（1）条所述任何活动的证据，或为解决该问题所采取的行动。

一旦收到 IUU 船舶提议名单，CPC 应密切监控该名单上的船舶，并应立即将可能与该船活动有关的任何信息及更改船名、船旗、无线电呼号或登记经营者的信息提交给 ICCAT 秘书处。

### 建立并通过最终 IUU 船舶名单

（4）ICCAT 秘书处应在 ICCAT 年会 2 周前，将根据第（2）及第（3）条所收到的信息及其所取得的任何其他信息，再次通知 CPC 及有关 IUU 船舶提议名单的非 CPC。

（5）CPC 可以在任何时间，最好在年会前，将任何可能与建立 ICCAT 最终 IUU 船舶名单有关的其他信息提交给 ICCAT 秘书处。ICCAT 秘书处应立即将该信息通知所有 CPC 及有关非 CPC。

（6）改善 ICCAT PWG 每年应审查 IUU 船舶提议名单和第（2）、第（3）、第（4）及第（5）条所述信息。若有必要，可以将审查的结果提交给 COC。

PWG 应提议将船舶从 IUU 船舶提议名单中移除，若其判定：

a. 该船并未从事任何第（1）条所述 IUU 捕捞活动。

b. 船旗 CPC 或非 CPC 已经采取措施使该船遵守 ICCAT 养护措施。船旗 CPC 或非 CPC 已经并且将会持续有效地承担其对该船的责任，特别是监测及管控该船在 ICCAT《公约》区域进行的捕捞活动。已经针对可疑的 IUU 捕捞活动采取有效行动，除其他外，包括起诉和实施足够严厉的制裁。

c. 该船舶已变更船东，新船东可以确认前船东不再具有任何法律、财务或实质利益关系或不再掌控该船，且新船东未参与 IUU 捕捞。

（7）经第（6）条中所述的审查后，PWG 应每年在 ICCAT 年会上制定 IUU 临时名单，并提议将从前一年会通过的 ICCAT IUU 船舶名单中移除的船舶及理由（若有的话），并提交给 ICCAT 以通过。

### 通过最终 IUU 船舶名单后的行动

（8）在通过最终 IUU 船舶名单时，秘书处应要求所属渔船列在 ICCAT 最终 IUU 船舶名单的 CPC 及非 CPC：

a. 通知最终认定的 IUU 船舶的船东，其所属船舶已列入该名单，及第（9）条中所述列入该名单的后果。

b. 采取所有必要措施以消除此类 IUU 捕捞活动，包括必要时撤销此类船舶的登记或渔业执照，并通知 ICCAT 采取的措施。

（9）CPC 应在其适用的法规下，采取必要措施：

a. 确保悬挂其旗帜的渔船、辅助船、加油船、母船及货船不以任何形式协助在 IUU 船舶名单上的船舶从事捕捞加工作业或参与任何转载或联合捕捞作业。

b. 确保 IUU 船舶无权卸岸、转载、加油、补给或从事其他商业交易。

c. 除不可抗力的情况外，禁止 IUU 名单上的船舶进入其港口，除非是专为检查及有效执法行动的目的。

d. 若发现 IUU 名单上的船舶在其港口，尽可能检查此类船舶。

e. 禁止租用 IUU 船舶名单上的船舶。

f. 拒绝向 IUU 名单上的船舶授予船籍，除非该船已变更船东，且新船东提供充分证据显示与前船东或经营者无进一步的法律、获益或财务利益关系或不再控制该船，或考虑所有相关事实后，船旗 CPC 确定授予该船旗帜将不会导致 IUU 捕捞。

g. 禁止进口或卸下及（或）转载 IUU 名单内船舶的金枪鱼类及类金枪鱼类渔获。

h. 鼓励进口商、转运商和其他有关部门，限制交易及转载 IUU 名单内船舶捕获的金枪鱼类及类金枪鱼类。

i. 收集并与其他 CPC 交换任何适当信息，旨在搜寻、管制及预防有关 IUU 名单内船舶伪造捕获金枪鱼类及类金枪鱼类的文件（包括进口或出口证明）。

j. 监测列入 IUU 名单的船舶，并立即向 ICCAT 秘书处提交有关此类船舶活动及可能更改船名、船旗、无线电呼号及（或）登记经营者的信息。

（10）ICCAT 秘书处将确保以符合任何适用的保密要求，通过电子方式，将 ICCAT 根据第（8）条通过的最终 IUU 船舶名单，连同有关此类船舶及 IUU 活动的任何其他辅助信息，在 ICCAT网站上的特定专区公布，并在相关信息改变或新增可获得其他信息时进行更新。此外，ICCAT 秘书处将及时向其他 RFMO 转交最终 IUU 船舶名单及新列入船舶的辅助信息，并加强 ICCAT 与此类组织就预防、阻止及消除 IUU 捕捞活动的合作。

**休会期间修改 ICCAT 最终 IUU 船舶名单**

**纳入其他 RFMO 的 IUU 船舶名单**

（11）一旦收到另一 RFMO[①]确立的最终 IUU 船舶名单及该 RFMO 认定的支持信息，以及任何有关判定的其他信息，如 RFMO 会议报告相关部分，ICCAT 秘书处应将此信息分发给 CPC 及任何有关的非 CPC。已列入前述个别名单的船舶也应纳入 ICCAT 最终 IUU 船舶名单，除非任何缔约方在 ICCAT 秘书处通知之日起 30 天内，基于以下理由反对纳入 ICCAT 最终 IUU 船舶名单：

a. 有满意的信息可以确定：

ⅰ. 该船未参与其他 RFMO 认定的 IUU 捕捞活动，或

---

①南极海洋生物资源养护委员会（简称 CCAMLR）、南方蓝鳍金枪鱼养护委员会（简称 CCSBT）、GFCM、IOTC、美洲间热带金枪鱼委员会（简称 IATTC）、西北大西洋渔业组织（简称 NAFO）、NEAFC、东大西洋渔业组织（简称 SEAFO）及中西太平洋渔业委员会（简称 WCPFC）。

ⅱ. 已经针对可疑的 IUU 捕捞活动采取有效行动，除其他外，包括起诉及可采取足够严厉的制裁。

b. 辅助信息不充分且有关名单确定的其他信息未满足上述第（11）条 a 款 ⅰ 中的条件。或

c. 若船舶列在非金枪鱼类 RFMO 名单中，与 ICCAT 管辖鱼种的养护与管理关系不大，无法进行交互列册。

若根据本款反对将其他 RFMO 名单上的船舶纳入 ICCAT 最终 IUU 船舶名单，该船舶应置于 IUU 提议名单，并根据第（6）条由 PWG 进行审议。

（12）ICCAT 秘书处应根据以下程序履行第（11）条：

a. ICCAT 秘书处应与其他 RFMO 的秘书处保持适当联系，并在此类 RFMO 通过或修订 IUU 船舶名单时取得副本，包括逐年在此类 RFMO 通过最终 IUU 名单的会议后向其索取副本。

b. 在另一 RFMO 通过或修订 IUU 船舶名单后，ICCAT 秘书处应尽快收集该 RFMO 的所有有关其判定列入 IUU/自 IUU 名单中移除的文件。

c. 一旦收到或收集到第 11 条 a 款 ⅰ 及 ⅱ 所述信息，ICCAT 秘书处应根据本建议第（11）条立即向所有 CPC 通知其他 RFMO 的 IUU 船舶名单、辅助信息及任何其他有关判定列入 IUU 名单的信息。通知应清楚描述提供此类信息的原因，并说明 ICCAT 缔约方自周知日起 30 天内就将此类船舶列入 ICCAT 的 IUU 名单提出反对，若不反对，船舶将在 30 天期限结束时列入最终 IUU 船舶名单。

d. ICCAT 秘书处应在 30 天期限结束时，将其他 RFMO 的 IUU 船舶名单中包含的任何新船舶添加到 ICCAT IUU 最终船舶名单中，但前提是根据第（11）条未收到来自缔约方的反对。若在 30 天期限结束时，ICCAT 秘书处未收到根据本建议第（11）条来自任何缔约方的反对，应将其他 RFMO 的 IUU 船舶名单中任何新的船舶纳入 ICCAT 最终 IUU 船舶名单。

e. 若一船舶被列入 ICCAT 最终 IUU 船舶名单仅因其被列入另一 RFMO 的 IUU 船舶名单，则当该船由初始将其列入的 RFMO 移除时，ICCAT 秘书处应立即将该船自 ICCAT 最终 IUU 船舶名单中移除。

f. 一旦根据本建议第（11）条或第（12）条 e 款，自 ICCAT 最终 IUU 船舶名单新增或移除船舶时，ICCAT 秘书处应实时将修订的 ICCAT 最终 IUU 船舶名单通知所有 CPC 及有关非 CPC。

**休会期间自最终 IUU 船舶名单中移除**

（13）所属船舶被列入最终 IUU 船舶名单，且希望在会议期间请求将其船舶自该名单移除的任一 CPC 或非 CPC，应在每年 7 月 15 日前将该请求，以及显示符合第（6）条中规定的一项或多项移除理由提交给 ICCAT 秘书处。

（14）根据 7 月 15 日前所收到的信息，ICCAT 秘书处将在收到移除请求后 15 天内，向缔约方转告移除请求及所有辅助信息。

（15）缔约方应在收到 ICCAT 秘书处通知后审查移除请求，若反对将船舶自最终 IUU 船舶名单中移除，则应在收到该通知后 30 天内进行回复。

（16）ICCAT 秘书处将在第（15）条所述的通知日期 30 天后，通过邮件检查请求的审查结果。

若有缔约方反对移除请求，ICCAT 秘书处应将该船舶继续留在 ICCAT 最终 IUU 船舶名单

上；若 CPC 要求在闭会期间移除，则移除请求应转告给 PWG 供在年会上审议。若无缔约方反对移除请求，ICCAT 秘书处应立即将该船舶从 ICCAT 网站上公布的 ICCAT 最终 IUU 船舶名单中移除。

（17）ICCAT 秘书处应立即将移除程序的结果通知所有 CPC 及有关非 CPC，并应转告其他 RFMO 有关移除该船舶的决定。

**一般处理**

（18）本建议应在适当调整后，用于渔获加工船、拖船、牵引船、从事转载的船舶、辅助船以及其他参与 ICCAT 管理渔业相关捕捞活动的船舶。

（19）本建议废止并取代《ICCAT 有关进一步修订建议 09 - 10〈建立在 ICCAT〈公约〉区域内推定从事非法、不报告及不受管制捕捞活动船舶名单的建议〉》（建议第 11 - 18 号）和《建立根据建议第 11 - 18 号将其他金枪鱼类 RFMO 的 IUU 船舶名单的船舶交叉列入 ICCAT IUU 船舶名单的指导方针决议》（建议第 14 - 11 号）。

## 附件1

ICCAT IUU 活动报告表见附表 3-8。

**附表 3-8 ICCAT IUU 活动报告表**

根据本建议第（2）条，本附件是推定 IUU 活动的细节及可获得的有关船舶的信息。

### 1. 船舶详细信息

（若此类信息适用且可获得，请以下列格式详述船舶及事发经过）

| 编号 | 项目 | 获得的信息 |
|---|---|---|
| A | 船名及以往船名 | |
| B | 船旗国及以往船旗国 | |
| C | 船东及历任船东，包括受益船东 | |
| D | 船东登记地点 | |
| E | 经营者及历任经营者 | |
| F | 无线电呼号及以往呼号 | |
| G | IMO 号码 | |
| H | UVI，或若不适用，其他任何船舶标识符 | |
| I | 船舶全长（LOA） | |
| J | 船舶照片 | |
| K | 首次列入 ICCAT IUU 名单的日期 | |
| L | 推定从事 IUU 捕捞活动的日期 | |
| M | 推定从事 IUU 捕捞活动的位置 | |
| N | 推定从事 IUU 活动的摘要（也参见2部分） | |
| O | 任何所知为响应 IUU 活动已采取的行动摘要 | |
| P | 任何属实行动的结果 | |
| Q | 若适当，其他相关信息（如可能伪造的船旗国或使用的船名等惯用手段） | |

### 2. IUU 活动的详细细节

IUU 活动的详细细节见附表 3-9。

**附表 3-9 IUU 活动的详细细节**

（以"×"表示适用的 IUU 活动要素，并提供包括日期、地点及数据来源等相关细节。若必要，也可以附件形式提供其他信息。）

| 建议×× 第××条 | 船舶在 ICCAT《公约》区域捕捞 ICCAT《公约》所管理的鱼种 | 说明并提供细节 |
|---|---|---|
| a | 未登记在批准于 ICCAT《公约》区域捕捞金枪鱼类及类金枪鱼类的 ICCAT 船舶名单内，而在 ICCAT《公约》区域内捕捞金枪鱼类及类金枪鱼类 | |

（续）

| 建议×× 第××条 | 船舶在 ICCAT《公约》区域捕捞 ICCAT 《公约》所管理的鱼种 | 说明并提供细节 |
| --- | --- | --- |
| b | 其船旗国在 ICCAT 相关养护与管理措施下没有配额、渔获限制或努力量分配，而在 ICCAT《公约》区域内捕捞金枪鱼类及类金枪鱼类 | |
| c | 未记录或报告在 ICCAT《公约》区域内的渔获，或提交不实的报告 | |
| d | 违反 ICCAT 养护措施，捕捞或卸下尺寸过小的鱼类 | |
| e | 违反 ICCAT 养护措施，在禁渔期或禁渔区内捕捞 | |
| f | 违反 ICCAT 养护措施，使用被禁用的渔具或渔法 | |
| g | 与 IUU 名单内船舶进行转载或参与其他作业，如补给或加油 | |
| h | 在 ICCAT《公约》区域内未经沿岸国许可或违反沿岸国法规，在沿岸国管辖区域内捕捞金枪鱼类及类金枪鱼类，但不影响沿岸国对此类渔船采取措施的主权权利 | |
| i | 无国籍而在 ICCAT《公约》区域内捕捞金枪鱼类或类金枪鱼类 | |
| j | 从事违反 ICCAT 任何其他养护与管理措施的捕捞或捕捞相关活动 | |

**附件 2**

## 所有 IUU 名单（提议及最终）包含的信息

IUU 提议名单应包含列在 ICCAT 最终 IUU 名单中的船舶，以及由 CPC 提交拟增列的新船舶信息。若适用且可获得，IUU 提议名单应包含以下细节：

1. 船名及以往船名。

2. 船旗国及以往船旗国。

3. 船东及历任船东（包括受益船东）的姓名、地址及登记地点。

4. 船舶经营者及历任经营者。

5. 船舶无线电呼号及以往呼号。

6. LR/IMO 号码。

7. 船舶照片。

8. 首次列入 IUU 名单的日期。

9. 证明船舶列入该名单的活动摘要，以及所能显示及佐证此类活动的所有可供参考的相关文件。

10. 其他相关信息。

## 30. 第18-09号　有关预防、阻止及消除 IUU 捕捞活动的港口国措施建议

回顾2009年 FAO 关于预防、阻止及消除 IUU 捕捞活动的港口国措施协定。

承认许多 CPC 目前已制定港口检查机制。

认识到港口国措施为预防、阻止及消除 IUU 捕捞活动提供有力且具成本效益的方式。

回顾 ICCAT 关于修订 ICCAT 港口检查机制的建议（建议第97-10号）。

同时回顾《ICCAT 关于进一步修订建立在 ICCAT〈公约〉区域推定从事 IUU 捕捞活动船舶名单的建议》（建议第11-18号）和《ICCAT 有关禁止严重违规的非缔约方船舶卸鱼及转载的建议》（建议第98-11号）。

强调确保适当解决发展中 CPC 在实施港口国措施中面临的挑战的重要性，并最大程度地利用 ICCAT 根据计划建议确定的资金，以支持《ICCAT 针对港口最低检查标准》（建议第14-08号）的 ICCAT 计划建议第12-07号的有效实施。

意识到根据 ICCAT 建议确立的港口能力建设和援助港口检查专家组正在进行的工作，以澄清并补充《根据 ICCAT 建议第14-08号寻求能力建设援助的过程》（建议第16-18号）；及希望加强 ICCAT 监测、管控及检查制度，以促进养护与管理措施的实施和遵守。

**ICCAT 建议**

### 定义

（1）本建议所称：

a. 捕捞是指搜寻、吸引、定位、捕捞、抓取或收获鱼类，或任何合理预期会导致吸引、定位、捕捞、抓取或收获鱼类的活动。

b. 捕捞相关活动是指任何辅助或准备捕捞的作业，包括卸鱼、包装、加工、转载或运输先前尚未在港口卸下的鱼类，以及在海上供应人员、燃料、渔具或其他补给品。

c. 渔船是指任何用于、配备用于或意图用于捕捞及捕捞相关活动的船舶、另一类型的船舰或船艇。

d. 港口包括沿岸码头及该港口的海区，以及用于卸鱼、转载、包装、加工、加油或补给的其他设施。

### 范围

（2）本建议中任何内容不应损害 CPC 在国际法下的权利、管辖权和责任，尤其不应理解为影响 CPC 当局根据国际法对其港口的权力，以及拒绝进港及采取较本建议更为严格的措施。

本建议应根据国际法进行解释和应用，同时考虑适用的国际规则和标准，包括那些通过 IMO 及其他国际机构所建立的规则和标准。

CPC 应以诚信善意地履行本建议所赋予的义务，并应以不滥用的方式行使本建议承认的权力。

（3）为监测对 ICCAT 养护与管理措施的遵守情况，每一 CPC 应以其作为港口 CPC 的身份将本建议用于对装载 ICCAT 管理鱼种及（或）源自此类鱼种但尚未卸岸的渔获产品（以下称为外籍渔船）履行港口的有效检查义务。

（4）任一 CPC 可以作为港口 CPC 决定不将本建议用于由其国人在其授权下经营并返回其港口的租用的外籍渔船。这些租赁渔船应受租船 CPC 采取措施的管制，此类措施与有权悬挂其旗帜的船舶所采取的措施一样有效。

（5）在不损害其他 ICCAT 建议的具体适用条款下，除本建议另有规定外，本建议应适用于全长等于或大于 12 米的外籍渔船。

（6）每一 CPC 应对全长小于 12 米的外籍渔船、根据第（4）条所述租赁作业的外籍渔船及有权悬挂其旗帜的渔船至少采取适用于第（3）条中所述船舶的措施，作为打击 IUU 捕捞的有效措施。

（7）CPC 应采取必要行动，告知批准悬挂其旗帜的渔船有关本建议及其他 ICCAT 相关养护与管理措施。

**联系方式**

（8）每一允许外籍渔船进入其港口的 CPC 应指定联系方式，以根据本建议第（13）条接收通知。每一 CPC 应指定联系方式，以根据本建议第（35）条 b 款接收检查报告。每一 CPC 应在本建议生效后 30 天内，将其联系方式及联络信息发送给 ICCAT 秘书处。任何后续变动应至少在变动生效前 14 天通知 ICCAT 秘书处。ICCAT 秘书处应立即将任何此类变动通知 CPC。

（9）ICCAT 秘书处应根据 CPC 提交的名单建立并维护联系方式登记名单。该登记名单及后续任何变动均应实时发布在 ICCAT 网站。

**指定港口**

（10）每一允许外籍渔船进入其港口的 CPC 应：

a. 指定外籍渔船可以根据本建议请求进入的港口。

b. 确保其有充分能力根据本建议在每一个指定港口进行检查。

c. 在本建议生效日起 30 天内，向 ICCAT 秘书处提交指定港口名单。任何该名单的后续变动，应至少在变动生效前 14 天通知 ICCAT 秘书处。

（11）ICCAT 秘书处应根据港口 CPC 提交的名单建立并维护指定港口登记名单。该登记名单及后续任何变动均应实时发布在 ICCAT 网站。

（12）每一为准许外籍渔船进入其港口的 CPC 应在根据建议 12 - 13 号提交的年度报告中注明。若之后决定允许外籍渔船进入其港口，CPC 应至少在变动生效前 14 天，向秘书处提交第（8）及第（10）条 c 款要求的信息。

**进港预先请求**

（13）每一允许外籍渔船进入其港口的 CPC 应要求请求进入其港口的外籍渔船，在预定抵达港口至少 72 小时前，提供以下信息：

a. 船舶识别（外观辨识、船名、船旗国、ICCAT 名单编号，若有、国际海事组织（IMO）号码，若有、国际无线电呼号）。

b. 其请求进入的指定港口名称（如 ICCAT 名单所载）及进港目的（维修、卸鱼或转载）。

c. 捕捞许可，或在适当情况下，能证明对 ICCAT 鱼种及（或）源自此类鱼种的渔获产品进行捕捞作业、或转载相关渔业产品而持有的任何其他船舶许可证。

d. 预计抵达港口的日期及时间。

e. 船上所留存每一 ICCAT 鱼种及（或）源自此类鱼种的渔获产品的估计数量。（以千克计）

以及相关的捕获区域。若船上未留存 ICCAT 鱼种及（或）源自此类鱼种的渔获产品，应提交表明该情况的报告（即"零渔获"报告）。

f. 将要卸岸或转载每一 ICCAT 鱼种及（或）源自此类鱼种的渔获产品的估计数量（以千克计）以及相关的捕获区域。

港口 CPC 也可以要求提供其他信息，以判定该船是否从事了 IUU 捕捞或相关活动。

（14）每一 CPC 应要求正在请求进入或已在另一 CPC 港口的悬挂其旗帜的船舶：

a. 遵守该港口 CPC 根据本建议所履行的义务，包括船长根据第（13）条提供信息的义务。

b. 配合港口 CPC 根据本建议进行检查。

（15）港口 CPC 可以规定较第（13）条规定的预先通知时间更长或更短，其中应特别考虑在其港口卸下的渔产品类型、渔场与其港口之间的距离以及其衡量与核实信息的资源及程序。在该情况下，港口 CPC 应在本建议生效日起 30 天内，将其预先通知期及其原因告知 ICCAT 秘书处。任何后续变动应至少在变动生效前 14 天通知 ICCAT 秘书处。

**进港批准或拒绝**

（16）在收到根据第（13）条的相关信息以及确定请求进入其港口的外籍渔船是否从事 IUU 捕捞所需的信息后，港口 CPC 应决定批准或拒绝该船进入其港口。

（17）在不损害第（19）条情况下，当 CPC 有充分证据证明请求进入其港口的外籍渔船从事 IUU 捕捞活动或支持此类捕捞的相关活动，该 CPC 应拒绝该船进港，并应将此决定通知船长或其代表。

（18）若港口 CPC 决定拒绝船舶进入其港口，应通知该船或其代表，并将此决定传达给该船船旗国，同时通知 ICCAT 秘书处发布在 ICCAT 网站的安全部分，适当情况下，尽最大可能提供给相关沿岸国、RFMO 和其他政府间组织（以下简称 IGO）。

（19）尽管有第（17）条的规定，港口 CPC 出于检查目的可以允许第（17）条中的船舶进入其港口和根据国际法采取至少与拒绝进港同等效力的其他适当行动，以预防、阻止及消除 IUU 捕捞及支持此类捕捞的相关活动。

（20）若第（17）条所述船舶基于任何原因在其港内，港口 CPC 应拒绝该船使用其港口卸鱼、转载、包装、加工及其他港口服务，除其他外，包括加油、补给、维修和上坞。第 22 条经适当调整也适用本条规定。拒绝此类船舶使用港口应与国际法相符。

**不可抗力或危难**

（21）本建议不影响外籍渔船因不可抗力或危难原因根据国际法而进港，也不影响港口 CPC 为了帮助的目的而同意处于危险或危难的人员、船舶或航空器进港。

**港口使用**

（22）若一外籍渔船已经进入其港口，港口 CPC 应根据其法律和规定以及符合国际法，包括本建议，拒绝该船使用其港口卸鱼、转载、包装或加工先前尚未卸岸的鱼类，或其他港口服务，除其他外，包括加油、补给、维修和上坞，若：

a. 港口 CPC 发现该船并未持有有效且适用的授权已在 ICCAT《公约》区域从事捕捞及捕捞相关活动。

b. 港口 CPC 收到明确证据证明船上装载的鱼类由违反 ICCAT 养护与管理措施的方式捕获。

c. 船旗 CPC 未在港口 CPC 所要求的合理期限内确认该船上装载的鱼类是根据 ICCAT 养护

与管理措施捕获的。

d. 港口 CPC 有其他合理理由相信该船在 ICCAT《公约》区域从事 IUU 捕捞或支持此类捕捞的相关活动，包括支持在推定于 ICCAT《公约》区域及其他区域从事 IUU 捕捞活动 ICCAT 船舶名单上的船舶，除非该船能证实：

ⅰ. 其以与 ICCAT 养护与管理措施相符的方式进行作业；

ⅱ. 对于向 ICCAT IUU 名单上船舶在海上提供人员、燃料、渔具及其他补给的情况，在其提供时，该接收船舶尚未列入 ICCAT IUU 名单。

（23）尽管有第（22）条的规定，港口 CPC 不应拒绝该条所述船舶使用的港口服务，若：

a. 对船员安全或健康或该船的安全至关重要，但前提是此类需求已经得到充分证明。

b. 适当时，用于将该船解体。

（24）若港口 CPC 已经拒绝一船舶使用其港口，应立即通知该船长或其代表、该船船旗国、ICCAT 秘书处以发布在 ICCAT 网站上，若适当，尽最大可能通知相关沿岸国、RFMO 及 IGO。

（25）仅当港口 CPC 认为有充分证据显示其拒绝船舶使用其港口的理由不适当或不正确，或该理由不再适用的情况下，港口 CPC 应撤回拒绝船舶使用其港口。

（26）若港口 CPC 已经撤回拒绝使用其港口的决定，应立即通知根据第（24）条向其发出通知的对象。

（27）若港口 CPC 决定根据第（19）条批准船舶进入其港口，则应适用下节有关港口检查的规定。

**港口检查**

（28）检查应由港口 CPC 主管机关合格的检查员执行。

（29）CPC 应每年至少检查在其指定港口进行卸鱼及转载作业的外籍渔船的 5％。

（30）在决定受检的外籍渔船时，港口 CPC 应根据其国内法，优先考虑：

a. 未能根据第（13）条要求提供完整且正确信息的船舶；

b. 已经被另一 CPC 根据本建议拒绝进港的船舶；

c. 其他 CPC 或相关 RFMO 要求检查特定可疑船舶的请求，尤其是此类请求已具有足够的证据证明有关船舶进行 IUU 捕捞活动或具有支持此类捕捞的相关活动；

d. 有明确理由怀疑一船舶从事 IUU 捕捞或支持此类捕捞的相关活动的船舶，包括在本计划下提交的检查报告和来自其他 RFMO 的信息。

**检查程序**

（31）每一检查员均应携带由港口 CPC 核发的身份证件。港口 CPC 检查员应根据国内法检查渔船所有相关区域、甲板及船舱、已加工的渔获或其他渔获、网具或其他渔具、技术性设备或电子设备、发送记录及任何相关文件，包括渔捞日志、货单、大副收据及有关转载的卸鱼声明和核实遵守 ICCAT 养护与管理措施的有关证明。检查员也可能询问船长、船员或在受检船舶上的任何人员，并可以复制其认为有关的任何文件。

（32）若船舶正在卸下或转载 ICCAT 管理鱼种，则检查应包括对卸鱼或转载的监视，并包括根据上述第（13）条预先通知中船上所装载的分鱼种数量与舱内实际数量间进行交叉检查。检查应以对渔船造成最低干扰与不便，且尽量避免损坏渔获质量的方式进行。

（33）检查完成后，港口 CPC 检查员应向外籍渔船船长提供含检查结果的检查报告，包括港口 CPC 可能采取的后续措施，并由检查员及船长签名。船长在报告上的签名仅应作为收到报告副本的确认。船长应可以在报告中增加任何意见或反对，在船长难以理解报告内容的情况下，应联系船旗国主管机关。应向船长提供报告的副本。

若检查发现存在潜在不遵守之处，港口 CPC 应在检查完成之日起 14 天内将检查报告的副本送交至 ICCAT 秘书处。若未能在 14 天内送交检查报告，港口 CPC 应在 14 天内告知 ICCAT 秘书处延迟的原因及何时提交该报告。

为便于其他 CPC 进行风险分析，鼓励港口 CPC 提交不包括有关潜在的不合规情况内容的报告。

（34）船旗 CPC 应采取必要行动确保船长协助港口 CPC 检查员安全进入渔船、与港口 CPC 当局合作、方便检查和沟通，且不阻碍、胁迫、干预或指使他人阻碍、胁迫或干预港口 CPC 检查员执行任务。

**具有明显违反事件的程序**

（35）若检查过程中所收集的信息能证明外籍渔船违反 ICCAT 养护与管理措施，检查员应：

a. 在检查报告中记录该违反事件。

b. 将检查报告送交港口 CPC 当局，由其立即将副本转交给 ICCAT 秘书处及船旗国联系人，若适当也可提供给相关沿岸国。

c. 在最大可行范围内，确保妥善保管有关该侵权的证据，适当情况下可包括原始文件。若港口 CPC 欲将该侵权送交船旗国采取进一步行动，应立即将其所收集的证据提供给船旗国。

（36）本建议并未阻止港口 CPC 采取符合除第（38）条所述外国际法的行动。港口 CPC 应立即将其采取的行动告知船旗国、适当情况下的相关沿岸国及 ICCAT 秘书处，并应由 ICCAT 秘书处立即将该信息发布在 ICCAT 网站上。

（37）不在港口 CPC 管辖权内的侵权，以及第（35）条所述但港口 CPC 尚未采取行动的侵权，应送交船旗国及适当情况下的相关沿岸国。一旦收到检查报告副本及证据，船旗 CPC 应立即调查该侵权行为，并在收到此类信息后 6 个月内将调查情况及已经采取的执法行动通知 IC-CAT 秘书处。若船旗 CPC 未在 6 个月内向 ICCAT 秘书处提交调查报告，船旗 CPC 应在 6 个月内告知 ICCAT 秘书处延迟的理由及何时提交该报告。ICCAT 秘书处应立即将该信息发布在 IC-CAT 网站上，CPC 也应将与调查情况有关的信息纳入其年度报告（建议第 12 - 13 号）中。

（38）若调查证实受检船舶已经从事建议第 18 - 08 号中所述 IUU 活动，港口 CPC 应根据第 22 条拒绝该船使用港口，并及时将该情况报告给船旗国及适当情况下的相关沿岸 CPC。港口 CPC 也应尽快通知 ICCAT 秘书处该船从事 IUU 捕捞或相关活动，并提供证据。ICCAT 秘书处应将该船列入 IUU 提议名单。

**发展中 CPC 的需求**

（39）CPC 应充分认可发展中 CPC 就执行本建议的港口检查机制具有特殊需求。CPC 应直接或通过 ICCAT 秘书处，向发展中 CPC 提供协助，特别是为以下目的：

a. 发展其能力，包括提供技术协助及财务援助，以支持和强化在国家、区域及国际各层面建立与实施有效的港口检查系统，并确保不必要地转移因实施本建议给他们所造成的不成比例的负担。

b. 促进其参与相关区域性及国际组织会议及（或）培训课程，以促进建立港口检查系统并实施，包括根据本建议进行违规或争端解决的监测、管控及侦察、执法及对侵权的诉讼程序。

c. 直接或通过 ICCAT 秘书处，评估发展中 CPC 有关履行本建议的特殊需求。

**一般条款**

（40）鼓励 CPC 达成双边或多边协议/安排，以允许实施旨在促进合作、信息分享及就提高 ICCAT 养护与管理措施合规性的检查策略和方法对各方检查员进行教育的检查员交流计划。有关此类计划的信息，包括此类协议或安排的副本，应当纳入 CPC 年度报告（建议第 12 - 13 号）中。

（41）在不损害港口 CPC 国内法情况下，若船旗 CPC 与港口 CPC 有适用的双边或多边协议或安排，或经该港口 CPC 邀请，船旗 CPC 可以派遣其官员陪同港口 CPC 检查员，观察或参与其船舶的检查。

（42）船旗 CPC 应根据其国内法，以与港口 CPC 类似的方式，对港口 CPC 检查员的侵权举报进行审议并采取行动。CPC 应根据其国内法相互合作，并加快由于本建议规定的检查报告而引起的司法及其他程序的进程。

（43）ICCAT 应在其 2020 年年会前审核本建议，并考虑修订以改善其有效性。

（44）本建议废止并取代《ICCAT 关于 ICCAT 港口最低检查标准的建议》（建议第 12 - 07 号）。

## 31. 第 18 - 10 号　ICCAT 有关 ICCAT《公约》区域内渔船监控系统最低标准的建议

回顾之前 ICCAT 通过有关建立以卫星为基础的 VMS 最低标准的建议，特别是建议第 03 - 14 号。承认基于卫星的 VMS 发展及其在 ICCAT 的实用性。

承认沿岸国监控在其管辖区域内作业渔船的合法权力。

考虑将悬挂授权捕捞 ICCAT 管理鱼种 CPC 旗帜的所有船舶（包括捕捞渔船、运输船及辅助船）的 VMS 数据实时传送到 FMC，有助于沿岸国监测、管制及侦察，确保有效履行 ICCAT 养护与管理措施。

注意到 SCRS 在其 2017 年报告中认识到 VMS 报告频次越高，该数据的帮助越大，且每 4 小时的报告频次不足以监测许多类型的渔具的捕捞活动。

### ICCAT 建议

（1）尽管在特定 ICCAT 渔业中可能具有更严格的要求，但每一船旗 CPC 应对船体两端垂直距离超过 20 米或全长（LOA）超过 24 米的商业性渔船实施 VMS，以及不迟于 2020 年 1 月 1 日起，授权总长超过 15 米的船舶在船旗 CPC 管辖范围外区域捕捞。

a. 要求其渔船配备一自动且防窜改系统，能连续、自动且不受渔船干涉地向船旗 CPC 的 FMC 传递信息，以使该船的船旗 CPC 追踪其船位、航向及船速。

b. 确保安装在渔船上的卫星追踪设备收集并能连续地向船旗 CPC 的 FMC 传递以下数据：

ⅰ. 船舶标识。

ⅱ. 误差范围小于 500 米且置信区间为 99% 的船位（经、纬度）信息。

ⅲ. 日期和时间。

c. 确保在船旗 CPC 的 FMC 与卫星追踪设备间通讯中断时，FMC 能收到自动通知。

d. 在与沿岸国合作下，确保其渔船在该沿岸国管辖区域作业时传送的船位信息也自动并实时地传输至已授权其进行捕鱼活动的沿岸国的 FMC。在履行本条款时，应适当考虑将与传递此类信息相关的操作成本、技术困难及管理负担降至最低。

e. 为方便第（1）条 d 款中所述船位信息的传输和接收，船旗 CPC 的 FMC 与沿岸国的 FMC 应交换联络信息，若该信息有任何变动，应立即相互通知。沿岸国的 FMC 接收连续船位信息时若中断，应将该情况告知船旗 CPC 的 FMC。船旗 CPC 的 FMC 与沿岸国 FMC 之间传递船位信息时，应使用具有保密功能的通讯系统以电子方式进行。

（2）每一 CPC 应采取适当措施，以确保根据第（1）条中的规定传输与接收 VMS 信息，并使用该信息连续追踪其渔船船位。

（3）每一 CPC 应确保悬挂其旗帜的渔船船长，确保卫星追踪设备永久且连续运作，并确保围网船至少每小时 1 次以及所有其他渔船[①]至少每 2 小时收集并传输[②]第 1 条 b 款规定的信息。此

---

[①]发展中 CPC 应选择此测定频率及传递要求（2 小时）应用至其在地中海专捕小型金枪鱼类的围网渔船。

[②]若卫星追踪设备与卫星无法连接，第 1 条 b 款规定的信息仍应根据第（3）条进行收集，但应在卫星恢复连接时尽快传递。

外，CPC 应要求其渔船经营者确保：

a. 卫星追踪设备未受任何方式窜改。

b. VMS 数据未受任何方式修改。

c. 连接到卫星追踪设备的天线未受任何方式的阻碍。

d. 卫星追踪设备的线路固定在渔船上，且其电源并未受到任何方式蓄意中断。

e. 除出于维修或替换的目的外，不要从船上移除卫星追踪设备。

（4）若安装在渔船上的卫星追踪设备发生技术故障或无法运行，应在该情况发生一个月内修复或更换设备，除非该船已从 LSFV 批准名单中移除，或该渔船未要求列入 ICCAT 批准船舶名单中，不得向卫星追踪设备有问题的渔船授权在船旗 CPC 管辖区域外捕捞作业、开展捕捞航次。此外，当该设备在一航次期间停止运作或发生技术故障，渔船应在进港时尽快修复或更换；卫星追踪设备尚未修复或更换的渔船不应授权开展捕捞航次。

（5）每一 CPC 应确保卫星追踪设备发生故障的渔船，至少每日通过其他通讯方式（无线电、在线报告、电子邮件、电传或电报）向 FMC 报告第（1）条 b 款中所含信息。

（6）仅在船舶将长期不进行捕捞（如上坞维修），且该船事先通知船旗 CPC 主管机关的情况下，CPC 才允许该船关闭其卫星追踪设备。

在船舶离港前，必须重启卫星追踪设备，并至少接收及传输一次报告。

（7）适当情况下，鼓励 CPC 将本建议扩大适用至尚未根据第（1）条覆盖的渔船，以确保有效监测 ICCAT 养护与管理措施的遵守情况。

（8）鼓励 CPC 在适当且在符合国内法的情况下，共享根据第（1）条 b 款报告的数据，并支持 MCS 活动。

（9）ICCAT 应不迟于 2020 年审查本建议，并进行必要的修订。

（10）为向 2020 年进行的审查提供信息，要求 SCRS 提供有关最有助于其进行工作的 VMS 数据的建议，包括确定为 ICCAT 不同渔业传输数据的频次。

（11）本措施废止并取代修改建议第 03 - 14 号《有关建立 ICCAT〈公约〉区域渔船监控系统最低标准的建议》（建议第 14 - 09 号）。

## 32. 第18-12号　ICCAT取代建议第17-09有关e-BCD系统的适用建议

考虑到东大西洋及地中海蓝鳍金枪鱼多年恢复计划及承诺发展电子蓝鳍金枪鱼渔获文件（以下简称eBCD）系统。

认识到电子信息交换的发展以及迅速交流对渔获信息处理和管理的帮助。

注意到电子渔获文件系统具有发现误报并抵制IUU渔获的能力、加快蓝鳍金枪鱼渔获文件（以下简称BCD）的确认/核实程序、避免错误信息输入、减少繁重的工作量并在包括出口与进口机构在内缔约方之间建立自动链接的功能。

认识到有必要实行eBCD系统以加强BCD计划的实施。

延续eBCD技术工作小组（以下简称TWG）的工作以及可行性研究中提出的系统设计与成本估算。

考虑到ICCAT先前eBCD补充建议（建议第13-17号）所作的承诺，以及第19届特别会议有关计划执行情况的决定。

进一步认识到系统的技术复杂程度以及正在研发和解决的重大技术问题的必要性。

认知到eBCD系统自2016年起全面实行。

注意到2017年审查了特定影响的相关性及其有关期限。

**ICCAT建议**

（1）所有相关CPC应尽快为实行eBCD系统向ICCAT秘书处提交必要的数据，以确保其用户在eBCD系统内注册。对于未能提供和维护eBCD系统所需数据的用户，不能确保其能够访问和使用该系统。

（2）除在下述第（6）条规定的特定情况外，所有CPC必须使用eBCD系统，且不再接受纸质BCD。

（3）CPC可以向ICCAT秘书处及TWG交流其在系统实施方面的技术经验，包括所遇到的任何困难以及确定功能以加强eBCD的实施和性能。ICCAT可以考虑此类建议和财务支持，以进一步发展该系统。

（4）eBCD将适用于建议第18-13号的大部分规定。

（5）尽管有本建议第（4）条的规定，关于BCD计划及其通过eBCD系统实施应适用以下规定：

a. 根据建议第18-13号第二部分在eBCD系统中记录并确认渔获量及首次贸易后，在eB-CD中记录蓝鳍金枪鱼内部交易的信息（即若交易发生在一CPC之内，或为欧盟在其一成员国内的交易）则不需要。

b. 在eBCD中对渔获量及首次贸易记录并确认后，欧盟成员国间的贸易应由出售商根据建议第18-13号第（13）条，在eBCD系统内填写；然而按照建议第18-13号的要求，即此类蓝鳍金枪鱼贸易是eBCD内所列的下列产品型式，则不需要签发：切片（以下简称FL）或其他（以下简称OT，请详述）。去鳃和内脏（以下简称GG）、去头、尾、鳃和内脏（以下简称DR）及未处理（以下简称RD）等产品型式则需要签发。然而，当此类产品（FL及OT）是打包供运送时，相关 eBCD 号码必须清晰且永久地写在包含金枪鱼类任一部分的任一包装外侧，但列在建议 18－13 号第（10）条中的豁免产品例外。

对此类产品（FL 及 OT），除上一条要求外，当来自前一成员国的贸易信息已在 eBCD 系统中时，另一成员国的后续国内贸易才可进行。只有正确记录成员国之间先前交易后，才可向欧盟出口，且此类出口应继续要求在 eBCD 系统中确认，以符合建议第 18－13 号第（13）条。

本款所述的情况在 2020 年 12 月 31 日到期。欧盟应在每年 10 月 1 日前，向 ICCAT 报告执行情况。该报告应包括有关其核实程序的信息，该程序的结果以及有关此类贸易事件的数据，包括相关统计数据。基于此类报告以及提供给 ICCAT 的任何其他相关信息，ICCAT 应在其 2020 年的年会上审查该情况，以决定其是否能延续。

除非本建议另有规定，否则必须根据建议第 18－13 号规定，在 eBCD 系统中记录并确认活蓝鳍金枪鱼的贸易，包括从蓝鳍金枪鱼养殖场开始的所有贸易事件。在出现建议第 18－01 号第（3）条的情况时，要同时在 eBCD 系统内确认第二部分（渔获）及第三部分（活鱼贸易）。根据建议第 18－02 号第 99 条的要求，可以在后续的蓄养作业中在 eBCD 系统内完成第 2 部分及第 3 部分的修改及再确认。

c. 有关禁止销售的休闲及运动渔业所捕获的蓝鳍金枪鱼的规定，不受建议第 18－13 号的条款限制且不须记录在 eBCD 系统内。

d. 仅当船旗 CPC 对捕捞蓝鳍金枪鱼的渔船或建网的国内商业标识计划与要求相符时，建议第 18－13 号第（13）条中关于免除政府对标识鱼类确认的规定才适用该建议第（21）条的要求，并符合下述标准：

ⅰ. 有关 eBCD 中所有蓝鳍金枪鱼每尾均已标识。

ⅱ. 与标识有关联的最低信息要求包括：捕捞渔船或建网的识别信息；捕捞或卸下的日期；所运送鱼类的捕获区域；用于捕捞鱼类的渔具。

标识蓝鳍金枪鱼的产品类型及单重可以通过附加附件的方式进行。或者，对于那些根据《ICCAT 建议在东大西洋及地中海蓝鳍金枪鱼建立多年管理计划的建议》（建议第 18－02 号）而降低到最小渔获尺寸规定的渔业，CPC 可以在渔获卸岸时，通过代表性采样判定，提供个别鱼体的粗略重量。除非 ICCAT 在考虑 CPC 执行报告后延期，否则此替代作法应适用至 2020 年。

出口商与进口商的信息（若适当）。

出口地（若适当）。

ⅲ. 负责任 CPC 所汇总的标识鱼类相关数据。

e. 在建议第 18－02 号第 86 至第 102 条所预见的转移、拖带或蓄养作业期间死亡的蓝鳍金枪鱼，在采捕前要视适当情况由围网船、辅助船、拖船及（或）养殖场代表进行交易。

f. 未根据建议第 18－02 号被批准捕捞蓝鳍金枪鱼的渔船在东大西洋及地中海捕获的蓝鳍金枪鱼可以作为兼捕进行交易。为改善 eBCD 系统的功能，CPC 主管部门应为港口主管部门和（或）通过授权的个别注册提供方便，包括通过其国家注册号访问系统。此类注册仅允许访问 eBCD系统，并不代表 ICCAT 的批准，因此，不签发 ICCAT 编号。相关船舶的船旗 CPC 不需要向 ICCAT 秘书处提交此类船舶的名单。

g. 建议第 18－13 号第（13）条 b 款中的要求，仅当累计签发量在每个管理年度的配额或捕捞限额内时才可签发 BCD，不适用于其国内法规要求所有死鱼均须卸下或没收将死的渔获以防止渔民从此类渔获中赚取任何商业利益的 CPC。此类 CPC 应采取必要措施防止没收的渔获出口至其他 CPC。

h. 太平洋蓝鳍金枪鱼的贸易应继续使用纸质 BCD，直到在 eBCD 系统中开发出此类追踪功能。除非另有决定满足未来数据收集的需求，否则此类功能将包括附件 1 及附件 2 中列出的数据要素。

i. eBCD 的贸易部分应在出口前签发，且在任何再出口前必须尽快将该贸易部分中的买主信息输入 eBCD 系统。

j. ICCAT 非 CPC 应允许试验 eBCD 系统，以方便蓝鳍金枪鱼的贸易。在开发允许非 CPC 进入系统的功能前，应由非 CPC 填写与第（6）条规定相符的纸质 BCD 文件，并提交至 ICCAT 秘书处以供输入 eBCD 系统。ICCAT 秘书处应立即与在进行大西洋蓝鳍金枪鱼交易的非 CPC 联系，使其了解 eBCD 系统及符合其 BCD 计划规定。

k. eBCD 系统生成的报告应尽可能满足建议第 18 - 13 号第（34）条中的年度报告要求。CPC 也应持续提供无法由 eBCD 系统生成的年度报告要素。ICCAT 将在考虑适当的保密规则和因素后确定任何其他报告的格式和内容，该报告至少应包括经适当汇总的 CPC 渔获及贸易数据。CPC 应在其国家报告中持续报告其 eBCD 系统的实施情况。

（6）纸质 BCD 文件（根据建议第 18 - 13 号签发）或打印的 eBCD 可以在下述情况下使用：

a. 蓝鳍金枪鱼的卸下数量少于 1 吨或 3 尾。此类纸质 BCD 应在 7 个工作日内或出口前（视二者何者为先）转换为 eBCD。

b. 在完全实施第（2）条所述 eBCD 系统前已捕捞的蓝鳍金枪鱼。

c. 尽管在第（2）条中要求使用 eBCD 系统，但在系统发生技术困难且导致 CPC 不能使用 eBCD 系统的情况下，根据附件 3 中的程序，可以使用纸质 BCD 或打印 eBCD 作为备份。CPC 延迟采取必要行动，例如提供用户在 eBCD 系统中注册的必要数据，或为了避免其他的情况，且不会构成技术困难。

d. 如第（5）条 h 款所述太平洋蓝鳍金枪鱼贸易。

e. 就 ICCAT CPC 与非 CPC 之间的贸易，若不能或无法及时通过秘书处〔根据上述第（5）条 j 款〕进入 eBCD 系统以确保贸易不会被不正当地延迟或中断。

在 a 至 e 款规定的情况下使用纸质 BCD 文件不应被进口 CPC 作为延迟或拒绝蓝鳍金枪鱼产品进口的理由，前提是其遵守建议第 18 - 13 号现行条款与本建议相关条款。在 eBCD 系统中经验证的打印的纸质 eBCD 符合建议第 18 - 13 号第（3）条规定的签发要求。

若 CPC 提出要求，ICCAT 秘书处应协助将纸质 BCD 转换成 eBCD，或视适当情况在 eBCD 系统内根据 CPC 主管部门的要求，为此目的为其建立用户档案。

（7）TWG 应继续其工作，并通过 ICCAT 秘书处告知开发商所需系统的开发及调整的技术参数，同时指导其执行。

（8）本建议阐述了建议第 18 - 02 号，并阐述及改进建议第 18 - 13 号。

（9）本建议废止并取代《ICCAT 关于电子蓝鳍金枪鱼渔获文件（eBCD）系统的应用修订建议第 15 - 10 建议》（建议第 17 - 09 号）。

**附件 1**

## BCD 计划下太平洋蓝鳍金枪鱼贸易的数据要求

第一部分：蓝鳍金枪鱼渔获文件编号

第二部分：渔获信息

捕捞船/建网名称。

船旗/CPC。

区域。

总重量（千克）。

第三部分：贸易信息

产品详述。

1. 生鲜（以下简称 F）/冷冻（以下简称 FR）；RD/GG/DR/FL/OT。

2. 总重量（净重）。

出口商/销售者信息。

3. 公司名称。

4. 出口港/出发地点。

5. 目的地国家。

转运详述。

签发国家。

进口商/买主。

6. 公司名称、执照号码。

7. 进口港或目的地地点。

**附件 2**

## ICCAT 蓝鳍金枪鱼再出口证明

第一部分：蓝鳍金枪鱼再出口证明编号

第二部分：再出口部分

再出口国家/实体/捕鱼实体。

再出口地点。

第三部分：进口蓝鳍金枪鱼的描述

净重（千克）。

BCD 或 eBCD 号码和进口日期。

第四部分：再出口蓝鳍金枪鱼描述

净重（千克）。

相对应的 BCD 或 eBCD 编号目的地国家。

第五部分：签发国家

附件 3

## 因 eBCD 系统的技术困难允许签发纸质 BCD 或打印 eBCD 的程序

1. 若在 ICCAT 秘书处及 eBCD 执行商的工作时间内发生技术困难：

（1）首先遇到技术困难的 CPC 应联系执行商，以确认并尝试解决该技术困难，ICCAT 秘书处也应加入此类联系。执行商应向 CPC 确认该技术困难。

（2）在一技术困难经执行商确认无法在贸易事件必须发生前解决的情况下，CPC 应通知 ICCAT 秘书处技术困难的性质，并提供附件规定的信息以及来自执行商对该技术困难确认的副本。

（3）ICCAT 秘书处应尽快将上述第 1 条（2）款所提供的信息发布在 ICCAT 网站上的公开部分，以通知其他 CPC 该遇到技术困难的 CPC 要暂时使用纸质 BCD 或打印 eBCD。

（4）遇到技术困难的 CPC 应持续与执行商，适当情况下包括 ICCAT 秘书处，共同解决该问题。

（5）当技术困难已获解决，CPC 应通过 eBCD 系统的自行报告事件网站或向 ICCAT 秘书处报告，以立即发布在 ICCAT 网站上，且该 CPC 将进入下述第 3 条的程序。

2. 若在 ICCAT 秘书处及 eBCD 执行商的工作时间外发生技术困难：

（1）遇到技术困难的 CPC 应立即以电子邮件联系 ICCAT 秘书处及执行商，说明导致其无法使用 eBCD 系统的技术困难。为继续进行一贸易，CPC 必须进入自行报告事件网站，输入附件规定的必要信息，且此信息将自动通过该网站上传至 ICCAT 网站，以通知其他 CPC 该遇到技术困难的 CPC 要暂时使用纸质 BCD 或打印 eBCD。随后，该 CPC 即可为此贸易事件使用纸质 BCD 或打印 eBCD。

（2）若未在 ICCAT 秘书处及执行商的下一工作日开始前解决技术困难，遇到技术困难的 CPC 应在下一工作日尽快联络执行商及 ICCAT 秘书处（若需要），以解决技术困难。

（3）当技术困难已得到解决，CPC 应通过自行报告事件网站或向 ICCAT 秘书处报告，以立即公布在 ICCAT 网站上，且该 CPC 将进入下述第 3 条的程序。

3. 若根据上述第 1 条及第 2 条规定程序使用纸质 BCD 或打印 eBCD，也应适用下述规定：

（1）一旦技术困难得到解决，CPC 应继续使用 eBCD 系统。

（2）在技术困难得到解决后，使用纸质 BCD 的 CPC 或 ICCAT 秘书处（若 CPC 要求其这样做的话）应尽快将纸质 BCD 转换为 eBCD。若使用纸质 BCD 的 CPC 无法完全完成转换，其应联络收到纸质 BCD 的 CPC，并要求其合作直接完成 eBCD 的转换，这由接收纸质 BCD 的 CPC 负责完成。进行或要求转换纸质 BCD 的 CPC 负责向 ICCAT 秘书处报告技术困难已解决，并在适当情况下将相关信息上传至自行报告事件网站。技术困难解决后，收到纸质 BCD 的 CPC 应尽快采取行动，以确保纸质 BCD 不用于后续的贸易活动。

（3）若使用打印的 eBCD，CPC 应确保在其直接负责的部分解决技术难题后，将 eBCD 记录中所有缺失的数据尽快上传至 eBCD 系统。

（4）纸质 BCD 及打印 eBCD 可以继续使用至技术困难得到解决且有关纸质 BCD 根据上述程序转换为 eBCD 的时候。

（5）一旦纸质 BCD 已经转换为 eBCD，后续与该纸质 BCD 有关产品的所有贸易活动均应仅在 eBCD 系统内进行。

4. 若进口 CPC 遇到技术困难，其应要求有关出口 CPC 签发纸质 BCD 或打印 eBCD，以支持在遇到该技术困难时根据上述第 1 条及第 2 条规定程序发布在 ICCAT 网站后的贸易。出口 CPC 应在签发纸质 BCD 或打印 eBCD 前，核实该技术困难的通知已发布在 ICCAT 网站上。当技术困难已得到解决，进口 CPC 应通过自行报告事件网站或向 ICCAT 秘书处报告，以立即发布在 ICCAT网站。

5. ICCAT 秘书处应全年汇总有关 CPC 报告技术困难和（或）签发纸质文件事件的信息，以供 PWG 在次年的 ICCAT 年会上审查。若 PWG 确定没有遵守上述报告程序或使用的纸质 BCD 不符合本建议的规定，PWG 将考虑采取合适的行动，包括在适当情况下可能提交至 COC。

6. 适当情况下，上述规定程序将在 2019 年审查并修订。

## 附件 4

1. 日期。
2. CPC。
3. 有关 BCD。
4. 签发摘要。
5. 解决日期。
6. 事件发生编号（若有）。

## 33. 第18-13号 ICCAT 取代建议第11-20有关 ICCAT 蓝鳍金枪鱼渔获文件计划的建议

认识到大西洋蓝鳍金枪鱼种群的状况和市场因素对该渔业的影响。

考虑到 ICCAT 通过的西大西洋蓝鳍金枪鱼资源恢复计划与东大西洋及地中海蓝鳍金枪鱼资源恢复计划，包括需要采取与市场相关的互补措施。

认识到有必要阐明和改进蓝鳍金枪鱼渔获文件机制的实施，为蓝鳍金枪鱼渔获文件的签发、编码、填写及验证提供详细说明。

**ICCAT 建议**

**第一部分 一般条款**

（1）各 CPC 应采取必要措施实施 ICCAT BCD 计划，以确定任何蓝鳍金枪鱼的产地来源，并支持养护与管理措施的实施。

（2）对本计划而言：

a. 国内贸易是指：

ⅰ. 在 ICCAT《公约》区域内由船舶或建网捕获蓝鳍金枪鱼的贸易，该船舶或建网是在船旗 CPC 或设立建网的 CPC 领土内卸岸。

ⅱ. 源自 ICCAT《公约》区域内捕获的蓝鳍金枪鱼的养殖蓝鳍金枪鱼产品的贸易，这些蓝鳍金枪鱼是由与养殖场为同一 CPC 的船舶捕获的，并向该 CPC 中任何实体提供该产品。

ⅲ. 欧盟成员国之间由悬挂一成员国船旗的船舶或设立在一成员国的建网在 ICCAT《公约》区域所捕获的蓝鳍金枪鱼的贸易。

b. 出口是指捕获或经加工（包括养殖）的蓝鳍金枪鱼，从船旗 CPC 或设立建网、养殖场的 CPC 的领土至另一 CPC 或非缔约方领土，或从渔场至非船旗 CPC 的另一 CPC 或非缔约方领土的任何转移。

c. 进口是指捕获或经加工（包括养殖）的蓝鳍金枪鱼，向非船旗 CPC 或设立建网、养殖场的 CPC 领土的任何引进。

d. 再出口是指捕获或经加工（包括养殖）的蓝鳍金枪鱼，从先前进口的 CPC 领土的任何转移。

e. 船旗 CPC 是指渔船所悬挂旗帜的 CPC；建网 CPC 是指建网所在的 CPC；养殖 CPC 是指养殖场所在的 CPC。

（3）应根据附件3完成每尾蓝鳍金枪鱼的 BCD。

在其领土进行国内贸易、进口、出口或再出口的蓝鳍金枪鱼每批货物均应附带经签发的 BCD，除第（13）条 c 款的情况以及适用情况下附带 ICCAT 转载声明或经签发的蓝鳍金枪鱼再出口证明（以下简称 BFTRC）。禁止无完整且未经签发 BCD 或 BFTRC 的任何此类蓝鳍金枪鱼卸下、转移、运送、采捕、国内贸易、进口、出口或再出口。

（4）为支持 BCD 的有效运作，CPC 不应将蓝鳍金枪鱼放置于未经 CPC 批准或列在 ICCAT 名单中的养殖场。

（5）养殖 CPC 应确保蓝鳍金枪鱼渔获被放置于分隔或串连的网箱内，并根据原产地船旗

CPC 进行分隔。按照本规定，若蓝鳍金枪鱼是由不同 CPC 之间联合捕捞作业（以下简称 JFO）所捕获，养殖 CPC 应确保蓝鳍金枪鱼被置于分隔或串连的网箱内，且根据联合捕捞作业的基准进行分隔。

（6）在蓄养时，若所有渔获在同一天进行蓄养并置入同一养殖网箱，则下述情况的相关 BCD 可以为一新号码并视为"群组 BCD"：

a. 同一渔船多次所捕渔获。

b. JFO 所捕渔获。

群组 BCD 应取代所有相关的原始 BCD，并附带所有关联 BCD 号码名单。在 CPC 要求下，应可取得此类有关联 BCD 的副本。

（7）养殖 CPC 应确保蓝鳍金枪鱼在其捕获的同一年从养殖场采捕，或若在隔年采捕应在围网作业开始前采捕。若采捕作业无法在上述日期前完成，养殖 CPC 应在该日期后 15 天内，完成并向 ICCAT 秘书处提交年度沿用声明。此类声明应包括：

a. 拟沿用的数量（以千克计）及尾数。

b. 渔获年份。

c. 平均重量。

d. 船旗 CPC。

e. 与沿用渔获相对应的 BCD。

f. 养殖场名称与 ICCAT 号码。

g. 网箱号码。

h. 当采捕完成时，采捕数量信息（以千克计）。

（8）根据第（7）条沿用的数量应以渔获年份为基准，放置于养殖场内分隔或串连的网箱内。

（9）每一 CPC 应仅向批准在 ICCAT《公约》区域所捕捞的包括兼捕在内的蓝鳍金枪鱼的捕捞船及建网提供 BCD 表格。此类表格不得转让。每一 BCD 表格应具有独特的文件辨识号码。文件号码应为船旗或建网 CPC 独有，并分配给捕捞船或建网。

（10）非鱼肉部分（即头、眼睛、鱼卵、内脏及鱼尾）的国内贸易、出口、进口及再出口应豁免本建议的要求。

## 第二部分 BCD 的验证

（11）捕捞船船长或建网经营者或其授权代表，或养殖场经营者，或船旗/养殖/建网 CPC 授权代表应通过在适当的栏目中提供所需的信息完成 BCD，并对于在渔获卸下、转移、采捕、转载、国内贸易或出口蓝鳍金枪鱼的任何时候都要求验证根据第 13 条签发的 BCD。

（12）经验证的 BCD 在适当情况下应包括附件 1 中确定的信息。BCD 格式如附件 2 所示。若 BCD 格式的某栏目不能提供足够的空间以完整追踪蓝鳍金枪鱼从捕捞至市场的转移，BCD 所需信息栏可以根据需要进行扩展，并使用原始 BCD 格式及号码作为附件。CPC 授权代表应尽快但不迟于下次蓝鳍金枪鱼移动时验证该附件。

（13）a. BCD 必须由捕捞、采捕、国内贸易或出口蓝鳍金枪鱼的捕捞船船旗 CPC、贸易商/销售商 CPC，或建网或养殖 CPC 所授权的政府官员或其他经授权的个人或机构验证。

b. CPC 应仅在 BCD 中包含的全部信息经核实确认无误，且仅在累计的验证量不超过其每一管理年度的配额或捕捞限额，适当情况下包括分配给捕捞船或建网的个别配额，且当此类产品遵守 ICCAT 其他相关养护与管理措施规定时，验证所有蓝鳍金枪鱼产品的 BCD。

CPC 应仅在累计验证量不超过其每一管理年度配额或捕捞限额情况下验证 BCD，该要求不适用于国内法规要求卸下所有死鱼和即将死亡的渔获，且没收此类渔获的价值，以防止渔民从此类渔获中获取任何商业利益的 CPC。此类 CPC 应采取必要措施防止没收的渔获出口至其他 CPC。

c. 若捕获蓝鳍金枪鱼的捕捞船船旗 CPC 或建网 CPC 对所有供销售的蓝鳍金枪鱼进行标识，则不需根据第（13）条 a 款进行验证。

d. 若蓝鳍金枪鱼的捕捞及卸岸数量低于 1 吨或 3 尾，渔捞日志或销售说明可用作临时 BCD，等候 BCD 在 7 天内和出口前得到验证。

### 第三部分　BFTRC 的验证

（14）各 CPC 应确保自其领土再出口的每一蓝鳍金枪鱼货物，均应附带验证的 BFTRC。进口活的蓝鳍金枪鱼，BFTRC 则不适用。

（15）负责再出口的经营者应在适当栏目提供所需信息以完成 BFTRC，并为再出口的蓝鳍金枪鱼货物申请 BFTRC 验证。完成后的 BFTRC 应附带先前进口该批蓝鳍金枪鱼产品的经验证的 BCD 副本。

（16）BFTRC 应由授权的政府官员或单位验证。

（17）CPC 应仅在下述情况验证所有蓝鳍金枪鱼产品的 BFTRC：

a. BFTRC 包含的全部信息正确无误。

b. 证明 BFTRC 所申报进口产品而提交的经验证的 BCD 已被接受。

c. 全部或部分再出口产品与经验证的 BCD 产品相同。

d. 经验证的 BFTRC 应附带 BCD 副本。

（18）经验证的 BFTRC 应包括附件 4 及附件 5 中确定的信息。

### 第四部分　核实与联系

（19）除第（13）条 c 款情况外，每一 CPC 应在验证 BCD 或 BFTRC 日起 5 个工作日内，或若预期运送时间不超过 5 个工作日时，立即传送所有经验证的 BCD 或 BFTRC 副本给：

a. 国内贸易、转移至网箱或进口蓝鳍金枪鱼国家的主管部门；

b. ICCAT 秘书处。

（20）ICCAT 秘书处应尽快从根据第（19）条所述经验证的 BCD 或 BFTRC 内，摘取附件 1 或附件 4 中标有星号（＊）的信息，并将该信息输入其网站具密码保护的数据库。除船名及建网名称外，在 SCRS 提出要求时，其应可取用数据库中所含的渔获信息。

### 第五部分　标　　识

（21）CPC 可以要求其捕捞船或建网在宰杀每尾蓝鳍金枪鱼时挂上标识，但不得迟于卸岸时间。标识应有独特的国家特定号码且具有防窜改功能。标识号码应与 BCD 关联，CPC 应向 IC-CAT 秘书处提交执行标识计划的摘要报告。此类标识的使用应仅在累计渔获量不超过其任一管理年度的配额或渔获限制时批准，适当情况下，包括分配给渔船或建网的个别配额。

### 第六部分　核　　实

（22）每一 CPC 应确保其主管部门或经授权的个人或机构采取步骤，以确认在其领土卸下、国内贸易、进口或自其领土出口或再出口的每尾蓝鳍金枪鱼货物，并要求及检查经验证的每尾蓝鳍金枪鱼的 BCD 及相关文件。这些主管部门或经授权的个人或机构也可以检查货物内容，以证实 BCD 及相关文件包含的信息属实，必要时应协同相关经营者进行核对。

（23）若执行上述第（22）条的检查或核对结果显示，BCD 包含信息存在疑问，最终进口 CPC 及验证该 BCD 或 BFTRC 主管部门的 CPC 应合作解决此疑问。

（24）若涉及蓝鳍金枪鱼贸易的 CPC 发现该蓝鳍金枪鱼货物未附带 BCD，应将该发现通知出口 CPC，及船旗 CPC（在知道的情况下）。

（25）在等候根据第（22）条进行检查或核实以确认蓝鳍金枪鱼托运货物符合现行建议及其他相关建议要求时，CPC 不应同意其放行用于国内贸易、进口或出口，也不接受转载申报指定的活蓝鳍金枪鱼置入养殖场。

（26）若 CPC 根据上述第（22）条的检查或核实结果并与相关验证单位合作，判定 BCD 或 BFTRC 无效，应禁止有关蓝鳍金枪鱼进行国内贸易、进口、出口或再出口。

（27）ICCAT 应要求涉及蓝鳍金枪鱼国内贸易、进口、出口或再出口的非缔约方，合作履行本计划，并向 ICCAT 提供执行本计划所获得的资料。

### 第七部分　通知与联系

（28）根据第（13）条 a 款对其所属捕捞船、建网或养殖场验证 BCD 的每一 CPC，应通知 ICCAT 秘书处其负责验证及核实 BCD 或 BFTRC 的政府部门或其他经授权的个人或机构（组织名称与地址，及适当情况下，经个别授权验证的官员姓名与职称、文件样本、印章或钢印图记样本，及适当情况下的标识样本），并指出此验证资格的生效日期。最初的通知内容应包括该国为执行 BCD 目的而通过的国内法规副本，包括授权非政府的个人或机构的程序。有关验证部门及国内法规的更新信息，应及时传递给 ICCAT 秘书处。

（29）传送给 ICCAT 秘书处有关验证部门的信息，应由 ICCAT 秘书处发布在具有密码保护的验证数据库页面。已告知其验证部门的 CPC 名单与验证生效日期则应发布在大众可进入的网页。鼓励 CPC 取用该信息，以协助查证 BCD 或 BFTCC 的有效性。

（30）各 CPC 应将与 BCD 或 BFTRC 有关问题的联系方式（组织名称及地址）通知 ICCAT 秘书处。

（31）根据第（28）、第（29）与第（30）条，经过验证的 BCD 副本及通知应由 CPC 尽可能地通过电子方式传送给 ICCAT 秘书处。

（32）BCD 的副本应附在装载货物或加工产品的每个部分，并使用 BCD 的独特文件号码进行关联。

（33）CPC 应至少保存签发或收到的文件副本 2 年。

（34）CPC 应在每年 9 月 15 日前向 ICCAT 秘书处报告上一年度 1 月 1 日至 12 月 31 日的信息，以提供附件 6 中所述信息。

ICCAT 秘书处应尽快将此类报告发布在 ICCAT 网站上有密码保护的部分。

在 SCRS 提出要求时，其应可以取用 ICCAT 秘书处收到的报告。

（35）本建议废止并取代《ICCAT 修订建议第 09 - 11 有关 ICCAT 蓝鳍金枪鱼渔获文件计划建议》（建议第 11 - 20 号）。

## 附件 1

### BCD 应包含的信息

1. ICCAT BCD 号码*

2. 渔获信息

捕捞船船名或建网名称*。

其他船舶船名（在 JFO 情况下）。

船旗*。

ICCAT 名单号码。

个别配额。

该 BCD 使用的配额。

渔获日期、区域及使用的渔具*。

尾数、总重量及平均重量[①]

联合捕捞作业的 ICCAT 记录号码（若适用）* 标识号码（若适用）。

政府部门验证。

单位及授权人名称、职称、签名、钢印与日期。

3. 活鱼贸易的交易信息

产品的详述。

出口商/销售商信息。

转运的详述。

政府部门验证。

单位及授权人的名称、职称、签名、钢印与日期。

进口商/买主。

4. 转移信息

拖船的详述。

ICCAT 转移申报书号码。

船名、船旗。

ICCAT 名单号码。

转移期间死鱼尾数。

死鱼总数量（以千克计）。

拖引至网箱的详述。

网箱号码。

5. 转载信息

运输船的详述。

船名、船旗、ICCAT 名单号码、日期、港口名称、港口国、位置。

产品详述（F；FR；RD；GG；DR；FL；OT）。

---

\* 秘书处应输入 BCD 数据库的信息［见第（20）条］。

① 若可取得，以全鱼重报告重量。若不使用全鱼重，可在本表格的总重量及平均体重栏说明产品的类型（如去鳃及内脏）。

总重量（净重）。

政府部门验证。

单位及授权人的名称、职称、签名、钢印与日期。

6. 养殖信息

养殖设施的详述。

养殖场名称、CPC＊、ICCAT 养殖设施（以下简称 FFB）名单号码＊及养殖场地点参与国家采样计划（是或否）。

网箱的详述。

置入网箱日期、网箱号码。

鱼体详述。

预估尾数、总重量及平均重量＊。

ICCAT 区域性观察员信息：姓名、ICCAT 号码、签名。

预估尺寸组成（小于 8 千克、8～30 千克、大于 30 千克）。

政府部门验证。

单位及授权人的名称、职称、地址、签名、钢印与日期。

7. 养殖场采捕信息

采捕详述。

采捕日期＊。

尾数、总重量（未处理）及平均重量＊。

标识数量（若适用）；

ICCAT 区域性观察员信息：姓名、ICCAT 号码、签名。

政府部门验证。

单位及授权人的名称、职称、签名、钢印与日期。

8. 贸易信息

产品详述（F；FR；RD；GG；DR；FL；OT）[②]。

总重量（净重）＊。

出口商/销售商信息。

出口或启程地点＊。

出口公司名称、地址、签名及日期。

目的地国家＊。

转运详述（附带相关文件）。

政府部门验证。

单位及授权人的名称、职称、签名、钢印与日期。

进口商/买主信息进口地点或目的地＊。

进口公司名称、地址、签名及日期[③]。

---

＊ 秘书处应输入 BCD 数据库的信息［见第（20）条］。

② 若本部分记录的产品类型不同，应记录每一产品类型的重量。

③ 本部分的日期由进口商/买主填入签署日期。

## 附件 2

ICCAT BCD 见附表 3 - 10。

**附表 3 - 10　ICCAT 蓝鳍金枪鱼渔获文件**

| 1. ICCAT 蓝鳍金枪鱼渔获文件（BCD） | | | 编号： | | 1/2 |
|---|---|---|---|---|---|
| **2. 渔获信息** | | | | | |
| 渔船/建网信息 | | | | | |
| | 捕捞船/建网名称 | 船旗/CPC | ICCAT 名称号码 | 个别配额 | 渔获量 |
| | | | | | |
| | 其他船舶船名 | 船旗 | ICCAT 名称号码 | 个别配额 | 渔获量 |
| | | | | | |
| | | | | | |
| | | | | | |
| 渔获详述 | | | | | |
| | 日期（日/月/年） | | 渔区 | 渔具 | |
| | 尾数 | | 总重量（千克） | 平均重量（千克） | |
| | 联合捕捞作业的 ICCAT 名单号码 | | | | |
| | 标识号码（若适用） | | | | |
| 政府部门验证 | | | | | |
| | 经授权人姓名 | | | | |
| | 职称 | | 钢印 | | |
| | 签名 | | | | |
| | 日期（日/月/年） | | | | |
| **3. 活鱼贸易信息** | | | | | |
| 产品详述 | | | | | |
| | 活体重量（千克） | | 尾数 | 渔区 | |
| 出口商/销售者 | | | | | |

（续）

| | 出口/启程港 | | 公司 | | 地址 | |
|---|---|---|---|---|---|---|
| | | | | | | |
| | 养殖地点 | | CPC | | ICCAT FFB 号码 | |
| | 签名 | | | | | |
| | 日期（日/月/年） | | | | | |
| 转运详述 | （附带相关文件） | | | | | |
| 政府部门验证 | | | | | | |
| | 经授权人姓名 | | | | 钢印 | |
| | 职称 | | | | | |
| | 签名 | | | | | |
| | 日期（日/月/年） | | | | | |
| 进口商/买主 | | | | | | |
| | 公司 | | 进口/抵达港（城市，省市，国家） | | | |
| | 地址 | | | | | |
| | 签署日期（日/月/年） | | 签名 | | | |
| | 附件：有/无（圈选一项） | | | | | |
| 4. 转移信息 | | | | | | |
| 拖船详述 | | | | | | |
| | ICCAT 转移申报书号码 | | | | | |
| | 船名 | | 船旗 | | ICCAT 名单号码 | |
| | 转移期间死鱼尾数 | | 死鱼总重量（千克） | | | |
| 拖引至网箱详述 | | | 网箱号码 | | | |
| | 附件：有/无（圈选一项） | | | | | |
| 5. 转载信息 | | | | | | |
| 运输船详细信息 | | | | | | |
| | 船名 | | 船旗 | | ICCAT 名单号码 | |
| | 日期（日/月/年） | | 港口名称 | | 港口国 | |
| | 位置（经纬度） | | | | | |
| 产品详述（指出每一产品类型的净重，以千克计） | | | | | | |
| F | RD： | GG： | DR： | FL： | OT： | F 总重量 |
| FR | RD： | GG： | DR： | FL： | OT： | FR 总重量 |

（续）

| 政府部门验证 | | | |
|---|---|---|---|
| | 经授权人姓名 | | 钢印 |
| | 职称 | | |
| | 签名 | | |
| | 日期（日/月/年） | | |
| | 附件：有/无（圈选一项） | | |

| ICCAT 蓝鳍金枪鱼渔获文件（BCD） | | 编号： | 2/2 |
|---|---|---|---|

**6. 养殖信息**

养殖设施详述

| | 名称 | | CPC | | ICCAT FFB 号码 | |
|---|---|---|---|---|---|---|
| | 国家采样计划：有/无（圈选一项） | | | | 地点 | |

网箱详述

| | 日期（日/月/年） | | 网箱号码 | |
|---|---|---|---|---|

鱼体详述

| | 尾数： | 总重量（千克）： | 平均重量（千克）： |
|---|---|---|---|

ICCAT 区域性观察员信息

| | 姓名 | | 职称 | | 签名 | |
|---|---|---|---|---|---|---|

体型组成

| | 小于 8 千克 | | 8～30 千克 | | 大于 30 千克 | |
|---|---|---|---|---|---|---|

| 政府部门验证 | | | |
|---|---|---|---|
| | 经授权人姓名 | | 钢印 |
| | 职称 | | |
| | 签名 | | |
| | 日期（日/月/年） | | |
| | 附件：有/无（圈选一项） | | |

**7. 养殖场采捕信息**

采捕作业详述

| | 日期（日/月/年） | | 尾数 | | 未处理总重（千克） | |
|---|---|---|---|---|---|---|
| | 平均重量（千克） | | 标识号码（若适用） | | | |

ICCAT 区域性观察员信息

| | 姓名 | | 职称 | | 签名 | |
|---|---|---|---|---|---|---|

政府部门验证

（续）

| | | | |
|---|---|---|---|
| 经授权人姓名 | | 钢印 | |
| 职称 | | | |
| 签名 | | | |
| 日期（日/月/年） | | | |

**8. 贸易信息**

产品详述（指出每一产品类型的净重，以千克计）

| F | RD： | GG： | DR： | FL： | OT： | F 总重量 | |
|---|---|---|---|---|---|---|---|
| FR | RD： | GG： | DR： | FL： | OT： | FR 总重量 | |

出口商/出售者

| | 出口/启程港 | 公司 | 地址 |
|---|---|---|---|
| | | | |
| | 目的地国家 | | |
| 签名 | | | |
| 日期（日/月/年） | | | |

| 转运详述 | （附带相关文件） |
|---|---|

政府部门验证

| | | | |
|---|---|---|---|
| 经授权人姓名 | | 钢印 | |
| 职称 | | | |
| 签名 | | | |
| 日期（日/月/年） | | | |
| 附件：有/无（圈选一项） | | | |

进口商/买主

| 公司 | | 进口/抵达港<br>（城市，省市，国家） | |
|---|---|---|---|
| 地址 | | | |
| 签署日期<br>（日/月/年） | | 签名 | |
| 附件：有/无（圈选一项） | | | |

**附件 3**

## 签发、编码、填写及验证 BCD 的说明

1. 一般原则

（1）语言。

应采用 ICCAT 的一种官方语言（英语、法语及西班牙语）填写 BCD。

（2）编码。

CPC 应使用其 ICCAT 国家代码或 ISO 代码结合至少 8 位数字，其中两位数字应显示捕捞年份，并为 BCD 建立一独特的编码系统。

范例：CA-09-123456（CA 代表加拿大）。

若为装载货物或加工产品，随附的 BCD 副本应以原始 BCD 文件号码后增补 2 位数字的方式编码。

范例：CA-09-123456-01、CA-09-123456-02、CA-09-123456-03 等。

编码应连续且最好打印在文件上，另应记录发行的空白 BCD 流水号及收货人姓名。若产生群组 BCD，养殖场经营者或其授权代表应要求养殖 CPC 提供新的 BCD 号码。对群组 BCD 的编号应包含字母 G，如 CA-09-123456-G。

2. 渔获信息

（1）填写。

a. 一般原则。

本节适用于所有蓝鳍金枪鱼渔获。

捕捞船船长或建网经营者或其授权代表、船旗或建网 CPC 授权代表应负责渔获信息部分的填写和验证要求。

渔获信息部分应在转运、转载或卸鱼作业结束前完成。

注：若 JFO 是在不同船旗间，各船旗应填写一 BCD。在此情况下，每一 BCD 应在渔船/建网信息栏中显示与实际捕捞的渔船以及该 JFO 涉及的所有其他渔船的相同信息，而渔获描述栏则应基于 JFO 分配基准显示各船旗所捕获的渔获的信息。

若渔获来自由同一船旗船舶所组成的 JFO，则实际进行此类渔获的捕捞船船长（或其授权代表）或船旗 CPC 授权代表，应代表参与此类 JFO 的所有船舶完成 BCD 表格。

b. 特定说明。

捕捞船/建网名称：列出实际捕捞渔获的捕捞船名称。

其他船舶船名：仅适用于 JFO，并列出其他参与渔船。

船旗：指船旗 CPC 或建网 CPC。

ICCAT 记录号码：指批准在 ICCAT《公约》区域内捕捞蓝鳍金枪鱼的 ICCAT 捕捞船或建网号码。此信息不适用于捕捞蓝鳍金枪鱼视为兼捕的捕捞船。若为 JFO，须列出实际捕捞渔获的渔船及参与 JFO 的其他渔船的 ICCAT 记录号码。

个别配额：指给予每一渔船个别配额的数量。

本 BCD 使用的配额：指归于本 BCD 的渔获数量。

渔具：指使用下列附表 3-11 代码的捕捞渔具：

附表 3 - 11　渔具代码

| 代码 | 渔具 |
| --- | --- |
| BB | 竿钓 |
| GILL | 刺网 |
| HAND | 手钓 |
| HARP | 镖枪 |
| LL | 延绳钓 |
| MWT | 中层拖网 |
| PS | 围网 |
| RR | 滚轮钓 |
| SPHL | 运动手钓 |
| SPOR | 未分类的运动渔业 |
| SURF | 未分类的表层渔业 |
| TL | 浮标钓 |
| TRAP | 建网 |
| TROL | 曳绳钓 |
| UNCL | 未分类渔具 |
| OT | 其他 |

尾数：若 JFO 由同一船旗船舶组成，指出此类作业捕捞的总尾数。若为不同船旗间的 JFO，根据分配基准指出每一船旗所捕获的尾数。

总重量：指总全鱼重，以千克计。若在捕捞时未使用全鱼重，请说明产品类型（如去鳃及内脏）。若为不同船旗间的 JFO，根据分配基准指出该船旗所捕捞的全鱼重。

渔区：指地中海、西大西洋、东大西洋或太平洋。

标识号码（若适用）：可加行允许列出每尾鱼的标识号码。

（2）验证。

船旗或建网 CPC 应负责验证渔获信息细节，除非蓝鳍金枪鱼是根据本建议第（21）条进行标识。

3. 活鱼贸易信息

（1）填写。

a. 一般原则。

本节仅适用于活蓝鳍金枪鱼出口。

捕捞船船长、或其授权代表、或船旗 CPC 授权代表应负责活鱼贸易的贸易信息部分的填写和验证要求。

活鱼贸易的贸易信息部分应在首次转移作业前填写，即从捕捞船转移渔获至运送网箱内。

注：若一定数量的渔获在转移期间死亡，并在国内进行贸易或出口，则应附带该渔获原始 BCD（填写完整的渔获信息部分）副本，BCD 副本的贸易信息部分应由捕捞船船长、或其授权代表、或船旗 CPC 授权代表填写，并传送给本国买主/进口商。该副本的政府部门验证应保证该

副本是有效的且由 CPC 登记。无政府部门验证的任一 BCD 副本均是无效的。

若 JFO 是由同一 CPC 的渔船组成，则实际进行捕捞的捕捞船船长或其授权代表、或船旗 CPC 授权代表应负责填写。

b. 特定的填写说明。

渔区：指转移区域，地中海、西大西洋、东大西洋或太平洋。

出口/启程港：指蓝鳍金枪鱼转移到渔区的 CPC 名称，否则指公海。

转运详述：附带所有证明贸易的相关文件。

（2）验证。

若渔获信息细节不完整，船旗 CPC 不应验证此类文件。

4. 转移信息

（1）填写。

a. 一般原则。

本部分仅适用于活蓝鳍金枪鱼。

捕捞船船长、或其授权代表、或船旗 CPC 授权代表应负责填写转移信息部分。若 JFO 由同一 CPC 的船舶组成，实际捕捞渔获的捕捞船船长或其授权代表或船旗 CPC 授权代表应负责填写。

转移信息部分应在首次转移作业结束前填写，即从捕捞船转移渔获至运送网箱内。

捕捞船船长（或在 JFO 由同一 CPC 船舶组成时，实际捕捞渔获的捕捞船船长）应在转移作业结束时向拖船船长提供 BCD（已填写渔获信息、活鱼贸易的贸易信息和转移信息部分，并在适用时已验证）。

在转运至养殖场期间的转移渔获应附有已填写的 BCD，包括从运输网箱转移活蓝鳍金枪鱼至另一运输网箱，或从运输网箱转移死蓝鳍金枪鱼至辅助船。

注：若一些渔获在转移期间死亡，应附带该渔获原始 BCD（已填写渔获信息、活鱼贸易的贸易信息和转移信息部分，并在适用时已验证）副本，BCD 副本的贸易信息部分应由国内销售者/出口商、或其授权代表、或船旗 CPC 授权代表填写，并传送给国内买主/进口商。该副本的政府验证应保证该副本是有效的且由 CPC 登记。无政府验证的任一 BCD 副本均是无效的。

b. 特定说明。

转移期间死鱼尾数及死鱼总重量：由拖船船长填写此信息（若适用）。

网箱号码：当拖船的网箱数多于一个时，指每一网箱的号码。

（2）验证。

本部分不须验证。

5. 转载信息

（1）填写。

a. 一般原则。

本部分仅适用于死亡的蓝鳍金枪鱼。

转载船船长、或其授权代表、或船旗 CPC 授权代表应负责填写转载信息部分和验证要求。

转载信息部分应在转载作业结束时填写。

b. 特定的填写说明。

日期：指转载日期。

港口名称：是指定的转载港口。

港口国：是指定转载港口的 CPC。

（2）验证。

若渔获信息部分不完整且未经验证，船旗 CPC 不应验证此类文件。

6. 养殖信息

（1）填写。

a. 一般原则。

本部分仅适用于活的网箱养殖金枪鱼类。

拖船船长应在蓄养时向养殖场经营者提供 BCD（已填写渔获信息、活鱼贸易的贸易信息和转移信息等，并在适用时已验证）。

养殖场经营者、或其授权代表、或养殖 CPC 授权代表应负责填写养殖信息部分和验证要求。养殖信息细节应在蓄养作业结束时填写。

b. 特定的填写说明：

网箱号码：指每一网箱的号码。

ICCAT 区域性观察员信息：指姓名、ICCAT 号码及签名。

（2）验证。

养殖 CPC 应负责验证养殖信息部分。

若渔获信息、活鱼贸易的贸易信息和转移信息部分不完整，且若适用时无效，养殖 CPC 不应验证 BCD。

7. 养殖场采捕信息

（1）填写。

a. 一般原则。

本部分仅适用于死亡的养殖金枪鱼类。

养殖场经营者、或其授权代表、或养殖 CPC 授权代表应负责填写养殖信息部分和验证要求。养殖场采捕信息部分应在采捕作业结束时填写。

b. 特定说明。

标识号码（若适用）：可增加额外的行，以使每尾鱼均有标识号码。

ICCAT 区域性观察员信息：指姓名、ICCAT 号码及签名。

（2）验证。

养殖 CPC 应负责验证养殖场采捕信息部分。

若渔获信息、活鱼贸易的贸易信息、转移信息和养殖信息部分不完整，且若适用时无效，养殖 CPC 不应验证 BCD。

8. 贸易信息

（1）填写。

a. 一般原则。

本部分适用于死亡的蓝鳍金枪鱼。

国内出售者/出口商、或其授权代表、或出售者/出口商 CPC 的授权代表应负责填写贸易信息部分和验证要求。

　　贸易信息部分应在渔获进行国内贸易或出口前填写。

　　b. 特定的填写说明。

　　转运详述：附带所有证明贸易的相关文件。

　　（2）验证。

　　销售者/出口商 CPC 应负责验证贸易信息部分，除非蓝鳍金枪鱼根据本建议第 21 条进行标识。

　　注：若单个 BCD 进行多个国内贸易或出口，则原始 BCD 副本应由国内销售者/出口商 CPC 签发，并应被用作 BCD 原件。政府部门对该副本的验证确认应保证该副本是有效的，并已由相关 CPC 授权单位登记。未经政府部门授权验证的任何 BCD 副本均是无效的。

　　在进行再出口情况下，应使用再出口证明（附件 5）进一步追踪去向，该证明应通过原始 BCD 号码与原始 BCD 的渔获资料关联。

　　当使用标识系统的 CPC 捕获了蓝鳍金枪鱼、出口死鱼至一国并再出口至另一国家时，不须验证附带再出口证明的 BCD，但仍应验证再出口证明。

　　一蓝鳍金枪鱼进口后，可能分成多份再进行出口，再出口 CPC 应确认再出口部分是随附的 BCD 原始鱼体的一部分。

**附件 4**

## BFTRC 中包含的信息

1. BFTRC 号码*

2. 再出口部分

再出口国家/实体/捕鱼实体。

再出口地点*。

3. 进口蓝鳍金枪鱼的详述

产品形式（F；FR；RD；GG；DR；FL；OT）。

净重（千克）*。

BCD 号码及进口日期*。

捕捞船船旗 CPC 或建网 CPC（若适当）。

4. 再出口蓝鳍金枪鱼的详述

产品形式（F；FR；RD；GG；DR；FL；OT）*①。

净重（千克）*。

与第 3 条一致的 BCD 号码。

目的地国家。

5. 再出口商声明

名称。

地址。

签名。

日期。

6. 政府部门验证

单位名称及地址。

官员姓名及签名。

日期。

政府部门钢印。

7. 进口部分

进口蓝鳍金枪鱼货物的 CPC 进口商声明。

进口商名称及地址。

进口商代表姓名及签名与进口日期。

进口地点：城市及 CPC*。

注：应附带 BCD 副本及转运文件。

---

\* 秘书处应输入 BCD 数据库的信息 ［见第（20）条］。

①若本部分记录的产品形式不同，应记录每一产品形式的重量。

## 附件 5

ICCAT 再出口蓝鳍金枪鱼证明见附表 3-12。

附表 3-12　ICCAT 再出口蓝鳍金枪鱼证明

| | |
|---|---|
| 1. 文件号码 | |

**2. 再出口部分**
再出口国家/实体/捕鱼实体
再出口地点

**3. 进口蓝鳍金枪鱼的描述**

| 产品类型 F/FR RD/GG/DR/FL/OT | 净重（千克） | 船旗 CPC | 进口日期 | BCD 号码 |
|---|---|---|---|---|
| | | | | |
| | | | | |
| | | | | |

**4. 再出口蓝鳍金枪鱼的描述**

| 产品类型 F/FR RD/GG/DR/FL/OT | 净重（千克） | | 相应的 BCD 号码 |
|---|---|---|---|
| | | | |
| | | | |
| | | | |

F 表示生鲜；FR 表示冷冻；RD 表示未处理；GG 表示去鳃及内脏；DR 表示去头、尾、鳃及内脏；FL 表示切片；OT 表示其他（请详述产品类型：　　）

目的地国家：

**5. 再出口声明：**
本人证明上述资料是根据本人的了解并相信是完整、真实且正确的。
姓名　　　地址　　　　　　签名　　　　　日期

**6. 政府部门验证证明：**
本人验证的上述资料是根据本人的了解并相信是完整、真实且正确的。
姓名及职称　　　签名　　　　　日期　　　　政府钢印

**7. 进口部分**
进口商声明：
本人证明上述资料是根据本人的了解并相信是完整、真实且正确的。
进口商证明　　　姓名　　　地址　　　　　签名　　　　日期

最后进口地点：城市　　　州/省　　　　　CPC

注：若采用非英文填报本表格，请在本文件加注英文翻译；应附带有效转运文件及 BCD 副本。

**附件 6**

## ICCAT 蓝鳍金枪鱼渔获文件计划实施报告

报告的 CPC：

参考期间：[20××] 年 1 月 1 日至 12 月 31 日。

1. 自 BCD 摘取的信息。

（1）经验证 BCD 的数量。

（2）所收到经验证 BCD 的数量。

（3）根据渔区及渔具分类蓝鳍金枪鱼产品的国内贸易总量。

（4）根据原产地 CPC、再出口或目的地、渔区及渔具分类蓝鳍金枪鱼产品的总进口量、出口量、转移至养殖场的量与再出口量。

（5）要求其他 CPC 核对 BCD 的数量及结果摘要。

（6）收到其他 CPC 要求核对 BCD 的数量与结果摘要。

（7）受禁令管制的蓝鳍金枪鱼货物总量，根据产品、运送特性（国内贸易、进口、出口、再出口、转移至养殖场）、被禁原因及原产地或目的地 CPC 及（或）非缔约方进行分类。

2. 第六部分第（22）条所述事件的信息

（1）事件数量。

（2）第六部分第（22）条中所指蓝鳍金枪鱼的总量，根据产品、运送特性（国内贸易、进口、出口、再出口、转移至养殖场）、CPC 或其他国家进行分类。

## 34. 第19-02号　ICCAT关于替代ICCAT热带金枪鱼类多年养护与管理计划建议第16-01的建议

回顾当前针对热带金枪鱼类的多年养护与管理计划。

注意到大眼金枪鱼和黄鳍金枪鱼的种群目前处于资源型过度捕捞，且大眼金枪鱼还受到生产型过度捕捞。

认识到2017年大眼金枪鱼渔获量已超出TAC的20％以上，预计这一渔获量将使到2028年实现ICCAT《公约》目标的可能性低于10％。

承认黄鳍金枪鱼渔获量在2016年超出了TAC的37％，在2017年超出了26％。

考虑到《关于ICCAT养护与管理措施决策原则的建议》（建议第11-13号），对于资源型过度捕捞和受到生产型过度捕捞的种群（即神户矩阵图红色象限中的种群），ICCAT应立即采取措施，尤其是要考虑种群的生物学和SCRS建议，以便尽可能在短时间内以高概率终止过度捕捞。此外，ICCAT应通过一项恢复这些种群的计划，其中应特别考虑种群的生物学特性和SCRS建议。

进一步考虑到有必要探索替代和更新有效管理热带金枪鱼类的措施或制度，为此需要SCRS提出建议。

考虑到SCRS继续建议采取有效措施以降低与FAD及其他渔业活动有关的小型黄鳍金枪鱼和大眼金枪鱼的死亡率。

考虑到ICCAT第2次绩效审查小组关于将未成熟渔获物从一年结转到另一年的建议。

进一步考虑RFMO FAD联合工作组第1次会议和ICCAT FAD特设工作组第3次会议关于FAD管理目标和可采用的FAD管理措施以降低金枪鱼类幼鱼死亡率提出的建议。

注意到SCRS已建议在FAD和其他渔业中增加捕捞努力量以及发展新渔业，可能会对大眼金枪鱼和黄鳍金枪鱼的生产力产生负面影响（例如，MSY降低）。

进一步注意到辅助船有助于使用FAD来提高围网渔船的效率和捕捞能力，并且多年来辅助船的数量已大幅增加。

回顾承认发展中国家权利和特殊要求的重要国际法体系，包括但不限于适用的《UNCLOS》第119条和《UNFSA》第25条和第七部分。

认识到发展中沿海国发展捕捞机会的利益，并承诺随着时间推移将捕捞机会更公平地分配给发展中沿海国。

### ICCAT建议
#### 第一部分　一般条款

**临时养护与管理措施**

（1）在不妨碍今后通过的2020年和2021年各CPC的捕捞权和机会分配的情况下，拥有捕捞大西洋热带金枪鱼类船舶的CPC将适用下列临时管理措施。目的是降低热带金枪鱼类，尤其是小型大眼金枪鱼和黄鳍金枪鱼当前的捕捞死亡率水平，同时ICCAT遵循更多的科学咨询意见，以便采取长期多年管理与恢复方案。

**多年管理、养护与恢复方案**

（2）一直在大西洋捕捞热带金枪鱼类的CPC应执行一项由2020年开始，直至2034年，为期 15 年的大眼金枪鱼恢复计划，目标是使实现 $B_{MSY}$ 的概率超过 50%。CPC 还应执行为确保继续可持续开发黄鳍金枪鱼和鲣种群的管理措施。

### 第二部分　捕捞限额

**大眼金枪鱼捕捞限额**

（3）2020 年大眼金枪鱼的 TAC 应为 62 500 吨，2021 年为 61 500 吨。2022 年和未来年份的 TAC 应在 2021 年基于 SCRS 建议进行审议。

（4）作为 2020 年的临时措施，应适用以下规定：

a. 在建议第 16 - 01 号第 3 条中渔获量限额大于 10 000 吨的 CPC，应适用将这些渔获量限额减少 21%。

［编者注：建议第 16 - 01 号第（3）条中各 CPC 的渔获量限额如下：中国大陆 5 376 吨、欧盟 16 989 吨、加纳 4 250 吨、日本 17 696 吨、菲律宾 286 吨、韩国 1 486 吨、中华台北 11 679 吨］。

b. 未包含在（1）中且近期平均渔获量[①]大于 3 500 吨的 CPC，应在其最近平均渔获量或建议 16 - 01 号的第 3 条中渔获量限额中减少 17% 作为其捕捞限额。

c. 最近平均渔获量在 1 000～3 500 吨之间的 CPC，应在其最近平均渔获量中减少 10% 作为其捕捞限额。

d. 鼓励最近平均渔获量不足 1 000 吨的 CPC，将渔获量和努力量维持在近期水平。

（5）本建议第（4）条的规定不得损害在 ICCAT《公约》区域内其目前捕捞大眼金枪鱼活动有限或不存在的发展中沿海 CPC 在国际法下的权利和义务，真正想捕捞该物种的 CPC 将有机会发展其大眼金枪鱼渔业。CPC 应根据其能力和资源适当地实施强有力的监测、控制和监督措施。

（6）应特别考虑小型手工渔民的特殊性和需求。

（7）本建议所述的年度配额和渔获量限额不构成长期权利，且不影响任何今后分配的方法。

（8）韩国可以在 2020 年向中华台北转移 223 吨大眼金枪鱼的捕捞机会[②]。

（9）若总渔获量在任何一年中超过第（3）条中规定的相关 TAC，ICCAT 应审查这些措施。

**大眼金枪鱼捕捞限额不足或超额**

（10）第（4）条中所列大眼金枪鱼 CPC 年度捕捞限额的超过部分应从按照表 3 - 11 中所列年份的捕捞限额中扣除：

表 3 - 11　大眼金枪鱼 CPC 年度捕捞限额超过部分扣除捕捞限额的对应年份

| 捕获年度 | 调整年度 |
| --- | --- |
| 2018 | 2020 |
| 2019 | 2021 |
| 2020 | 2022 |
| 2021 | 2023 |

---

①就第（4）条而言，最近平均捕捞量是指 2014—2017 年 4 年期间的年平均捕捞量；如果在 2014—2018 年期间任何一年的捕捞量为零，为 2014—2018 年 5 年期间的实际捕捞量的平均值。

②日本可向中国转让 600 吨大眼金枪鱼的捕捞机会，向欧盟转让 300 吨大眼金枪鱼的捕捞机会。

（11）尽管有第（10）条规定，如果任何 CPC 超过其年度捕捞限额：

a. 一年，在调整年度中扣除的限额应确定为超额部分的 100%。

b. 连续两年，ICCAT 将建议采取适当的措施，其中应包括将捕捞限额减少量设定为相当于超额捕捞量的 125%。

（12）对于建议第 16－01 号第 3 条中所列的 CPC，低于或超过 2019 年年度捕捞限额的 CPC 应从其 2021 年年度捕捞限额中增加/或扣除，但应以建议第 16－01 号的第 9 条（1）款中所指初始配额量的 10% 为限（编者注：指可增加的剩余配额最大不超过其初始配额的 10%）。

**渔获量的监管**

（13）CPC 应在捕获期结束后 30 天内，每季度向 ICCAT 秘书处报告悬挂其旗帜的船舶所捕获的热带金枪鱼类的数量（按物种分类）。

（14）对于围网船和大型延绳钓船（全长 20 米或以上），CPC 应每月报告，当渔获量达到捕捞限额的 80% 时，应增加到每周报告。

（15）一旦渔获量达到 TAC 的 80%，ICCAT 秘书处应通知所有 CPC。

（16）CPC 应向 ICCAT 秘书处报告其大眼金枪鱼全部捕捞限额被用完的日期。ICCAT 秘书处应迅速向所有的 CPC 公布该信息。

**黄鳍金枪鱼的 TAC**

（17）黄鳍金枪鱼在 2020 年及以后多年计划的年度 TAC 为 110 000 吨，并应保持不变，直至根据科学建议进行修订。

（18）根据种群评估和 SCRS 建议，ICCAT 应在 2020 年年会上对黄鳍金枪鱼采取额外的养护措施，其中可以包括修订的 TAC、确定的或分配的捕获限额。

（19）如果总渔获量在任何年份超过第（17）条中的 TAC，ICCAT 应考虑对黄鳍金枪鱼采取额外的管理措施。任何其他措施应考虑国际法的义务和发展中沿海 CPC 的权利。

**捕捞计划**

（20）CPC 应向 ICCAT 提供一份捕捞和能力管理计划，说明将如何执行第（4）条所要求的任何必要的渔获量削减。

（21）任何打算增加其对 ICCAT 热带金枪鱼类渔业参与程度的发展中 CPC，应尽力编写一份关于其热带金枪鱼类渔业发展意向的声明，以向其他 CPC 通报一段时间内渔业的潜在变化。这些声明应包括计划/潜在增加船队的详细情况，包括船舶尺寸和渔具类型。这些声明应提交给 ICCAT 秘书处，并提供给所有 CPC。这些 CPC 可以随情况和机会的变化修改其声明。

## 第三部分　能力管理措施

**热带金枪鱼类的捕捞能力限制**

（22）应根据以下规定，实施在多年计划期限内适用的捕捞能力限制：

a. 到每年 1 月 31 日，每一最近平均捕捞热带金枪鱼类渔获量超过 1 000 吨的 CPC，

应制定一项年度捕捞能力/捕捞计划，概述 CPC 将如何确保管理其整个延绳钓和围网船队，以确保 CPC 能够履行其大眼金枪鱼、黄鳍金枪鱼及鲣渔获量符合第（4）条确立的限额。

b. 任何近期平均渔获量不到 1 000 吨，计划在 2020 年扩大捕捞能力的 CPC 将在 2020 年 1 月 31 日前提交一份声明。

c. COC 应每年审查 CPC 的能力管理措施。

（23）任何具有部分时间或全部时间辅助围网捕捞船舶的 CPC 应向 ICCAT 秘书处报告其所有船舶的名称和特征，包括 2019 年在 ICCAT《公约》区域内作业的船舶，以及接受辅助船辅助的围网渔船的名称。此信息应在 2020 年 1 月 31 日之前报告。ICCAT 秘书处应为 ICCAT 准备一份报告，以考虑辅助船将来应受到的限制类型，包括在需要时的淘汰计划。尽管如此，CPC 不得在采用该措施时增加辅助船的数量。

（24）就本措施而言，辅助船定义为辅助围网船而进行活动以提高其作业效率的任何船舶，包括但不限于部署、维修和回收 FAD。

### 第四部分　FAD 的管理

**FAD 管理目标**

（25）ICCAT《公约》区域内 FAD 和辅助船的总体管理目标如下：

a. 尽量降低高 FAD 密度可能对围网捕捞效率造成的潜在影响，同时尽量减少对其他渔具或其他捕捞策略捕捞热带金枪鱼类的船队的捕捞机会造成不成比例的影响。

b. 尽量减少因捕捞大量幼鱼而造成的 FAD 捕捞对大眼金枪鱼和黄鳍金枪鱼种群繁殖力的影响。

c. 尽量减少 FAD 捕捞对非目标物种的影响，包括对海洋物种的缠绕，特别是那些与养护有关的物种。

d. 尽量减少 FAD 和 FAD 捕捞对中上层和沿海生态系统的影响，包括防止 FAD 在敏感栖息地内抢滩、搁浅或触底以及改变中上层鱼类的栖息地。

**禁用 FAD**

（26）就本建议而言，应适用以下定义：

a. 漂浮物体（以下简称 FOB）：任何不能自行移动的自然或人工漂浮物（即表层或次表层）。FAD 是指那些人为的、有意部署和（或）追踪的 FOB。流木是指那些偶然从人类活动和自然界丢失的 FOB。

b. FAD：由人工或天然材料制成的永久性、半永久性或临时性物体、结构或装置，其被部署和（或）追踪并用于聚集鱼群以便后续捕获。FAD 可以锚碇（以下简称 AFAD），或漂移（以下简称 DFAD）。

c. FAD 作业：在与 FAD 有关的金枪鱼鱼群附近投放渔具。

d. 工作中的浮标：任何事先激活、开启并部署在海上的装有仪器的浮标，用于传输位置和任何其他可用信息，如探鱼仪信息。

e. 激活：浮标供应商公司应浮标所有者的要求开启卫星通信服务的行为。然后所有者开始支付通信服务费用。浮标是否可以发送，取决于它是否被手动开启。

（27）为降低大眼金枪鱼和黄鳍金枪鱼幼鱼的捕捞死亡率，应分别在 2020 年和 2021 年的 2 个月和 3 个月期间，禁止围网和竿钓船，或辅助捕捞活动的船舶在公海或专属经济区（以下简称 EEZ）捕捞与 FAD 有关的大眼金枪鱼、黄鳍金枪鱼，具体如以下第（28）条所述：

（28）2020 年 1 月 1 日—2 月 28 日以及 2021 年 1 月 1 日—3 月 3 日，整个 ICCAT《公约》区域。该条应进行审查，并在必要时根据 SCRS 建议，考虑到自由群和 FAD 相关渔获量的每月趋势以及金枪鱼类幼鱼在渔获量中所占比例的每月变化加以修订。SCRS 应在 2020 年向 ICCAT 提供此建议。

（29）此外，每一CPC应确保其船舶在休渔期开始前15天内不部署DFAD。

**FAD 限制**

（30）CPC应确保悬挂其旗帜的船舶，根据第（26）条中给出的定义，在任何同一时间对悬挂本国旗帜的渔船的FAD数量进行如下限制。装有工作中的浮标的FAD数量将通过核实电信账单加以核实。此类核查应由CPC主管当局进行。

a. 2020年：每船350个FAD。

b. 2021年：每船300个FAD。

（31）为限制FAD作业，以使热带金枪鱼类幼鱼的渔获量保持在可持续水平，SCRS应在2021年向ICCAT通报按每艘船或CPC所确定的FAD最大数量。为支持这一分析，拥有围网船的CPC应立即承诺在2020年7月31日前向SCRS报告历史FAD作业数据。未按照本条规定报告这些数据的CPC，在SCRS收到此类数据之前，不得投放FAD。

此外，鼓励每个拥有围网船的CPC不要在其2018年水平上再增加有关FAD的总捕捞努力量。CPC应在2021年ICCAT会议上报告2018年和2020年间的数量差异。

（32）CPC可授权其围网渔船在漂浮物附近作业，前提是该渔船上有国家观察员或正常运作的电子监控系统，以能够核实作业类型、物种组成，并向SCRS提供有关捕捞活动的信息。

（33）SCRS应在2020年进一步分析辅助船对黄鳍金枪鱼和大眼金枪鱼幼鱼渔获量的影响。

**FAD 管理计划**

（34）使用FAD捕捞大眼金枪鱼、黄鳍金枪鱼和鲣的围网和（或）竿钓船CPC，应在每年1月31日前向ICCAT秘书处提交其对悬挂其旗帜的船舶使用FAD的管理计划。

（35）FAD管理计划的目标如下：

a. 增进对有关FAD特性、浮标特性、FAD捕捞的认识，包括围网渔船和相关辅助船的捕捞努力量及对目标鱼种和非目标鱼种的相关影响。

b. 有效管理FAD的投放和回收、浮标的启用以及其可能的遗失。

c. 降低和限制FAD和FAD捕捞对生态系统的影响，适当情况下包括以捕捞死亡率的不同组成形式呈现（例如投放的FAD数量，包括围网船FAD的作业次数、捕捞能力和辅助船的数量）。

（36）这些计划应按照附件1中提供的《FAD管理计划编制指南》进行编制。

**FAD 日志和 FAD 的投放清单**

（37）CPC应确保悬挂其旗帜和（或）由CPC授权在其管辖范围内捕捞的所有围网和竿钓船及所有辅助船（包括补给船），在与FAD有关或投放FAD进行捕捞时，对于每次FAD的投放，每次接近FAD无论是接着投网或未投网，或每个丢失的FAD，收集和报告以下信息和数据：

a. 任何FAD的投放。

ⅰ. 位置。

ⅱ. 日期。

ⅲ. FAD类型（AFAD，DFAD）。

ⅳ. FAD确认（即FAD标记和浮标识别码（以下简称ID），浮标类型—如单一浮标或与声呐连结的浮标）。

ⅴ. FAD设计特性（漂浮部分和水下悬挂结构的材料，以及水下悬挂结构的缠绕或非缠绕特性）

b. 接近的任何 FAD。

ⅰ. 接近的类型（FAD 和或浮标的投放①，回收 FAD 和（或）浮标，加强或加固 FAD，调试电子设备，偶然遇到流浮木或属于另一船舶的 FAD（未捕捞），接近属于本船的 FAD（未捕捞），在 FAD 周围投网捕捞②）。

ⅱ. 位置。

ⅲ. 日期。

ⅳ. FAD 类型（AFAD，漂浮的天然 FAD，漂浮的人工 FAD）。

ⅴ. 流浮木类型或 FAD 识别（即 FAD 标记和浮标 ID 或任何可识别船东的信息）。

ⅵ. 浮标 ID。

ⅶ. 如果该次接近后进行下网作业，分别记录该网次的渔获及兼捕结果，是否留存在船上或死亡丢弃或活体释放。若该次接近后没有下网，标注原因（例如鱼群太小、鱼体太小等）。

c. 任何 FAD 的遗失。

ⅰ. 最后登记的位置。

ⅱ. 最后登记位置的日期。

ⅲ. FAD 识别（即 FAD 标志或浮标 ID）。

为收集和报告上述信息，当纸质或电子渔捞日志无法记录此类行为时，CPC 应更新其报告系统或建立 FAD 渔捞日志。在建立 FAD 渔捞日志时，CPC 应考虑使用附件 2 中规定的模板作为报告格式。在使用纸质渔捞日志时，CPC 可在 ICCAT 秘书处的支持下寻求统一格式。在上述两种情况下，CPC 应使用附件 3 中 SCRS 建议的最低标准。

（38）CPC 应确保第（30）条中所述所有渔船，持续以月及每 1°×1° 统计格式更新其投放的 FAD 和浮标名单，且至少包含附件 4 中规定的信息。

**有关 FAD 和辅助船的报告义务**

（39）CPC 应确保每年根据 ICCAT 秘书处提供的格式，向 ICCAT 秘书处提交以下信息。此类信息应通过 ICCAT 秘书处开发的 FAD 数据库供 SCRS 及 FAD 特别工作组取用：

a. 按 FAD 类型，每 1°×1° 网格统计每月实际投放的 FAD 数量，表明与 FAD 相关的无线电指向标或浮标或垂直探鱼仪的有无，并指定相关辅助船（不论其悬挂何船旗）投放的 FAD 数量。

b. 以月为基础及 1°×1° 网格统计投放的无线电指向标或浮标（如仅有无线电、声呐、声呐与垂直探鱼仪结合）数量。

c. 以月为基础，每艘渔船启用和停用无线电指向标或浮标的平均数量。

d. 以月为基础，丢失的具有工作中的浮标的 FAD 的平均数量。

e. 每 1°×1° 网格、每月和每一船旗国的每艘辅助船在海上停留的天数。

f. 根据 Task Ⅱ 数据要求（如每 1°×1° 统计网格和每月），按作业模式（分为与漂浮物体依附的鱼群及自由鱼群），围网和竿钓的渔获量、努力量和投网次数（针对围网）。

g. 当围网捕捞和竿钓结合进行时，根据 Task Ⅰ 和 Task Ⅱ 要求，将渔获量和努力量报告为

---

① 在 FAD 上投放浮标，包括 3 种方式：在外来的 FAD 上投放浮标、转让浮标（改变 FAD 的所有人）和在同一 FAD 上改变浮标（不改变 FAD 的所有人）。

② 在 FAD 周围作业包括两种方式：接近本船的 FAD（目标）后捕捞或随机遇到 FAD 后捕捞（机会主义）。

"围网与竿钓结合"（PS+BB）。

### 非缠绕及生物可降解 FAD

（40）为使 FAD 的生态影响最小化，特别是对鲨鱼、海龟和其他非目标物种的缠绕，以及人造不易降解的海洋废弃物的最小化。

a.CPC 应根据之前 ICCAT 的建议，确保投放的所有 FAD 按照本建议附件 5 的指南设计为非缠绕。

b. 尽量在 2021 年 1 月之前使投放的所有 FAD 都是无缠绕的，并由包括非塑料在内的生物可降解材料制成，但用于 FAD 连接浮标的材料除外。

c. 每年报告为遵守其 FAD 管理计划中的规定而采取的措施。

### 第五部分　管控措施

#### 捕捞热带金枪鱼类的特别许可

（41）CPC 应向悬挂其旗帜及准许在 ICCAT《公约》区域内捕捞大眼金枪鱼和（或）黄鳍金枪鱼和（或）鲣的全长 20 米或以上船舶及使用支持此类渔业任何活动的船舶（以下称为授权船舶）签发特定许可证。

#### ICCAT 授权捕捞热带金枪鱼类的船舶名单

（42）ICCAT 应建立并保留 ICCAT 授权捕捞热带金枪鱼类的船舶名单，包括辅助船。不在此名单内的全长 20 米或以上的船舶，视为未经授权捕捞、在船上留存、转载、运送、转移、加工或卸下来自 ICCAT《公约》区域的大眼金枪鱼和（或）黄鳍金枪鱼和（或）鲣，或从事支持上述任何活动，包括投放及回收 FAD 和（或）浮标。

（43）根据第（41）和（42）条，若 CPC 规定了未经授权捕捞热带金枪鱼类船舶的船上最高兼捕限额，且兼捕量计入 CPC 的配额或捕捞限额，则该 CPC 可允许这些船舶兼捕热带金枪鱼类。每一 CPC 应在其年度报告中提供其允许此类渔船的最高兼捕限额和该 CPC 如何确保不超过限额。ICCAT 秘书处应汇总此信息并提供给 CPC。

（44）CPC 应以电子方式并按照 ICCAT 所要求的提交数据及资料指南的格式，向 ICCAT 秘书处通报其授权船舶名单。

（45）CPC 应立即将最初名单的任何增加、删除和（或）修改通知 ICCAT 秘书处。修改或增补的名单应在船舶授权后的 45 天以内提交给 ICCAT 秘书处。ICCAT 秘书处应将授权期限已终止的任何渔船从 ICCAT 船舶名单中移除。

（46）ICCAT 秘书处应立即将授权的船舶名单上传至 ICCAT 网站上，包括由 CPC 告知的任何增加、删除和（或）修改。

（47）《ICCAT 有关建立授权在 ICCAT〈公约〉区域内作业全长 20 米或以上船舶名单的建议》（建议第 13-13 号）中所述的条件和程序，应适用于授权捕捞热带金枪鱼类的 ICCAT 船舶名单的必要的修改。

#### 任一年中曾捕捞热带金枪鱼类的船舶

（48）每一 CPC 应在每年 7 月 31 日前，向 ICCAT 秘书处报告悬挂其旗帜的前一年度在 ICCAT《公约》区域内曾捕捞大眼金枪鱼和（或）黄鳍金枪鱼和（或）鲣、或对渔业活动提供任何种类的支持（辅助船）的船舶名单。对于围网，此类名单也应包括提供支持渔业活动的辅助船（不论其悬挂何船旗）。

ICCAT 秘书处应每年向 COC 和 SCRS 报告此类船舶名单。

（49）第（41）条至第（47）条的规定不适用于娱乐性渔船。

### 渔获量及渔业活动的记录

（50）每一 CPC 应确保其全长 20 米或以上在 ICCAT《公约》区域捕捞大眼金枪鱼和（或）黄鳍金枪鱼和（或）鲣的船舶，根据附件 6 及《ICCAT 有关在 ICCAT〈公约〉区域内作业渔船渔获记录的建议》（建议第 03 - 13 号）中规定的要求，记录其渔获量。

### 确认 IUU 活动

（51）ICCAT 秘书处应立即核查在此多年计划中被认定或报告的任何船舶名称是否列在 ICCAT 授权船舶名单内。若发现可能的违规，ICCAT 秘书处应立即通知船旗 CPC。船旗 CPC 应立即调查该事件，若船舶在禁渔期内以包括 FAD 在内的可影响鱼类聚集的物体进行捕捞，应要求该船舶停止作业及在必要情况下立即离开该区域。船旗 CPC 应向 ICCAT 秘书处立即报告其调查结果和所采取的应对措施。

（52）ICCAT 秘书处应在每次年会上向 COC 报告任何有关未经批准渔船的认定、VMS 及国家观察员规定的实施，以及相关船旗 CPC 的调查结果及任何所采取的措施。

（53）ICCAT 秘书处应建议根据第（52）条认定的任何船舶或船旗 CPC 未根据第（51）条进行所需调查以及未采取必要措施的船舶，纳入临时 IUU 船舶名单内。

### 国家观察员

（54）下述条款应适用于西经 20°以东及南纬 28°以北区域，船舶目标鱼种为大眼金枪鱼、黄鳍金枪鱼和（或）鲣的船上国家观察员：

国家观察员应自动得到所有 CPC 的认证。此类认证应允许国家观察员在船舶行经整个 EEZ 时持续收集信息。相关沿岸 CPC 应接受自船旗 CPC 指派的国家观察员在其 EEZ 内收集信息和有关捕捞 ICCAT 鱼种的活动的信息。

（55）对于在 ICCAT《公约》区域内悬挂其旗帜全长 20 米（LOA）或以上以大眼金枪鱼、黄鳍金枪鱼和（或）鲣为目标的延绳钓船，CPC 应根据附件 7 对于真人观察员的规定和（或）电子监控系统，确保到 2022 年对其捕捞活动的国家观察员覆盖率至少达到 10%。为此，综合监测措施工作组（以下简称 IMMWG）应与 SCRS 合作，向 ICCAT 提出建议，供其 2021 年年会上批准，内容如下：

a. 电子监控系统的最低标准：

ⅰ. 记录设备的最低规格（如分辨率、记录时间容量）、数据存储类型、数据保护。

ⅱ. 安装在船上各点摄像机的数量。

b. 应记录的内容。

c. 数据分析标准，如通过使用人工智能将视频片段转换为可操作的数据。

d. 待分析的数据，如物种、长度、估计重量和捕捞作业详情。

e. 向 ICCAT 秘书处报告的格式。

鼓励 CPC 在 2020 年进行电子监测试验，并在 2021 年将结果报告给 IMMWG 和 SCRS 以供审查。

CPC 应在 4 月 30 日前将国家观察员或电子监测系统在上一年中收集的信息报告给 ICCAT 秘书处和 SCRS，同时考虑 CPC 的保密要求。

（56）CPC 应根据 ICCAT 的建议，为热带金枪鱼类提交所有相关数据，并管理国家观察员计划，以建立渔船国家观察员最低标准（建议第 16 - 14 号）。在 2023 年，SCRS 将就改进国家观察员计划提出建议，包括应如何在船舶、季节和区域之间对覆盖范围进行分级，以实现最大有效性。

（57）CPC 应努力进一步提高延绳钓渔船的国家观察员覆盖率，包括通过试验和实施电子监测以补充真人观察员。尝试电子监控的 CPC 必须与 ICCAT 共享技术规范和标准，以制定经协商的 ICCAT 标准。

（58）对于在 ICCAT《公约》区域内悬挂其旗帜并以大眼金枪鱼、黄鳍金枪鱼和（或）鲣为目标的围网渔船，CPC 应通过根据附件 7 在船上派真人观察员或通过批准的电子监控系统，确保对捕捞活动的国家观察员覆盖率达到 100%。CPC 应在 4 月 30 日前将国家观察员在上一年中收集的信息报告给 ICCAT 秘书处和 SCRS。

（59）ICCAT 秘书处每年应汇编按照国家观察员计划收集的信息，包括关于每种热带金枪鱼渔业的国家观察员观测的范围，并在考虑到 CPC 保密要求的情况下，在年会前向 ICCAT 提供这些信息。

（60）在 2020 年，IMMWG 将考虑协调热带金枪鱼渔业国家观察员计划的必要性，探索 IC-CAT 采纳热带金枪鱼渔业区域性观察员计划的可能范围和好处。

### 港口取样计划

（61）SCRS 在 2012 年制定的港口取样计划应继续用于卸鱼或港口转载。该取样计划所收集的数据和信息应每年向 ICCAT 报告，至少按卸鱼国家和季度说明以下情况：鱼种组成、按鱼种类别的卸鱼量、体长组成及重量。若可行应收集适合于测定生活史的生物样本。

## 第六部分　管理程序或管理策略评估

### MSE 和候选 HCR

（62）SCRS 应根据 SCRS 路线图完善 MSE 流程，并继续测试候选管理程序。在此基础上，ICCAT 应审查候选管理程序，包括在各种种群条件下应采取的事先商定的管理措施。这些应考虑捕捞作业（例如围网、延绳钓和竿钓）对幼鱼死亡率和 MSY 中产量占比的影响。

## 第七部分　最终条款

### SCRS 和国家科学家数据的可获得性

（63）CPC 应确保：

a. 若适当，及时收集第（37）条中所述纸质和电子渔获日志及 FAD 渔获日志，以供国家科学家取用。

b. 若适当，Task II 数据包括从渔捞日志或 FAD 渔获日志收集的数据，每年提交给 ICCAT 秘书处，以供 SCRS 取用。

（64）CPC 应鼓励其国家科学家与其国家产业部门开展共同研究，分析与 FAD 有关的信息（例如渔获日志、浮标数据），并将此类分析成果提交给 SCRS。CPC 应采取措施，按照遵守相关保密要求，为此类数据的使用、开展共同研究提供方便。

### 保密性

（65）根据本建议提交的所有资料应以符合 ICCAT 数据保密指南的方式，及仅为本建议的目的和根据 ICCAT 建立的要求和程序处理。

**最终条款**

（66）SCRS 和 ICCAT 秘书处要求的行动：

a. 根据 SCRS 建议，SCRS 应评价按照 PA1_505A/2019[①] 中提议的完全禁渔可能将热带金枪鱼类的渔获量减少至商定水平的有效性，并评价该计划在减少大眼金枪鱼和黄鳍金枪鱼幼鱼渔获量方面的潜力。

b. ICCAT 秘书处应与 SCRS 合作共同估计 ICCAT《公约》区域内的捕捞能力，至少包括所有大型的船队或所注册的在 CPC EEZ 以外作业的船队。所有 CPC 应共同合作开展这项工作，提供悬挂其旗帜的捕捞金枪鱼和类金枪鱼的捕捞渔船的估计数量，以及每艘捕捞渔船的目标物种或物种组（例如热带金枪鱼类、温带金枪鱼类、剑鱼、其他旗鱼、小型金枪鱼类和鲨鱼类等）；这项工作应在 2020 年 SCRS 会议上报告，并转交给 ICCAT 审议。

c. ICCAT 秘书处应指定一名顾问，以评估 ICCATCPC 执行监视、控制和监督的机制。这项工作应主要评估每个 CPC 的数据收集和处理系统，以及对 ICCAT 管理下的所有种群进行捕捞量、努力量、体长频率估计的能力，重点在于针对种群的现行投入和（或）产出措施进行评估；在准备这项工作时，顾问应评估每个 CPC 实施的捕捞监控系统对执行 TAC 管理的种群的捕捞量进行有效估计的效率；ICCAT 秘书处应尽快与 SCRS 科学家合作，为该项工作准备一份备忘录（以下简称 TOR）。

（67）第 1 小组闭会期间的会议将在 2020 年举行，以审查现行措施，除其他外，制定 2021 年的捕捞限额和相关的渔获量核查机制。

（68）本建议代替建议第 16-01[②] 号和第 18-01 号，且 ICCAT 应在 2021 年进行审查。

（69）所有 CPC 承诺自 2020 年 1 月 1 日起自愿执行本建议。

---

①应秘书处要求或在 2019 年 ICCAT 会议文件网页提供（http：//www.iccat.int/com2019/index.htm#en）。
②建议第 16-01 号被保留用于此处的交叉引用。

**附件 1**

# FAD 管理计划编制指南

CPC 围网和竿钓船队的 FAD 管理计划须包括以下内容：

1. 描述

（1）FAD 类型：AFAD、DFAD。

（2）无线电浮标或浮标的类型。

（3）每艘围网船和每种类型的 FAD 所投放的 FAD 的最大数量，以及每艘船在任何时间启用的 FAD 的最大数量。

（4）AFAD 间的最短距离。

（5）意外兼捕的减少及兼捕利用的政策。

（6）与其他渔具相互作用的考虑。

（7）FAD 所有权的声明或政策。

（8）辅助船的使用，包括来自其他的船旗 CPC。

2. 制度安排

（1）FAD 管理计划的制度责任。

（2）FAD 投放审批的申请程序。

（3）船东及船长对投放及使用 FAD 的责任。

（4）FAD 的替代政策。

（5）本建议以外的其他的报告义务。

（6）关于 FAD 的冲突解决方案。

（7）任何禁渔区或禁渔期的细节，如领海、船运航线、离手工渔业区域的距离等。

3. FAD 制造的规格与要求

（1）FAD 设计特性（描述）。

（2）灯光要求。

（3）雷达反射器。

（4）可视距离。

（5）FAD 标志和识别。

（6）无线电浮标的标识和识别（对序号的要求）。

（7）声呐浮标的标识和识别（对序号的要求）。

（8）卫星传送器。

（9）有关进行生物可降解 FAD 的研究。

（10）FAD 遗失或丢弃的预防。

（11）FAD 回收的管理。

4. FAD 管理计划的适用期间。

5. 监管及审查 FAD 管理计划执行情况的方式。

## 附件 2

FAD 渔获日志见附表 3 - 13。

附表 3 - 13　FAD 渔获日志

| FAD 标志 | 浮标识别码 | FAD 类型 | 接近类型 | 日期 | 时间 | 位置 | | 估计渔获量 | | | 兼捕 | | | | 观测 |
|---|---|---|---|---|---|---|---|---|---|---|---|---|---|---|---|
| | | | | | | 经度 | 纬度 | 鲣 | 黄鳍金枪鱼 | 大眼金枪鱼 | 分类群组 | 估计渔获量 | 单位 | 活体释放样本 | |
| (1) | (2) | (3) | (4) | (5) | (6) | (7) | (7) | (8) | (8) | (8) | (9) | (10) | (11) | (12) | (13) |
| | | | | | | | | | | | | | | | |
| | | | | | | | | | | | | | | | |

(1) (2) 若 FAD 标志和连结的无线电浮标或浮标识别码缺失或无法判断，在本部分中报告。尽管如此，当 FAD 标志和连结的无线电浮标或浮标识别码缺失或无法判读时，不应投放 FAD。

(3) AFAD、天然漂浮 FAD 或人造漂浮 FAD。

(4) 如投放、起网、加强或加固、移除或回收、改变无线电浮标、遗失，若接近后下网作业，请表明。

(5) 日/月/年。

(6) 时：分。

(7) 南纬或北纬（度和分）或东经或西经（度和分）

(8) 以吨表示估计的渔获量。

(9) 每一分类群组使用一列。

(10) 以重量或尾数表示估计的渔获量。

(11) 使用的单位。

(12) 以样本的尾数表示。

(13) 若无 FAD 标志或连结的无线电浮标识别码，在本部分报告可能有助于描述 FAD 的所有信息，以确认 FAD 的所有者。

**附件 3**

不同漂浮物类型的代码、名称和范例见附表 3-14，作为渔获日志应收集的最低数据要求，该表摘自 2016 年 SCRS 报告（第 18.2 部分表 7）。与漂浮物和浮标有关的活动名称与描述见附表 3-15，作为渔获日志应收集的最低数据要求（代码未在此列出），该表摘自 2016 年 SCRS 报告（第 18.2 部分表 8）。

附表 3-14 不同漂浮物类型的代码、名称和范例

| 代码 | 名称 | 范例 |
|---|---|---|
| DFAD | 漂浮 FAD | 竹子或金属筏 |
| AFAD | 锚碇 FAD | 非常大的浮标 |
| FALOG | 源自与人类活动有关的人造物（与捕捞活动有关） | 网具、残骸、绳索 |
| HALOG | 源自人类活动所产生的人造物（与捕捞活动无关） | 洗衣机、油桶 |
| ANLOG | 源自动物的天然物 | 尸体、鲸鲨 |
| VNLOG | 源自植物的天然物 | 树枝、树干、棕榈叶 |

附表 3-15 与漂浮物和浮标有关的活动名称与描述

| 名称 | | 描述 |
|---|---|---|
| 漂浮物 | 遇到 | 随机遇到（未捕捞）属于另一艘船舶的物体或 FAD（未知位置） |
| | 接近 | 接近（未捕捞）FOB（已知位置） |
| | 投放 | 在海上投放 FAD |
| | 加强 | 加固漂浮物 |
| | 移除 FAD | 回收 FAD |
| | 捕捞 | 针对漂浮物进行捕捞作业[①] |
| 浮标 | 标识 | 在漂浮物上布设浮标[②] |
| | 移除浮标 | 收回设在漂浮物上的浮标 |
| | 遗失 | 浮标丢失/浮标的信号传输终止 |

① 针对漂浮物进行的捕捞作业包括两种方式：在接近属于本船的漂浮物（目标）后进行捕捞或随机遇到的漂浮物（机会主义）进行捕捞。

② 在漂浮物上设置浮标，包括 3 种方式：在外国渔船的漂浮物上设置浮标、转让浮标（其改变漂浮物的所有人）和在同一漂浮物上改变浮标（其不改变漂浮物的所有人）。

## 附件 4

按月份投放的 FAD 及浮标名单见附表 3-16。

**附表 3-16    按月份投放的 FAD 及浮标名单**

月份：

| FAD 识别 | | FAD 及电子设备类型 | | FAD | | | | 观测 |
|---|---|---|---|---|---|---|---|---|
| FAD 标志 | 连接的浮标 ID | FAD 类型 | 连接的浮标和（或）电子设备的类型 | FAD 漂浮部分 | FAD 水下悬挂结构 | | | |
| (1) | (1) | (2) | (3) | (4) | (5) | | | (6) |
| | | | | | | | | |
| | | | | | | | | |

（1）若 FAD 标志和连接的无线电应答标或浮标识别码缺失或无法判别，不应投放 FAD。

（2）AFAD、漂浮的天然 FAD 或漂浮的人造 FAD。

（3）如全球定位系统（GPS）、探鱼仪等。若 FAD 无连接的电子设备，请注明。

（4）说明结构和遮盖物的材质，及可否生物降解。

（5）如网片、绳索、棕榈叶等，叙述材质的缠绕和（或）生物可降解的特性。

（6）本部分应报告灯光规格、雷达反射器和能见距离。

**附件 5**

## ICCAT 渔业中降低 FAD 对生态影响的指南

1. FAD 的表面结构不应被覆盖，或仅以可能缠绕兼捕物种风险最低的材料覆盖。
2. 水下部分应只包含非缠绕材料（如绳索或帆布）。
3. 设计 FAD 时，应优先使用生物可降解材料。

附件 6

## 渔获记录的要求

**纸质或电子渔捞日志的最低规格：**

1. 渔捞日志须逐页编号。

2. 每天（午夜）和在抵达港口前须填写渔捞日志。

3. 每页的副本须附在渔捞日志后。

4. 渔捞日志须保留在船上，并涵盖一航次的作业时间。

**渔捞日志的最低信息标准：**

1. 船长姓名及地址。

2. 离港日期和港口、进港日期及港口。

3. 船名、登记号码、ICCAT 号码及 IMO 号码（若有）。

4. 渔具：

（1）FAO 类型代码。

（2）特点（长度、网目、钩数……）。

5. 在海上作业航次每日一行（最少）提供：

（1）活动（捕捞、航行……）

（2）位置：正确的每日位置（度和分）、每一捕捞作业或整日未进行作业的情况下在中午时记录。

（3）渔获记录。

6. 鱼种识别：

（1）根据 FAO 代码。

（2）每网次以吨计的未加工处理的鱼的重量（RWT）。

（3）作业方式（FAD、自由群等）。

7. 船长签名。

8. 适当情况下，国家观察员签名。

9. 测量体重的方式：在船上估算、称重和累计。

10. 渔捞日志所记载的等同活鱼的重量，并说明用作估算的转换率。

**卸鱼、转载情况下的基本信息：**

1. 卸鱼、转载日期和港口。

2. 产品：尾数及以千克计的重量。

3. 船长或船舶代理人签名。

## 附件 7

### 国家观察员计划

1. 本建议第（54）至第（60）条中所述国家观察员应具有以下资格，以完成其任务：

（1）足够的经验以辨识鱼种和渔具。

（2）经 CPC 提供基于 ICCAT 培训指南的合格证书，证明其对 ICCAT 养护与管理措施有良好的认知。

（3）观测及正确记录的能力。

（4）收集生物样本的能力。

（5）熟悉观测船舶的船旗国语言。

2. 国家观察员不应是被观测渔船的船员，且应：

（1）为其中一 CPC 的国民。

（2）有能力执行以下第 3 条中规定的职责。

（3）目前与热带金枪鱼渔业无财务或受益关系。

3. 国家观察员的特别任务应是：

（1）监测渔船遵守 ICCAT 通过的相关养护与管理措施。

特别地，国家观察员应：

a. 记录和报告所进行的捕捞活动。

b. 观测和估计渔获量，并核对渔捞日志上记录的数据。

c. 目击和记录可能违反 ICCAT 养护与管理措施的渔船。

d. 当进行捕捞活动时，核对船舶位置。

e. 在任一时间，核对作业中的装有仪器的浮标的数量。

f. 从事科学工作，如应 ICCAT 要求根据 SCRS 指示收集 Task Ⅱ 数据，根据附表 3-17 观察和记录 FAD 特性资料。

（2）汇总根据本款所收集的信息，撰写总结报告，并向船长提供在报告中加入任何相关信息的机会。

### 国家观察员的义务

4. 国家观察员应将与渔船的捕捞及转载作业有关的所有信息视为机密信息，并以书面形式接受本规定，作为指派担任国家观察员的一项条件。

5. 国家观察员应遵守所派往船舶的船旗国对执行船舶管辖权所确定的法律与法规中的规定。

6. 国家观察员应尊重适用于所有船舶的人事等级制度和一般行为规定，只要此类规定不妨碍本计划的国家观察员职责及本附件第 7 条中规定的船舶人员的义务。

### 渔船船旗国的义务

7. 渔船船旗国与其船长对有关国家观察员的责任，应包括：

（1）应允许国家观察员接近船员，并可接近渔具和设备；

（2）根据要求，若被派任的渔船上有以下设备，也应允许国家观察员使用此类设备，以便于其履行本附件第 3 条的职责：

a. 卫星导航设备；

b. 工作时的雷达；

c. 电子通信方式，包括 FAD/浮标信号。

（3）应向国家观察员提供等同干部船员待遇的食宿，包括住所、膳食和适当的卫生设备。

（4）应在驾驶台或驾驶舱向国家观察员提供适当的空间进行办工，且甲板上应有适当的空间以执行国家观察员任务。

（5）船旗国应确保船长、船员及船东，在国家观察员执行任务时，不阻碍、威胁、干扰、影响、贿赂国家观察员。

附表 3-17 为遵守 RFMO 建议，在国家观察员船上观察表格中增加漂浮物/FAD 信息。
本表摘自 2016 年 SCRS 报告（第 18.2 节表 9）。

| 特性 | DFAD | AFAD | HALOG | FALOG | ANLOG | VNLOG |
|---|---|---|---|---|---|---|
| 利用生物可降解材料制作的漂浮物（正确/错误/未定义） | × | × | × | × | | |
| 漂浮物为非缠绕型（正确/错误/未定义） | × | × | × | × | | |
| 漂浮物中有网状材料（正确/错误/未定义） | × | | | × | | |
| 最大网目尺寸（毫米） | × | × | | | | |
| 表层到漂浮物最深部分的距离（米） | × | × | × | × | | |
| 漂浮物的近似表面积 | × | × | × | × | | |
| 特定漂浮物的识别码 | × | × | × | × | | |
| 船队拥有的追踪设备/声呐浮标 | × | × | × | × | × | × |
| 本船拥有的追踪设备/声呐浮标 | × | × | × | × | × | × |
| 用于系泊的锚碇类型（AFAD 登记信息） | | × | | | | |
| 雷达反射器（有或无）（AFAD 登记信息） | | × | | | | |
| 发光器（有或无）（AFAD 登记信息） | | × | | | | |
| 能见距离（海里）（AFAD 登记信息） | | × | | | | |
| 漂浮物漂浮部分所用的材料（列表待定义） | × | × | × | × | | |
| 漂浮物水下结构的材料（列表待定义） | × | × | × | × | | |
| 追踪设备类型和 ID（若有），否则注明无或未定义 | × | × | × | × | × | × |

注：×表示需要在此栏中填写有关内容。

## 35. 第 19‑03 号　ICCAT 修订有关北大西洋剑鱼养护建议（建议第 17‑02）的建议

**ICCAT 建议**

ICCAT 修订有关北大西洋剑鱼养护建议的建议 16‑03（建议第 17‑02）的建议第 2（2）款注释 ⅱ 修订如下：

1. 注释的第一行由以下文字替代：

"自日本转让至摩洛哥：2018 年、2019 年和 2021 年均为 100 吨，2020 年为 150 吨。"

2. 在注释的最后添加以下文字：

"自中华台北转让至摩洛哥：2020 年为 20 吨。"

"自特立尼达和多巴哥转让至摩洛哥：2020 年为 25 吨。"

## 36. 第 19-04 号　ICCAT 修订有关建立东大西洋及地中海蓝鳍金枪鱼多年管理计划建议第 18-02 的建议

认识到 SCRS 在其 2017 年建议中提到，将 TAC 渐进式地在 2020 年定为 36 000 吨不会影响恢复计划的成功。

认识到 SCRS 建议考虑从现行恢复计划过渡至管理计划，且目前资源状况显示东大西洋及地中海蓝鳍金枪鱼不再需要恢复计划（ICCAT 修订建议第 14-04 号后的建议第 17-07 号）所引入的紧急措施。

认识到建议 17-07 号第（4）条表示 ICCAT 应在 2018 年为此种群建立管理计划。

考虑到 SCRS 正在建立 MSE 程序，旨在评估不同管理程序对主要不确定性来源的稳健程度，并预期 MSE 程序可在短期内，但并不是马上（如 2021—2022 年）能够提供候选的管理程序，ICCAT 选择合适的管理程序将需要一段时间。因此，提议在 ICCAT 采用 HCR 时重新审视设定的临时管理目标。在此背景下，根据最新的资源评估和执行 MSE 及管理程序后得出的进一步的管理建议，包括 SCRS 确定的 HCR，根据 SCRS 的建议，ICCAT 可以从 2020 年起决定修改东大西洋及地中海蓝鳍金枪鱼的管理框架。

进一步认识到东大西洋及地中海蓝鳍金枪鱼资源恢复计划对小规模船队的影响，特别是有关捕捞能力的减少。

考虑种群对连续数年低补充量响应的能力，将捕捞能力维持在可持续水平内及能力管控持续有效作为首要任务。

考虑到维持管理措施的范围及其完整性，并强化渔获可追踪性的重要性，特别是有关活鱼的运送及养殖活动。

**ICCAT 建议**

**第一部分　一般条款**

**目标**

（1）其渔船目前在东大西洋及地中海捕捞蓝鳍金枪鱼的 CPC，应自 2019 年起在该区域履行蓝鳍金枪鱼管理计划，使其捕捞能力维持在 SCRS 认定的能够合理代表 $F_{MSY}$ 的 $F_{0.1}$ 或以下水平，以达成生物量维持在 $B_{0.1}$ 的目标。

一旦 MSE 已准备充分，在具有可替代的管理目标，且可以采取参考点、HCR 和（或）管理程序时，若需要，该目标应重新审查并修订。

（2）当 SCRS 资源评估表明种群状况和变化（就生物量和（或）捕捞死亡率而言）正偏离该目标时，应适用本计划最终条款所定义的预防性措施及审查规定。

**定义**

（3）就本计划而言：

a. 渔船是指以商业开发蓝鳍金枪鱼资源为目的而使用的任何机动船舶，包括捕捞船、渔获加工船、辅助船、拖船、从事转载的船舶及配有搬运金枪鱼类产品的运输船与辅助船，但货船除外。

b. 捕捞船是指以商业捕捞蓝鳍金枪鱼资源为目的而使用的船舶。

c. 加工船是指在船上将渔产品在包装前，进行下述一种或多种作业过程：切成鱼排或切成薄片、冷冻及（或）加工的船舶。

d. 辅助船是指用于运输网箱或养殖网箱、围网或金枪鱼建网及运输死亡的蓝鳍金枪鱼（未加工）至指定港口及（或）至加工船的任何船舶。

e. 拖船是指用于拖带网箱的任何船舶。

f. 捕捞活动是指任何捕捞船舶在特定渔汛期以蓝鳍金枪鱼为渔获目标。

g. JFO 是指两艘或多艘围网船间的任何作业，且其中一艘围网船的渔获根据事先同意的分配比例，归属于其他一艘或多艘围网船。

h. 转移作业是指：

ⅰ. 任何活的蓝鳍金枪鱼由捕捞船的渔网至运输网箱的转移。

ⅱ. 任何活的蓝鳍金枪鱼由运输网箱至另一运输网箱的转移。

ⅲ. 任何活的蓝鳍金枪鱼由拖船网箱至另一拖船网箱的转移。

ⅳ. 任何活的蓝鳍金枪鱼由一座养殖场至另一座养殖场的转移，或在同一座养殖场不同网箱间的转移。

ⅴ. 任何活的蓝鳍金枪鱼由建网至单独在场的拖船运输网箱的转移。

i. 监控转移是指捕捞或养殖经营者或管控主管部门基于确认被转移鱼类尾数的目的而实施的任何额外转移。

j. 建网是指锚碇于海底的固定式渔具，通常包含橹网，以引导蓝鳍金枪鱼进入围栏或采捕或养殖前所存放的一系列围栏。

k. 建网 CPC 是指将金枪鱼建网布设在其管辖区域的 CPC。

l. 蓄养是指活的蓝鳍金枪鱼自运输网箱或建网，重新置于养殖或育肥网箱。

m. 育肥或养殖是指在养殖场中蓄养蓝鳍金枪鱼，随后的喂养旨在增肥和增加其总生物量。

n. 养殖场是指具有明确的地理坐标用于育肥或养殖由建网及（或）围网船所捕的蓝鳍金枪鱼的海域。一座养殖场可有数个养殖地点，每一处均须以地理坐标界定（清楚界定该多边形各端点的经纬度）。

o. 采捕是指于养殖场或建网内宰杀蓝鳍金枪鱼。

p. 转载是指卸下一渔船上所有或任何鱼类至另一渔船。然而，将死亡的蓝鳍金枪鱼自围网船网内、建网或拖船卸至辅助船的作业，不应视为转载。

q. 运动性渔业是指一种非商业性渔业，其成员隶属于一全国性的体育运动组织或持有国家发放的体育运动渔业执照。

r. 休闲渔业是指一种非商业性渔业，其成员不属于一全国性的体育运动组织或未持有国家发放的体育运动渔业执照。

s. 立体空间摄影机是指有两个或以上镜头，且各镜头具有一个独立的影像传感器或胶片画面，能拍摄 3D 影像，测量鱼类体长。

t. 监控摄影机是指为本建议所预见基于监控目的的立体空间摄影机及（或）传统摄影机。

u. BCD 或 eBCD 为蓝鳍金枪鱼渔获文件。

v. 本建议所称船舶长度应理解为全长。

w. 本建议所称小型沿岸渔船是指满足下述至少 3～5 项特性的捕捞船：

总长小于 12 米；该船仅在船旗 CPC 领海内捕捞；航次时间低于 24 小时；船员上限定为 4 人；或该船使用具有选择性且降低对环境影响的技术进行捕捞。

x. 监控蓄养是指捕捞或养殖经营者或监控主管部门基于确认蓄养鱼类数量或平均重量的目的所执行的任何额外蓄养。

y. 养殖 CPC 指对蓝鳍金枪鱼养殖场有管辖权的 CPC。

## 第二部分　管理措施

### TAC、配额以及向 CPC 分配配额的相关条件

（4）每一 CPC 应采取必要措施确保其捕捞船与建网的捕捞努力量与其在东大西洋及地中海的蓝鳍金枪鱼捕捞机会相符，包括为其长 24 米以上船名列在本建议第（49）条 a 款中所述名单上的捕捞船建立单船配额。

（5）2019—2020 年 TAC（包含死亡丢弃量）如下：2019 年为 32 240 吨，2020 年为 36 000 吨，配额分配机制见表 3 - 12。

表 3 - 12　2019 年和 2020 年配额分配机制

| CPC | 2019 年配额（吨） | 2020 年配额（吨） |
| --- | --- | --- |
| 阿尔巴尼亚 | 156 | 170 |
| 阿尔及利亚 | 1 446 | 1 655 |
| 中国 | 90 | 102 |
| 埃及 | 266 | 330 |
| 欧盟 | 17 623 | 19 460 |
| 冰岛 * | 147 | 180 |
| 日本 | 2 544 | 2 819 |
| 韩国 | 184 | 200 |
| 利比亚 | 2 060 | 2 255 |
| 摩洛哥 | 2 948 | 3 284 |
| 挪威 | 239 | 300 |
| 叙利亚 | 73 | 80 |
| 突尼斯 | 2 400 | 2 655 |
| 土耳其 | 1 880 | 2 305 |
| 中华台北 | 84 | 90 |
| 小计 | 32 140 | 35 885 |
| 未分配的保留量 | 100 | 115 |
| 总计 | 32 240 | 36 000 |

＊尽管有此条款，冰岛每年捕捞量可高于其配额的 25%，但其 2018 年、2019 年和 2020 年的总渔获量不应超过 411 吨（84 吨＋147 吨＋180 吨）。

此表格不应被解读为改动建议第 14 - 04 号中所示的分配比例。新的分配比例应由 ICCAT 日后考虑确定。

若毛里塔尼亚遵守本建议中所定捕捞报告规则，则其每年最多捕捞 5 吨作为研究用途。该捕捞量应从未分配的保留量中扣除。

若塞内加尔遵守本建议中所定捕捞报告规则，则其每年最多捕捞 5 吨作为研究用途。该捕捞量应从未分配的保留量中扣除。

应根据 SCRS 的建议，逐年审视 TAC。

视可利用性，中华台北应在 2019 年及 2020 年分别最多转让其 50 吨配额给韩国。

（6）当捕捞船的单船配额即将用完，船旗 CPC 应要求该船立即驶入其所指定的港口。

（7）不允许结转任何未使用完的配额。CPC 最多可转移其 2019 年配额的 5％至 2020 年。CPC 应将该请求纳入其捕捞/管理计划，以供 ICCAT 批准。

（8）不允许结转未采捕的活蓝鳍金枪鱼，除非执行强化管控措施，并将其作为根据本建议第（14）条所提交的监测、管控及侦察计划的一部分向 ICCAT 秘书处报告。此强化措施应至少纳入第（103）条及第（107）条中定义的规定。进一步的管控措施将在第（117）条中所述第 2 鱼种小组期中会议进行审查。

（9）养殖 CPC 应确保在渔汛期开始前，为任何自其管辖的养殖场大量采捕后所结转的活蓝鳍金枪鱼进行全面评估。为达到此目的，所有从一捕捞年度结转的活蓝鳍金枪鱼（即鱼类并未在养殖场大量采捕），应在使用立体空间摄影系统或其他保障具有相同准确度与精准性的方法下，转移至其他网箱。从不同年度结转及未大量采捕的蓝鳍金枪鱼应基于风险评估，通过采用正确的取样方法逐年对其进行评估。

应时刻确保沿用渔获的完整可追踪性。确认该追踪的措施应充分记录。

（10）CPC 间的配额转让应仅在相关 CPC 授权下进行。由相关 CPC 同意的转让，应于生效前至少 48 小时通知秘书处。

（11）不允许租船从事蓝鳍金枪鱼渔业。

（12）若 CPC 在一特定年度的渔获量超过其配额，该 CPC 应根据 ICCAT 的建议第 96-14 号第 2 条及第 3 条规定，在下一连续管理年内偿还。

（13）SCRS 应继续其 MSE 工作，测试候选管理程序，包括测试支持 ICCAT 在 2019 年所通过的管理目标的 HCR。根据 SCRS 的建议，以及科学家与管理者之间的对话过程，ICCAT 应致力在 2021 年通过东大西洋及地中海蓝鳍金枪鱼管理程序，包括事先同意在各种资源状况下将采取的管理行动。

提交年度捕捞计划、捕捞及养殖能力管理与检查计划以及养殖管理计划

（14）每个持有蓝鳍金枪鱼配额的 CPC，应在每年 2 月 15 日前向 ICCAT 秘书处提交：

a. 根据第（16）及第（17）条，为在东大西洋及地中海捕捞蓝鳍金枪鱼的捕捞船及建网草拟的年度捕捞计划。

b. 在确保 CPC 所授权捕捞能力与其配额相称的前提下，草拟涵盖第（18）至第（23）条中规定信息的年度捕捞能力管理计划。

c. 确保遵守本建议规定的监测、管控及侦察计划。

d. 若适当，符合第（24）至第（27）条中规定要求的年度养护管理计划，包括每一养殖场最大授权投入及最大能力，及根据第（8）条从前一年度沿用养殖鱼类的总量。

（15）在符合本建议第（116）条时，ICCAT 应在 2019 年及 2020 年 3 月 31 日前召开第 2 鱼

种小组期中会议，以分析并批准第（14）条所述计划。此义务应在 2020 年之后修订，允许通过电子方式批准此类计划。若 ICCAT 发现所提交的计划有严重错误以致其无法批准，ICCAT 应决定自动终止该 CPC 在该一年度捕捞蓝鳍金枪鱼。在未提交上述计划的情况下，将导致该年度自动终止捕捞蓝鳍金枪鱼。

**年度捕捞计划**

（16）除其他外，在应用时，年度捕捞计划应确定分配给各种作业方式的配额、分配和管理配额的方法、保证遵守单船配额的措施、各种作业方式的渔汛期及兼捕的规则。

（17）对年度捕捞计划所作的任何后续修订，应至少在修订前一个工作日提交给 ICCAT 秘书处。尽管有本条规定，应允许同一 CPC 不同渔具间配额转让及兼捕配额与直接配额间的转让，但前提是有关转让信息最迟在转让生效前提交给 ICCAT 秘书处。

**能力管理措施**

**捕捞能力**

**捕捞能力的调整**

（18）每一 CPC 应通过使用 2009 年由 SCRS 提出并由 ICCAT 通过的各船队各种渔具年度相对渔获率，调整其捕捞能力以确保与其配额相符。这些包括特定渔具类型及渔区渔获率在内的参数，应当不迟于 2019 年并在每次对东大西洋蓝鳍金枪鱼进行资源评估时，由 SCRS 进行审查。

（19）为此目的，在适当情况下，每一 CPC 应建立年度捕捞能力管理计划，以供第 2 鱼种小组期中会议上分析与批准。此类计划应调整渔船船数，并保证同一渔汛期间的捕捞能力与分配给捕捞渔船的配额相称。有关小型沿岸渔船，其至少要有 5 吨配额的要求（SCRS 在 2009 年所定义的渔获率）不再适用，并由下列专用配额替代：

a. 若 CPC 有经授权可捕捞蓝鳍金枪鱼的小型沿岸渔船，应给此类渔船分配一特定专用配额，并在其捕捞与监控、管制及检查计划中指出其将采取何种额外措施，以密切监控该船队的配额使用情况。

b. 应为亚速尔群岛、加那利群岛及马德拉的竿钓船建立该专用配额，根据上文第 14 条提交的捕捞计划应明确规定这类专用配额和额外的监测措施。

（20）应限制围网渔船捕捞能力的调整，最大变动幅度为 2018 年捕捞能力的 20%。在计算该比例时，CPC 可将其围网渔船船数最终加总后计算。

（21）在 2019—2020 年期间，CPC 可以授权一定数量的建网在东大西洋及地中海从事蓝鳍金枪鱼渔业，以充分利用其捕捞机会。

（22）第（19）、第（20）条及第（21）条中所定义建网的调整要求和数量不适用于下列情况：

a. 若发展中 CPC 根据 SCRS 提出的各船队各种渔具年度相对渔获率可以证明其需要发展捕捞能力才能充分使用其配额，并根据第 14 条将该调整纳入其年度捕捞计划。

b. 主要在东北大西洋其 EEZ 内（挪威 EEZ 及冰岛 EEZ）捕捞的 CPC。

（23）在不遵守第（18）、第（19）及第（21）条规定时，就 2019 年和 2020 年而言，CPC 可以决定将不同数量的建网与渔船纳入第（16）条中所述的年度捕捞计划，以便充分利用其捕捞机会。除非有关 CPC 主要在东北大西洋其 EEZ 内（挪威 EEZ 及冰岛 EEZ）捕捞，进行此类调整的计算应按照 2009 年年度会议所同意的方法进行，并符合第（19）条中规定的条件。

**养殖能力**

（24）每一养殖 CPC 应建立年度养殖管理计划。该计划应证明总投入能力及总养殖能力与可用于养殖的蓝鳍金枪鱼估计量相符，并包括第（25）条及第（27）条中所述的信息。经审查的养殖管理计划，若适当，应在每年 6 月 1 日前提交给 ICCAT 秘书处。ICCAT 应确保东大西洋及地中海总养殖能力与该区域可供养殖的蓝鳍金枪鱼总数相符。

（25）每一 CPC 应将其金枪鱼类养殖能力限制在 ICCAT 名单上登记或经授权并在 2018 年向 ICCAT 申报的所有养殖场总养殖能力内。

（26）没有或仅有少于 3 座金枪鱼类养殖场的发展中 CPC，有意建立新的金枪鱼类养殖设施者，应有权建立此类设施，且每一 CPC 最高总养殖能力最多为 1800 吨。为此目的，其应按照本建议第（14）条与 ICCAT 联系将此类信息纳入养殖计划，并提交给 ICCAT。该条应自 2020 年起进行审查。

（27）每一 CPC 应设定在其养殖场内捕捞的野生蓝鳍金枪鱼的年度最大投入量为 2005 年、2006 年、2007 年或 2008 年向 ICCAT 登记的投入量的水平。若 CPC 需要增加其一座或数座金枪鱼类养殖场捕捞的野生蓝鳍金枪鱼的最大投入量，此增加应与分配给该 CPC 的捕捞机会相符，包括活的蓝鳍金枪鱼进口量。

**生长率**

（28）SCRS 应以即将为监测可辨识的每一尾鱼建立的标准方法为基础进行试验，以确定生长率，包括育肥期间体重及体长的增长。根据实验结果及其他可获得的科学信息，SCRS 应审查并更新 2009 年所公布的生长率及第（35）条所述养殖鱼类的生长率，并在 2020 年 ICCAT 年会上报告这些结果。在更新生长率时，SCRS 应当邀请有合适专业的独立科学家进行审查与分析。SCRS 也应考虑不同地区（包括大西洋及地中海）间差异。养殖 CPC 应确保 SCRS 为试验而委派的科学家可以按照该方案进出并获得协助，以进行试验。养殖 CPC 应确保由 eBCD 得出的增长率与 SCRS 发布的增长率一致。若发现 SCRS 的生长率与观察到的生长率间有显著差异，应当将该信息提供给 SCRS 分析。

## 第三部分　技术性措施

**渔汛期开放**

（29）应允许围网船在 5 月 26 日—7 月 1 日期间于东大西洋及地中海捕捞蓝鳍金枪鱼。

按照"减损规则"，若一 CPC 在其捕捞计划中提出要求，可以在 5 月 15 日开放东地中海（FAO 渔捞区域 37.3.1 爱琴海；37.3.2 黎凡特）。

按照"减损规则"，为了在亚得里亚海养殖的鱼类，可以在 5 月 26 日—7 月 15 日开放亚得里亚海（FAO 渔捞区域 37.2.1）。

按照"减损规则"，围网船在挪威 EEZ 及冰岛 EEZ 的渔汛期为 6 月 25 日—11 月 15 日。

按照"减损规则"，若一 CPC 在其捕捞计划中提出要求，应向限于摩洛哥王国主权或管辖区域内作业的围网船开放其在东大西洋及地中海的渔汛期为 5 月 1 日—6 月 15 日。

（30）若天气状况不允许捕捞作业，CPC 可决定将第 29 条所述渔汛期，根据其所耗费的天数进行顺延，上限为 10 天。

（31）应允许 24 米以上大型表层延绳钓渔船在 1 月 1 日—5 月 31 日在东大西洋及地中海捕捞蓝鳍金枪鱼，西经 10°以西及北纬 42°以北所划定的区域与挪威 EEZ 除外，但允许 8 月 1 日至来年 1 月 31 日在该区域捕捞。

（32）CPC 应为其除围网船及第 31 条所述渔船外的船队开放渔汛期，并应在第（16）条所述捕捞计划中提供该信息，以由第 2 鱼种小组期中会议上分析并批准。

（33）ICCAT 应不迟于 2020 年，根据 SCRS 建议，在不对种群造成负面影响并确保种群可持续的条件下，决定不同渔具类型及（或）捕捞区域的渔汛期是否延长及（或）修订。

**最小渔获体长**

（34）在东大西洋及地中海所捕蓝鳍金枪鱼的最小尺寸应为 30 千克或尾叉长 115 厘米。因此，CPC 应采取必要措施避免捕捞、留存在船上、转载、转移、卸下、运输、贮存、贩卖、展示或出售小于 30 千克重或尾叉长小于 115 厘米的蓝鳍金枪鱼。

（35）如不遵守第（34）条规定，在以下情况，蓝鳍金枪鱼最小渔获尺寸应为 8 千克或尾叉长 75 厘米（见附件 1）。

a. 竿钓船及曳绳钓船在东大西洋捕获的蓝鳍金枪鱼。

b. 小型沿岸渔业的竿钓船、延绳钓船及手钓船在地中海捕获的生鲜蓝鳍金枪鱼。

c. 在亚得里亚海捕获供养殖目的的蓝鳍金枪鱼。

尽管有上述规定，对于在亚得里亚海克罗地亚渔船捕获供养殖目的的蓝鳍金枪鱼，可规定最小尺寸为 6.4 千克或尾叉长 66 厘米的蓝鳍金枪鱼样本最大允许量为克罗地亚渔船渔获总重量的 7%。此外，全长小于 17 米且在比斯开湾作业的法国竿钓船，CPC 可授权法国竿钓船最多捕捞 100 吨重量不低于 6.4 千克或尾叉长不小于 70 厘米的蓝鳍金枪鱼。

（36）有关 CPC 应根据第（35）条中所述的"不遵守情况"向渔船核发特别许可证。此外，小于此类最小渔获尺寸因死亡而丢弃的渔获，应计入 CPC 配额。

**兼捕小于最小渔获尺寸的渔获**

（37）对于目前捕捞蓝鳍金枪鱼的捕捞船及金枪鱼建网而言，CPC 可允许意外捕捞体重介于 8～30 千克或尾叉长在 75～115 厘米的蓝鳍金枪鱼尾数最多占 5%。

该比例应以每航次结束后任一时间留存在船上且符合上述体重或体长类别的蓝鳍金枪鱼总尾数计算。

**兼捕的一般规则**

（38）所有 CPC 应为蓝鳍金枪鱼渔业分配一特定的兼捕配额。同意兼捕的水平及计算此类兼捕相对于船上总渔获量的方法（以重量或尾数计）应在按照本建议第（14）条提交给 ICCAT 秘书处的年度捕捞计划中清楚定义，且不应超过每一捕捞航次结束时留存在船上总渔获量的 20%。渔获尾数的计算应仅适用于 ICCAT 管辖的金枪鱼类及类金枪鱼。小型沿岸渔船船队的兼捕数量可以年度为基准进行计算。

所有兼捕的死亡蓝鳍金枪鱼，无论是留存或丢弃，均应自船旗 CPC 配额中扣除，并向 ICCAT 报告。若兼捕的蓝鳍金枪鱼是在现行国内法规要求所有死鱼均须卸下的 CPC 渔业管辖区域内所捕获，悬挂外籍船旗的船舶也应遵守该卸鱼义务。

若未分配配额给有关渔船或建网的 CPC 或其配额已用尽，则不允许捕捞蓝鳍金枪鱼作为兼捕，CPC 应采取必要措施确保释放。然而，若该蓝鳍金枪鱼已死亡，应将其卸下，并按照国内法采取适当后续行动。CPC 应以年度为基准向 ICCAT 秘书处报告此类数据信息，以便 ICCAT 秘书处将该信息提供给 SCRS 使用。

第（77）至第（82）条及第（108）条中所述程序应适用于兼捕。

目前未以蓝鳍金枪鱼为目标鱼种的船舶，其任何留存在船上的蓝鳍金枪鱼（无论数量多少）应清楚地与其他鱼种隔开，以允许管控单位监测是否遵守本规定。有关未授权船舶的 eBCD 的签发程序，应遵照建议第 18-12 号相关条款所订规定执行。

**休闲渔业及运动渔业**

（39）若适当，当 CPC 分配一特定配额给运动与休闲渔业时，即使捕后释放运动与休闲渔业所捕获的蓝鳍金枪鱼是强制性的，仍应当设定配额以包括可能的死鱼。每一 CPC 应通过向从事休闲及运动渔业渔船核发捕捞许可证的方式管理运动及休闲渔业。

（40）CPC 应采取必要措施，禁止休闲渔业每船每日捕捞并留存在船上、转载或卸下超过一尾蓝鳍金枪鱼。

该禁令不适用于国内法规要求所有死鱼（包括运动及休闲渔业所捕获的渔获）均须卸下的 CPC。

（41）应禁止销售休闲及运动渔业所捕获的蓝鳍金枪鱼。

（42）每一 CPC 应采取必要措施记录渔获数据，包括运动及休闲渔业所捕获的每尾蓝鳍金枪鱼的重量，并在每年 7 月 31 日前向 ICCAT 秘书处提交前一年度的数据。

（43）运动及休闲渔业的死鱼应计入按照第（5）条分配给该 CPC 的配额。

（44）每一 CPC 应采取必要措施，确保在休闲及运动渔业框架下，尽最大可能释放捕获的活的蓝鳍金枪鱼，尤其是幼鱼。任何卸岸的蓝鳍金枪鱼应为全鱼、去腮及（或）去内脏的状态。

（45）任何希望在东北大西洋从事捕捞后释放的运动渔业的 CPC，为标志放流的目的，可以允许有限数量的运动渔业渔船以蓝鳍金枪鱼为目标鱼种，且不需分配给其特定配额。此规定适用于科学研究计划中一研究机构参与的科研项目下进行作业的此类船舶，且其结果应提供给 SCRS。在此情况下，CPC 应有义务：

a. 提交适用于该渔业的相关措施，作为其按照本建议第（14）条所交捕捞及管控计划的一部分。

b. 密切监测有关渔船的活动，确保其遵守本建议现行条款。

c. 确保标志放流作业是由受过训练的人员进行的，确保样本的高存活率。

d. 在下一年度 SCRS 会议前至少 60 天，提交该年度所进行的科学活动报告。任何在标志放流活动过程中死亡的蓝鳍金枪鱼，应报告并自 CPC 的配额中扣除。

（46）在 ICCAT 要求下，CPC 应提供已获取授权的运动及休闲渔船的名单。

（47）第（46）条中所述名单的格式应包括下列信息：

a. 船名，注册号码。

b. ICCAT 名单号码（若有）。

c. 先前船名（若有）。

d. 船东及经营者的姓名和地址。

## 第四部分　管控措施
### A 部分　船舶及建网名单

**航空器的使用**

（48）应禁止使用任何航空方式，包括飞机、直升机或任何类型的无人驾驶航空器搜寻蓝鳍金枪鱼。

### 授权捕捞蓝鳍金枪鱼的 ICCAT 船舶名单

（49）CPC 应为所有授权在东大西洋及地中海捕捞蓝鳍金枪鱼的船舶，建立 ICCAT 名单。该名单应当由下述两个名单构成：

a. 目前所有授权在东大西洋及地中海捕捞蓝鳍金枪鱼的捕捞渔船。

b. 除捕捞渔船外，所有用于商业利用蓝鳍金枪鱼资源目的，并授权在东大西洋及地中海捕捞蓝鳍金枪鱼的其他渔船。

对于总长（LOA）大于 24 米的船舶（除底层拖网船外，仅使用单独一种渔具者）及围网船，CPC 应向 ICCAT 秘书处报告船数，作为其按照本建议第 14 条所述捕捞计划的一部分，IC-CAT 则应建立并维护所有授权在东大西洋及地中海捕捞蓝鳍金枪鱼的 ICCAT 船舶名单。

（50）每一船旗 CPC 应每年以电子方式向 ICCAT 秘书处提交：

a. 在捕捞活动开始前至少 15 天，第（49）条 a 款中所述捕捞船舶的名单；

b. 在捕捞活动开始前至少 15 天，第（49）条 b 款中所述其他捕捞船舶的名单。应根据《ICCAT 数据和信息提交指南》的规定格式进行提交。

（51）不接受涉及以往数据的提交。后续若有任何变动，仅接受所涉及的渔船因合理的原因或不可抗力因素而无法提交的情况所作出的补交。在此类情况下，有关 CPC 应立即告知 ICCAT 秘书处，并提供：

a. 欲取代一艘或多艘船舶［包括在第（49）条中所述的名单中］的渔船信息细节；在第（49）条中所述名单中仅有少于 5 艘渔船的 CPC，可以用之前未列在第（49）条所述名单中，但相关 CPC 已向 ICCAT 秘书处申请向该渔船签发 ICCAT 号码且 ICCAT 秘书处已向其提供所需要的 ICCAT 号码的另一艘船舶取代。

b. 详细说明替换原因，及任何相关佐证或参考数据。

ICCAT 秘书处将在 CPC 之间散发此类信息。若任何 CPC 反映该信息并未充分证实或不完整而应送交 COC 进一步审查，则该案例应等到 COC 批准。

（52）《有关建立授权在 ICCAT〈公约〉区域内作业总长 20 米或以上船舶名单的建议》（建议第 13 - 13 号）中所述情况及程序［第（3）条除外］应比照适用。

（53）在不损害本建议第（38）条的前提下，未列在第（49）条 a 款及 b 款中所述其中之一 ICCAT 名单中的渔船，视为未授权捕捞、留存、转载、转移、加工或卸下东大西洋及地中海蓝鳍金枪鱼。禁止留存在船上的规定不适用于其国内法规要求所有死鱼均须卸下，并没收这些渔获的价值的 CPC。

### 授权捕捞蓝鳍金枪鱼渔船及建网的捕捞许可

（54）CPC 应向列在第（45）、第（49）及第（56）条所述其中一个名单中的船舶及建网签发特别许可证及（或）国家渔业许可证。捕捞许可证上应至少包含附件 12 中规定的信息。船旗 CPC 应确保捕捞许可证上所含信息准确并与 ICCAT 规定相符；另应根据其国内法规采取必要执法措施，并应在单船配额即将用尽时，要求该船立即驶向指定港口。

### 授权捕捞蓝鳍金枪鱼的 ICCAT 建网名单

（55）ICCAT 应为所有授权在东大西洋及地中海捕捞蓝鳍金枪鱼的建网，建立 ICCAT 名单。就本建议而言，未列在该名单中的金枪鱼建网视为未授权用于捕捞、留存、参与任何捕捞作业、转移、采捕或卸下蓝鳍金枪鱼。

（56）每一CPC应以电子方式向ICCAT秘书处提交第（54）条所述的其授权金枪鱼建网名单（包括建网名称及注册号码），作为第（16）至第（17）条中所订捕捞计划的一部分。建议第13-13号中所述条件及程序第（3）条除外应比照适用。

**捕捞活动信息**

（57）对于在7月结束捕捞渔汛期的CPC，在每年7月31日前或在渔汛期结束7个月内，每一CPC应将前一配额分配年度的在东大西洋及地中海所捕捞的蓝鳍金枪鱼渔获的详细信息向ICCAT秘书处报告。该信息应包括：

a. 每艘捕捞船的船名及ICCAT号码。

b. 每艘捕捞船的授权期限。

c. 每艘捕捞船在授权期间的总渔获量。

d. 每艘捕捞船在授权期间在东大西洋及地中海作业的总天数。

e. 其在授权期间外的总渔获量（兼捕）。

对于未授权在东大西洋及地中海捕捞蓝鳍金枪鱼，但兼捕蓝鳍金枪鱼的所有船舶，应向ICCAT秘书处提供以下信息：

a. 船名、ICCAT号码或在未向ICCAT注册情况下的国家注册号码。

b. 蓝鳍金枪鱼总渔获量。

（58）每一CPC应将任何第（57）条中未包括，但已知或推定在东大西洋及地中海捕捞蓝鳍金枪鱼的有关船舶信息向秘书处报告。ICCAT秘书处应将该信息转告船旗CPC以采取适当行动，并向其他CPC提供副本。

**JFO**

（59）任何蓝鳍金枪鱼JFO应仅在有关CPC同意下进行授权。为取得授权，每艘围网船应具有捕捞蓝鳍金枪鱼的装备、拥有特定单船配额，并根据第（60）和第（62）条中所定义的要求进行作业。分配给JFO的配额，应等同于分配给所有参与该JFO围网船的总配额。此外，JFO期间不应超过本建议第（29）条所述围网船的渔汛期。

（60）根据附件5中规定格式申请授权时，每一CPC应采取必要措施以取得其参与JFO围网船的以下信息：

a. JFO授权的时期。

b. 相关经营者的身份。

c. 单船配额。

d. 各船舶间对所涉及渔获的分配比例。

e. 目的地养殖场信息。

每一CPC应至少在第（29）条中规定的围网船渔汛期开始前5个工作日，向ICCAT秘书处提交上述所有信息。

在不可抗力的情况下，本条中规定的期限不应适用于目的地养殖场信息。在此类情况下，CPC应尽快将更新信息，并连同构成不可抗力事件的描述提供给秘书处。ICCAT秘书处应汇总本款所述由CPC所提交的信息，供COC审查。

（61）ICCAT应为所有经CPC授权在东大西洋及地中海联合捕捞作业者建立ICCAT名单。

（62）应禁止不同 CPC 围网船之间进行 JFO。然而，仅有少于 5 艘授权围网船的 CPC，可与任何其他 CPC 进行 JFO。每个进行 JFO 的 CPC 应负责并计算该 JFO 下的渔获。

**B 部分　渔获及转载**

**记录要求**

（63）捕捞船的船长应根据附件 2 中规定的要求，针对其捕捞作业记录装订成册的渔捞日志或电子渔捞日志。

（64）拖船、辅助船及加工船的船长应根据附件 2 中规定的要求，记录其活动。

**船长及建网经营者寄送的渔获报告**

（65）每一 CPC 应确保其目前捕捞蓝鳍金枪鱼的捕捞船，在授权捕捞蓝鳍金枪鱼的全程，通过电子或任何其他有效方式，向主管部门寄送渔捞日志上的每日信息，包括日期、时间、地点（经纬度）、在本计划所覆盖区域捕获的蓝鳍金枪鱼重量及尾数，包括因小于第（34）条所述最小渔获尺寸而释放及丢弃的死鱼。船长应以附件 2 中规定的格式发送该信息，或通过 CPC 报告要求的信息。

（66）围网船的船长应按照网次作业类别，包括零渔获的作业，完成第（65）条中所述的报告。经营者应在格林威治标准时间（GMT）9 点前向其船旗 CPC 主管部门提交前一日的报告。

（67）当前捕捞蓝鳍金枪鱼的建网经营者或其授权代表，应以电子方式每天寄送包含零渔获在内的渔获报告，包括 ICCAT 注册号码、日期、时间、渔获量（体重及尾数）。

在授权捕捞蓝鳍金枪鱼的整个过程中，其应在 48 小时内按照附件 2 中规定的格式，以电子方式向船旗 CPC 主管部门发送该信息。

（68）对于围网船及建网以外的捕捞船而言，船长应在下一个周二中午前，向其主管部门提交第（65）条中所述截止到上周周日的报告。

**指定港口**

（69）每一持有蓝鳍金枪鱼配额的 CPC 应指定进行蓝鳍金枪鱼卸岸或转载作业的港口。该名单每年应提交给 ICCAT 秘书处，以作为每个 CPC 所提交年度捕捞计划的一部分。任何修订均应告知 ICCAT 秘书处。其他 CPC 也应指定进行蓝鳍金枪鱼卸岸或转载作业的港口，并将此类港口名单提交给 ICCAT 秘书处。

（70）当决定一港口为指定港口时，港口国应对该港口：

a. 确定卸岸及转载时间。

b. 确定卸岸及转载地点。

c. 建立检查及侦察程序，确保所有卸岸及转载时间与地点的检查覆盖率符合第 73 条。

（71）禁止捕捞船、加工船及辅助船在 CPC 根据第（69）至第（70）条指定的港口外的任何地点，卸下或转载任何在东大西洋及地中海捕获的蓝鳍金枪鱼。然而，不禁止使用辅助船把死蓝鳍金枪鱼或自建网/网箱采捕的蓝鳍金枪鱼运至加工船。

（72）ICCAT 秘书处应根据第（69）条收到的 CPC 的信息为基础，在 ICCAT 网站上公布指定港口名单。

**卸鱼预先通告**

（73）在进入任何港口前，捕捞船、加工船及辅助船的船长或其代表应至少在预计抵达前 4 小时，向港口的主管部门提供以下信息：

a. 预计抵达时间。

b. 留存在船上的蓝鳍金枪鱼估计量。

c. 渔获物捕获区域。

若渔场距离该港所需航行时间少于 4 小时，留存在船上的蓝鳍金枪鱼估计量可以在抵达前任何时刻进行修改。

CPC 可以决定仅将这些规定适用于渔获量等于或大于 3 尾或 1 吨的情况。其应在第（14）条所述监测、管控及侦察计划中提供该信息。

**港口国主管部门应保存当年度所有预先通告的记录**

相关主管部门应管控所有卸岸及采捕作业，并应基于所涉配额、船队规模及捕捞努力量的风险评估系统，对其一定的比例进行检查。每一 CPC 所采用的管控系统的完整细节，包括检查卸岸量的比例，应在本建议第（14）条所述的年度检查计划中说明。

在每一航次结束后，捕捞船的船长应在 48 小时内，向卸岸发生地 CPC 主管部门及其船旗 CPC 提交卸鱼声明。捕捞船的船长应负责并证实声明的完整性与准确性，且该声明至少应指出蓝鳍金枪鱼卸岸量及捕获区域。所有卸下的渔获均应称重，而非估计。相关主管部门应在卸岸结束后 48 小时内，向该船的船旗 CPC 主管部门寄送卸岸记录。

**向秘书处报告 CPC 渔获量**

（74）CPC 应每周向 ICCAT 秘书处提交按渔具分类的渔获报告。对于围网船及建网，报告应符合第（65）、第（66）及第（67）条中的规定。ICCAT 秘书处应在每月的第二周，将总报告渔获量发布在 ICCAT 网站上需要通过输入密码才能进入的保护系统。

（75）CPC 应向 ICCAT 秘书处报告其蓝鳍金枪鱼配额用完的日期。ICCAT 秘书处应实时将该信息通知所有 CPC。

**交叉比对**

（76）CPC 应核实检查报告、区域性观察员报告、VMS 数据、eBCD，并及时提交渔捞日志、其渔船渔捞日志、转移/转载文件及渔获文件中要求记录的信息。

主管部门应就所有卸鱼、转载、转移或网箱养殖进行交叉比对，对记录在渔船渔捞日志中各鱼种的数量、或记录在转载声明中各鱼种的数量与记录在卸鱼声明或养殖声明中的数量及任何其他相关文件，如发票及（或）销售单据中的数量进行交叉比对。

**转载**

（77）应仅允许在第（69）至第（72）条中定义并符合条件的指定港口进行东大西洋及地中海蓝鳍金枪鱼的转载作业。

（78）在进入任何港口之前，接受渔获的渔船或其代表应至少在预计抵达 72 小时前，根据港口国的国内法，向港口国相关单位提供附件 3 所列信息。任何转载均须由有关转载渔船的船旗 CPC 事先批准。此外，转载渔船的船长应在转载时，告知其船旗 CPC 附件 3 中要求的数据。

（79）港口国相关单位应在接受渔获的渔船抵达时对其进行检查，并核查有关转载作业的货物及文件。

（80）渔船船长应根据建议第 16 - 15 号在不迟于港内转载日后 15 天内，完成并向其船旗 CPC 提交 ICCAT 转载声明。转载渔船的船长应根据附件 3 中规定的格式完成 ICCAT 转载声明。转载声明应与 eBCD 相链接，以便对其中数据进行交叉比对。

（81）港口国相关单位应在转载结束后 5 天内，将转载记录寄送给转载渔船的船旗 CPC 主管部门。

（82）所有转载均应由指定港口 CPC 当局主管部门进行检查。

## C 部分　观察员计划

**CPC 国家观察员计划**

（83）每一 CPC 应确保在其目前从事蓝鳍金枪鱼渔业的渔船及建网上，持有官方核发身份识别文件的国家观察员覆盖率至少达到：

a. 其中层拖网作业渔船（15 米以上）的 20%。

b. 其延绳钓作业渔船（15 米以上）的 20%。

c. 其竿钓作业渔船（15 米以上）的 20%。

d. 拖船的 100%。

e. 其建网采捕作业的 100%。

授权上述前三款定义的捕捞蓝鳍金枪鱼渔船少于 5 艘的 CPC，应确保其渔船目前从事蓝鳍金枪鱼渔业时的国家观察员覆盖率达到 20%。

**国家观察员的任务应为：**

a. 监测渔船及建网对现行建议的遵守情况。

b. 记录并报告捕捞活动，除其他外应包括以下：

ⅰ. 渔获量（含兼捕），也包括物种的处置方式（如留存在船上或丢弃死鱼或释放活体）。

ⅱ. 捕捞位置的经纬度。

ⅲ. 根据 ICCAT 手册中对不同渔具的定义，计算努力量（如下网次数、钓钩数等）。

ⅳ. 捕捞日期。

c. 观察及估计渔获量，并核对渔捞日志中记录的数据；

d. 目击并记录渔船可能违反 ICCAT 养护措施的捕捞行为。

此外，国家观察员应执行科学工作，例如收集 ICCAT 根据 SCRS 要求的所有必要的数据。

在执行国家观察员管理措施时，CPC 应：

a. 考虑船队及渔业的特性，确保观察的时空覆盖率的代表性，确保 ICCAT 收到足够且适当的渔获量、努力量及其他科学及管理方面的数据与信息。

b. 确保数据收集方法稳定。

c. 确保国家观察员在派遣前经过严格培训并考核合格。

d. 尽最大可能，确保对在 ICCAT《公约》区域捕捞的船舶及建网作业的干扰降至最低。

每一 CPC 国家观察员计划所收集的数据及信息，在考虑 CPC 保密要求后，应根据 ICCAT 2019 年确定的规定及程序提供给 SCRS，及在适当情况下提供给 ICCAT。

对于该计划的科学性，SCRS 应报告每个 CPC 国家观察员达到的覆盖率，并就所收集到的数据及任何有关该数据的收集信息提供摘要。SCRS 也应提出改善 CPC 国家观察员计划成效的建议。

**ICCAT 区域性观察员计划**

（84）应履行 ICCAT 区域性观察员计划，以确保 100% 的区域性观察员覆盖率：

a. 所有授权捕捞蓝鳍金枪鱼的围网船。

b. 自围网船转移蓝鳍金枪鱼的整个过程。

c. 自建网转移蓝鳍金枪鱼至运输网箱的整个过程。

d. 自一养殖场转移至另一养殖场的整个过程。

e. 蓝鳍金枪鱼在养殖场蓄养的整个过程。

f. 自养殖场采捕蓝鳍金枪鱼的整个过程。

g. 自养殖网箱释放蓝鳍金枪鱼回到海中的整个过程。

不应授权未搭载 ICCAT 区域性观察员的围网船捕捞或从事蓝鳍金枪鱼渔业。

应要求 ICCAT 区域性观察员的国籍与其被派往的捕捞船、拖船、建网或养殖场不同。此外，尽最大可能，ICCAT 秘书处应确保所派的区域性观察员对该船、建网或养殖场船旗 CPC 的语言具有令人满意的能力[①]。

在蓄养作业整个过程中，应派遣一名 ICCAT 区域性观察员至各养殖场。在不可抗力且经 CPC 主管机关确认的情况下，可由一座以上养殖场共享一名 ICCAT 区域性观察员，以保证养殖作业的连续性。然而，养殖主管部门应立即要求派遣其他区域性观察员。

（85）ICCAT 区域性观察员的任务应为：

a. 观察并监测捕捞及养殖作业对 ICCAT 相关养护与管理措施的遵守情况，包括取得立体空间摄影机在蓄养时的画面，以确保体长测量并估算相应的体重。

b. 当 ICCAT 转移声明及 BCD 中内容与 TCCAT 区域性观察员观察相符时，同意签署。若 TCCAT 区域性观察员不同意，其应当在转移声明及 BCD 上指出其在场，并说明不同意的理由，特别是未遵守的规定或程序。

c. 执行科学工作，例如根据 SCRS 指示，按照 ICCAT 要求进行采样。

## D 部分　活鱼转移

**转移授权**

（86）在任何转移作业前，存在转移问题的捕捞船或拖船船长或其代表，或养殖场或建网的代表，在适当情况下应在转移前向船旗 CPC 或养殖 CPC 当局提交转移预报，转移声明应表明：

a. 捕捞船、养殖场或建网的名称及 ICCAT 名单号码。

b. 预计转移的时间。

c. 拟转移蓝鳍金枪鱼的估计量。

d. 预定进行转移的位置（经纬度）及可识别的网箱号码。

e. 拖船船名、被拖带的网箱号码及 ICCAT 名单号码。

f. 蓝鳍金枪鱼的目的地港口、养殖场及网箱。

为此目的，CPC 应向每一运输网箱分配独特的号码。若转移一次捕捞作业的渔获需要使用多个运输网箱，则仅须一份转移声明，但须将所使用的每个运输网箱的号码记录在该转移声明中，并在其中清楚指明每一网箱运送的蓝鳍金枪鱼数量。

网箱号码应根据独特编码制度核发，至少包括 3 个 CPC 代码后接 3 个数字。

独特网箱号码应为永久且不可转让（即号码不可自一网箱换至另一网箱）。

---

①2019 年 3 月的 PA2 闭会期间会议同意：（ⅰ）应优先考虑国籍差异，语言技能作为第二要求；（ⅱ）若不可能找到具有适当语言能力的国外区域性观察员，则可以允许同国籍的区域性观察员。在查看附件 6 中第 5 和第 6 条时，也应遵守这些协议。

（87）船旗 CPC 应分派并通知渔船船长或建网或养殖场，每次转移作业的授权号码。转移作业应在取得由捕捞船、拖船、养殖场或建网船旗 CPC 根据独特编码制度的事先授权后开始，编码包含 3 个 CPC 代码、4 个年度码、3 个批准（AUT）或未批准（NEG）字母及后接的流水编号。有关死鱼信息，应根据附件 11 中规定程序进行记录。

转移应由捕捞船、养殖场或建网船旗 CPC，适当情况下在提交转移预报后 48 小时内批准或拒绝批准。

### 拒绝批准转移与释放蓝鳍金枪鱼

（88）若捕捞船、拖船的船旗 CPC 或养殖场或建网所在地 CPC 的主管部门，在收到转移预报时，认为：

a. 捕捞船或建网对所申报渔获没有足够的配额。

b. 捕捞船或建网没有妥善记录渔获量，或未经授权蓄养，不能将其渔获量作为可使用的配额的一部分。

c. 申报渔获的捕捞船没有根据本建议第（54）条签发的捕捞蓝鳍金枪鱼有效授权。

d. 申报接受渔获转移的拖船船名未列在第（49）条 b 款中所述所有其他 ICCAT 渔船名单中，或不具备正常工作的 VMS 及（或）任何其他与 VMS 相当的追踪设备。

则不应批准转移。

若转移未经批准，捕捞船的船旗 CPC 或建网 CPC 应立即向捕捞船船长、建网或养殖场的场主签发释放命令，通知其不批准转移，并根据本建议附件 10 将渔获释放回海中。

若在运输至养殖场过程中拖船 VMS 发生故障，则应在可行情况下尽快在不超过 72 小时内，由另一艘具备正常工作能力的 VMS 的拖船替代，或应在船上安装全新可工作或已安装仍可用的 VMS，除非有不可抗力或合法的操作限制，并应当将这些例外情况通知秘书处。同时，船长或其代表自察觉及（或）被告知该情况起，应通过合适的通讯方式，每 4 小时向船旗 CPC 主管部门汇报渔船当时所在的地理位置坐标。

### 转移声明

（89）捕捞船或拖船船长或养殖场或建网的代表，应在转移作业结束时，根据附件 4 中规定的格式，填妥并向其船旗 CPC 提交 ICCAT 转移声明。

a. 转移声明应由渔船、该转移来源养殖场或建网 CPC 主管部门编码。编码制度应包括 3 个 CPC 代码，后接 4 个年度码、3 个流水编号及 3 个转移声明（以下简称 ITD）码（如 CPC-20××/××/ITD）

b. 转移声明原件应随同所转移的鱼类。声明的副本必须由捕捞船或建网及拖船保存。

c. 进行转移作业的船舶的船长应根据附件 2 中规定的要求报告其活动。

（90）船旗 CPC 批准转移并不影响蓄养作业的核定。

### 通过摄影机监控转移

（91）转移活蓝鳍金枪鱼的捕捞船船长，或适当情况下养殖场或建网的代表，应确保通过摄影机在水中监控转移活动，核实所转移鱼类的数量。影像录制最低标准及程序应根据附件 8。

若经要求，CPC 应向 SCRS 提供影像记录的副本。SCRS 应对商业活动保密。

ICCAT 区域性观察员核实、发起及进行调查。

（92）根据 ICCAT 区域性观察员计划附件 6 及第（84）及第（85）条中所述，派往捕捞船上或建网的 ICCAT 区域性观察员，应记录并报告所进行的转移活动、观察并估计转移渔获量、核实填入第（86）条中所述转移预报及第（87）条中所述 ICCAT 转移声明的内容。

若区域性观察员、相关主管部门及（或）捕捞船船长、建网代表之间估计的数量差值大于10%，应由捕捞船、养殖场或建网 CPC 发起调查，并在养殖场蓄养前或在任何作业开始后 96 小时内得出结论，除非有不可抗力。在该调查结果尚未确定前，不应批准蓄养，也不应签发 BCD。

然而，若影像记录不具备足够质量或清晰度致无法估计，经营者应向船舶的船旗主管部门要求进行新的转移作业，并向区域性观察员提供相对应的影像记录。

若该自愿性转移监控未得出令人满意的结果，船旗 CPC 应发起调查。若在该调查之后，确认影像质量无法用于同意涉及转移或蓄养的估计量，捕捞船或建网的 CPC 执法单位应下令重新进行监控转移作业，并向区域性观察员提供相应的影像记录。必须进行新的转移作为管控转移或管控蓄养，直到影像记录可用于估计所转移的数量。

（93）为了不影响检查员进行核实，ICCAT 区域性观察员仅应在其观察是根据 ICCAT 养护管理措施，且 ICCAT 转移声明所含信息与其观察相符，包括符合第（92）条规定的影像记录，方可签署 ICCAT 转移声明，并清楚书写姓名及 ICCAT 号码。其也应核实提交给拖船船长或适当情况下养殖场、建网代表的 ICCAT 转移声明。若有异议，则应当在转移声明及 BCD 上指出其在场，并指明不同意的原因，特别是引述未遵守的规定或程序。

经营者应根据附件 4 中规定格式，在转移作业结束后，填妥并向其 CPC 主管机关提交 ICCAT 转移声明。

**蓄养作业**

**批准蓄养及可能拒绝批准**

（94）每一运输网箱开始蓄养作业前，应禁止在养殖设施 0.5 海里内锚碇运输网箱。为此目的，应在根据本建议第（24）条提交给 ICCAT 的养殖管理计划中，提供养殖场所在位置各端点的地理坐标。

（95）在任何进入养殖场的蓄养作业前，养殖 CPC 主管机关应通知捕捞船或建网 CPC，蓄养由悬挂其旗帜的捕捞船或建网所捕渔获的数量。

若捕捞船或建网 CPC 在收到该信息后，认为：

a. 申报捕获蓝鳍金枪鱼的捕捞船或建网没有足够配额进行蓄养。

b. 捕捞船或建网未准确报告渔获量，且其渔获量不能作为可使用的配额的一部分。

c. 申报捕获蓝鳍金枪鱼的捕捞船或建网没有根据本建议第（54）条签发的捕捞蓝鳍金枪鱼的有效授权。

其应通知养殖 CPC 主管机关没收这些渔获，并根据第（87）条及附件 10 中所述程序，将渔获释放回海中。

未经捕捞船或建网 CPC，或养殖 CPC 主管机关（若捕捞船、建网 CPC 主管部门同意）的事先确认，蓄养作业不得在请求后 24 小时或 1 个工作日内开始。若在 24 小时或 1 个工作日内未收到捕捞船建网 CPC 主管部门的回应，养殖场 CPC 主管部门可批准养殖作业。该规定不损害养殖 CPC 的主权权利。

除非接受蓝鳍金枪鱼的养殖 CPC 说明正当的理由（包括不可抗力的情况，并应在提交正当理由时附上畜养报告），否则应在 8 月 22 日前蓄养蓝鳍金枪鱼。在任何情况下，不应在 9 月 7 日后蓄养蓝鳍金枪鱼。

**BCD**

（96）蓝鳍金枪鱼养殖场位于其管辖范围的养殖 CPC，应禁止将未附有 ICCAT 要求的经捕捞船或建网 CPC 主管部门确认并签发文件的蓝鳍金枪鱼置入网箱养殖。

**通过摄影机监控**

（97）养殖场位于其管辖范围的养殖 CPC，应确保自网箱转移至养殖场的活动，由其执法单位以摄影机在水中监控。

应根据附件 8 中程序为每一蓄养作业录制影像。

**发起并执行调查**

（98）若区域性观察员、相关管控单位及（或）养殖场经营者之间所估计的数量差值大于10%，应由养殖场 CPC 与捕捞船及（或）适当情况下建网 CPC 合作发起调查。进行调查的捕捞及养殖 CPC 可使用其他信息，包括第（99）条中所述蓄养计划中使用立体空间摄影系统，或其他保证具有相同精确及准确程度的替代方式。

**估计蓄养蓝鳍金枪鱼数量及重量的措施与计划**

（99）使用立体空间摄影系统或保证具有相同精确及准确程度替代方式的计划，应 100%覆盖所有蓄养作业，以完善鱼类数量及重量的估算。该使用立体空间摄影系统的计划应根据附件 9中规定程序执行。若使用替代方式，在任何替代方式被认为对于监控蓄养作业有效之前，应当由 SCRS 对此进行充分分析，并针对这些方式的精确性及准确性报告其结论，以供 ICCAT 在年会上批准。

养殖 CPC 应将该计划结果通知捕捞 CPC 及区域性观察员。当这些结果表明蓄养蓝鳍金枪鱼数量与所报告的捕获量及（或）转移量不同时，应对此发起调查。若未在自通知根据附件 9 中规定程序对立体空间摄影机或替代技术的影像进行调查的 10 个工作日内，对单一蓄养作业或 JFO中所有蓄养作业的调查得出结论，或若调查结果显示蓝鳍金枪鱼数量及（或）平均重量超过所申报的捕获量及转移量，捕捞船及（或）建网 CPC 主管部门应对该超出部分签发释放命令，须根据第（88）条及附件 10 中的程序，在执法单位在场时进行释放。

该计划得出的数量应当用于决定是否需要释放，且蓄养声明及 BCD 相关部分应据此完成。当释放命令已签发，养殖场经营者应要求国家执法单位及一名 ICCAT 区域性观察员在场，并监控释放。

所有养殖 CPC 应将该计划的结果每年在 9 月 15 日前提交给 SCRS。SCRS 应当根据附件 9评估此类程序及结果，并在年会上向 ICCAT 报告。

（100）在没有养殖 CPC 管控单位授权及在场的情况下，不应自一养殖网箱转移活的蓝鳍金枪鱼至另一养殖网箱。每一转移作业均应记录，并管控样本数量。国家执法单位应监控此类转移，并确保每次养殖场内的转移均记录在 eBCD 系统中。

（101）渔船或建网所申报的蓝鳍金枪鱼捕获量与管控摄影机在蓄养时所摄数量的差值超过或等于 10%时，有关渔船或建网即构成潜在不遵守，应被充分调查。

**蓄养报告**

（102）除建议第 06 - 07 第 2 条（2）款中提到的蓄养声明，养殖 CPC 应在畜养作业完成后一周内（在潜在调查及释放命令尚未确定前，蓄养作业不算完成），将蓄养报告提交给其所属渔船捕获此类蓝鳍金枪鱼的 CPC 及秘书处。

当用于蓄养在《公约》区域内捕获的蓝鳍金枪鱼（FFB）的养殖设施在 CPC 管辖范围以外区域，负责 FFB 的自然人或法人所在地 CPC 应在蓄养作业完成后一周内（在潜在调查及释放命令尚未确定前，蓄养作业不算完成），将蓄养报告提交给秘书处。

**养殖场内转移及随机管控**

（103）应要求在养殖场内建立追踪系统，包括拍摄记录内部转移。基于风险分析，养殖场船旗 CPC 主管部门应在完成蓄养作业及下一年度第一次蓄养期间，对养殖网箱蓝鳍金枪鱼进行随机管控。每一 CPC 应对拟管控的蓝鳍金枪鱼制定一最小比例，并在本建议第（14）条所述管控计划中反映。这些检查的结果，应在该对应配额的下一年度的 4 月份通知 ICCAT。

**影像记录获取及要求**

（104）每一 CPC 应采取必要措施，确保第（96）及第（99）条中所述影像记录可提供给国家检查员、提出请求的区域性及 ICCAT 检查员、ICCAT 及 CPC 国家观察员。每一 CPC 应建立必要措施，避免对原始影像记录有任何替换、编辑或窜改。

## E 部分　追踪渔获活动

**VMS**

（105）CPC 应根据《有关 ICCAT〈公约〉区域内渔船监控系统最低标准的建议》（建议 18 - 10 号），对其长度等于或大于 15 米的渔船采用渔船监控系统。

ICCAT 秘书处应立即将根据本条所收到的信息，提供给当前在东大西洋和地中海进行检查的 CPC 及 SCRS（经其要求）。

经根据本建议第（109）至第（112）条所述的 ICCAT 联合国际检查机制，在 ICCAT《公约》区域进行海上检查的 CPC 要求下，ICCAT 秘书处应提供根据《有关 ICCAT〈公约〉区域蓝鳍金枪鱼渔业的渔船监控系统数据交换格式及议定书的建议》（建议第 07 - 08 号）第（3）条，接收的所有渔船的信息。

在 ICCAT 蓝鳍金枪鱼捕捞及其他船舶名单中，长度大于或等于 15 米的渔船，除非船旗 CPC 主管部门将该船自授权船舶名单中移除，应自其授权期间至少 5 天前开始向 ICCAT 报送 VMS 数据，并应至少持续至其授权期间 5 天后。

为管控目的，当授权捕捞蓝鳍金枪鱼渔船在港时，除非有进出港通报制度，不应中断 VMS 的传送。

遇到 VMS 延迟传递或未收到 VMS 传递信息的情况时，ICCAT 秘书处应立即通知 CPC，并就此类延迟的本质及范围向所有 CPC 发布含具体信息的月报。此类报告应在 5 月 1 日—7 月 30 日期间每周发送。

## F 部分　执　　法

（106）CPC 应根据其法律，对悬挂其旗帜且未遵守本建议规定的渔船，采取适当执法措施。

此类措施应与过错的严重性一致，并按照国内法的相关条款，在不损害职权行使的前提下，以确保能有效剥夺源自其违法行为的经济利益。此类制裁也应与其违法行为的严重性相符合，以有效遏止相同的行为。

（107）对于根据其法律建立的蓝鳍金枪鱼养殖场，若该养殖场不符合本建议的规定，则养殖场 CPC 应采取适当的管理措施。

根据过错的严重性和国家法律的有关规定，这些措施可特别包括暂停批准或撤销根据建议第06-07号建立的蓝鳍金枪鱼养殖设施的 ICCAT 记录和（或）罚款。

### G 部分　市场措施

（108）在符合国际法的权利及义务下，出口及进口 CPC 应采取必要措施：

a. 禁止国内贸易、卸下、出口、进口、置入网箱供养殖、再出口及转载不符合本建议、取代建议第 11-10 号的《有关 ICCAT 蓝鳍金枪鱼渔获文件计划建议》（建议第 18-13 号）以及取代建议第 17-09 号的《有关电子蓝鳍金枪鱼渔获文件系统适用建议》（建议第 18-12 号）中针对 BCD 计划所要求的具有准确、完整且经签发文件的东大西洋及地中海蓝鳍金枪鱼。

b. 按照 ICCAT 养护与管理措施，无该鱼种配额、渔获限制或渔获努力量分配的 CPC，或当该 CPC 渔获机会已丧失或第（4）条所述捕捞船的单船配额已用尽时，禁止在其管辖范围内，对由捕捞船或建网所捕获的东大西洋及地中海蓝鳍金枪鱼进行国内贸易、进口、卸下、置入网箱供养殖、加工、出口、再出口及转载。

c. 禁止未遵守建议第 06-07 号的养殖场进行国内贸易、进口、卸下、加工及出口东大西洋及地中海蓝鳍金枪鱼。

### 第五部分　ICCAT 联合国际检查机制

（109）在蓝鳍金枪鱼多年管理计划的框架下，每一缔约方同意根据 ICCAT《公约》第 9 章第 3 条，执行 1975 年 11 月在马德里举行的第 4 届例会上通过的 ICCAT 联合国际检查机制（修订如附件 7）。

（110）第（109）条中所述机制应持续适用至《ICCAT 综合监控措施的决议》（决议第 00-20 号）所成立的综合监控措施工作小组的会议结果为基础通过一包含 ICCAT 联合国际检查机制的监测、管控及侦察机制为止。

（111）若任一缔约方在任何时间在 ICCAT《公约》区域内，有 15 艘以上渔船从事东大西洋及地中海蓝鳍金枪鱼捕捞活动，基于风险评估，该缔约方应向 ICCAT《公约》区域派出一艘检查船，或应与另一缔约方联合运作一艘检查船。若缔约方未派遣检查船或执行联合检查，其应在第（14）条所述检查报告中，报告风险评估的结果及其替代措施。

（112）在需要根据检查结果采取执法措施的情况下，受检渔船、养殖场或建网的船旗缔约方检查员的执法权适用于其领土、管辖区域及检查平台。

### 第六部分　最终条款

**SCRS 对数据的可得性**

（113）秘书处应向 SCRS 提供其根据现行建议所接收的全部数据。所有数据应当保密。

**防护**

（114）当科学评估结果显示未能达到维持生物量 $B_{0.1}$（通过控制捕捞水平在 $F_{0.1}$ 或以下来实现）的目标时，且本计划的目标处于危险状态，SCRS 应对下一年度的 TAC 提出新的建议。

**审议条款**

（115）2020 年首次对东大西洋及地中海蓝鳍金枪鱼资源进行评估，在任何其他情况下，如果确认该种群资源完全恢复后，ICCAT 应根据 SCRS 提供的科学建议决定本管理计划的延续性或对其中确定的规则进行必要的修订。

（116）尽管有第（115）条规定，应在每年 3 月举行第 2 鱼种小组期中会议，并：

a. 审核，如适合，同意根据本建议第（14）条向 ICCAT 提交年度捕捞计划、年度能力管理计划、养殖计划及检查计划。

b. 讨论任何有关本建议解释的疑虑，并得出对本建议的修订草案，供 ICCAT 年会讨论。

（117）按照决议第 19 - 15 号所设立的第 2 小组工作组会议应讨论进一步加强蓝鳍金枪鱼管制和可追溯性措施的其他可能的措施。

**评估**

（118）在 ICCAT 秘书处要求下，所有 CPC 应提交其为履行本建议所通过的规定及其他相关文件。为增加履行本建议的透明度，ICCAT 秘书处应就履行本建议提供双年报。

**具有蓝鳍金枪鱼卸鱼义务的 CPC 免除**

（119）本建议中禁止留存在船上、转载、转移、卸下、运输、贮存、贩卖、展示或出售蓝鳍金枪鱼的规定，不适用于在 2013 年前制定的国内法规要求所有死鱼均须卸下，并没收此类渔获价值以避免渔民从中获取任何商业利益的 CPC。此类 CPC 应采取必要措施避免没收的渔获出口至其他 CPC。根据本规定，超出 CPC 配额部分的蓝鳍金枪鱼应自其下一年度根据第（12）条从 CPC 配额中扣除。

**废除**

（120）本建议废除并取代《ICCAT 关于东大西洋及地中海蓝鳍金枪鱼多年管理计划的建议》（建议第 18 - 02 号）。

**附件1**

## 适用于第（35）条所述捕捞船的特定条件

1. CPC 应限制：

（1）目前其批准捕捞蓝鳍金枪鱼的竿钓船及曳绳钓船的数量不得超过 2006 年以蓝鳍金枪鱼为目标鱼种的渔船数。

（2）目前其批准在地中海捕捞蓝鳍金枪鱼的小型沿岸渔船数量，不得超过 2008 年以蓝鳍金枪鱼为目标鱼种的渔船数。

（3）目前其批准在亚得里亚海捕捞蓝鳍金枪鱼的渔船数，不得超过 2008 年以蓝鳍金枪鱼为目标鱼种的渔船数。每一 CPC 应给有关船舶分配单船配额。

CPC 应向本附件第 1 条中所述船舶签发特别许可证。此类船舶船名应列在本建议第（49）条 a 款中所述的捕捞船名单上，若条件变更时也应适用。

2. 每一 CPC 可以把不超过其蓝鳍金枪鱼配额的 7% 分配给其竿钓船及曳绳钓船。

3. 每一 CPC 可以把不超过其蓝鳍金枪鱼配额的 2% 分配给其在地中海作业且为生鲜渔获的小型沿岸渔业。

每一 CPC 可以把不超过其蓝鳍金枪鱼配额的 90% 分配给其在亚得里亚海作业且以提供养殖为目的的捕捞船。

4. 授权其竿钓船、延绳钓船、手钓船及曳绳钓船在东大西洋及地中海捕捞蓝鳍金枪鱼的 CPC，应制定如下尾部标识的规定：

（1）每一蓝鳍金枪鱼卸下后须立即系上尾部标识。

（2）每一尾部标识应有独特的识别号码，并将该识别号码纳入蓝鳍金枪鱼渔获文件，且写在装有蓝鳍金枪鱼的任一包装盒外。

附件 2

# 渔 捞 日 志 规 定

**捕捞船**

**渔捞日志的最低标准：**

1. 渔捞日志须逐页编号。

2. 每日（午夜）或在抵达港口前须填写渔捞日志。

3. 若有海上检查，须填入渔捞日志。

4. 每页的副本须保持附着在渔捞日志上。

5. 渔捞日志须保存在船上，覆盖一整年的作业期间。

**渔捞日志最低信息标准：**

1. 船长姓名及地址。

2. 离港日期及港口、抵港日期及港口。

3. 船名、注册号码、ICCAT 号码、国际无线电呼号及 IMO 号码（若有）。

4. 渔具：

（1）FAO 类型代码。

（2）规格（长度、钓钩数……）。

5. 每航次每日以一根延绳钓（最低）在海上作业时，提供：

（1）活动情况（捕捞作业、航行）。

（2）位置：每次捕捞作业或未作业的该日正午记录正确的位置（以度及分表示）。

（3）渔获记录，包括：

a. FAO 代码。

b. 每日的全鱼重（以千克计）。

c. 每日的渔获尾数。

对围网船而言，应以捕捞作业类别进行记录，包括零渔获。

6. 船长签名。

7. 体重计量方式：估算、在船上称重及总计。

8. 渔捞日志以等同活鱼重的方式记载，并说明用于估算的转换系数。

**在卸鱼或转载的情况下，渔捞日志最低信息：**

（1）卸鱼/转载的日期及港口。

（2）产品：

a. 以 FAO 代码表示鱼种并描述。

b. 尾数或箱数及数量（以千克计）。

（3）船长或船舶代理人签名。

（4）若为转载：接受转载渔获船舶的船名、船旗国及 ICCAT 号码。

**在转移至网箱的情况下，渔捞日志最低信息要求：**

（1）转移的日期、时间及位置（经度、纬度）。

（2）产品：

a. 根据 FAO 代码表示鱼种。

b. 转移至网箱的尾数及数量（以千克计）。

（3）拖船船名、船旗国及 ICCAT 号码。

（4）目的地养殖场的名称及其 ICCAT 号码。

（5）在 JFO 的情况下，船长应在其渔捞日志上记录以下信息，以补充第 1 至第 4 条中所列信息：

a. 关于转移蓝鳍金枪鱼至网箱的捕捞船：

ⅰ. 捕捞到船上的渔获量。

ⅱ. 其单船配额使用量。

ⅲ. 涉及 JFO 的其他船舶船名。

b. 关于未涉及转移蓝鳍金枪鱼的其他捕捞船：

ⅰ. 涉及 JFO 的其他船舶船名、国际无线电呼号及 ICCAT 号码。

ⅱ. 没有渔获捕捞到船上或转移至网箱。

ⅲ. 其单船配额使用量。

ⅳ. a 款中所述捕捞船的船名及 ICCAT 号码。

**拖船**

1. 拖船船长应在其日志上记录：转移的日期、时间及位置；转移数量（蓝鳍金枪鱼尾数及以千克计的重量）；网箱号码；捕捞船船名、船旗及 ICCAT 号码；牵涉的其他船舶船名及其 ICCAT 号码；目的地养殖场及其 ICCAT 号码；ICCAT 渔获转移声明号码。

2. 进一步转移至辅助船或其他拖船应进行报告，包括与第（1）条中相同的信息；辅助船或拖船船名、船旗及 ICCAT 号码；ICCAT 渔获转移声明号码。

3. 日志应包含其在渔汛期间所从事的所有转移细节。基于管控目的，日志应保存在船上且随时可查阅。

**辅助船**

1. 辅助船船长应在其日志上每天记录其活动，包括日期、时间及位置，船上捕捞的蓝鳍金枪鱼数量，以及与之相关的渔船、养殖场或建网名称。

2. 日志应包含其在渔汛期间所从事的所有活动细节。基于管控目的，日志应保存在船上且随时可取得。

**加工船**

1. 加工船船长应在其日志上报告：活动日期、时间和位置、转载数量，以及在适当情况下，自养殖场、建网或捕捞船所接受的蓝鳍金枪鱼尾数及重量。另应报告此类养殖场、建网或捕捞船的名称及 ICCAT 号码。

2. 加工船船长应维护一加工日志，其中具体说明转移或转载渔获的全鱼重及尾数、所用的转换系数、按产品类别的重量及数量。

3. 加工船船长应制作一库存计划表，其中显示每一鱼种的存放位置及数量。

4. 日志应包含其在渔汛期间所从事的所有转载细节。基于管控目的，日志、加工日志、库存计划表及原始 ICCAT 渔获转载声明应保存在船上且随时可查阅。

# 附件 3

ICCAT 的渔获转载声明见附表 3 – 18；转载位置、鱼种、尾数和产品类型等见附表 3 – 19。

## 附表 3 – 18　ICCAT 渔获转载声明

| 运输船 | 渔船 | 最终目的地： |
| --- | --- | --- |
| 船名及无线电呼号： | 船名及无线电呼号： | 港口： |
| 船旗国： | 船旗国： | 国别： |
| 船旗国批准字号： | 船旗国批准字号： | 州别： |
| 国内注册号码： | 国内注册号码： | |
| ICCAT 注册号码： | ICCAT 注册号码： | |
| IMO 号码： | 外部辨认： | |
| | 渔捞日志页码： | |

日　月　时　年：20 □□

| | | 船长姓名： | 运输船船长姓名： |
| --- | --- | --- | --- |
| 离港日期 □□ □□ □□ | | | |
| 进港日期 □□ □□ □□ | 自：□ | | |
| 转载日期 □□ □□ □□ | 至：□ | 签名： | 签名： |

注：转载时，使用干克或箱单位（如箱、筐）表示重量，且以该单位表示的卸下重量为：└─┘干克。

### 附表 3-19 转载位置、鱼种、尾数和产品类型

| 港口 | 海上 | | 鱼种 | 单位尾数 | 产品类型 | | | | | | 进一步转载 |
|---|---|---|---|---|---|---|---|---|---|---|---|
| | 经度 | 纬度 | | | 活鱼 | 全鱼 | 去内脏 | 去头 | 切片 | 其他 | 日期：<br>地点/位置：<br>缔约方批准字号：<br>转移船船长签名： |
| | | | | | | | | | | | |
| | | | | | | | | | | | |
| | | | | | | | | | | | |
| | | | | | | | | | | | |
| | | | | | | | | | | | |
| | | | | | | | | | | | |
| | | | | | | | | | | | |
| | | | | | | | | | | | |
| | | | | | | | | | | | |
| | | | | | | | | | | | |
| | | | | | | | | | | | 接受船船名：<br>船旗国：<br>ICCAT 注册号码：<br>IMO 号码：<br>船长签名：<br>日期：<br>地点/位置：<br>缔约方批准字号：<br>转移船船长签名：<br>接受船船名：<br>船旗国：<br>ICCAT 注册号码：<br>IMO 号码：<br>船长签名： |
| | | | | | | | | | | | |
| | | | | | | | | | | | |
| | | | | | | | | | | | |
| | | | | | | | | | | | |
| | | | | | | | | | | | |
| | | | | | | | | | | | |
| | | | | | | | | | | | |
| | | | | | | | | | | | |
| | | | | | | | | | | | |

在转载情况下的责任：

1. 必须向接受船（加工船/运输船）提供原始渔获转载声明书。

2. 相关的捕捞船或建网必须保存渔获转载声明书副本。

3. 进一步的转载作业应经有关缔约方批准。

4. 持有渔获的接受船舶必须保存渔获转载声明书正本直至卸鱼地点。

5. 涉及转载作业的任一船舶应在其渔捞日志内记录转载作业。

## 附件 4

ICCAT 的转移声明见附表 3-20。

**附表 3-20 ICCAT 转移声明**

**ICCAT 转移声明**

文件编号：

**1-最终供养殖的活蓝鳍金枪鱼转移**

| | | |
|---|---|---|
| 渔船船名：<br>呼号：<br>船旗：<br>船旗国批准转移编号：<br>ICCAT 注册号码：<br>外部辨识<br>渔捞日志编号：<br>JFO 号码：<br>电子蓝鳍金枪鱼渔表文件编号： | 建网名称：<br>ICCAT 名单号码： | 拖船船名：<br>呼号：<br>船旗：<br>ICCAT 注册号码：<br>外部辨识： | 目的地养殖场名称：<br>ICCAT 注册号码： |

**2-转移细节**

| | | | |
|---|---|---|---|
| 日期：_ _ /_ _ /_ _ _ _<br>尾数： | 地点或位置： | 港口：<br>鱼种： | 经度：<br><br>纬度：<br>网箱号码： |

产品类别：□活鱼 □全鱼 □去内脏 □其他（请说明）：

| 渔船船长/建网经营者/养殖场经营者姓名及签名： | 接受船（拖船、加工船、运输船）船长姓名及签名： | 区域性观察员姓名、ICCAT 注册号码及签名： |
|---|---|---|

**3-进一步转移**

| | | | |
|---|---|---|---|
| 日期：_ _ /_ _ /_ _ _ _<br>拖船船名：<br>养殖国批准转移编号： | 地点或位置：<br>呼号：<br>外部辨识： | 港口：<br>船旗：<br>网箱号码： | 经度：<br>ICCAT 注册号码：<br>纬度：<br>接受船船长姓名及签名： |

（续）

| | | | | |
|---|---|---|---|---|
| 日期：－－／－－／－－－ | 地点或位置： | 港口： | 经度： | 纬度： |
| 拖船船名： | 呼号： | 船旗： | ICCAT 注册号码： | |
| 养殖国批准转移编号： | 外部辨识 | 网箱号码： | 接受船船长姓名及签名： | |
| 日期：－－／－－／－－－ | 地点或位置： | 港口： | 经度： | 纬度： |
| 拖船船名： | 呼号： | 船旗： | ICCAT 注册号码： | |
| 养殖国批准转移编号： | 外部辨识 | 网箱号码： | 接受船船长姓名及签名： | |
| 4 -分离网箱 | | | | |
| 供应方网箱号码： | 重量： | 尾数： | | |
| 供应方拖船船名： | 呼号： | 船旗： | ICCAT 注册号码： | |
| 接受方网箱号码： | 重量： | 尾数： | | |
| 接受方拖船船名： | 呼号： | 船旗： | ICCAT 注册号码： | |
| 接受方网箱号码： | 重量： | 尾数： | | |
| 接受方拖船船名： | 呼号： | 船旗： | ICCAT 注册号码： | |
| 接受方网箱号码： | 重量： | 尾数： | | |
| 接受方拖船船名： | 呼号： | 船旗： | ICCAT 注册号码： | |

**附件 5**

JFO 格式见附表 3－21。

**附表 3－21　JFO 格式**

| 船旗国 | 船名 | ICCAT | 工作期间 | 经营者身份 | 船舶单船配额 | 每船分配比例 | 育肥及养殖的目的地养殖场 | |
|---|---|---|---|---|---|---|---|---|
| | | | | | | | CPC | ICCAT 号码 |
| | | | | | | | | |
| | | | | | | | | |
| | | | | | | | | |
| | | | | | | | | |
| | | | | | | | | |
| | | | | | | | | |
| | | | | | | | | |
| | | | | | | | | |
| | | | | | | | | |
| | | | | | | | | |
| | | | | | | | | |

船旗国审核_____

日期_____

## 附件 6

# ICCAT 区域性观察员计划

1. 每一 CPC 应要求其符合第（84）条中所述的养殖场、建网及围网船接受一名 ICCAT 区域性观察员。

2. ICCAT 秘书处应在每年 4 月 1 日前指派区域性观察员，并安排其到养殖场、建网及执行 ICCAT 区域性观察员计划的悬挂 CPC 旗帜的围网船上。应向每位区域性观察员签发 ICCAT 区域性观察员证。

3. ICCAT 秘书处应签订一合同，列举区域性观察员及船舶船长、养殖场或建网经营者的权利与义务，且所涉双方均应签订该合同。

4. ICCAT 秘书处应编写一 ICCAT 区域性观察员手册。

**区域性观察员的指派**

5. 所指派的区域性观察员应具备以下资格，并完成其任务：

（1）辨识鱼种及渔具的充分经验。

（2）熟悉 ICCAT 养护与管理措施并得到 ICCAT 的培训。

（3）准确观测及记录的能力。

（4）尽可能熟悉所观察船舶、养殖场或建网的船旗国语言。

**区域性观察员的义务**

6. 区域性观察员应：

（1）已经完成 ICCAT 指南所要求的技术培训。

（2）为任一 CPC 的国民，且在可能情况下，不属于该围网船的养殖、建网或船旗 CPC。

（3）有能力执行以下第 7 条中规定的职责。

（4）在秘书处建立的观区域性察员名单内。

（5）目前与蓝鳍金枪鱼渔业无财务或利益关系。

7. 区域性观察员的任务应为：

（1）关于在围网船上的区域性观察员，监测围网船遵守 ICCAT 所通过的相关养护与管理措施。区域性观察员应：

a. 若区域性观察员观测到可能构成不遵守 ICCAT 建议的情况，其应立即向区域性观察员执行公司报告此信息，该公司应立即将此信息转交给捕捞船船旗国主管部门。为此目的，区域性观察员执行公司应建立安全传递此类信息的制度。

b. 记录并报告所进行的捕捞活动。

c. 观测及估计渔获，并核对渔捞日志上所记载的数据。

d. 签发围网船转移活动的日报。

e. 目击并记录可能违反 ICCAT 养护与管理措施进行捕捞的船舶。

f. 记录并报告所进行的转移活动。

g. 当进行转移时，核对船舶位置。

h. 观测及估计所转移的产品，包括通过影像记录进行审查。

i. 核对并记录有关渔船的船名及其 ICCAT 号码。

j. 在 ICCAT 基于 SCRS 的指示而提出要求时，从事科学工作，例如收集 Task Ⅱ 数据。

（2）关于在养殖场及建网的区域性观察员，监测其遵守 ICCAT 所通过的相关养护与管理措施。区域性观察员应：

a. 核对渔获转移声明、蓄养声明及 BCD 内的记录信息，包括通过影像记录进行审查。

b. 证实渔获转移声明、蓄养声明及 BCD 内的记录信息。

c. 签发养殖场及建网转移活动的日报。

d. 仅在他/她认为渔获转移声明、蓄养声明及 BCD 内记录的信息与其观测一致时，包括符合第（91）及第（92）条中要求的影像记录，会签此类文件。

e. 在 ICCAT 基于 SCRS 指示而提出要求时，从事科学工作，例如收集样本。

f. 记录及核对任一类型的标志，包括天然的标志，并报告标志被移除的迹象。

（3）汇总根据本款所收集的信息以撰写总结报告，并提供给船长及养殖场经营者在该报告中加入任何有关信息的机会。

（4）观测期间结束后 20 天内，向秘书处提交上述总结报告。

（5）履行 ICCAT 所规定的任何其他职责。

8. 区域性观察员应对围网船、养殖场及建网的捕捞及转移作业所有信息负保密的责任，并以书面形式接受本规定，作为指派担任区域性观察员的一项条件。

9. 区域性观察员应遵守所观察的船舶船旗 CPC、养殖 CPC 或建网 CPC 对执行船舶、养殖场或建网管辖权所规定的法律与法规。

10. 区域性观察员应尊重适用于所有船舶、养殖场及建网的人事等级制度和一般行为规定，只要此类规定不妨碍本计划下的区域性观察员职责及本计划第（11）条中规定的船舶和养殖场人员的义务。

**围网船船旗 CPC、养殖 CPC 及建网 CPC 的义务**

11. 围网船的船旗 CPC 及其船长对区域性观察员负有如下责任，尤其是：

（1）应允许区域性观察员接近船舶、养殖场及建网人员，并可以接近渔具、网箱及设备。

（2）经区域性观察员提出要求，也应允许其接近下述设备，若目前派任船舶有此类设备，并在其执行本计划第 7 条中规定的职责时：

a. 卫星导航设备。

b. 使用中的雷达。

c. 电子通讯设备。

（3）应向区域性观察员提供等同于干部船员的食宿，包括住所、膳食和适当的卫生设备。

（4）应在驾驶台或驾驶舱提供给区域性观察员足够的空间进行文书工作，并在甲板上提供足够的空间执行区域性观察员任务。

（5）船旗 CPC 应确保船长、船员、养殖场、建网及渔船船东在区域性观察员执行任务时，不阻止、威胁、妨碍、干扰、贿赂区域性观察员。

要求 ICCAT 秘书处以符合任何适用的机密要求的方式，向该围网船船旗 CPC、养殖 CPC、建网 CPC 提供有关该航次的所有原始数据、摘要及报告副本。ICCAT 秘书处应向 COC 及 SCRS 提交区域性观察员报告。

**区域性观察员费用及组织**

12.（1）养殖场及建网经营者与围网船船东应支付执行本计划的费用，该费用以计划的总经费作为计算基准，并存入 ICCAT 秘书处的特别账户，ICCAT 秘书处应管理执行本计划的账目。

（2）不应指派区域性观察员登上未支付（1）款中要求的费用的船舶、建网和养殖场。

**附件 7**

## ICCAT 国际联合检查机制

根据 ICCAT《公约》第 9 章第 3 条规定，为确保 ICCAT《公约》及根据 ICCAT《公约》所采取措施的有效性，ICCAT 建议作出以下安排，以管控国家管辖区域外的渔业状况：

**重大违规**

1. 就这些程序而言，重大违规是指下列违反 ICCAT 所通过的 ICCAT 养护与管理措施的规定：

（1）无船旗 CPC 签发的执照、许可或授权而进行捕捞。

（2）未能根据 ICCAT 的规定保存完整的渔获记录及渔获相关数据，或对此类信息有重大误报。

（3）在禁渔区捕捞。

（4）在禁渔期捕捞。

（5）故意捕捞或留存违反任何 ICCAT 通过且适用的养护与管理措施的鱼种。

（6）严重违反根据 ICCAT 规定仍有效的渔获限制或配额。

（7）使用禁止的渔具。

（8）伪造或故意隐藏渔船的标志、身份或登记号码。

（9）隐藏、窜改或销毁有关违法行为的证据。

（10）具有数项构成严重无视 ICCAT 有效措施的违规行为。

（11）攻击、抵抗、恐吓、性骚扰、妨碍、不当阻扰或拖延经授权的检查员或区域性观察员。

（12）故意窜改或破坏 VMS。

（13）一旦此类违规行为纳入到本程序的修订版中并经公告，则由 ICCAT 决定的其他违规行为。

（14）以侦察机协助捕捞。

（15）干扰卫星监控系统及（或）渔船在无 VMS 的情况下进行作业。

（16）在无渔获转移声明情况下进行的转移活动。

（17）海上转载。

2. 若在对一渔船进行登临及检查中，经授权的检查员观察到会构成严重违反第 1 条中所定义的活动或情况的渔船，检查船船旗 CPC 主管部门应立即，或直接通过 ICCAT 秘书处通知捕捞船的船旗 CPC。在这种情况下，检查员也应将已知的在附近区域作业渔船的船旗 CPC 向其他检查船通报。

3. ICCAT 检查员应将所进行的检查和发现的违规行为（若有）记录在渔捞日志中。

4. 船旗 CPC 应确保有关渔船在本附件第 2 条中所述的检查后，停止所有相关捕捞活动。船旗 CPC 应要求渔船在 72 小时内前往其指定的港口，并在该处开始调查。

5. 若检查发现一活动或情况构成重大违规，考虑到任何响应行动及其他后续措施，则应根据《ICCAT 有关建立推定从事 IUU 捕捞活动船舶名单的建议》（建议第 18-08 号）中所述程序对该船进行审查。

**执行检查**

6. 检查应由缔约方政府所指派的检查员执行。应告知 ICCAT 授权政府机构名称及为达到前述目的而经政府指派的检查员的姓名。

7. 根据本附件执行国际登临及检查任务的船舶，应悬挂经 ICCAT 认可且由 ICCAT 秘书处核发的特殊旗帜或三角旗。检查活动开始前，应在可行情况下尽快告知 ICCAT 秘书处目前所使用的船舶的船名。ICCAT 秘书处应使所有 CPC 可取得有关指派检查船舶的信息，包括将该信息发布在其有密码保护的网站。

8. 检查员应携带由船旗国当局签发的身份证明文件，其格式应为本附件第 20 条中所示。

9. 根据本附件第 15 条中协商的安排，当悬挂第 7 条中所述 ICCAT 三角旗且承载一检查员的船舶以国际代号讯息进行适当警示时，悬挂缔约方船旗并在国家管辖区域外的 ICCAT《公约》区域内捕捞金枪鱼类及类金枪鱼类的船舶应停船，除非其正在进行捕捞作业。在该情况下，船舶一旦结束作业应立即停船。船舶的船长①应允许本附件第 10 条中规定的检查团登船，且必须提供登船梯。船长也应保证检查团视其需要检查设备、渔获或渔具及任何相关文件，以核对受检船舶的船旗国遵守 ICCAT 建议的情况。此外，检查员可以视其需要，要求船长作出解释。

10. 检查团的规模应由检查船舶的指挥官考虑相关状况后作出决定。检查团规模应尽可能小，安全且能够履行本附件规定的职责。

11. 检查员在登上船舶时，应出示本附件第 8 条中所述的身份证明文件。检查员应对受检船舶的安全性及其船员就普遍接受的国际规范、程序与实践进行观察，且应将对捕捞活动或产品装载的干扰降至最低，并在可行范围内避免对船上渔获质量有不良的影响。检查员的询问应仅限于确定是否遵守 ICCAT 有关船舶的管理建议。在进行检查期间，检查员应要求渔船船长提供其所需的任何协助。

检查员应根据 ICCAT 批准的格式撰写报告。检查员应在船舶的船长在场时签署该报告，船长应有权在其中加入其可能认为合适的任何意见，并必须签署此类观察报告。

该报告的副本应提供给船长及执行检查方的政府，还应提交给受检船舶的船旗 CPC 主管部门及 ICCAT。若发现任何违反 ICCAT 建议的情况，检查员也应尽可能向在附近区域的该作业渔船船旗 CPC 的检查船通报。

12. 抵制检查员或不遵守其指示者，应由受检船舶的船旗 CPC 以类似于处理不遵守国家检查员指示的方式处理。

13. 检查员应根据本建议中的规定履行其职责，但他们应受其所属国家当局的管控，并应对其负责。

14. 缔约方政府应对此类安排的检查报告、建议第 19 - 09 号所指的目击信息及外籍检查员的文件中的检查结果作出声明，按照其国内法规对其本国检查员的报告相同的标准进行处理。本条规定不应强加缔约方政府要求外籍检查员的报告提供较其本国检查员的报告更多证据的义务。为方便因此类检查员报告而引发的司法或其他诉讼，缔约方政府应进行合作。

（1）缔约方政府应在每年 2 月 15 日前告知 ICCAT，其按照本建议在该公历年执行检查活动的暂定计划，且 ICCAT 可以对缔约方政府提出建议，以协调各国的行动计划，包括检查员人数及船数。

（2）本建议中规定的安排及供参与的计划应适用于各缔约方，除非其另有协议，且此类协议

---

①船长是指管理船舶的个人。

应通知 ICCAT。尽管如此，若其中一缔约方政府通知 ICCAT 欲暂停两缔约方政府间计划的执行，则应中止，直至双方另行签订协议。

15. 渔具应按分区域的有效规定进行检查。检查员应在检查报告中说明检查发生的分区域，并陈述所发现的任何违规事项。

检查员应有权检查所有使用中或在船上的渔具。

16. 检查员应在任何被视为违反 ICCAT 有关船旗 CPC 建议的渔具上标记 ICCAT 认可的标志，并在其报告中记录此事实。

17. 检查员可以拍摄其认为必要的渔具、设备、文件及任何其他要素，以揭示检查员认为不符合现行有效规定的行为。在此情况下，其所拍摄的物体应列入报告，且此类照片的副本应附在提供给船旗 CPC 报告的副本中。

18. 检查员应视需要检查船上所有渔获，以判定是否遵守 ICCAT 建议。

19. 检查员身份证明卡式样如下：

尺寸：宽 10.4 厘米，高 7 厘米

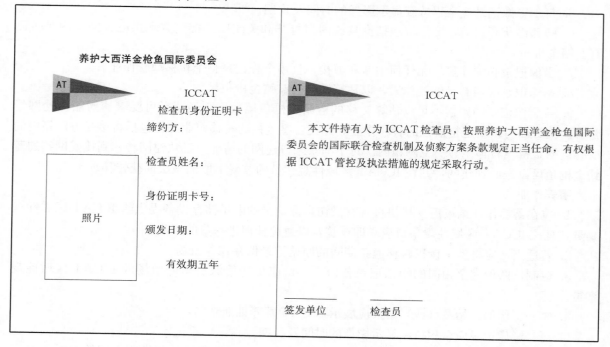

附件 8

## 影像记录程序的最低标准

**转移**

1. 在转移作业结束后，应尽快将含有原始影像记录的电子储存设备提供给 ICCAT 区域性观察员，且该 ICCAT 区域性观察员应立即草签，以避免任何进一步的窜改。

2. 若适当，应将原始记录在授权期间全程保留在捕捞船上或养殖场或建网经营者处。

3. 应制作两份完全相同的影像记录备份。一份应传送给在围网船上的 ICCAT 区域性观察员，另一份则给拖船上的 CPC 国家观察员，后者应附上转移渔获声明及与其有关的渔获记录。在拖船间转移的情况下，本程序应当仅适用于 CPC 国家观察员。若在转移渔获过程中提供检查服务，CPC 国家观察员也将收到相关视频记录的备份。

4. 每一影像的开始及（或）结束应显示 ICCAT 转移渔获批准编号。

5. 每一影像记录应全程持续显示影像的时间及日期。

6. 转移渔获开始前，影像应包括渔具或闸门打开和关闭以及接受方和供应方网箱内是否已有蓝鳍金枪鱼。

7. 影像记录必须连贯，无任何中断和剪接，且须全程记录整个转移渔获作业。

8. 影像记录应当有足够的像素，以估算转移的蓝鳍金枪鱼尾数。

9. 若影像记录的像素不足以估算转移的蓝鳍金枪鱼尾数，则经营者可要求捕捞船或建网经营者的主管部门重新进行监控的转移作业。此类自愿监控的转移作业必须包括将接受方网箱内的所有蓝鳍金枪鱼转移至另一空网箱内。对于渔获来自建网的情况，已从建网转移到接受网箱的蓝鳍金枪鱼可以送回到建网，并在 ICCAT 区域性观察员的监督下取消该次渔获转移。

**蓄养作业**

1. 应在蓄养作业结束后，尽快将含有最初影像记录的电子储存设备提供给 ICCAT 区域性观察员，且该 ICCAT 区域性观察员应立即草签，以避免任何进一步的窜改。

2. 若适当，应将整个授权转移渔获期间的原始记录保存在养殖场。

3. 应制作两份完全相同的影像记录备份。一份应传送给派遣至养殖场的 ICCAT 区域性观察员。

4. 每一影像的开始及（或）结束应展示 ICCAT 蓄养批准号码。

5. 每一影像记录应全程持续显示影像的时间及日期。

6. 蓄养开始前，影像应包括渔具或闸门的打开和关闭以及接受方和供应方网箱内是否已有蓝鳍金枪鱼。

7. 影像记录必须连贯，无任何中断及剪接，且须全程记录蓄养作业全程。

8. 影像记录应当有足够的像素，以估算转移的蓝鳍金枪鱼尾数。

9. 若影像记录的清晰度不足以估算转移的蓝鳍金枪鱼尾数，主管部门可以要求重新进行蓄养作业。对于渔获来自围网船的情况，重新进行的蓄养作业必须包括将所有蓝鳍金枪鱼从接收网箱转移到另一空网箱的整个过程。

**附件 9**

## 立体空间摄像系统在蓄养作业中的标准及程序

**立体空间摄像系统的使用**

蓄养作业中立体空间摄像系统的使用，应按照本建议第 98 条的要求根据以下规定进行：

1. 活鱼的采样密度不应低于已蓄养鱼数量的 20%。当技术可行，活鱼的采样应连续，并以每 5 尾测量 1 尾的方式进行。此类样本应由距摄像机 2～8 米进行测量的鱼类组成。

2. 连接供应方网箱及接受方网箱转移闸门的尺寸，应设定在最大宽度 8～10 米及最大高度 8～10米。

3. 当鱼的体长组成呈现多模式分布时（两组或不同尺寸的更多组），在同一蓄养作业中可使用多种转换算法。应使用由 SCRS 建立的最新算法，根据在蓄养作业期间被测量鱼体的尺寸类别，将尾叉长转换为总重量。

4. 立体空间体长测量的校正应在每一蓄养作业前进行，在距离 2 米及 8 米处使用刻度杆。

5. 在传递立体空间测量项目的结果时，信息应表明立体空间摄像系统技术规格固有的误差范围，且该幅度不应超过正、负 5%。

6. 有关立体空间测量项目结果的报告，应包括上述所有技术规格的细节，包括采样密度、采样方法、与摄像机间的距离、转移闸门的尺寸以及算法（体长与体重间的关系）。SCRS 应审查此类规范，并在需要时提供建议以对其进行修正。

7. 若立体空间摄像画面的清晰度不足以估算蓄养蓝鳍金枪鱼的重量，捕捞船或建网 CPC 或养殖 CPC 的主管部门应命令重新进行蓄养作业。

**立体空间摄像系统结果的呈现与使用**

8. 有关渔获报告与立体空间摄像系统结果的差异，对预计涉及单一 CPC 及（或）欧盟成员国的养殖设施的 JFO 与建网渔获而言，应以 JFO 或建网总渔获量为准。对预计涉及超过一个 CPC 及（或）欧盟成员国的 JFO，应以蓄养作业为准，除非涉及 JFO 的所有捕捞船船旗 CPC 或国家主管部门另有决定。

9. 自蓄养之日起 15 天内，养殖 CPC 或国家主管部门应向捕捞船的船旗 CPC 或国家主管部门提供报告，包括下列文件：

（1）立体空间摄像系统技术报告，包括：

a. 一般信息：鱼种、位置、网箱、日期、算法。

b. 尺寸统计信息：平均重量及体长、最小体重及体长、最大体重及体长、采样尾数、体重分布及体长分布。

（2）计划的详细结果，包括每一采样鱼的体长及体重。

（3）蓄养报告包括：

a. 作业的一般信息：蓄养作业的尾数、养殖场名称、网箱号码、BCD 编号、ITD 编号、捕捞船船名及船旗、拖船船名及船旗、立体空间摄像系统作业日期及视频资料的文件名。

b. 转换体长至体重所使用的算法。

c. 以鱼体数量、平均体重及总重量比较 eBCD 中申报的数量与立体空间摄像系统所估算的数量〔用以计算差异的公式应为：（立体空间摄像系统的数量－BCD 的数量）/立体空间摄像系统的数量×100〕。

d. 系统的误差范围。

e. 对有关 JFO 或建网的蓄养报告，最终的蓄养报告也应包括先前所有蓄养报告所含信息的摘要。

10. 当捕捞船的船旗 CPC 或国家主管部门收到蓄养报告时，应根据下述情况采取所有必要措施。

（1）捕捞船在 BCD 中申报的总重量在立体空间摄像系统结果的范围内：

a. 不应下令释放。

b. 应修改 BCD 的数量（使用由监控摄像机或替代技术导出的鱼体数量）及平均重量，然而不应修改总重量。

（2）捕捞船在 BCD 中申报的总重量低于立体空间摄像系统结果范围的最低数值：

a. 应下令释放，并使用立体空间摄像系统结果范围内的最低数值。

b. 释放作业必须根据第 88 条及附件 10 中规定程序进行。

c. 释放作业发生后，应修改 BCD 的数量（使用由监控摄像机导出的尾数减去释放的尾数）及平均重量，然而不应修改总重量。

（3）捕捞船在 BCD 中申报的总重量超过立体空间摄像系统结果范围的最高数值：

a. 不应下令释放。

b. 应修改 BCD 的总重量（使用立体空间摄像系统结果范围的最高数值）、尾数（使用监控摄影机的结果）及平均重量。

11. 对 eBCD 的任何相关修改，输入第 2 部分的数值（尾数及重量）应与第 6 部分的数值一致，且第 3、第 4 及第 6 部分的数值不应高于第 2 部分的数值。

12. 在 JFO 或建网的所有蓄养中，发现个别蓄养报告有差异、需补偿的情况下，无论是否要求进行释放作业，应基于立体空间摄像系统结果的最低范围修改所有相关 BCD，也应修改 BCD 有关蓝鳍金枪鱼释放的数量，以反映释放的重量、尾数。BCD 有关未被释放的蓝鳍金枪鱼，自立体空间摄像系统或替代技术所得结果与捕捞及转移报告中不同者，也应进行修改以反映差异。eBCD 有关源自释放作业发生处的渔获也应修改，以反映释放的重量、尾数。

**附件 10**

# 释 放 议 定 书

自养殖网箱释放蓝鳍金枪鱼回到海中，应由 ICCAT 区域性观察员以摄像机记录及观测，且该 ICCAT 区域性观察员应撰写一报告，连同影像记录提交给 ICCAT 秘书处。

自运输网箱或建网释放蓝鳍金枪鱼回到海中，应由建网 CPC 的国家观察员观测，且该国家观察员应撰写一报告并提交给其 CPC 主管部门。

在释放作业开始前，CPC 主管部门可命令使用标准及（或）立体空间摄像机监控转移，以估算需要进行释放的尾数及重量。

为提高蓝鳍金枪鱼回归自然区域的几率，若 CPC 主管部门认为有必要保证释放作业是在最适当的时间及地点进行，其可执行任何额外措施。经营者应对鱼类的存活负责，直至释放作业开始。此类释放作业应在蓄养作业完成 3 周内进行。

采捕作业完成后，应根据第 88 条中所述程序，释放留存在养殖场但未包括在 ICCAT BCD 内的蓝鳍金枪鱼。

## 附件 11

# 死 鱼 的 处 置

在围网船捕捞作业期间，应在渔船渔捞日志上记录网内发现的死蓝鳍金枪鱼的数量，并自船旗 CPC 的配额中扣除。

**第一次转移期间死鱼的记录/处置**

1. 应向拖船提供填好的 eBCD 的第 2 部分（总渔获信息）、第 3 部分（活鱼贸易信息）及第 4 部分（转移信息——包括死鱼）。

第 3 部分及第 4 部分所填报的总数量应与第 2 部分所填报的数量相等。根据本建议规定，eBCD 应附上 ICCATITD 原件，且 ITD 所填报的转移活蓝鳍金枪鱼数量须与有关的 eBCD 第 3 部分所申报的数量相等。

2. 应单独填写 eBCD 的第 8 部分（贸易信息），并给即将运输死蓝鳍金枪鱼至岸边的辅助船（若捕捞船直接卸到岸上时，eBCD 的第 8 部分留存在捕捞船上）。此死蓝鳍金枪鱼及该部分 eBCD 须附 ITD 副本。

3. 关于 eBCD，应将死鱼分配给捕捞该渔获的捕捞船，或在 JFO 情况下分配给参与其中的捕捞船或船旗国。

**附件 12**

## 捕捞许可证的基本信息

1. 识别

（1）ICCAT 注册号码。

（2）渔船船名。

（3）外部注册号码（字母及号码）。

2. 捕捞条件

（1）签发的日期。

（2）有效期。

（3）捕捞许可的条件，包括在适当情况下鱼种、渔区、渔具及任何其他根据本建议及（或）国内法规规定的条件。

| 项目 | 自＿＿至＿＿ | 自＿＿至＿＿ | 自＿＿至＿＿ | 自＿＿至＿＿ | 自＿＿至＿＿ |
|---|---|---|---|---|---|
| 渔区 | | | | | |
| 鱼种 | | | | | |
| 渔具 | | | | | |
| 其他条件 | | | | | |

## 37. 第 19 - 05 号　ICCAT 关于建立蓝枪鱼和白枪鱼（圆鳞四鳍旗鱼）资源恢复计划的建议

回顾 2000 年蓝枪鱼资源评估，发现种群低于 $B_{MSY}$（资源型过度捕捞），捕捞死亡率高于 $F_{MSY}$（正在发生生产型过度捕捞），以及 2018 年的评估，确认种群仍处于该状态。

确认 2019 年白枪鱼（圆鳞四鳍旗鱼）资源评估，未发现正在发生生产型过度捕捞，但在 ICCAT 20 多年的管理后，种群仍然处于资源型过度捕捞。

意识到 ICCAT 在过去 20 年中为改善蓝枪鱼和白枪鱼状况而采取的措施，包括《ICCAT 关于制定恢复蓝枪鱼和白枪鱼资源的建议》（建议第 00 - 13 号），《ICCAT 关于进一步加强恢复蓝枪鱼和白枪鱼资源计划的建议》（建议第 12 - 04 号），以及随后的建议。

然而，了解到 2019 年 SCRS 建议，蓝枪鱼的总捕获量到 2028 年应减少到 1 750 吨或更少，以提供至少 50％的恢复机会，且为支持该恢复计划，白枪鱼（圆鳞四鳍旗鱼）的总捕获量不应超过 400 吨。

承认 ICCAT《关于取代建议第 15 - 05 以进一步加强恢复蓝枪鱼和白枪鱼种群的建议》（建议第 18 - 04 号）中的年度限额没有考虑死亡后的丢弃量。

旨在确定蓝枪鱼和白枪鱼（圆鳞四鳍旗鱼）的限额，并考虑到报告的死亡丢弃量。

理解 CPC 的当前义务，根据《ICCAT 关于收集信息和统一 ICCAT 渔业中兼捕和丢弃数据的建议》（建议第 11 - 10 号），要求在其国家观察员和渔捞日志计划中收集有关死鱼和活鱼丢弃的数据，这与《ICCAT 关于制定渔船国家观察员计划最低标准的建议》（建议第 16 - 14 号）一致，并向 ICCAT 报告这些数据。

**ICCAT 建议**

（1）CPC 应采取措施以尽快停止蓝枪鱼的生产型过度捕捞，并将蓝枪鱼和白枪鱼（圆鳞四鳍旗鱼）种群恢复到各自的 $B_{MSY}$ 水平，具体如下：

**年度限额及相关条款**

（2）从 2020 年开始，确定蓝枪鱼和白枪鱼（圆鳞四鳍旗鱼）的年度限额分别为 1 670 吨和 355 吨。卸岸量限额应按照表 3 - 13 执行：

**表 3 - 13　蓝枪鱼和白枪鱼（圆鳞四鳍旗鱼）的年度限额分配**

| 国家或地区 | 蓝枪鱼<br>卸岸量限额（吨） | 国家或地区 | 白枪鱼（圆鳞四鳍旗鱼）<br>卸岸量限额（吨） |
| --- | --- | --- | --- |
| 巴西 | 159.8 | 巴巴多斯 | 10 |
| 中国 | 37.9 | 巴西 | 50 |
| 中华台北 | 126.2 | 加拿大 | 10 |
| 科特迪瓦 | 126.2 | 中国 | 10 |
| 欧盟① | 403.8 | 中华台北 | 50 |
| 加纳 | 210.3 | 欧盟 | 50 |

（续）

| 国家或地区 | 蓝枪鱼卸岸量限额（吨） | 国家或地区 | 白枪鱼（圆鳞四鳍旗鱼）卸岸量限额（吨） |
|---|---|---|---|
| 日本 | 328.1 | 科特迪瓦 | 10 |
| 韩国 | 29.4 | 日本 | 35 |
| 墨西哥 | 58.9 | 韩国 | 20 |
| 圣多美和普林西比 | 37.9 | 墨西哥 | 25 |
| 塞内加尔 | 50.5 | 圣多美和普林西比 | 20 |
| 特立尼达和多巴哥 | 16.8 | 特立尼达和多巴哥 | 15 |
| 委内瑞拉 | 84.1 | 委内瑞拉 | 50 |
| 总计 | 1670 | 总计 | 355 |

① 蓝枪鱼年度上岸量限额转让规定：欧盟转给特立尼达和多巴哥2吨。

美国每年应限制其卸岸250尾休闲渔业捕捞的大西洋蓝枪鱼和白枪鱼（圆鳞四鳍旗鱼）。所有其他CPC的总卸岸量最多为10吨大西洋蓝枪鱼和2吨白枪鱼（圆鳞四鳍旗鱼）。

（3）a. 任何超过第（2）条中确定的年度卸岸量限额部分，应在调整年内或之前从各自的卸岸量限额中按表3-14中的方式扣除：

表3-14　任何超过第（2）条中确定的年度卸岸量限额部分的扣除方式

| 捕获年度 | 调整年度 |
|---|---|
| 2019 | 2021 |
| 2020 | 2022 |
| 2021 | 2023 |
| 2022 | 2024 |
| 2023 | 2025 |
| 2024 | 2026 |

b. 尽管有上述a款规定，若任何CPC在任何连续两年内超过其卸岸量限额，其卸岸量限额应在调整年内或之前至少减少超额部分的125%，ICCAT可酌情建议采取额外行动。

c. 从2020年开始，CPC对其年卸岸量限额的结余部分不得结转到下一年度。

**活体释放要求和留存限额**

（4）在可能的情况下，CPC应要求悬挂其旗帜的漂流延绳钓船和围网船在适当考虑船员安全的情况下，以造成最低伤害和最大限度地提高释放后存活率的方式，迅速释放起网时仍存活的蓝枪鱼和白枪鱼（圆鳞四鳍旗鱼）。

（5）CPC应鼓励执行附件1中规定的安全操作和活体释放程序的最低标准，同时适当考虑船员的安全。渔船的甲板应无阻挡，易于船员进入，操作起重装置，取用断线钳、脱钩器和切线器，以安全释放捕获的活的枪鱼类。

（6）CPC应确保其渔船的船长和船员得到充分的培训，了解并使用适当的缓解、识别、处理和释放技术，并按照附件1中规定的最低标准在船上保留释放枪鱼类所需的所有设备。本措施的任何规定均不妨碍 CPC 采取更加严格的措施。

（7）CPC 应努力将其 ICCAT 渔业中枪鱼类（圆鳞四鳍旗鱼）的释放后死亡率降至最低。

（8）CPC 可以授权其漂流延绳钓船和围网船在船上、转载船或卸岸所捕获的留存死亡的蓝枪鱼和白枪鱼（圆鳞四鳍旗鱼），其数量应控制在其卸岸量限额内。

（9）对于禁止死鱼丢弃的 CPC，当蓝枪鱼和白枪鱼（圆鳞四鳍旗鱼）拉到船舷边上时已死亡且卸岸、未出售或未进行商业贸易的话，不应计入第（2）条中规定的限额内，条件是在其年度报告中应明确说明这种禁止。本规定仅适用于商业性渔业。

（10）要求发展中的沿海 CPC 或其小岛、手工、自给自足和不受第（4）条限制的小型沿岸渔业捕捞的供当地消费的蓝枪鱼和白枪鱼（圆鳞四鳍旗鱼）的其他 CPC 提供：

a. 按照 SCRS 确定的报告程序提交 Task Ⅰ 和 Task Ⅱ 数据。

b. 对于非发展中的沿海 CPC，将其关于该豁免的主张以及为减少这一豁免适用于这类渔业而采取的措施向 ICCAT 报告。

（11）对于休闲和运动渔业：

a. CPC 应采取适当措施，确保以造成最小伤害的方式释放任何鱼类。

b. CPC 应规定达到或超过以下最小留存尺寸：蓝枪鱼的 LJFL 为 251 厘米，白枪鱼（圆鳞四鳍旗鱼）的 LJFL 为 168 厘米。

c. CPC 应禁止出售或提供出售在休闲和运动渔业中捕获的蓝枪鱼或白枪鱼（圆鳞四鳍旗鱼）的任何部分或整体。

**国家观察员方案**

（12）CPC 应按照建议第 11 - 10 号和建议第 16 - 14 号的要求，通过渔捞日志和国家观察员计划收集蓝枪鱼和白枪鱼（圆鳞四鳍旗鱼）的渔获数据，包括活体和死亡丢弃的数据。CPC 应在其 Task Ⅰ 名义渔获量提交数据中包括其对死亡和活体丢弃的估计量。

（13）CPC 应在休闲和运动渔业中建立数据收集计划，包括确保蓝枪鱼和白枪鱼（圆鳞四鳍旗鱼）最低 5% 的国家观察员覆盖率，以确保按照现有 ICCAT 报告义务报告渔获量。

**数据收集和报告**

（14）CPC 应根据渔捞日志、卸岸声明或运动、休闲渔业的等同文件以及国家观察员报告，提供其对蓝枪鱼和白枪鱼（圆鳞四鳍旗鱼）活体及死亡丢弃总量的估计量，作为其 Task Ⅰ 和 Task Ⅱ 数据提交的一部分，以支持资源评估。

（15）从 2020 年开始报告渔获量若未能按照 ICCAT 的既定要求报告蓝枪鱼和白枪鱼（圆鳞四鳍旗鱼）的 Task Ⅰ 数据，包括死亡丢弃量，将导致根据《ICCAT 关于在不履行报告义务的情况下适用处罚的建议》（建议第 11 - 15 号），禁止保留这些鱼种。

（16）CPC 应在不迟于 2020 年，向 SCRS 提交用于估计死亡和活体丢弃量的统计方法。拥有手工和小型渔业的 CPC 还应提供有关其数据收集方案的信息。

SCRS 应审查这些方法，若确定某一方法在科学上不合理，SCRS 应向有关 CPC 提供相关反馈，以改进这些方法。

SCRS 还应确定是否有必要举行一个或多个能力建设研讨会，以帮助 CPC 遵守报告全部活体和死亡丢弃量的要求。如果确定有必要举行，ICCAT 秘书处应与 SCRS 协调，在 2021 年开始组织 SCRS 建议的研讨会，以期尽快召开。

（17）SCRS 应评估 Task Ⅰ 和 Task Ⅱ 所提交数据的完整性，包括对总死亡和活体丢弃量的估计，并确定按工业渔业（包括延绳钓和围网）、个体渔业和休闲渔业估计捕捞死亡率的可行性。如果在进行此类评估后，SCRS 确定在数据报告方面存在重大缺失，SCRS 应探讨评估未报告渔获量的方法，以便将未报告渔获量纳入今后的资源评估，以加强向 ICCAT 提供管理咨询建议的基础。

**SCRS 工作和科学建议请求**

（18）作为 ICCAT 旗鱼研究加强计划的一部分，SCRS 应继续开展工作，进一步完善数据收集计划，以克服这些渔业的数据缺乏问题，特别是发展中 CPC 的个体渔业，为 ICCAT 今后的决策提供信息。

（19）秘书处在 ICCAT 和 SCRS 的支持下，将继续审查各区域和分区域国际组织进行的有关工作，类似于对西非进行的审查，重点是加勒比和拉丁美洲。还鼓励 ICCAT 秘书处和 CPC 与中西大西洋渔业委员会（WECAFC）就 ICCAT 物种的渔业统计数据开展合作。

考虑到这些区域审查的结果，CPC 应根据 SCRS 的建议，酌情采取行动改善数据收集和报告程序，为下一次白枪鱼（圆鳞四鳍旗鱼）和蓝枪鱼资源评估做准备。

（20）PWG 应与 SCRS 合作，就以下问题制定建议，供 ICCAT 在 2021 年年会上审议：

a. 电子监控系统的最低标准，如：

ⅰ. 记录设备的最低规格（例如分辨率、记录时间容量、数据存储类型、数据保护）。

ⅱ. 安装在船上各点的摄像机数量。

b. 应记录的内容。

c. 数据分析标准，例如通过使用人工智能将视频片段转换为可操作的数据。

d. 待分析的数据，例如物种、长度、估计重量、捕捞作业详情。

e. 向秘书处提交报告的格式。

在 2020 年，鼓励 CPC 进行电子监测试验，并在 2021 年将实验结果报告给 PWG 和 SCRS，供其审查。

（21）SCRS 应与 CPC 合作，探索渔具末端（如钓钩形状、钓钩尺寸、钓线类型等）和捕捞操作（如计时器、浸泡时间、诱饵、深度、区域）技术改进的可能性，以降低兼捕和兼捕死亡率（在船舶上和释放后）。作为本计划的一部分，SCRS 应与 CPC 合作设计并进行研究，以比较钓钩形状和大小对捕获率（考虑钓捕率和留存率）、钓获后死亡率和鲨鱼释放后死亡率的影响。实验设计应考虑钓线材料类型的影响，并考虑区域和船队间可能的作业差异。

（22）SCRS 应在 2024 年对蓝枪鱼，以及在 2025 年对白枪鱼（圆鳞四鳍旗鱼）进行评估。

**遵守**

（23）根据《ICCAT 关于改进 ICCAT〈公约〉区域所捕捞枪鱼类养护与管理措施遵守情况审查的建议》（建议第 18-05 号），CPC 应通过包括监测在内的国内法律或法规提交其执行此措施的详细情况，控制和监视措施，以及使用枪鱼类检查表检查这些措施的遵守情况。

**废除和复审条款**

（24）在 2022 年，ICCAT 应审查 SCRS 提出的任何新的科学建议，并考虑作出调整，例如酌情采取其他的保护与管理措施或审查卸岸量限额。

（25）本建议废除并取代《ICCAT 关于取代建议第 15-05 的建议，以进一步加强恢复蓝枪鱼和白枪鱼种群的计划》（建议第 18-04 号）。

## 附件 1

### 安全操作和活体释放程序的最低标准①

应遵循以下规定，以减少意外捕获枪鱼类和白枪鱼（圆鳞四鳍旗鱼）及对其造成的伤害，从而最大程度地提高其存活率，同时将船员的安全风险降至最低。船长和船员在释放枪鱼类和其他大型鱼类时，应始终把人身安全放在首位。戴上手套，避免在矛形嘴周围工作。这些基本准则不取代 CPC 国家主管部门制定更严格的安全规则。

1. 停船或大幅减速。

2. 将延绳钓干线的一端固定在船上，以避免水中的任何剩余渔具拉扯绳索和动物。

3. 使枪鱼类尽可能地靠近船舶，不要在支线上施加太大的张力，以避免脱钩后或支线断裂可能使钓钩、重物和其他零件高速射向船舶。

4. 不要在安全取下鱼钩的同时将活枪鱼类从水门处释放。

5. 限制作业次数。

6. 不要用拉钩钩鱼的身体。

7. 若可能的话，避免抓枪鱼类的身体，最好带上手套抓住枪鱼类的鼻子或吻。

8. 若可以看见钓钩，轻弹支线以尝试取出钓钩。

9. 在可行的情况下，安装测量装置，以便可以在水中大致测量鱼体长度（如标记一根杆子、钓线和浮子；在舷侧制作测量标记）。

10. 若枪鱼类正在猛烈地扭动和旋转，以致使用脱钩器过于危险，或者枪鱼类吞下了钓钩，则使用长柄切线器，并在尽可能安全的且距离鱼最近的位置将钓线切断，达到不会拖拽大量的钓线的目的，因为拖拽大量的钓线可能会降低释放后的存活率。

11. 慢慢地将鱼在水里拖曳，直到其颜色或体力恢复（5 分钟或更长），帮助其恢复活力。大多高度洄游的物种必须保持水流过鳃才能呼吸。作业中的渔船，慢慢向前移动，同时保持鱼头在水中。

12. 若鱼上钩了，且钓钩在身体或嘴中可见，使用断线钳绞断钓钩的倒刺，然后取下钓钩。

13. 将枪鱼类带到船上时，不要将手指、手或胳膊缠在绳子上，否则可能会被拖下水。

14. 不要用支线将其拉起，尤其是在钩住的时候。

15. 不要用细钢丝或绳索或仅通过尾巴吊起。

---

①https：//www.bmis-bycatch.org/index.php/mitigation-techniques/safe-handling-release.

Poisson F.，Wendling B.，Cornella D.，Segorb C.，2016 年。负责任渔业指南：降低法国中上层延绳钓在地中海偶然捕获敏感物种死亡率的最佳实践。SELPAL 和 RéPAST 项目。60 页。

Poisson F.，Vernet A.L.，SéretB.，Dagorn L. 降低热带金枪鱼围网渔船偶然捕获鲨鱼和蝠鲼死亡率的最佳实践。欧盟 FP7 项目♯210496 MADE，可交付成果 7.2。30 页。

AFMA（2016）鲨鱼和蝠鲼处理方法—澳大利亚南部商业性渔业指南。

NOAA 渔业，2017 年。谨慎捕捞和释放手册。2 页。

## 38. 第 19 - 06 号　ICCAT 关于养护与 ICCAT 渔业有关的北大西洋尖吻鲭鲨种群的建议

考虑到 ICCAT 有关渔业中会捕捞到尖吻鲭鲨。

关切北大西洋尖吻鲭鲨正处于资源型过度捕捞和正在受到生产型过度捕捞的状况。

认识到 SCRS 建议，CPC 需要加强其监测和数据收集工作，以监测该种群的未来状况，包括估计的死亡丢弃总量和使用国家观察员数据估计的 CPUE。

了解到 SCRS 的结果表明，预计 700 吨尖吻鲭鲨的捕捞量将立即结束生产型过度捕捞，500 吨或以下的捕捞量预计将在 2070 年恢复种群。

承诺立即采取行动，以大概率结束北大西洋尖吻鲭鲨种群的生产型过度捕捞，作为制定恢复计划的第一步。

考虑到 ICCAT《关于 ICCAT 养护与管理措施决策原则的建议》（建议第 11 - 13 号），要求 ICCAT 立即采取管理措施，特别是考虑种群的生物学和 SCRS 建议，以便尽可能在短时间内大概率地结束生产型过度捕捞。

进一步考虑到建议第 11 - 13 号要求 ICCAT 通过一项计划，以恢复处于神户矩阵图中红色区域的种群，同时考虑种群的生物学特性和 SCRS 建议。

承认根据 SCRS 的研究，尖吻鲭鲨释放后的存活率可达到 77%。

### ICCAT 建议

（1）CPC 应要求悬挂其旗帜的船舶在充分考虑船员安全的情况下，以造成最小伤害的方式迅速释放北大西洋尖吻鲭鲨。

（2）尽管有上述第（1）条的规定，CPC 可以授权其船舶捕捞北大西洋尖吻鲭鲨，并留存在船上、转运或卸岸，前提是：

a. 对于长度大于 12 米的船舶：

ⅰ. 船上有一名国家观察员或功能正常的电子监控系统，可以识别渔获是死亡还是存活。

ⅱ. 尖吻鲭鲨被拉到船舷旁准备拉上船时已经死亡。

ⅲ. 国家观察员收集钓获的尖吻鲭鲨尾数、体长、性别、状况、成熟度（是否妊娠及其产仔量），所捕获尖吻鲭鲨每种产品的重量以及捕捞努力量数据。

ⅳ. 当未留存尖吻鲭鲨时，国家观察员应记录死亡丢弃和活体释放的数量，或根据电子监控系统的记录进行估计。

b. 对于长度等于或小于 12 米的船舶，尖吻鲭鲨被拉到船舷旁准备拉上船时已经死亡。

（3）尽管有上述第（1）条的规定，CPC 可以授权其船舶在北大西洋捕捞尖吻鲭鲨，并留存在船上、转运或卸岸，前提是：

a. 尖吻鲭鲨被拉到船舷旁准备拉上船时已经死亡。

b. 当国家观察员在船上时，尖吻鲭鲨的留存数量不超过渔船的平均尖吻鲭鲨卸岸量，这一留存数量按照风险评估已经通过强制性渔捞日志和卸岸检查得到核实。

（4）尽管有上述第（1）条的规定，当 CPC 的国内法要求雄性叉长的最小尺寸至少 180 厘米，雌性叉长至少为 210 厘米时，CPC 可以授权其船舶在北大西洋捕捞、留存、转载和卸岸尖吻鲭鲨，无论是死亡还是存活的。

（5）尽管有上述第（1）条的规定，其国内法规定所有死鱼或将要死的渔获均须上岸的 CPC，但前提是渔民不得从这些渔获中获取任何利润，则可将北大西洋尖吻鲭鲨的意外兼捕留存在船上和卸岸。

（6）鼓励国家观察员收集生物样本，如肌肉组织（用于种群鉴定）、带胚胎的生殖器官（用于妊娠周期和生殖输出的鉴定）和椎骨（用于生长曲线的估计）。国家观察员采集的生物样本应由有关的 CPC 进行分析，结果由有关的 CPC 提交给 SCRS。

（7）CPC 应努力采取本建议以外的进一步措施，以期制止生产型过度捕捞和恢复种群。

（8）2020 年将召开第 4 小组闭会期间会议，以制定和提出其他措施实现该种群的养护与管理目标。第 4 小组还应就 SCRS 今后在这方面的工作提出适当的要求，以确保 CPC 收集和提供必要数据的机制。

（9）根据上述第（2）至第（5）条，授权其船舶捕捞并留存在船上、转运或卸岸北大西洋尖吻鲭鲨的 CPC，应在 2020 年第 4 小组闭会期间会议召开前一个月，向 ICCAT 秘书处提供 2019 年被捕获并留存在船上以及死亡丢弃和活体释放的北大西洋尖吻鲭鲨数量。

（10）CPC 也应按照国家观察员计划或其他相关数据收集计划收集的数据，报告根据相关船队的总捕捞努力量估算的北大西洋尖吻鲭鲨死亡丢弃和活体释放数量。按照上述第（2）至第（5）条，未授权其船舶捕捞并留存在船上、转运或卸岸北大西洋尖吻鲭鲨的 CPC，也应通过其国家观察员计划记录北大西洋尖吻鲭鲨的死亡丢弃和活体释放数量，并向 SCRS 报告。

（11）ICCAT 在其 2020 年年会上，应考虑 SCRS 的科学建议和 2020 年第 4 小组闭会期间会议的结果，通过一项关于北大西洋尖吻鲭鲨的新的管理建议，以制定一项高概率避免生产型过度捕捞和在时间规定框架内考虑种群生物学的将种群恢复至 $B_{\mathrm{MSY}}$ 的恢复计划。

（12）尽管有 ICCAT《公约》第 8 条第 2 款的规定，CPC 应按照其管理程序尽快执行本建议。

## 39. 第 19 - 07 号　ICCAT 关于修订 ICCAT 渔业中有关北大西洋大青鲨养护管理措施建议第 16 - 12 的建议

回顾 ICCAT 通过了《ICCAT 关于大西洋鲨鱼类的决议》（建议第 01 - 11 号）、《ICCAT 关于养护 ICCAT 管理的有关渔业中捕捞鲨鱼类的建议》（建议第 04 - 10 号）以及《ICCAT 有关鲨鱼类的补充建议》（建议第 07 - 06 号），包括 CPC 有义务根据 ICCAT 数据报告程序和《ICCAT 有关制定捕捞控制规则和管理策略评估的建议》（建议第 15 - 07 号），每年报告鲨鱼类的 Task Ⅰ 和 Task Ⅱ 数据。

进一步回顾 ICCAT 已对被认为易受到生产型过度捕捞且在 ICCAT 管理的有关渔业中被捕捞的鲨鱼类种群采取管理措施。

认识到大西洋大青鲨在 ICCAT 管理的有关渔业中被大量捕捞。

考虑到在 2015 年进行资源评估后，SCRS 报告指出，尽管北大西洋大青鲨种群状况出现了恢复迹象，但数据输入和模型结构假设仍然存在高度不确定性，因此，不能排除种群正处于资源型过度捕捞且发生生产型过度捕捞的可能。

注意到根据 SCRS 建议，对于数据很少和（或）评估结果不确定性较大的鲨鱼类种群，应考虑采取预防性管理措施。

认识到 2011—2015 年期间报告的年平均渔获量为 39 102 吨。

因此，通过建立 TAC，确保年总捕获量不超过 39 102 吨。

回顾《ICCAT 关于捕捞机会分配标准的决议》（建议第 15 - 13 号）的规定，特别是第 3 条中规定的捕捞机会分配标准，以及确保以公平、公正和透明的方式应用这些标准的必要性。

### ICCAT 建议

（1）为确保在 ICCAT《公约》区域内北大西洋大青鲨种群的养护，应适用以下规定。

### 大青鲨的 TAC 和捕获限额

（2）确定了北大西洋大青鲨的年 TAC 为 39 102 吨。年 TAC 可能会根据 ICCAT 基于 SCRS 在 2021 年所更新的建议作出的决定进行修订，或若 SCRS 提供足够的信息，则可在更早的阶段进行修订。

（3）下列 CPC 应遵守表 3 - 15 的渔获限额。

**表 3 - 15　CPC 应遵守的渔获限额**

| CPC | 渔获限额（吨） |
| --- | --- |
| 欧盟 | 32 578 |
| 日本 | 4 010 |
| 摩洛哥 | 1 644 |

a. 所有其他 CPC 应努力将其捕获量保持在最近年份的水平。

b. 如果在任何一年内北大西洋大青鲨的总捕捞量超过 TAC，ICCAT 应审查这些措施的执行情况。根据审查结果和计划在 2021 年或在向 SCRS 提供足够信息后更早的阶段进行的资源评估的结果，ICCAT 应考虑采取其他措施。

**渔获信息的记录、报告和使用**

（4）每一 CPC 应确保其在 ICCAT《公约》区域内与 ICCAT 有关的渔业中捕捞北大西洋大青鲨的船舶按照《ICCAT 关于 ICCAT〈公约〉区域内渔船记录渔获量的建议》（建议第 03 - 13 号）中的要求记录渔获量。

（5）CPC 应执行数据收集计划，以确保完全按照 ICCAT 的要求提供 Task Ⅰ 和 Task Ⅱ 数据，向 ICCAT 报告准确的北大西洋大青鲨渔获量、努力量、尺寸和丢弃数据。

（6）CPC 应在根据建议第 18 - 06 号提交给 ICCAT 的鲨鱼管理执行情况检查表中，提供有关其在国内为监测渔获量和养护与管理北大西洋大青鲨而采取的行动的信息。

**科学研究**

（7）鼓励 CPC 进行科学研究，以提供有关大青鲨的关键生物学或生态学参数、生活史、洄游、释放后存活率和行为特征的信息。此类信息应提供给 SCRS。

（8）根据下一次北大西洋大青鲨资源评估的结果，SCRS 应在可能的情况下提供与在 IC-CAT《公约》区域内管理该物种相关的限制参考点、目标参考点和临界参考点有关 HCR 的备选方案。

**执行与审查**

（9）本建议将在 2021 年根据 SCRS 对北大西洋大青鲨的下一次资源评估结果进行审查。

（10）本建议取代并废除《ICCAT 关于养护与 ICCAT 渔业有关的大西洋大青鲨管理措施的建议》（建议第 16 - 12 号）。

## 40. 第 19-08 号　ICCAT 关于养护与 ICCAT 渔业有关的南大西洋大青鲨管理措施的建议

回顾 ICCAT 通过了《ICCAT 关于大西洋鲨鱼类的决议》（建议第 01-11 号）、《ICCAT 关于养护与 ICCAT 有关渔业中捕捞鲨鱼类的建议》（建议第 04-10 号）以及《ICCAT 有关鲨鱼类的补充建议》（建议第 07-06 号），包括 CPC 有义务根据 ICCAT 数据报告程序和《ICCAT 有关制定捕捞控制规则和管理策略评估的建议》（建议第 15-07 号），每年报告鲨鱼类的 Task Ⅰ 和 Task Ⅱ 数据。

进一步回顾 ICCAT 已对被认为易受到生产型过度捕捞且在 ICCAT 有关渔业中被捕捞的鲨鱼类种群采取管理措施。

认识到大西洋大青鲨在 ICCAT 管理的有关渔业中被大量捕捞。

考虑到在上一次南大西洋大青鲨资源评估中，使用贝叶斯剩余产量模型的所有情况都估计得出种群未处于资源型过度捕捞且没有发生生产型过度捕捞。然而，还注意到，利用状态-空间剩余产量模型公式得出的估计值整体不太乐观，预测在某些情况下，种群可能处于资源型过度捕捞且发生生产型过度捕捞。

注意到根据 SCRS 建议，对于数据很少和（或）评估结果不确定性较大的鲨鱼种群，应考虑采取预防性管理措施；

考虑到南大西洋大青鲨种群状况结果的不确定性，SCRS 强烈建议对该种群采取预防性措施。

进一步考虑到为保护和管理南大西洋大青鲨，SCRS 建议将评估模型中所使用的最近 5 年的平均渔获量（2009—2013 年为 28 923 吨）作为年渔获量上限。

承认近年来南大西洋大青鲨的渔获量显著增加，其数值高于 SCRS 建议的捕捞限额。

认识到需要稳定该渔业的开发方式，特别是在今后尽可能地避免渔获量的大幅度波动。

**ICCAT 建议**

（1）其船舶在 ICCAT《公约》区域内从事与 ICCAT 渔业有关的捕捞大青鲨的 CPC，应执行管理措施以养护南大西洋大青鲨，确保达到 ICCAT《公约》的目标。

**大青鲨捕捞限额**

（2）确定南大西洋大青鲨年平均 TAC 为 28 923 吨。年 TAC 可能会根据 ICCAT 基于 SCRS 在 2021 年更新的建议作出的决定进行修订，或若 SCRS 提供足够的信息，则可在更早的时期进行修订。

（3）根据资源评估结果，ICCAT 应在 2021 年前决定未来 TAC 的分配。

**渔获信息的记录、报告和使用**

（4）每一 CPC 应确保其与在 ICCAT《公约》区域内 ICCAT 有关渔业捕捞南大西洋大青鲨的船舶按照《ICCAT 关于 ICCAT〈公约〉区域内渔船渔获量记录的建议》（建议第 03-13 号）中的要求记录其渔获量。

（5）CPC 应执行数据收集计划，以确保完全按照 ICCAT 要求提供 Task Ⅰ 和 Task Ⅱ 数据，向 ICCAT 报告准确的南大西洋大青鲨渔获量、努力量、尺寸和丢弃数据。

（6）CPC 应在其鲨鱼管理执行情况检查表中向 ICCAT 提供有关其在国内为监测渔获量和养护与管理南大西洋大青鲨而采取行动的信息。

**科学研究**

（7）鼓励 CPC 进行科学研究，以提供有关大青鲨的关键生物学或生态学参数、生活史、洄游、释放后存活率和行为特征的信息。此类信息应提供给 SCRS。

（8）根据下一次南大西洋大青鲨资源评估的结果，SCRS 应在可能的情况下提供与在 ICCAT《公约》区域内管理该物种相关的限制参考点、目标参考点和临界参考点有关的 HCR 的备选方案。

# 41. 第 19 - 09 号　ICCAT 关于目击船舶的建议

认识到 ICCAT 及其 CPC 正在努力打击针对 ICCAT 管理物种的 IUU 捕捞行为。

意识到这些努力将通过 CPC 及悬挂其旗帜的船舶收集和报告那些可能以违反 ICCAT 养护与管理措施的方式，在 ICCAT《公约》区域内活动的悬挂外国旗帜的船舶或无国籍船舶目击情况的有效机制进行通报而实现。

因此，注意到将《ICCAT 关于遵守 ICCAT 养护与管理措施的决议》（决议第 94 - 09 号）和《ICCAT 关于转运和船舶监视的建议》（建议第 97 - 11 号）合并并更新的实用性。

## ICCAT 建议

（1）CPC 应通过其主管当局在 ICCAT《公约》区域内进行执法和监视行动，在目击悬挂外国旗帜的船舶或无国籍船舶被视为从事根据第 18 - 08 号建议的第（1）条所定义的 IUU 捕捞或与捕捞有关的活动（如转运）时，应收集尽可能多的信息。目击信息表（附表 3 - 22）中包括要收集的指示性信息清单，该表应用于按以下规定向 ICCAT 秘书处发送有关船舶目击的信息。

（2）当根据第（1）条目击船舶时，目击 CPC 应立即将其记录的任何图像通知并提供给被目击船舶的船旗 CPC 或船旗非 CPC 的有关当局。

a. 若被目击船舶的船旗属于某 CPC，船旗 CPC 应立即对有关船舶采取适当行动。在适当情况下，目击 CPC 和船旗 CPC 均应向 ICCAT 秘书处提供有关目击的资料，包括所采取的任何后续行动的详情。

b. 若被目击船舶的船旗属于非 CPC，且悬挂不确定的旗帜或没有国籍，则目击 CPC 应立即向 ICCAT 秘书处提供与该船舶有关的所有适当资料。

（3）当根据第（1）条船舶被目击时，且有合理的理由怀疑该被目击的船舶没有国籍，则鼓励缔约方登船确认其国籍。若确认该被目击船舶没有国籍，则鼓励缔约方的主管当局根据国际法对船舶进行检查，若有证据证明，则鼓励缔约方根据国际法采取适当的行动。任何缔约方登临无国籍经营的船舶，应立即通知 ICCAT 秘书处。

（4）经船旗国同意，鼓励 CPC 登临并检查在国家管辖范围外的 ICCAT《公约》区域内针对金枪鱼类和类金枪鱼类及与这些物种有关的其他鱼种进行捕捞或与捕捞有关活动的非 CPC 船舶。从这些登临收集的有关资料应向 ICCAT 秘书处报告。若一 CPC 在根据本条登临并检查后得出结论，认为非 CPC 船舶实际未破坏 ICCAT 保护措施，则该船舶不应受建议第 98 - 11 号第 1 条所述推定的约束。

（5）CPC 应鼓励其在 ICCAT《公约》区域内作业的渔船和辅助船舶收集相关信息并向其国内有关当局报告，以支持本建议中规定的船舶目击计划。

（6）ICCAT 秘书处应立即将根据本建议收到的任何资料转交给所有 CPC，并向 ICCAT 报告，以在下一次 ICCAT 年会上审议。

（7）鼓励 CPC 将其联络处信息通知 ICCAT 秘书处，以便根据本建议开展合作和采取其他适当行动。ICCAT 秘书处应在 ICCTA 网站上公布这一信息。

（8）本建议取代并废除《ICCAT 关于遵守 ICCAT 养护与管理措施的决议》（决议第 94 - 09 号）和《ICCAT 关于转运和船舶目击的建议》（建议第 97 - 11 号）。

## 附件 1

目击信息见附表 3 - 22。

附表 3 - 22  目击信息表

| | |
|---|---|
| 1. 目击日期： 时间 日 月 年 | |
| 2. 被目击船舶的位置： 纬度 经度 | |
| 3. 被目击船舶名称： | |
| 4. 船旗国： | |
| 5. 船籍港（国家）： | |
| 6. 船舶类型： | |
| 7. 国际无线电呼号： | |
| 8. 注册号码： | |
| 9. ICCAT 序列号： | |
| 10. IMO 编号： | |
| 11. 估计总长度和总吨位： 米 总吨 | |
| 12. 渔具描述（如适用）： 类型： 预计数量（单位） | |
| 13. 船长国籍： 职务船员国籍： 船员国籍： | |
| 14. 船舶状态（请确认）： ［ ］捕捞 ［ ］巡航 ［ ］漂流 ［ ］供应 ［ ］转运 ［ ］其他（具体说明） | |
| 15. 被目击船舶的活动类型（请说明）： | |
| 16. 船舶描述： | |
| 17. 其他相关信息： | |
| 18. 上述信息由以下人员收集： 姓名： 职务： 目击方式（包括船舶/飞机名称，如适用）： 日期：（月）（日）（年） 签名： | |

## 42. 第 19-10 号　ICCAT 关于在其区域性观察员计划中保护区域性观察员健康和安全的建议

强调海上人命安全是国际海事治理的长期目标，区域性观察员收集了对 ICCAT 职能至关重要的数据，区域性观察员的健康、安全和福利对其履行职责至关重要。

回顾《ICCAT 关于转运计划的建议》（建议第 16-15 号）和《ICCAT 关于修订建议第 18-02 建立东大西洋和地中海蓝鳍金枪鱼多年管理计划的建议》（建议第 19-04 号）中所确定的区域性观察员计划（以下简称 ROP）。

关注到 ICCAT 关于建立 ROP 的建议中没有包括充分保护区域性观察员健康、安全和福利的要求。

认识到需要在 ICCAT 中制定全面和一致的要求，以保护区域性观察员的健康、安全和福利，特别是提供必要的安全设备，提供或确保适当的培训，并建立 ICCAT ROP 的应急程序。

回顾 IMO 在 1995 年通过的渔船船员培训、发证和值班标准国际公约（以下简称 STCW-F）为在海船上服务的人员规定了安全培训标准。

注意到国际法，包括《国际海上搜救公约》的规定，承诺为海上遇险人员制定国际海上搜救计划。

注意到 ICCAT 秘书处与 ICCAT ROP 区域性观察员提供方之间的现有合同，其中包括区域性观察员健康和安全要求以及为达到这些要求制定程序的相关材料。

同时回顾《ICCAT 关于协调和改善区域性观察员安全的决议》（决议第 19-16 号）。

### ICCAT 建议

以下规定按照《ICCAT 关于转运计划的建议》（建议第 16-15 号）和《ICCAT 关于修订建议第 18-02 建立东大西洋和地中海蓝鳍金枪鱼多年管理计划的建议》（建议第 19-04 号）中 ICCAT ROP 的部署，以确保区域性观察员健康、安全及其福利：

（1）区域性观察员提供方应在区域性观察员首次登船之前，并在此后每隔适当时间内，提供或确保区域性观察员已接受安全培训。这种培训方案至少应包括符合 IMO 安全培训标准的培训。

（2）在派遣区域性观察员上船之前，区域性观察员提供方应确保向区域性观察员发放以下安全设备：

a. 适用于海上使用的独立双向卫星通信设备和防水的个人救生信标，其可由单个设备（如卫星紧急通知设备）或独立双向卫星设备的组合组成，（如 inReach 通讯设备）和个人定位信标（如 ResQ Link 设备）。

b. 其他安全设备，如个人漂浮装置（以下简称 PFD）和潜水服，适用于特定的捕捞作业和活动，包括大洋区域和离岸距离较远的区域。

（3）区域性观察员提供方应有一个指定的联络处，供派遣的区域性观察员在紧急情况下联系。

（4）区域性观察员提供方必须要有一个既定的程序保持与区域性观察员和船舶之间的联系，并在必要时联系船旗 CPC 或非 CPC 的主管当局。这一程序必须规定定期与区域性观察员联系，以确认他们的健康、安全和福利状况，并明确说明在各种紧急情况下必须采取的措施，包括区域性观察员死亡、失踪或可能从船上落水、患有严重疾病或受伤使其健康或安全受到威胁，在船上受到攻击、恐吓、威胁或骚扰，或区域性观察员要求在行程结束前离开船舶。

（5）船旗 CPC 或非 CPC 应确保其在 ICCAT ROP 下搭载区域性观察员的船舶在每次航行期间配备适当的安全设备，包括：

a. 能容纳船上所有人员的救生筏，并附有在区域性观察员部署期间有效的检验证书；

b. 足以供船上所有人员使用的救生衣或救生服，并符合相关国际标准，如在可能的情况下，符合《开普敦协定》。

c. 正确注册的无线电紧急示位标（以下简称 EPIRB）和搜救应答器（以下简称 SART），其在区域性观察员观察期结束前不能失效。

CPC 可以选择豁免其全长小于 12 米（LOA）且在离领海基线 5 海里范围内作业的船舶使用 EPIRB。

（6）除非允许区域性观察员检查所有船舶安全设备和文件并向区域性观察员提供方报告其状态，否则区域性观察员提供方不得向船舶上派遣区域性观察员；不得把区域性观察员派往存在明显安全隐患的船舶上，特别是当船舶不符合第（5）条时。若在派遣过程中，船旗 CPC 或非 CPC 的区域性观察员提供方确定区域性观察员的健康、安全或福利存在严重风险，则区域性观察员应离开船舶，除非风险得到解决。

（7）根据 ICCAT ROP 部署的载有区域性观察员的船旗 CPC 和非 CPC 应制定和实施应急行动计划（以下简称 EAP），以防区域性观察员死亡、失踪或被认为落水、患有严重疾病或受伤，威胁其健康、安全或福利，或受到攻击、恐吓、威胁或骚扰。特别地，此类 EAP 必须包括本建议附件 1 中的内容。

这些 EAP 应在本建议生效后尽快提交给 ICCAT 秘书处，以便在 ICCAT 网站上公布。新的或经修订的 EAP 应在可用时提供给 ICCAT 秘书处以供发布。

（8）自 2021 年 1 月 1 日起，未提交 EAP 的悬挂 CPC 或非 CPC 旗帜的船舶不得从 ICCAT ROP 中获得区域性观察员。此外，若现有资料表明，在 EAP 上派遣区域性观察员不符合附件 1 中规定的标准，ICCAT 可决定推迟在相关船旗 CPC 或非 CPC 的船舶上派遣区域性观察员，直到该不一致问题得到充分解决。

（9）若船旗 CPC 或非 CPC 先前未能调查任何报告的区域性观察员受到干扰、骚扰、恐吓、攻击或不安全工作条件的事件，ICCAT 也可判定船舶不具备搭载 ICCAT ROP 的资格，船旗 CPC 或非 CPC 在必要时需采取符合其国内法律的纠正措施。

（10）区域性观察员提供方、船旗 CPC 和非 CPC，以及根据 ICCAT ROP 部署的载有区域性观察员的船舶，应向 ICCAT 秘书处提交报告，说明触发 EAP 规定的区域性观察员事件，包括船旗 CPC 或非 CPC 采取的任何纠正行动。ICCAT 秘书处应按照适用的保密规则向 ICCAT 提交此类报告，供其在每次年会上审查，或在必要时更频繁地审查。

（11）船旗 CPC 和非 CPC 应尽可能与 CPC 或非 CPC 的区域性观察员合作，并在适当情况下，根据国内法，规定 CPC 或非 CPC 参与有关区域性观察员死亡、失踪、推定落水、患有严重疾病或伤害等威胁其健康和安全的搜救行动和案件调查，或在船上受到攻击、恐吓、威胁或骚扰情况的调查。

（12）ICCAT 秘书处应通知有关的船旗 CPC 和非 CPC，参与任何 ICCAT ROP 的条件是按照上文第（7）和第（8）条中所述制定、实施和提交 EAP。

（13）本建议中的任何规定均不得损害区域性观察员提供方出于对区域性观察员的健康、安全或福利风险担忧而行使不在船舶上派遣区域性观察员的自由裁量权。

（14）本措施中任何规定均不得损害有关 CPC 和非 CPC 根据国际法执行其有关区域性观察员安全的法律权利。

（15）本建议应在其通过 3 年后进行审查，并考虑到 FAO、IMO、ILO 有关 IUU 捕捞及有关事项的特设工作组的要求和 FAO 关于渔业观察员安全标准的任何指南。

**附件 1**

## ROP 紧急行动计划（EAP）要素

1. 若区域性观察员死亡、失踪或认定落水，渔船悬挂其旗帜的 CPC 或非 CPC 应采取必要措施，要求渔船：

（1）立即停止所有捕捞作业。

（2）立即通知适当的海上救援协调中心（以下简称 MRCC）、船旗 CPC 或非 CPC 以及区域性观察员提供方。

（3）若区域性观察员失踪或被认定落水，立即开始搜救，并至少搜救 72 小时，除非该区域性观察员被及时发现，或除非船旗 CPC 或非 CPC 指示继续搜救①。

（4）立即使用所有可用的通讯手段向附近的其他船舶发出警报。

（5）全力配合任何搜救行动。

（6）无论搜救是否成功，经船旗 CPC 或非 CPC 和区域性观察员提供方同意，立即返回最近的港口进行进一步调查。

（7）迅速向区域性观察员提供方和有关的船旗国当局提供事故报告。

（8）全力配合所有官方调查，并保存任何可能的证据以及已故或失踪区域性观察员的个人物品和住处。

2. 此外，若派遣的 ROP 区域性观察员在执行任务期间死亡，船旗 CPC 或非 CPC 应要求渔船确保尸体保存完好，以便进行尸检和调查。

3. 若 ROP 区域性观察员患有严重疾病或受伤，威胁到其健康或安全，船旗 CPC 或非 CPC 应采取必要措施，要求渔船：

（1）立即停止捕捞作业。

（2）立即通知船旗 CPC 或非 CPC、区域性观察员提供方和相关 MRCC，告知是否需要医疗护送。

（3）采取一切合理的行动，照顾区域性观察员，并在船上提供一切可用和可能的医疗处理。

（4）在必要和适当的情况下，包括按照区域性观察员提供方的指示，若尚未得到船旗 CPC 或非 CPC 的指示，则应在切实可行的范围内，尽快为区域性观察员的登陆和运输提供便利并将其运送到配备有提供所需护理的医疗设施场所。

（5）全面配合对疾病或伤害原因的任何官方调查。

4. 就第 1 至第 3 条而言，船旗 CPC 或非 CPC 应确保立即向适当的 MRCC、区域性观察员提供方和秘书处通知该情况、为解决该情况而采取或正在采取的行动以及可能需要的任何协助。

5. 若有合理的理由相信一名区域性观察员受到攻击、恐吓、威胁或骚扰，以致其健康或安全受到威胁，区域性观察员或区域性观察员提供方向悬挂其旗帜的 CPC 或非 CPC 表示，希望将区域性观察员从渔船上转移，悬挂其旗帜的 CPC 或非 CPC 应当采取必要措施，要求渔船：

（1）立即采取行动保护区域性观察员的安全，缓解和解决船上的矛盾。

---

① 遇有不可抗力事件，CPC 和非 CPC 可以允许其船舶在 72 小时内停止搜救作业。

（2）尽快将情况通知船旗 CPC 或非 CPC 和区域性观察员提供方，包括区域性观察员的状况和位置。

（3）按照船旗 CPC 或非 CPC 和区域性观察员提供方同意的方式和地点，协助区域性观察员安全登岸，方便获得任何必需的医疗。

（4）全力配合对事件的所有官方调查。

6. 若有合理的理由相信区域性观察员受到攻击、恐吓、威胁或骚扰，但区域性观察员和区域性观察员提供方均不希望该区域性观察员离开该渔船，悬挂其旗帜的 CPC 或非 CPC 应当采取必要措施，要求渔船：

（1）采取行动保护区域性观察员的安全，并尽快缓解矛盾和解决船上的问题。

（2）尽快将情况通知船旗 CPC 或非 CPC 和区域性观察员提供方。

（3）全力配合对该事件的所有官方调查。

7. 若发生第 1 至第 5 条中的任何事件，港口 CPC 或非 CPC 应为渔船进港提供方便，以便允许区域性观察员下船，若船旗 CPC 或非 CPC 要求，应尽可能协助任何调查。

8. 若区域性观察员提供方在区域性观察员离开渔船后，在听取区域性观察员汇报的过程中，发现区域性观察员在渔船上可能受到攻击或骚扰的情况，区域性观察员提供方应书面通知船旗 CPC 或非 CPC，以及 ICCAT 秘书处。

9. 若根据第 5 条（2）款、第 6 条（2）款或第 8 条船旗 CPC 或非 CPC 收到区域性观察员受到攻击或骚扰的通知，则船旗 CPC 或非 CPC 应：

（1）根据区域性观察员提供方提供的信息对该事件进行调查，并针对调查结果采取任何适当行动。

（2）在区域性观察员提供方进行的任何调查中充分合作，包括向区域性观察员提供方和有关当局提供事件报告。

（3）立即将调查结果和采取的任何行动通知区域性观察员提供方和 ICCAT 秘书处。

10. CPC 还应鼓励悬挂其旗帜的船舶尽可能参加任何涉及区域性观察员的搜救行动。

11. 若有要求，有关区域性观察员提供方与 CPC 或非 CPC 应相互合作进行调查，包括就第 1 至第 6 条中所指的任何事件提供调查报告，以便对任何调查提供适当的便利。

# 第四章
# 印度洋金枪鱼委员会(IOTC)决议及养护措施

## 1. 第 01‑06 号　关于 IOTC 大眼金枪鱼统计文件计划的决议

IOTC,认识到 IOTC 在国际水平上管理管辖海域（以下简称 IOTC《协定》区域）大眼金枪鱼的权力和责任。

还认识到 IOTC《协定》区域大眼金枪鱼国际市场的性质。

还认识到 IOTC《协定》区域大眼金枪鱼渔获产量的不确定性，以及贸易数据的可获得性将大大有助于减少这种不确定性。

还认识到大眼金枪鱼是"方便旗"渔船的主要目标物种，而且此类渔船捕捞的大部分大眼金枪鱼都出口到缔约方，特别是日本。

忆及 ICCAT 已经建立了蓝鳍金枪鱼、大眼金枪鱼和剑鱼的渔获物统计文件计划，CCSBT 也建立了南方蓝鳍金枪鱼渔获物统计文件计划。

认识到渔获物统计文件计划是帮助 IOTC 努力消除 IUU 捕捞作业的有效工具。

根据 IOTC《协定》第 9 条第 1 款，决议如下。

（1）缔约方应在 2002 年 7 月 1 日前或之后尽快要求所有进口至该国的大眼金枪鱼，附上符合 03/03 号决议附件 1 规定的《IOTC 大眼金枪鱼统计文件》或附件 2 规定的《IOTC 大眼金枪鱼再出口证书》。围网渔船、竿钓渔船捕获的、主要运往 IOTC《协定》区域内罐头厂的大眼金枪鱼不受此统计文件计划的管理。IOTC 和进口大眼金枪鱼的缔约方应与所有出口国联系，事先通知他们以便执行计划。

（2）a.《IOTC 大眼金枪鱼统计文件》必须经由捕获该金枪鱼渔船的船旗国政府官员或其他被授权的个人或机构确认，如渔船是通过租船协议作业的，则由出口国的政府官员或其他被授权的个人确认。

b.《IOTC 大眼金枪鱼再出口证书》必须经由金枪鱼的再出口国的政府官员或其他被授权的

个人确认。

（3）各缔约方应向 IOTC 秘书处提供大眼金枪鱼进口数据和信息确认所需的统计文件和再出口证书格式样本（见第 03-03 号决议附件 4），并及时通知 IOTC 秘书处任何更改。

（4）进出口大眼金枪鱼的缔约方应汇总《IOTC 大眼金枪鱼统计文件》的数据。

（5）进口大眼金枪鱼的缔约方应向 IOTC 秘书处提交按照本方案收集的大眼金枪鱼数据。其中每年 4 月 1 日前上报上一年度 7 月 1 日至 12 月 31 日的数据；10 月 1 日前上报当年 1 月 1 日至 6 月 30 日的数据。这些数据将由 IOTC 秘书处发送给全体缔约方。报告格式见 03/03 号决议附件 3。

（6）出口大眼金枪鱼的缔约方收到 IOTC 秘书处发送的上述第 5 条提及的进口大眼金枪鱼数据时，应审核其出口数据、每年向 IOTC 报告结果。

（7）各缔约方应当交换统计文件和再出口证明的副本，便于在符合其国内法律规定的情况下，进行第（6）条提及的审核。

（8）IOTC 应要求合作的非缔约方采取上述各条所述的措施。

（9）IOTC 秘书处应要求捕捞并出口大眼金枪鱼到缔约方的所有非缔约方、实体、捕鱼实体提供确认数据，并要求其及时通知任何更改。

（10）IOTC 秘书处应保持和更新上述第（3）条和第（9）条指定的数据，提供给所有缔约方，并及时传送任何变更。

（11）IOTC 应要求进口大眼金枪鱼的非缔约方配合执行本计划，并向 IOTC 提供在执行本计划时取得的数据。

（12）执行本计划应符合相关国际要求。

（13）本计划实施初期，要求冷冻大眼金枪鱼产品提供统计文件和再出口证明，至于冰鲜大眼金枪鱼产品，执行本计划之前仍有许多实际问题有待解决，譬如，有关确保海关处理冰鲜产品程序的指南。

（14）悬挂欧盟成员旗帜的渔船所捕捞的大眼金枪鱼的统计文件可由捕捞金枪鱼渔船的船旗国确认，或当相应数量的大眼金枪鱼从上岸成员的海外领地出口至欧盟以外国家时，则由产品上岸的另一成员主管机关确认。

（15）虽有 IOTC《协定》第 9 条第 4 款的规定，但缔约方应根据各缔约方的管理程序，于 2002 年 7 月 1 日前或后尽快执行本决议。

附件 1 至附件 4（略）。

注：第 01-06 号决议内有关"IOTC 大眼金枪鱼统计文件计划"的统计文件范本及说明已被第 03-03 号决议所载的范本取代。

## 2. 第 03 - 03 号 关于 IOTC 统计文件格式修订的决议

IOTC，注意到第 02 - 05 号决议（先后由第 05 - 02、第 07 - 02、第 13 - 02、第 14 - 04、第 15 - 04 和第 19 - 04 号决议取代）《关于建立授权在 IOTC 管辖海域作业的船长超过 24 米的渔船名单的决议》，规定进口和出口 CPC 应合作，以确保避免统计文件的伪造或误报。

认识到更多信息（如船长）、对于更好实施 IOTC 的养护和管理措施，以及顺利实施第 02 - 05 号决议是必要的。

根据 IOTC《协定》第 9 条第 1 款，决议如下。

第 01 - 06 号《关于 IOTC 大眼金枪鱼统计文件计划的决议》中的统计文件样本格式和填写说明，应分别由本附件表格和说明取代。

IOTC 应与其他区域渔业管理组织联系，建立统计文件计划和授权的渔船登记名单，并要求其进行类似的修订。

## 附件 1

### 关于《IOTC 大眼金枪鱼统计文件》的要求

1. IOTC 大眼金枪鱼统计文件的模板如附表 4 - 1 所示。

2. 海关或其他适当的政府官员将要求检查所有进口文件，包括运输过程中所有大眼金枪鱼的《IOTC 大眼金枪鱼统计文件》。这些官员也可以检查每批货物的内容，以核实文件上的信息。

3. 只有具备完整和有效的文件才能允许大眼金枪鱼渔获物进入缔约方领土。

4. 附有不当记录的《大眼金枪鱼统计文件》（记录不当表示货物没有大眼金枪鱼统计文件，或统计文件不完整、无效或伪造）的大眼金枪鱼渔获物将被视为非法的大眼金枪鱼渔获物，这些货物违反了 IOTC 的养护措施，将暂停（等待收到正确填写的文件）进入缔约方领土或接受行政处罚或其他处罚。

5. 除鱼肉以外的其他部分，即鱼头、眼睛、鱼卵、内脏、鱼尾，允许没有统计文件而进口。

附表 4 - 1　IOTC 大眼金枪鱼统计文件

| 文件编号 | IOTC 大眼金枪鱼统计文件 | | | |
|---|---|---|---|---|
| 出口部分： | | | | |
| 1. 国家/实体/捕鱼实体 | | | | |
| 2. 船舶描述（如适用）<br>船名<br>注册号<br>总长（米）<br>IOTC 记录号（如适用） | | | | |
| 3. 陷阱网（如适用） | | | | |
| 4. 出口地点（城市、州/省、国家/实体/捕鱼实体） | | | | |
| 5. 捕获区域（检查下列内容之一）<br>（a）印度洋　（b）太平洋　（c）大西洋<br>＊如属（b）或（c）款被检出，则不需要填写以下项目 6 及项目 7。 | | | | |
| 6. 鱼类描述 | | | | |

| 产品类型（＊1） | | 捕捞时间<br>（月份/年份） | 渔具代码（＊2） | 净重（千克） |
|---|---|---|---|---|
| F/FR | RD/GG/DR/FL/OT | | | |
| | | | | |
| | | | | |
| | | | | |
| | | | | |
| | | | | |
| | | | | |
| | | | | |

（续）

*1　F＝冰鲜，FR＝冷冻，RD＝原条鱼，GG＝去鳃、去内脏，DR＝去鳃、去鳍、去内脏，FL＝鱼片
OT＝其他（描述产品类型）

*2　渔具代码见附表 4-2。当渔具代码为 OT 时，描述渔具类型。

7. 出口商证明　　据我所知所信，我证明上述信息是完整、真实和正确的。

姓名：　　公司名：　　地址：　　签名：　　日期：　　许可证编号（如适用）：

8. 政府确认　　据我所知所信，我证明上述信息是完整、真实和正确的。

运载总重量：　　千克

姓名及职务：　　签名：　　日期：　　政府印章：

进口部分：

9. 进口商证明：　　据我所知所信，我证明上述信息是完整、真实和正确的。

进口商证明（中转国家/实体/捕鱼实体）

姓名：　地址：　日期：　许可证号（如适用）：

进口商证明（中转国家/实体/捕鱼实体）

姓名：　地址：　日期：　许可证号（如适用）：

最终进口地点

城市：　州/省：　国家/实体/捕鱼实体：

注：如使用英语或法语以外的语言填写此表格，请添加本文档的英文翻译。

**填写说明**

文件编号：签发国指定一个国家编码的文件编号。

1. 船旗国/实体/捕鱼实体

填入捕捞该批次大眼金枪鱼船只及签发这份文件的国家/实体/捕鱼实体的名称。根据本决议，只有当捕捞该批次大眼金枪鱼货物的渔船的船旗国，或者当该渔船根据租赁安排进行作业，出口国可以签发这份渔获物统计文件。

2. 船舶描述（如适用）

填入捕获该批次大眼金枪鱼的渔船名称和登记号、总长度（LOA）和 IOTC 登记号。

3. 陷阱网（如适用）

填入捕获该批次大眼金枪鱼的陷阱网名称。

4. 出口地点

确定出口大眼金枪鱼的城市、州或省和国家。

5. 捕捞区域

检查渔获物的捕捞海区［如果检查结果为（b）或（c），下列第 6 和 7 项不需要填写］。

6. 鱼类描述

出口商必须以最高精确度提供以下信息（注意：一行应该描述一种产品类型）。

（1）产品类型：确定装运产品的类型，如新鲜或冷冻，原条鱼、去鳃和去内脏、三去（去鳍、去鳃、去内脏）、鱼片或其他产品形式。对于其他，描述该批次的产品类型。

（2）捕获时间：填写捕获该批次大眼金枪鱼的时间（年份和月份）。

（3）渔具代码：使用附表 4-2 确定用于捕捞大眼金枪鱼的渔具类型。对于其他类型，描述渔具类型，包括养殖。

（4）产品净重：千克。

7. 出口商证明

出口该批次大眼金枪鱼的个人或公司必须提供其姓名、公司名称、地址、签名、出口日期和经销商许可证号（如适用）。

8. 政府确认

填写正式签署文件的官员姓名和单位全称。该官员必须为捕获该批次大眼金枪鱼渔船船旗国政府的主管部门就职的官员，该渔船出现在船旗国授权的文件或授权的其他个人或机构中。适当时，根据政府官员对该文件的确认，或当该船只根据租赁安排作业，根据出口国政府官员或其他授权的个人或机构确认，则免除这一要求。该批次总重量也应在本处说明。

9. 进口商证明

进口大眼金枪鱼的个人或公司必须提供其姓名、地址、签名、进口大眼金枪鱼的日期、许可证号（如适用）和最后进口地点，包括进口的中转国家。对新鲜和冷冻产品，进口商的签字可以由海关报关公司的人员代替（如果其授权的签字得到进口商的认可）。

附表 4-2　渔具代码

| 渔具代号 | 渔具类型 | 渔具代号 | 渔具类型 |
| --- | --- | --- | --- |
| BB | 竿钓 | SPHL | 休闲手钓 |
| GILL | 刺网 | SPOR | 未分类的休闲渔业 |
| HAND | 手钓 | SURF | 未分类的表层渔业 |
| HARP | 鱼叉/镖枪 | TL | 单钩拖钓 |
| LL | 延绳钓 | TRAP | 陷阱网 |
| MWT | 中层拖网 | TROL | 曳绳钓 |
| PS | 围网 | UNCL | 未分类的渔法 |
| RR | 滚轮钓 | OT | 其他类型 |

将完成的文件副本返还给：　　　　　　　　　（船旗国主管部门的名称）。

## 附件 2

### 关于《IOTC 大眼金枪鱼再出口证书》的要求

1.《IOTC 大眼金枪鱼再出口证书》的模板如附表 4-3 所示。

2. 海关或其他适当的政府官员将要求检查所有进口文件，包括该批次所有大眼金枪鱼的再出口证书。这些官员也可以检查每批次货物的内容，以核实文件上的信息。

3. 具有完整和有效文件的大眼金枪鱼才允许进入缔约方领土。

4. 缔约方应自由地对进口的《IOTC 大眼金枪鱼再出口证书》进行验证，以确保其附有《IOTC 大眼金枪鱼统计文件》或《IOTC 大眼金枪鱼再出口证书》。《IOTC 大眼金枪鱼再出口证书》应由政府机构或经缔约方政府认可的验证《IOTC 大眼金枪鱼统计文件》的机构验证。进口大眼金枪鱼时附有《IOTC 大眼金枪鱼统计文件》原件的副本必须附在《IOTC 大眼金枪鱼再出口证书》上。附带的《IOTC 大眼金枪鱼统计文件》原件的副本必须经过该政府机构认可或经政府认可的《IOTC 大眼金枪鱼统计文件》的认证机构认可。当再出口的大眼金枪鱼再出口时，所有文件的副本，包括一份经核实的统计文件和进口时附带的再出口证书，必须附在新的再出口证书上，以便由再出口缔约方验证。所有附在新出口许可证上的文件的副本，必须由政府机构核实或经政府认可的审核《IOTC 大眼金枪鱼统计文件》的机构审核。

5. 附有不当记录的《大眼金枪鱼再出口文件》（记录不当表示没有《大眼金枪鱼再出口文件》，或统计文件不完整、无效或伪造）的大眼金枪鱼渔获物将被视为非法的大眼金枪鱼渔获物，这些货物违反了 IOTC 的养护措施，将暂停（等待收到正确填写的文件）进入缔约方领土或接受其行政处罚或其他处罚。

6. 根据第 4 条规定的程序验证再出口证书的 IOTC 缔约方，应要求再出口大眼金枪鱼的经销商提供必要文件（如书面销售合同），证明重新出口的大眼金枪鱼与其要进口的大眼金枪鱼相符。验证再出口证书的缔约方可以向船旗国和进口国提出请求，要求其提供一致性的证据。

7. 除鱼肉以外的其他部分，即鱼头、眼睛、鱼卵、内脏、鱼尾，允许没有统计文件而进口。

附表 4-3　IOTC 大眼金枪鱼再出口证书

| 文件编号 | IOTC 大眼金枪鱼再出口证书 | | | |
|---|---|---|---|---|
| 再出口部分： | | | | |
| 1. 再出口国家/实体/捕鱼实体 | | | | |
| 2. 再出口地点 | | | | |
| 3. 进口鱼类的描述 | | | | |
| 产品类型（*1） | | 净重（千克） | 国家/实体/捕鱼实体的船旗 | 进口日期 |
| F/FR | RD/GG/DR/FL/OT | | | |
| | | | | |
| | | | | |
| | | | | |
| | | | | |

（续）

4. 再出口鱼类的描述

| 产品类型（＊1） | | 净重（千克） | | |
|---|---|---|---|---|
| F/FR | RD/GG/DR/FL/OT | | | |
| | | | | |
| | | | | |
| | | | | |

＊1 F＝冰鲜，FR＝冷冻，RD＝原条鱼，GG＝去鳃、去内脏，DR＝去鳃、去鳍、去内脏，FL＝鱼片，OT＝其他，描述产品类型

5. 再出口证明： 据我所知所信，我证明上述信息是完整、真实和正确的。
姓名/公司名： 地址： 签名： 日期： 许可证编号（如适用）：

6. 政府确认： 据我所知所信，我证明上述信息是完整、真实和正确的。
姓名及职务 签名： 日期： 政府印章：

进口部分：

7. 进口商证明： 据我所知所信，我证明上述信息是完整、真实和正确的。
进口商证明（中转国家/实体/捕鱼实体）
姓名： 地址： 签名： 日期： 许可证号（如适用）：
进口商证明（中转国家/实体/捕鱼实体）
姓名： 地址： 签名： 日期： 许可证号（如适用）：
进口商证明（中转国家/实体/捕鱼实体）
姓名： 地址： 签名： 日期： 许可证号（如适用）：
最终进口地点
城市： 州/省： 国家/实体/捕鱼实体：

注：如使用英语或法语以外的语言填写此表格，请添加本文档的英文翻译。

**填写说明**

文件编号：签发国家/实体/捕鱼实体指定一个国家/实体/捕鱼实体编码的文件编号。

1. 再出口国家/实体/捕鱼实体

填上再出口批次的大眼金枪鱼及签发该证明的国家/实体/捕鱼实体的名称。根据该决议，只有再出口国家/实体/捕鱼实体才能签发此证明。

2. 再出口地点

确定大眼金枪鱼再出口的城市/州或省和国家/实体/捕鱼实体。

3. 进口鱼类的描述

出口商必须以最高精确度提供下列信息（注意：一行应描述一类产品）。

（1）产品类型：确定装运产品的类型，如新鲜或冷冻，原条鱼、去鳃、去内脏、三去（去鳍、去鳃、去内脏）、鱼片或其他产品形式。对于其他，描述该批次的产品类型。

（2）产品净重：千克。

（3）国家/实体/捕鱼实体：捕获该批次大眼金枪鱼的渔船的船旗国/实体/捕鱼实体名称。

（4）进口日期：进口的日期。

4. 再出口鱼类的描述

出口商必须以最高的精确度提供下列信息（注意：一行应描述一类产品）。

（1）产品类型：确定装运产品的类型，如新鲜或冷冻，原条鱼、去鳃、去内脏、三去（去头、去鳃、去内脏）、鱼片或其他产品形式。对于其他，描述该批次产品的类型。

（2）产品净重：千克。

5. 再出口证明

再出口大眼金枪鱼的个人或公司必须提供其姓名、公司名称、地址、签名、出口货物的日期和再出口许可证号（如适用）。

6. 政府确认

填写正式签署文件的官员姓名和单位全称。该官员必须是证书上出现的再出口国/实体/捕鱼实体的政府主管部门在任官员，或政府主管部门授权发放这些许可证的其他个人或机构。

7. 进口商证明

进口大眼金枪鱼的个人或公司必须提供其姓名、地址、签名、进口大眼金枪鱼的日期、许可证号（如适用）和再出口的最后进口地点，包括进口到中转国家/实体/捕鱼实体。对于新鲜和冷冻的产品，进口商的签字可以由海关报关公司的人员代替（如果其授权的签字得到进口商的适当认可）。

将完成的文件副本返还给：　　　　　（再出口国/实体/捕鱼实体政府主管部门的名称）。

## 附件 3

IOTC 大眼金枪鱼统计文件的报告模板见附表 4-4。渔具代码见附表 4-5。IOTC 大眼金枪鱼再出口证书的报告模板见附表 4-6。

#### 附表 4-4　IOTC 大眼金枪鱼统计文件的报告

时期：从＿＿＿＿＿＿年＿＿＿＿＿＿月至＿＿＿＿＿＿月

进口的国家/实体/捕鱼实体

| 船旗国、实体、捕鱼实体 | 区域代码 | 渔具代码 | 出口地点 | 产品类型 | | 产品净重（千克） |
|---|---|---|---|---|---|---|
| | | | | F/FR | RD/GG/DR/FL/OT | |
| | | | | | | |

注：产品类型：

F（新鲜）；FR（冷冻）；RD（原条鱼）；GG（去鳃、去内脏）；DR（去鳍、去鳃、去内脏）；FL（鱼片）；OT（其他产品形式，描述该批次的产品类型）。

海区代号：ID（印度洋）；PA（太平洋）；AT（大西洋）。

#### 附表 4-5　渔具代码[①]

| 渔具代号 | 渔具类型 | 渔具代号 | 渔具类型 |
|---|---|---|---|
| BB | 竿钓 | SPHL | 休闲手钓 |
| GILL | 刺网 | SPOR | 未分类的休闲渔业 |
| HAND | 手钓 | SURF | 未分类的表层渔业 |
| HARP | 鱼叉/镖枪 | TL | 单钩拖钓 |
| LL | 延绳钓 | TRAP | 陷阱网 |
| MWT | 中层拖网 | TROL | 曳绳钓 |
| PS | 围网 | UNCL | 未分类的渔法 |
| RR | 滚轮钓 | OT | 其他类型 |

#### 附表 4-6　IOTC 大眼金枪鱼再出口证书的报告

时期：从＿＿＿＿＿＿年＿＿＿＿＿＿月至＿＿＿＿＿＿月

进口的国家/实体/捕鱼实体

| 船旗国、实体、捕鱼实体 | 再出口国、实体、捕鱼实体 | 再出口地点 | 产品类型 | | 产品净重（千克） |
|---|---|---|---|---|---|
| | | | F/FR | RD/GG/DR/FL/OT | |
| | | | | | |

注：产品类型：

F（新鲜）；FR（冷冻）；RD（原条鱼）；GG（去鳃、去内脏）；DR（去鳍、去鳃、去内脏）；FL（鱼片）；OT（其他产品形式，描述该批次的产品类型）。

海区代号：ID（印度洋）；PA（太平洋）；AT（大西洋）。

---

① 为保证各附件的相对完整性，故此处重复此表。

## 附件 4

### 确认 IOTC 统计文件的信息

1. 船旗
2. 确认统计文件的政府/政府机构见附表 4-7。

附表 4-7　确认统计文件的政府/政府机构

| 机构名称 | 机构地址 | 印章式样 |
| --- | --- | --- |
|  |  |  |

注：对于每个机构，请附上一张包括授权确认文件的个人姓名、职务和地址的清单。

3. 政府/主管机构认可的确认统计文件的其他机构见附表 4-8。

附表 4-8　政府/主管机构认可的确认统计文件的其他机构

| 机构名称 | 机构地址 | 印章式样 |
| --- | --- | --- |
|  |  |  |

注：对于每个机构，请附上一张包括授权确认文件的个人姓名、职务和地址的清单。

**填写说明**

要求有船只捕捞进入国际贸易必须附带统计文件的物种的 CPC 向 IOTC 秘书处* 提交本页的信息，并确保及时将上述的任何变化发送给 IOTC 秘书处。

*IOTC：P. O. BOX1011，Le Chantier Mall，Victoria，Mahé，Seychelles（塞舌尔马埃岛维多利亚）。

## 3. 第 11-02 号 关于禁止在数据浮标周围捕捞的决议

IOTC，意识到许多国家，包括 IOTC 缔约方和合作的非缔约方，在 IOTC《协定》区域和全球海域运行和投放数据浮标，收集用于改进天气和海洋预报的信息、通过生成的海表面和次表面数据为渔业提供帮助，为海上搜救工作提供帮助，并收集用于开展气象和海洋专题研究与气候预测的关键数据。

了解到高度洄游鱼类，特别是金枪鱼类，聚集在数据浮标附近。

认识到世界气象组织和政府间海洋学委员会已经确定，渔船损坏数据浮标是印度洋和世界范围内的重大问题。

关切数据浮标的损坏导致天气预报、海况研究、海啸预警、支持海上搜救工作等关键数据的重大损失，且世界气象组织和政府间海洋学委员会成员和非成员花费大量时间和资源去定位、替换和维修受损或遗失的数据浮标。

震惊地注意到数据浮标损坏导致海况研究所需的关键数据的丢失，破坏了 IOTC 科学家为了更好地了解金枪鱼类栖息地的使用情况、气候与金枪鱼补充量之间的关系而进行的分析工作，以及一般环境科学家的研究。

忆及联合国大会决议 A-Res-64-72 第 109 条，呼吁"各国和区域渔业管理组织或安排，与其他相关组织合作，包括粮农组织、政府间海洋学委员会和世界气象组织，酌情采取措施，保护锚碇在国家管辖范围以外区域的海洋数据浮标系统的运作不受损害"。

还忆及联合国大会决议 A-Res-64-71 第 172 条，"对用于海洋观测和海洋科学研究的平台遭有意或无意的损坏表示关注，如锚碇浮标和海啸探测仪，敦促各国采取必要行动与相关组织合作，包括粮农组织、政府间海洋学委员会和世界气象组织，处理此类损坏"。

注意到一些数据浮标项目在互联网上发布信息，描述这类浮标的类型和位置。

进一步注意到 IOTC 有权通过普遍建议的负责任捕捞作业行为的国际最低标准。

根据 IOTC《协定》第 9 条第 1 款的规定，决议如下：

（1）为实现本措施的目的，漂浮或锚碇的数据浮标，是指由政府或认可的科学组织或实体为电子收集和测定环境资料，而非为捕鱼活动目的所布放的浮动装置。

（2）CPC 应禁止其在 IOTC《协定》区域的渔船有意在数据浮标 1 海里范围内作业或影响数据浮标，包括但不限于渔具围绕浮标生产；将数据浮标或其锚碇设备捆绑到或系在渔船上或任何渔具或渔船的一部分上；或割断数据浮标的锚绳。

（3）CPC 应禁止其渔船在 IOTC《协定》区域捕捞金枪鱼类时将数据浮标捞上船，除非得到该浮标的成员或拥有者的特别授权或要求。

（4）CPC 应鼓励其在 IOTC《协定》区域作业的渔船注意海上锚碇的数据浮标，并采取一切合理措施避免渔具缠绕数据浮标，或以任何方式直接影响此浮标。

（5）CPC 应要求其与数据浮标发生缠绕的渔船，尽可能以对数据浮标损坏最低的方式清除缠绕的渔具。

（6）CPC 应鼓励其渔船向其报告观察到的任何损坏或不能用的数据浮标，包括观察日期、浮标位置及数据浮标上任何可识别的信息。CPC 应向秘书处提交所有这些报告。

（7）虽有第（2）条规定，但只要渔船不会对数据浮标产生第（2）条所述的影响，已向 IOTC 报告的科学研究计划可在数据浮标 1 海里范围内操控渔船。

（8）鼓励 CPC 通过 IOTC 秘书处向 IOTC 散发其发布在 IOTC《协定》区域的全部数据浮标位置的文件。

## 4. 第 12 - 04 号　关于海龟养护的决议

IOTC，忆及第 05 - 08 号《关于海龟养护的建议》（由第 12 - 04 号决议取代）和第 09 - 06 号《关于海龟养护的决议》（由第 12 - 04 号决议取代）。

进一步忆及海龟，包括蠵龟科和革龟（棱皮龟）科所有物种，已列入《濒危野生动植物物种国际贸易公约》（以下简称 CITES）附录 I，以及所有海龟物种已列入《养护野生动物迁徙物种公约》附录 I 或附录 II。

意识到《养护和管理印度洋和东南亚海龟及其生境谅解备忘录》（以下简称 IOSEA MoU）中的 6 种海龟种群已被世界自然保护联盟（以下简称 IUCN）的濒危物种红色清单列为易危、濒危或极度濒危的物种。

认识到 2005 年 3 月粮农组织渔业委员会（以下简称 FAO-COFI）第 26 届会议通过的《关于在捕鱼作业中减少海龟死亡率的准则》（以下简称 FAO 海龟准则），建议由区域渔业机构和管理组织实施。

认识到在印度洋进行的一些捕鱼作业可能会对海龟造成不利影响，需要采取措施管理印度洋捕鱼对海龟的不利影响。

确认在 IOSEA MoU 框架内，尤其是 IOSEA MoU 签署国第 5 次会议通过的关于促进使用减少海龟误捕措施的决议，开展了保护海龟及其赖以生存的栖息地的活动。

注意到 SC 关注缺乏 CPC 有关 IOTC 管辖的渔业对海龟的影响及其死亡率的数据，削弱了估计海龟误捕水平的能力，也因此削弱了 IOTC 回应并管理捕鱼对海龟造成负面影响的能力。

进一步注意到 SC 关注刺网捕鱼从传统渔场扩大至公海可能增加对海龟的影响并导致死亡率升高。

确信需要加强第 09 - 06 号《关于海龟养护的决议》（由第 12 - 04 号决议取代），以确保该决议同样适用于所有海龟物种，并确保 CPC 每年报告所有 IOTC 管辖的渔业对海龟的影响和死亡率的情况。

根据 IOTC《协定》第 9 条第 1 款，决议如下：

（1）本决议应适用于所有 IOTC 渔船注册名单内的渔船。

（2）CPC 将酌情执行 FAO 海龟准则。

（3）CPC 应根据第 10 - 02 号决议（由第 15 - 02 号决议取代）（或任何其修订版）在下一年度的 6 月 30 日前，将收集（包括通过渔捞日志和国家观察员计划）的有关其渔船与海龟相互影响的所有数据提供给 IOTC 秘书处。此类数据应包括渔捞日志或国家观察员覆盖率，以及其渔业意外捕获海龟的总死亡估计数。

（4）CPC 应向 SC 报告有关成功的减缓措施的信息及对 IOTC 区域内海龟的其他影响的信息，如海龟产卵区的恶化及吞下海洋废弃物等。

（5）CPC 应根据 IOTC《协定》第 10 条规定，在其年度执行报告中向 IOTC 报告执行 FAO 海龟准则和本决议的进展。

（6）CPC 应要求捕捞 IOTC《协定》区域鱼种的渔船上的渔民，如条件许可，尽快将捕获的任何昏迷或无反应的海龟带上船，并在将其安全释放回海中前促使其恢复，包括使其苏醒。CPC

应确保渔民按照 IOTC 海龟识别卡中的处理指南，了解和使用适当的减缓、识别、处理和脱钩技术，在船上备妥释放海龟必要的所有设备。

（7）有流网渔船捕捞 IOTC《协定》区域鱼种的 CPC 应：

要求此类渔船的操作者在渔捞日志[①]中记录作业期间所有涉及海龟的事件，并向 CPC 有关部门报告。

（8）有延绳钓渔船捕捞 IOTC《协定》区域鱼种的 CPC 应：

a. 确保所有延绳钓渔船经营者携带剪线器及脱钩器，并按照 IOTC 指南以合适的方法处理，促使其释放遭捕获或缠绕的海龟。CPC 也应确保这些渔船的操作者，遵照 IOTC 海龟识别卡中的处理指南进行操作。

b. 若条件许可，鼓励使用整尾有鳍鱼类作饵料。

c. 要求延绳钓渔船操作者在渔捞日志中记录作业期间所有涉及海龟的事件，并向 CPC 有关部门报告。

（9）有围网渔船捕捞 IOTC《协定》区域鱼种的 CPC 应：

a. 在 IOTC《协定》区域作业时，确保此类渔船的经营者：

ⅰ. 在切实可行范围内，避免围绕海龟放网，若海龟被包围或缠绕时，根据 IOTC 海龟识别卡中的处理指南，采取可行的措施安全释放海龟。

ⅱ. 在切实可行的范围内，释放所有经观察到的遭 FAD 或其他渔具缠绕的海龟。

ⅲ. 若海龟缠绕在网具内，当海龟离开水面时尽快停止绞收网具，继续收网之前，在不对其伤害的情况下让海龟脱困，并在可行的范围内，在将其释放回海之前协助其恢复。

ⅳ. 适当情况下，使用抄网处理海龟。

b. 鼓励这些渔船根据国际标准 FAD 采用能减少海龟缠绕事件的结构。

c. 要求这些渔船操作者在渔捞日志中记录作业期间所有涉及海龟的事件，并向 CPC 有关部门报告。

（10）要求所有 CPC：

a. 若条件许可，进行圆形钩、饵料使用整尾有鳍鱼类、FAD 结构取代方案、取代处理技术、刺网设计及捕捞实践，以及其他可改善对海龟不利影响的减缓方法的试验研究。

b. 至少在 SC 年度会议前 30 天，向 SC 报告这些实验结果。

（11）IOTC SC 应要求生态系统和兼捕工作小组：

a. 对 IOTC《协定》区域流网、延绳钓和围网渔业的适当减缓措施提出建议。

b. 制定数据收集、数据交换及培训的区域性标准。

c. 开发结构改进的 FAD，使用生物降解材料，减少海龟缠绕的发生率。

生态系统和兼捕工作组（以下简称 WPEB）的建议应提交给 SC 供其在 2012 年年会上考虑。在确定有关建议时，WPEB 应审议和考虑 CPC 根据本措施第（10）条所提供的信息、其他可获得的 IOTC《协定》区域各种有效减缓方法的研究，以及其他相关组织，尤其是 WCPFC 通过的减缓措施及指南。IOTC WPEB 需特别考虑圆形钩对目标鱼种钓获率、海龟死亡率及其他兼捕物种的影响。

---

①该数据应包括（若可能）有关物种、捕获位置及状态、船上采取的行动及释放位置等细节。

（12）IOTC 在 2013 年年会上应考虑 SC 的建议及社会经济方面的影响，通过进一步的措施，以减缓 IOTC《协定》所涵盖渔业与海龟的相互影响。

（13）在研究新的减缓方法时，应当考虑确保该方法不会对其保护的物种带来较大伤害，以及不对其他物种（尤其是对濒危物种）和（或）环境造成不利的影响。

（14）鼓励 CPC 与 IOSEA 合作并考虑 IOSEA MoU，包括执行《海龟兼捕减缓措施的养护与管理计划》的有关条款。

（15）鼓励 IOTC 与 IOSEA 秘书处根据 IOTC 同意的协议，加强双方在海龟问题方面的合作及数据交流。

（16）鼓励 CPC 支持发展中国家执行 FAO 海龟准则及本决议。

（17）IOTC SC 应每年审议 CPC 根据本措施报告的信息，并在必要时就如何加强努力来减少海龟与 IOTC 渔业的相互影响向 IOTC 提出建议。

（18）本决议取代第 05 - 08 号《关于海龟养护的建议》及第 09 - 06 号《关于海龟养护的决议》。

## 5. 第 12-06 号 关于减少延绳钓渔业误捕海鸟的决议

IOTC，忆及第 10-06 号《关于减少延绳钓渔业误捕海鸟的决议》（由第 12-06 号决议取代），尤其是第（8）条规定。

认识到有必要强化保护印度洋海鸟的机制，并使之与不晚于 2013 年 7 月生效的 ICCAT 措施协调一致。

考虑到 FAO《IPOA-海鸟》。

注意到 IOTC SC 的建议，同意在 2007 年、2009 年和 2011 年报告中所述减缓对海鸟影响的措施。

承认迄今为止，一些 CPC 已确认需要制定海鸟保护的国家行动计划，并已完成或接近完成初稿。

认识到全球对某些海鸟的关注，尤其是面临灭绝威胁的信天翁和海燕。

注意到 2001 年 6 月 19 日在堪培拉开放签字的《保护信天翁和海燕协定》已生效。

注意到 IOTC 和 CPC 的最终目标是实现 IOTC 管辖的渔业对海鸟的零兼捕，特别是在延绳钓渔业中受威胁的信天翁和海燕物种。

考虑到在其他金枪鱼延绳钓渔业中进行的研究，通过显著增加目标鱼种的渔获量，显示了减缓海鸟兼捕措施的经济效益。

根据 IOTC《协定》第 9 条第 1 款规定，决议如下：

（1）CPC 应分物种记录海鸟误捕的数据，特别是通过第 11-04 号决议的国家观察员获取数据，并每年报告此类数据。国家观察员应尽可能拍摄渔船误捕的海鸟照片，并将其发送给国内的海鸟专家或 IOTC 秘书处确认其种类。

（2）尚未完全执行第 11-04 号决议第（2）条所列 IOTC 国家观察员计划的 CPC，应通过渔捞日志报告海鸟的意外误捕，如可能应包括种类的细节。

（3）作为年度报告的一部分，CPC 应向 IOTC 提供如何执行本措施的信息。

（4）CPC 应通过使用有效的减缓措施，并适当考虑船员安全及减缓措施的可行性，寻求实现在所有渔区、季节及渔业减少海鸟误捕的办法。

（5）CPC 应确保所有在南纬 25°以南区域作业的所有延绳钓渔船，至少采用附表 4-9 所列 3 种减缓措施中的 2 种。其他区域也应酌情考虑执行此类措施，以和科学建议一致。

（6）按照第（5）条使用的减缓措施应与附表 4-9 所述最低技术标准相符。

（7）惊鸟绳的设计及部署，应当符合附件 1 规定的补充规范。

（8）SC，特别是基于 WPEB 的工作和 CPC 提供的数据，最迟于 2016 年 IOTC 会议前分析本决议对海鸟误捕的影响。SC 应基于迄今为止本决议运作的经验，和（或）就此议题的进一步的国际调查、研究或最佳实践的建议，向 IOTC 建议任何需要的修订，使本决议更加有效。

（9）IOTC 应在本决议生效前，在休会期间举办研讨会以促进其实施，特别是针对如何解决安全和实际操作方面。CPC 应确保渔民对这些措施的安全性及实用性进行试验，以便在研讨会中审议和解决其顾虑，并确保其有序实施，包括这些措施的适应性培训。若有必要说明钓钩支线加重措施的科学理论和应用，可召开第 2 次研讨会。

（10）本决议应于 2014 年 7 月 1 日生效。

（11）自 2014 年 7 月 1 日起，第 10 - 06 号《关于减少延绳钓渔业误捕海鸟的决议》和第 05 - 09 号《关于海鸟意外死亡率的建议》由本决议取代。

**附件 1**

# 惊鸟绳设计和部署的补充指南

**前言**

部署惊鸟绳的最低技术标准详见本决议附表 4-9。这些补充指南是为协助延绳钓渔船准备和执行惊鸟绳规范设计的。本补充指南内容比较详细，鼓励通过实验改善本决议附表 4-9 要求的惊鸟绳的效果。本指南考虑环境和作业方面的可变因素，如天气状况、投绳速度和船舶大小，所有这些因素均影响惊鸟绳的性能和设计。考虑到这些可变因素，如果不影响惊鸟绳的性能，惊鸟绳的设计和使用可以改变。惊鸟绳设计的持续改善是可以预期的，因此，将来应对本指南进行审议。

**附表 4-9 减缓措施**

| 减缓措施 | 描述 | 规格要求 |
|---|---|---|
| 夜间投绳，甲板灯光减至最暗 | 黎明至黄昏之间禁止投绳；甲板灯光维持最暗 | 黎明至黄昏的定义见有关纬度、地方时和日期的航海天文历；最低甲板灯光不应当违反安全与航行的最低标准。 |
| 惊鸟绳 | 为阻止海鸟接近支线，整个投绳期间应部署惊鸟绳 | 对于船长大于或等于 35 米的渔船：<br>a）至少设置 1 根惊鸟绳，若实际可行，鼓励渔船在海鸟高度密集或活动时使用 2 根惊鸟竿和惊鸟绳；2 根惊鸟绳应同时设置，投绳的两侧各一根<br>b）惊鸟绳的覆空范围必须大于或等于 100 米<br>c）使用的长飘带要足够长，无风情况下要抵达海面<br>d）长飘带的间距不得超过 5 米<br>对于长度小于 35 米的渔船：<br>a）至少设置 1 根惊鸟绳<br>b）覆空范围必须大于或等于 75 米<br>c）必须使用长飘带或短飘带（长度需大于 1 米），装配间距如下<br>ⅰ）短飘带：间距不超过 2 米<br>ⅱ）长飘带：前端 55 米的惊鸟绳，其间距不超过 5 米<br>惊鸟绳设计和部署的补充指南详见本决议附件 1 |
| 支线加重 | 投绳前在支线上加重物 | 距离钓钩 1 米内附加的重量应超过 45 克<br>距离钓钩 3.5 米内附加的重量应超过 60 克<br>距离钓钩 4 米内附加的重量应超过 98 克 |

**惊鸟绳的设计**（附图 4-1）

1. 惊鸟绳水中部分系上适当的拖曳装置可增加其覆空范围。

2. 惊鸟绳水上部分应足够轻，其移动无法预测，以避免海鸟对此习惯，同时也应当足够重，避免绳索被风吹偏。

3. 惊鸟绳最好应该用坚固的筒形转环系于船身，以降低绳索纠缠。

4. 飘带应使用颜色鲜艳的材料制作，悬挂在一个坚固的三向转环（减少纠缠）上并与惊鸟绳连接，能产生栩栩如生的动作，以致海鸟无法预测（例如，外套红色聚氨酯橡胶管的牢固的细绳）。

5. 每组飘带应由两条或更多的裙带组成。

6. 每对飘带用夹子固定，应该可拆卸，惊鸟绳的装配更方便。

**惊鸟绳的部署**

1. 惊鸟绳应悬挂在渔船的固定钢杆上。惊鸟绳（杆）设置高度尽可能高，使惊鸟绳保护船尾后方相当一段距离的饵料，且不会与渔具纠缠。惊鸟绳（杆）高度越高越能保护鱼饵。例如，高出水面 7 米的惊鸟绳可保护离开船尾约 100 米远的饵料。

2. 如果渔船只使用一根惊鸟绳，惊鸟绳应部署在下沉饵料的上风面。如装有饵料的钓钩在船尾外侧投放，飘带绳和船的连接点应位于投饵一侧船舷外数米远。如渔船使用两根惊鸟绳，装有饵料的钓钩应部署在两根飘带覆空的中间区域内。

3. 鼓励部署多组惊鸟绳，加强防范海鸟啄食饵料。

4. 由于惊鸟绳可能会断裂及打结，因此船上应携带备用惊鸟绳，以替换损坏的绳索并确保渔船作业不间断。如延绳钓浮子与水中的飘带绳纠结或缠绕，为安全作业和减少操作问题，应在惊鸟绳上安装脱离装置。

5. 当渔民使用投饵机（BCM）时，应通过下列方式确保惊鸟绳和投饵机的协调：①确保 BCM 直接投饵至惊鸟绳保护范围内，和②使用一台可投饵至左右两舷的 BCM（或多台 BCM）时，应当使用 2 根惊鸟绳。

6. 当手抛支线时，渔民应确保装有饵料的钓钩和盘绕的支线在惊鸟绳的保护下抛出，避开螺旋桨产生的湍流（这种湍流可能会降低钓钩下沉速度）。

7. 鼓励渔民安装手动、电动或液压绞机，以方便惊鸟绳投放和回收。

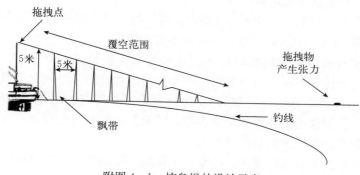

附图 4-1　惊鸟绳的设计示意

## 6. 第 12 - 09 号　关于 IOTC 管辖海域有关渔业捕捞长尾鲨的养护决议

IOTC，忆及 IOTC 第 05 - 05 号《关于养护 IOTC 管辖渔业捕捞的鲨鱼类的决议》（由第 17 - 05 号决议取代）；

考虑到在 IOTC《协定》区域长尾鲨科的长尾鲨是作为兼捕渔获物被捕捞；

注意到在 2009 年会议上，IOTC 的 WPEB 承认，因数据不足不太可能对鲨鱼类种群进行全面的资源评估，但对一些鲨鱼资源进行评估是必要的；

注意到国际科学界指出，大眼长尾鲨处于濒危并特别易受伤害；

考虑到不将鲨鱼类带到船上，很难区分不同种类的长尾鲨，而这样的行为可能危及被捕个体的生存。

根据 IOTC《协定》第 9 条第 1 款，决议如下：

（1）本养护措施应适用于 IOTC 授权渔船注册名单上的所有渔船。

（2）悬挂 IOTC CPC 旗帜的渔船，禁止在船上留存、转载、卸下、贮存、销售或提供整尾长尾鲨或长尾鲨的任何部分，但第 7 条的规定除外。

（3）CPC 应要求悬挂其旗帜的渔船，尽可能尽快释放拉至船舷边准备拉上船的未受伤的长尾鲨。

（4）CPC 应鼓励其渔民记录及报告误捕数量及活体释放数量。这些数据由 IOTC 秘书处保存。

（5）休闲和游钓渔业应活体释放所有捕获的长尾鲨。在任何情况下，不得在船上保留、转载、卸下、贮存、销售或出售。CPC 应确保其休闲和游钓渔民作业时捕捞到长尾鲨的概率较高时，配有适当的工具释放活体长尾鲨。

（6）可能时，CPC 应执行有关 IOTC《协定》区域内长尾鲨属所有种类的研究，以确认潜在育稚场。根据此研究，CPC 应在适当时考虑补充本管理措施。

（7）应允许国家观察员收集捕获时已死亡的长尾鲨生物样本（脊椎骨、肌肉组织、性腺、胃、皮肤样本、螺旋瓣膜、下颌、用于分类工作和博物馆收藏的完整及骨骼样本）〔如果样本是 SC（或 WPEB）批准的研究计划的一部分〕。为获得批准，研究计划建议必须包含一份详细文件，说明工作目的、计划收集的样本数量和类型，以及采样的时空分布等。应向 WPEB 和 SC 提供年度工作进展报告和计划完成后的最终报告。

（8）根据 IOTC 数据报告程序要求，CPC，尤其是以鲨鱼类为主要捕捞对象者，应提交鲨鱼类数据。

（9）本决议取代第 10 - 12 号《关于养护 IOTC 管辖海域渔业捕捞的长尾鲨（长尾鲨科）的决议》。

## 7. 第15-01号 关于在IOTC管辖海域渔船记录渔获量及捕捞努力量的决议

IOTC，忆及缔约方按照IOTC《协定》第5条所作的承诺：继续审议种群状况及趋势，收集、分析和传播科学信息、统计渔获量和捕捞努力量，以及与种群养护管理有关的数据和IOTC《协定》所包含的渔业有关的其他数据。

考虑到第15-02号《关于IOTC CPC强制性统计报告要求的决议》（或者后续取代的任何决议）所规定的条款，特别是第4条确定表层渔业、延绳钓渔业及沿海渔业渔获量及捕捞努力量的报告要求。

认识到IOTC SC反复强调缔约方及时提交准确数据的重要性。

同时忆及2006年11月6—10日在塞舌尔维多利亚召开的第9次SC会议的结果：同意标准化渔捞日志是有利的，并对于在IOTC《协定》区域作业的所有围网渔船和竿钓渔船的最低数据要求达成一致，以协调数据收集，为所有IOTC CPC进行科学分析提供一个共同依据。

进一步忆及2010年6月23—25日在澳大利亚布里斯班召开的神户系列第2次兼捕工作小组会议所通过的建议，特别是RFMO应考虑采用统一标准收集兼捕数据，至少使这些数据在评估兼捕物种种群状况和减少兼捕措施的有效性方面发挥作用，并且应该允许RFMO使用这些数据评估渔业和兼捕物种之间的相互影响。

进一步考虑到2007年11月在塞舌尔召开的第10次IOTC SC会议，该会议成立了小型特别小组：以便使各船队目前使用的各种数据表格格式和IOTC SC同意的关于所有围网、延绳钓和流网船队的最低数据标准要求及制定的渔捞日志模板相协调。

进一步考虑到2010年12月6—10日在塞舌尔维多利亚召开的第13次SC会议的审议意见，提出3个建议选项，其中之一是在渔捞日志中强制报告修订的鲨鱼种类，改进IOTC《协定》区域中鲨鱼数据收集及统计。

进一步考虑2011年12月12—17日在塞舌尔马埃岛召开的第14次SC会议的审议意见，提出了一份适用于所有渔具兼捕的鲨鱼种类清单，建议提出IOTC《协定》区域手钓和曳绳钓的最低数据记录要求。

进一步考虑IOTC第17次SC所提出的有关兼捕的建议。

进一步考虑联合国大会第67-79号可持续渔业决议，决议呼吁各国独自、合作或通过RFMO，收集必要数据来评估并且严密地监控大型FAD及其他装置的使用情况，并酌情评估其对金枪鱼类资源、金枪鱼类行为及关联种和依附种的影响，以改善管理程序来监控这类装置的使用数量、类型及程度，并减轻对生态系统可能造成的负面影响，包括对幼鱼及意外兼捕的非目标物种，特别是鲨鱼类及海龟：

按照IOTC《协定》第9条第1款规定，决议如下：

（1）每一CPC应确保悬挂其旗帜，以及经其授权捕捞IOTC管理鱼种的围网、延绳钓、刺网、竿钓、手钓和曳绳钓渔船遵守渔获数据记录制度。

（2）本措施适用于所有在IOTC《协定》区域内船长超过24米的渔船，或者在其船旗国

EEZ 外作业、其船长不到 24 米的围网、延绳钓、刺网、竿钓、手钓及曳绳钓渔船。在沿海国 EEZ 内作业的发展中 CPC 船长不到 24 米的渔船，其渔获数据记录制度根据第 11 条及第 12 条的要求执行。船长不到 24 米并在发达国家 EEZ 内作业的渔船，应按照本措施执行。

（3）所有渔船应用装订成册的或电子版的渔捞日志记录数据。数据记录的最低要求应包括附件 1、附件 2 及附件 3 所列的信息和数据。

（4）每一个船旗国在 2016 年 2 月 15 日应向 IOTC 秘书处提交一份按照附件 1、附件 2、附件 3 的要求制作的官方渔捞日志模板，并公布在 IOTC 网站上，以促进监控管理活动。对于使用电子渔捞日志系统的 CPC，可提供一份该 CPC 规定实施的电子渔捞日志系统的副本、一套屏幕截图及认证软件的名称。如果该模板在 2016 年 2 月 15 日后有所变化，应提交一份更新的模板。

（5）如果渔捞日志不是使用 IOTC 两种官方语言的任何一种，那么 CPC 应在提交渔捞日志模板时，使用 IOTC 两种语言的任何一种，提供一份完整的渔捞日志各栏字段的说明。秘书处应将渔捞日志模板及各栏字段的说明在 IOTC 网站上公布。

（6）附件 1 包括围网、延绳钓、刺网、竿钓渔船、航次和渔具配置方面的信息。每一航次只需按照规定填写一次，除非该航次渔具配置有变化。

（7）附件 2 包含围网、延绳钓、刺网、竿钓作业和渔获信息，每一次投放渔具后按照规定填写一次。

（8）附件 3 包含手钓及曳绳钓的渔具规格。

（9）渔捞日志数据应由渔船船长按照规定填写并提交给船旗国政府，若渔船在沿海国 EEZ 内作业，也应提供给沿海国政府。在沿海国 EEZ 内作业时，应仅向沿海国政府提供在沿海国 EEZ 作业的渔捞日志。

（10）船旗国应在下一年度 6 月 30 日前，将上一年度汇总整理的数据提交给 IOTC 秘书处。并且应适用第 12 - 02 号《关于数据保密政策和程序的决议》（或以后如何取代的决议）所规定的有关精细级数据保密的规定。

（11）注意到发展中 CPC 渔船实施渔获数据记录制度存在困难，发展中 CPC 船长不到 24 米并且在其 EEZ 内作业的渔船，应在 2016 年 7 月 1 日起逐渐实行渔获数据记录制度。

（12）IOTC 应考虑制定特别计划，促进发展中国家执行本决议。此外，鼓励发达 CPC 及发展中 CPC 合作，寻找能力建设机会，有助于本决议的长期实施。

（13）本决议取代第 13 - 03 号《关于在 IOTC 管辖海域渔船记录渔获量和捕捞努力量的决议》。

## 附件 1

### 每航次记录一次（除非渔具结构变更）

**1. 报告信息**

a. 渔捞日志提交日期。

b. 报告人姓名。

**2. 渔船信息**

a. 渔船船名或登记号。

b. IMO 号码（如有）。

c. IOTC 编号。

d. 无线电呼号：如果没有呼号，应使用其他的唯一识别码，如渔船许可证号码。

e. 渔船大小：总吨数及总长（米）。

**3. 航次信息**

多天作业记录

a. 出航日期（当地时间）及港口。

b. 进港日期（当地时间）及港口。

**4. 其他所需信息**

**延绳钓**（渔具结构）

a. 支线平均长度（米）：钓钩至支线与干线连接处的拉直长度（如附图 4-2）。

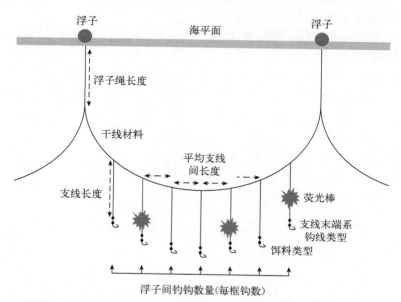

附图 4-2　延绳钓（渔具结构）：平均支线长度（米）：钓钩至支线与干线连接处的拉直长度

b. 浮子绳的平均长度（米）：浮子至支线与干线连接处的拉直长度。

c. 支线平均间距（米）：支线与支线间的干线拉直长度。

d. 干线的材料分为 4 种类型：

ⅰ. 粗绳索（Cremona rope）。

ⅱ. 细绳索（聚乙烯或其他材料）。

ⅲ. 尼龙编线。

ⅳ. 尼龙单丝。

e. 支线的末端系钩线（连接钓钩的系钩线/钓钩引线）材料分为 2 种类型：

ⅰ. 尼龙单丝。

ⅱ. 其他（如钢丝）。

**围网**（渔具结构）

1. 围网网具长度。

2. 围网网具高度。

3. 每航次所投放的 FAD 总数：参见第 13 - 08 号《关于集鱼装置管理计划程序，包括详细的 FAD 网次渔获报告规范及开发改进 FAD 结构减少非目标物种缠绕的决议》。

**寻鱼信息**

1. 寻鱼天数。

2. 使用探鱼飞机（是/否）。

3. 使用辅助船（是/否），若是，请填辅助船的船名及注册号。

**刺网**（渔具结构）

1. 网具总长度（米）：记录船上网具的总长度。

2. 网目大小（毫米）：记录该航次所使用的网目大小（两对角结节间的拉紧长度）。

3. 装配后网具高度（米）：网具高度以米计。

4. 网具材料：例如尼龙编线、尼龙单丝等。

**竿钓**（渔具结构）

1. 船员数量。

**附件 2**

## 每次投绳/投网/作业记录一次

注意：本附件中的所有渔具种类，使用下列格式填写日期和时间。

日期：以 24 小时制记录，可用当地时间、格林尼治标准时间或船旗国时间，并清楚注明记录的是什么时间。

**1. 作业**

**延绳钓**

a. 投绳日期。

b. 作业的经纬度：中午时间的位置，或开始投绳的位置，或作业区域的代码。

例如，塞舌尔 EEZ、公海等作为选项。

c. 开始投绳的时间，如可行，起绳时间。

d. 两浮子之间的钓钩数量：假如浮子间使用的钓钩数量不同，则记录最具代表性（平均）的钓钩数量。

e. 该次投绳投放的钓钩总数。

f. 该次投绳所使用的荧光棒数量。

g. 投绳时使用的饵料种类：例如鱼、鱿鱼等。

h. 记录至小数点后 1 位的中午时的表层水温（××.×℃）（可自行选择）。

**围网**

a. 投网日期。

b. 事件类型：投网作业或布放新的 FAD。

c. 事件的经纬度及时间，或如当日无事件则记录中午的位置。

d. 如投网作业：注明该网次为成功、失败或良好；鱼群类型（起水鱼或 FAD 依附群）。如果使用 FAD，请注明类型（例如，流木或其他天然物体、DFAD、AFAD 等）。参见第 13-08 号关于 FAD 管理计划程序，《包括详细的 FAD 网次渔获报告规范及开发改进 FAD 结构减少非目标物种缠绕的决议》。

e. 记录至小数点后 1 位的中午时的表层水温（××.×℃）（可自行选择）。

**刺网**

a. 放网日期：记录在海上放网的日期（以及无放网天数）。

b. 网具总长度（米）：记录每一网次所使用的浮子纲长度。

c. 开始捕捞时间：记录每一次开始放网的时间。若可行，网具回收的时间。

d. 开始以及结束的经纬度位置：记录能代表渔具开始放网及结束放网所在区域的经纬度位置。或者如当日没有作业，记录中午的位置。

e. 网具设置的深度（米）：刺网设置的大概深度。

**竿钓**

渔捞日志中捕捞努力量信息应按日记录。渔捞日志中渔获量信息应按航次记录，如可行，按照每日记录。

a. 作业日期：记录到天或日期。

b. 中午所在位置的经纬度。

c. 当天所使用的钓竿数量。

d. 开始捕捞时间（捕捞饵料鱼结束后，船舶驶向海洋进行捕捞作业时，立即记录时间。如果作业超过一天，则应当记录开始寻鱼的时间），以及结束捕捞时间（最后一次钓捕作业结束后，立即记录时间。如果作业超过一天，则应记录最后一次停止钓捕作业的时间）。如果作业超过一天，应记录捕捞作业天数。

e. 鱼群类型：FAD 依附群及（或）起水鱼。

**2. 渔获量**

按照本附件中第 3 部分中所述鱼种及加工形式，分鱼种记录每次投绳/投网/捕捞作业的渔获量（千克）或尾数：

ⅰ. 延绳钓记录尾数及重量。

ⅱ. 围网记录重量。

ⅲ. 刺网记录重量。

ⅲ. 竿钓记录重量或尾数。

**3. 鱼种**

延绳钓、围网、刺网和竿钓捕捞的物种名称和 FAO 代码分别见附表 4－10 至附表 4－13。

附表 4－10　延绳钓捕捞的物种名称和 FAO 代码

| 主要物种 | FAO 代码 | 其他物种 | FAO 代码 |
| --- | --- | --- | --- |
| 南方蓝鳍金枪鱼 | SBF | 尖吻四鳍旗鱼 | SSP |
| 长鳍金枪鱼 | ALB | 大青鲨 | BSH |
| 大眼金枪鱼 | BET | 鲭鲨类 | MAK |
| 黄鳍金枪鱼 | YFT | 鼠鲨 | POR |
| 鲣 | SKJ | 双髻鲨类 | SPN |
| 剑鱼 | SWO | 镰状真鲨 | FAL |
| 条纹四鳍旗鱼 | MLS | 其他硬骨鱼 | MZZ |
| 蓝枪鱼 | BUM | 其他鲨类 | SKH |
| 印度枪鱼 | BLM | 海鸟（记录数量） | |
| 平鳍旗鱼 | SFA | 海洋哺乳类（记录数量） | MAM |
| | | 海龟（记录数量） | TTX |
| | | 长尾鲨类 | THR |
| | | 长鳍真鲨 | OCS |
| | | 非必须记录物种 | FAO 代码 |
| | | 虎鲨（鼬鲨） | TIG |
| | | 拟锥齿鲨 | PSK |
| | | 大白鲨 | WSH |

（续）

| 主要物种 | FAO 代码 | 其他物种 | FAO 代码 |
|---|---|---|---|
| | | 蝠鲼科 | MAN |
| | | 紫魟 | PLS |
| | | 其他魟类 | |

**附表 4 - 11　围网捕捞的物种名称和 FAO 代码**

| 主要物种 | FAO 代码 | 其他物种 | FAO 代码 |
|---|---|---|---|
| 长鳍金枪鱼 | ALB | 海龟（记录数量） | TTX |
| 大眼金枪鱼 | BET | 海洋哺乳类（记录数量） | MAM |
| 黄鳍金枪鱼 | YFT | 鲸鲨（记录数量） | RHN |
| 鲣 | SKJ | 长尾鲨类 | THR |
| 其他 IOTC 鱼种 | | 长鳍真鲨 | OCS |
| | | 镰状真鲨 | FAL |
| | | 非必须记录物种 | FAO 代码 |
| | | 蝠鲼 | MAN |
| | | 其他鲨类 | SKH |
| | | 其他魟类 | |
| | | 其他硬骨鱼 | MZZ |

**附表 4 - 12　刺网捕捞的物种名称和 FAO 代码**

| 主要物种 | FAO 代码 | 其他物种 | FAO 代码 |
|---|---|---|---|
| 长鳍金枪鱼 | ALB | 尖吻四鳍旗鱼 | SSP |
| 大眼金枪鱼 | BET | 大青鲨 | BSH |
| 黄鳍金枪鱼 | YFT | 鲭鲨类 | MAK |
| 鲣 | SKJ | 鼠鲨 | POR |
| 青干金枪鱼 | LOT | 双髻鲨类 | SPN |
| 扁舵鲣 | FRI | 其他鲨类 | SKH |
| 双鳍舵鲣 | BLT | 其他硬骨鱼 | MZZ |
| 鲔 | KAW | 海龟（记录数量） | TTX |
| 康氏马鲛 | COM | 海洋哺乳类（记录数量） | MAM |
| 斑点马鲛 | GUT | 鲸鲨（记录数量） | RHN |
| 剑鱼 | SWO | 海鸟（记录数量） | |
| 平鳍旗鱼 | SFA | 长尾鲨类 | THR |
| 旗鱼类 | BIL | 长鳍真鲨 | OCS |
| 南方蓝鳍金枪鱼 | SBF | 非必须记录物种 | |

（续）

| 主要物种 | FAO 代码 | 其他物种 | FAO 代码 |
|---|---|---|---|
| | | 虎鲨 | TIG |
| | | 拟锥齿鲨 | PSK |
| | | 蝠鲼科 | MAN |
| | | 紫魟 | PLS |
| | | 其他魟类 | |

附表 4-13 竿钓捕捞的物种名称和 FAO 代码

| 主要物种 | FAO 代码 | 其他物种 | FAO 代码 |
|---|---|---|---|
| 长鳍金枪鱼 | ALB | 其他硬骨鱼 | MZZ |
| 大眼金枪鱼 | BET | 鲨鱼类 | SKH |
| 黄鳍金枪鱼 | YFT | 魟 | |
| 鲣 | SKJ | 海龟（记录数量） | TTX |
| 扁舵鲣及双鳍舵鲣 | FRZ | | |
| 鲔 | KAW | | |
| 青干金枪鱼 | LOT | | |
| 康氏马鲛 | COM | | |
| 其他 IOTC 鱼类 | | | |

### 4. 备注

a. 所有渔具丢弃的金枪鱼类、类金枪鱼类及鲨鱼类应在备注中按鱼种记录重量（千克）或尾数[①]。

b. 遇到鲸鲨、海洋哺乳动物和海鸟的情况，应在备注中记录。

c. 其他信息也在备注中记录。

注意：渔捞日志所包含的鱼种是最低要求。其他非必须记录但经常捕获的鲨鱼类和（或）鱼种也应按照不同区域及渔业要求增列。

---

①忆及第 10-13 号《关于执行禁止围网渔船丢弃鲣、黄鳍金枪鱼、大眼金枪鱼及非目标鱼种的建议》（由第 13-11 号决议取代；其后由第 15-06 号决议取代）。

**附件 3**

## 手钓及曳绳钓规格

注意：本附件中的所有渔具，使用下列格式填写日期和时间

日期：记录投绳/投网/作业日期时间：记录 公历 年/ 月/ 日

时间：以 24 小时记录，可用当地时间或格林尼治标准时间或船旗国时间，要清楚注明记录的是什么时间。

**1. 手钓**

所有渔捞日志信息应按日填写；若在同一天捕鱼事件超过一项，建议每一事件分开填写。每航次记录一次，若每天作业则每月记录一次。

**报告信息**

a. 作业日期（多天作业时，填写提交渔捞日志的日期）。

b. 报告人姓名。

**渔船信息**

a. 渔船船名和登记号及 IMO 注册号（如有）。

b. IOTC 编号（如有）。

c. 渔船许可证号。

d. 渔船大小：总吨数和（或）总长（米）。

**航次信息**

a. 离港日期和港口名称。

b. 返港日期和港口名称。

**作业**

a. 渔捞作业日期。记录渔捞作业日期。应分别记录每一次的渔捞作业。

b. 船员人数。记录渔捞作业当天在船上的船员数量。

c. 渔具数量。记录渔捞作业当天所使用的钓线数量。若无确切的数量，可使用钓线数量等级。

　ⅰ. 5 根钓线以下。

　ⅱ. 6～10 根钓线。

　ⅲ. 11 根钓线。

　ⅳ. 捕捞的鱼群数量及类型（AFAD 或 DFAD、海洋哺乳动物、起水鱼、其他）。

记录当天捕捞的鱼群数量及类型（AFAD、DFAD、海洋哺乳动物依附鱼群或起水鱼群）。

　ⅴ. 渔获位置。

经纬度位置：可选择填写中午的位置，或开始投绳的位置，或作业区域代码（例如，塞舌尔 EEZ、公海等）。不在港内且未作业时，记录中午的经纬度。若按天记录信息，按 1°方格区域记录捕捞区域的信息。

　ⅵ. 鱼饵。

若可能，记录所使用的饵料种类（如鱼、鱿鱼）。

**渔获量**

按鱼种记录渔获尾数和（或）重量（千克）

a. 渔获尾数或重量。针对下列"物种"部分列出的捕获并留存的每一鱼种，应按照每天记录尾数及估计的活鱼重量（千克）。

b. 丢弃尾数或重量。针对下列"物种"部分所列出捕获但未留存的每一鱼种，应按照每天分别记录丢弃的尾数及估计的活鱼重量（千克）。

**物种**

渔获或丢弃物种 FAO 代码见附表 4-14。

附表 4-14　渔获或丢弃物种 FAO 代码

| 主要物种 | FAO 代码 |
| --- | --- |
| 黄鳍金枪鱼 | YFT |
| 大眼金枪鱼 | BET |
| 鲣 | SKJ |
| 平鳍旗鱼 | SFA |
| 印度枪鱼 | BLM |
| 其他旗鱼 | |
| 青干金枪鱼 | LOT |
| 鲔 | KAW |
| 扁舵鲣/双鳍舵鲣 | FRZ |
| 康氏马鲛 | COM |
| 斑点马鲛 | GUT |
| 鲨鱼类 | |
| 其他鱼类 | |
| 魟 | |
| 海龟（记录数量） | |

**备注**

其他相关信息也在备注中记录。

注：渔捞日志包括的鱼种信息为最低要求。其他非必须记录渔获物种应当按照不同区域及渔业类型增列。

**2. 曳绳钓**

所有渔捞日志信息应按日填写；若在同一天要记录一件以上的捕鱼事件，建议每一事件分开填写。每航次记录一次。

**报告信息**

a. 作业日期（多天数作业时，填写提交渔捞日志的日期）。

b. 报告人姓名。

**渔船信息**

a. 渔船船名和登记号及 IMO 注册号（如有）。

b. IOTC 编号（如有）。

c. 渔船许可证号。

d. 渔船大小：总吨数和（或）总长（米）。

**航次信息**

a. 出港日期及港口。

b. 返港日期及港口。

**作业**

a. 捕捞作业日期。记录捕捞作业日期。每一捕捞作业日应当分开记录。

b. 船员人数。记录捕捞作业当天在船上的船员数量。

c. 渔具数量。记录捕捞作业当天所使用的钓线数量。如无确切的数量，可使用钓线数量等级。

i. 3 根钓线以下。

ii. 超过 3 根钓线。

d. 捕捞的鱼群数量及类型。

捕捞的鱼群数量及类型（AFAD 或 DFAD、海洋哺乳动物、起水鱼、其他）。

记录当天捕捞的鱼群数量及类型（即 AFAD、DFAD、海洋哺乳动物依附鱼群或起水鱼群）。

e. 渔获位置。

经纬度位置：捕鱼作业时，可填写中午的位置，或开始投绳的位置，或作业区域代码（如塞舌尔 EEZ、公海等）。不在港内且未作业时，记录中午的经纬度。

若每天记录信息，按 1°方格区域记录捕捞区域的信息。

**渔获量**

按鱼种记录渔获尾数和（或）重量（千克）

a. 留存渔获尾数和（或）重量。

针对下列"物种"部分所列出的捕获并留存的每一鱼种，按天记录尾数及估计的活鱼重量（千克）。

b. 丢弃尾数和（或）重量。

针对下列"物种"部分所列出的捕获但未留存的每一鱼种，按天记录丢弃的尾数及估计的活鱼重量（千克）。

**物种**

渔获或丢弃物种 FAO 代码见附表 4 - 15。

附表 4 - 15　渔获或丢弃物种 FAO 代码

| 主要物种 | FAO 代码 |
| --- | --- |
| 黄鳍金枪鱼 | YFT |
| 大眼金枪鱼 | BET |
| 鲣 | SKJ |
| 长鳍金枪鱼 | ALB |

（续）

| 主要物种 | FAO 代码 |
|---|---|
| 剑鱼 | SWO |
| 蓝枪鱼 | BUM |
| 印度枪鱼 | BLM |
| 条纹四鳍旗鱼 | MLS |
| 平鳍旗鱼 | SFA |
| 其他旗鱼 | |
| 青干金枪鱼 | LOT |
| 鲔 | KAW |
| 扁舵鲣 | FRZ |
| 康氏马鲛 | COM |
| 斑点马鲛 | GUT |
| 鲨鱼类 | |
| 其他鱼类 | |
| 魟 | |
| 海龟（记录数量） | |

**备注**

其他信息也在备注中记录。

注：渔捞日志中包括的鱼种为最低要求。其他非必须记录的渔获物种应按照不同捕捞区域及渔业类型予以增列。

## 8. 第15-02号　关于IOTC缔约方和合作的非缔约方（CPC）强制性统计报告要求的决议

IOTC，《UNFSA》鼓励沿海国及公海捕鱼国，以及时的方式，收集并分享有关捕捞活动的完整且准确的数据，除此之外，包括船位、目标及非目标鱼种渔获量和捕捞努力量数据。

注意到FAO《负责任渔业行为守则》要求各国汇总与分区域或者RFMO管理的鱼类种群有关的渔业数据和其他科学数据，并及时提供给该渔业管理组织。

忆及缔约方对IOTC《协定》第5条规定作出的承诺：保持对种群状况及趋势进行审议，并收集、分析和传播科学信息、渔获量和捕捞努力量统计数据以及其他与IOTC《协定》包括的种群养护和管理及渔业相关的数据。

认识到只有在缔约方遵守IOTC《协定》第11条规定时才能兑现上述承诺，即以及时的方式提供最低要求的统计、其他数据及信息。

IOTC SC已经多次强调按时提交数据的重要性。

考虑到辅助船的活动和FAD的使用属于围网作业船队捕捞努力量的一部分。

考虑到IOTC在2015年通过第15-02号《关于IOTC缔约方和合作的非缔约方（CPC）强制性统计报告要求的决议》。

注意到SC关注在IOTC管辖的CPC的渔业中缺少海龟及海洋哺乳类死亡数量的数据，削弱了对海龟及海洋哺乳类误捕程度进行估计的能力，并削弱了IOTC应对及预防渔业对此类海洋物种造成负面影响的能力。

进一步注意到SC认识到有些物种正处于严重濒危的状况，他们关注无法对印度洋海鸟状况进行评估，并且CPC缺少渔业对有关海鸟造成影响的报告，已经严重削弱了IOTC应对及预防捕捞对海鸟造成负面影响的能力。

考虑到第17次SC的建议。

进一步考虑到在联合国大会第67-79号有关可持续渔业的决议中，呼吁各国独自、合作或通过RFMO及安排，收集必要的数据，以评估和密切监控FAD的使用，及其对金枪鱼类资源、金枪鱼类行为及相关和从属物种的影响，以改进监控FAD数量、类型及使用的管理程序，并减少对生态系统可能造成的负面影响，包括对幼鱼及非目标物种的意外兼捕，特别是鲨鱼类及海龟。

按照IOTC《协定》第9条第1款规定，决议如下：

（1）CPC应按照下述第（7）条规定的时间，向IOTC秘书处提供下列数据：

（2）总渔获量数据：

分鱼种和渔具的总渔获量估计，如可能，按季度，应按照第7条要求每年提交（如可能，留存的按活体重量，丢弃的按活体重量或尾数区分）IOTC强制要求报告的所有鱼种，以及根据第15-01号《关于在IOTC管辖海域记录渔船渔获量及捕捞努力量的决议》（或者任何后续取代决议）所规定记录的渔获量和兼捕渔获物中最常被捕获的板鳃类物种。

（3）鲸类、海鸟及海龟数据，应按照第13-04号《关于鲸类养护的决议》、第12-06号《关于减少延绳钓渔业误捕海鸟的决议》和第12-04号《关于海龟养护的决议》（及任何后续取代的决议）的规定提交。

（4）渔获量及捕捞努力量数据[①]：

a. 表层渔业。应按月份提交 1°方格海域的分鱼种渔获重量和捕捞努力量数据。围网和竿钓渔业数据应按鱼群类型分类上报（例如起水鱼群或者漂浮物依附鱼群）。数据应为各种渔具的每月估计的渔获量。定期向 IOTC 提供描述所使用的估算方法和过程的文件（包括与渔捞日志的覆盖率一致的换算系数）。所报告的捕捞努力量的计量单位要与第 15 - 01 号决议（或任何后续取代决议）所要求的计量单位一致。

b. 延绳钓渔业。应向 IOTC 提供按月份和 5°方格海域的各鱼种渔获尾数和重量以及投放的钓钩数为单位的捕捞努力量数据，定期向 IOTC 提供描述所使用的估算方法和过程的文件（包括与渔捞日志的覆盖率一致的换算系数）。根据 IOTC SC 相关工作小组的工作，应按月份和 1°方格海域或者更精细的尺度提供延绳钓渔业数据，上述数据仅供 IOTC SC 及其工作小组使用，但需经数据所有者的同意，并按照 IOTC 第 12 - 02 号《关于数据保密政策及程序的决议》规定，及时供科学研究使用。所报告的捕捞努力量的计量单位应与第 15 - 01 号决议（或任何后续取代决议）所要求的计量单位一致。

c. 沿海渔业。应按照第（7）条，每年提交分鱼种渔获量数据，并应经常提交渔具及捕捞努力量数据。如能更好地代表有关渔业，可选择使用地理区域表示。所报告的捕捞努力量计量单位应该与第 15 - 01 号决议（或任何后续取代决议）所要求的计量单位一致。按照第 15 - 01 号《关于 IOTC 管辖海域记录渔船渔获量和捕捞努力量的决议》（或任何后续取代决议）记录渔获量和兼捕渔获物的要求，适用于金枪鱼类及类金枪鱼类的条款，也应适用于通常能捕到的板鳃类物种。

（5）体长数据。按照第（4）条规定及按照《关于向 IOTC 报告渔业统计数据的指南》规定的程序，所有渔具捕捞的所有物种的体长数据。体长采样应严格按照描述的随机抽样方案进行，以提供无偏差的体长数据。采样覆盖率应按作业渔具和鱼类类型确定，至少每吨渔获物测定一尾鱼，保证采样对所有作业时期和区域均具有代表性。或者，作为国家观察员计划的一部分，可提供延绳钓船队的体长数据。该国家观察员计划中，国家观察员覆盖率至少达到所有捕捞活动的 5%。各鱼种的体长数据，包括测定的鱼类的总尾数，应按月份、渔具类型和鱼群类型（例如围网船队的起水鱼群或者漂浮物依附鱼群）以 5°方格海域提交。也应提供包括分鱼种和渔业类型的采样覆盖率和换算方法的说明文件。

（6）考虑到围网辅助船的活动和 FAD 的使用，属于围网船队捕捞努力量的组成部分，CPC 应提供下列信息：

a. 围网辅助船的数量和特性：

ⅰ. 悬挂其旗帜作业。

ⅱ. 协助悬挂其旗帜的围网船作业。

ⅲ. 持许可证在其 EEZ 作业，并出现在 IOTC 管辖区域。

b. 辅助船船旗国按月份和 1°方格海域报告围网船和辅助船的海上天数数据。

---

①延绳钓鱼业：由在 IOTC 授权渔船记录中的船舶使用延绳钓渔具的渔业。

沿海渔业：除了以上明确的延绳钓或表层渔业以外的渔业，也称为手工渔业。

c. 每季度围网船和辅助船总网次数。

ⅰ. 作业位置、日期、FAD 识别号码及 FAD 类型（即流木或废弃物、漂浮的木筏或者带有网片的 FAD、漂浮木筏或无网片的 FAD、AFAD 或其他 FAD，如竹筏或动物尸体等）。

ⅱ. 每一 FAD 的结构特点［与第 15-08 号（由 17-08 号、18-08 号和 19-02 号取代）《FAD 管理计划步骤，包括 FAD 数量的限制、更详细的 FAD 作业渔获报告和开发改良版的 FAD 设计，以便减少非目标物种缠绕的决议》的附件 1 一致）。

这些数据将仅供 IOTC SC 及其工作小组使用，但须经数据所有人同意，并受 IOTC 第 12-02 号《关于数据保密政策及程序的决议》保护，仅以适时方式提供。

（7）向 IOTC 秘书处提交数据的时间：

a. 公海作业的延绳钓船队应在每年 6 月 30 日前提交前一年的初步数据，并在每年 12 月 30 日前提交前一年的最终数据。

b. 所有其他船队（包括辅助船）应在每年 6 月 30 日前提交前一年的最终数据。

c. 如最终数据无法在规定时间前提交，至少应提交初步的统计数据。如迟交时间超过 2 年，对历史数据的所有修正应有正式报告并有充分的证据。这些报告应按照秘书处提供的表格格式完成，并且经过 IOTC SC 审议。IOTC SC 将会为 IOTC 秘书处提供修订后的数据是否可用于科学研究的咨询意见。

（8）本决议取代 IOTC 第 10-02《关于缔约方和合作的非缔约方强制性统计要求的决议》。

## 9. 第 15 - 03 号　船舶监测系统（VMS）方案的决议

IOTC，注意到在 2001 年 3 月 27—29 日于日本烧津召开的关于综合监控和检查制度的会议闭会期间的结果。

认识到基于卫星的 VMS 对 IOTC 养护和管理计划，包括遵守规定的作用。

认识到 IOTC 第 02 - 02 号决议（由第 06 - 03 号决议、第 15 - 03 号决议取代）呼吁在 2004 年 1 月 1 日前通过基于卫星的 VMS 试验性方案。

注意到第 02 - 02 号决议（由第 06 - 03 号决议、第 15 - 03 号决议取代），对适应那些缺乏足够能力可立即在国家层面上执行 VMS 的缔约方，允许采用渐进方式推进 VMS。

认识到 IOTC 第 02 - 02 号决议（由第 06 - 03 号决议、第 15 - 03 号决议取代）为本地区的发展中国家具备执行此决议的能力作出了安排。

意识到许多缔约方已对其船队建立 VMS 计划，并且在支持 SC 养护和管理计划上，它们的经验可能有所帮助。

按照 IOTC《协定》第 9 条第 1 款规定，决议如下：

（1）CPC 应对所有悬挂其旗帜并且船长在 24 米以上，或者 24 米以下在船旗国 EEZ 外作业，并且在 IOTC 管辖区域内捕捞 IOTC《协定》包括的鱼种的所有船舶，采用一套基于卫星的 VMS。

（2）自第 06 - 03 号决议被取代后［见第（1）条］，那些当前仍没有要求其全部渔船按照规定安装 VMS 的 CPC，应在 2016 年 4 月向 COC 提交一份完全履行国家层面上的 VMS 义务的计划，提出其最多 3 年（至 2019 年 4 月止）的渐进式方案，并且至少在 2017 年 9 月前达到 50%。

（3）任何尚未按照第 06 - 03 号决议（由第 15 - 03 号决议取代）（或任何后续取代决议）要求安装 VMS 的 CPC 的船舶，应要求其最多在一年内（即 2016 年 4 月前）需完全履行其国家层面上的 VMS 义务。

（4）IOTC 可根据 CPC 所采用的 VMS，在 IOTC 管辖区域建立标准化的 VMS 登记、执行及运行指南。

（5）收集的信息应包括：

a. 船舶识别。

b. 当前船舶的位置（经纬度），船位误差应低于 500 米并且可信度达 99%。

c. 确定上述船位的日期和时间（以 UTC 表示）。

（6）每一个 CPC 应采取必要措施，以确保其 FMC 通过 VMS 收到第（5）条所要求的信息；确保 FMC 备有能自动处理数据和电子传送的计算机硬件和软件。当系统发生故障时，每一个 CPC 应提供数据备份和恢复程序。

（7）每一个 CPC 应确保悬挂其旗帜的每艘渔船至少每 4 小时传送一次第（5）条所要求的信息给 FMC。每一个 CPC 应确保悬挂其旗帜的渔船船长能保证卫星跟踪系统在任何时间均运作正常。

（8）作为船旗国的每一个 CPC，应确保在其船舶上的船舶监测系统能防窜改，即该 VMS 的型式及规格可预防输入或者输出不真实的船位，并且无法通过手动、电子或者其他方式强制操作

VMS。为此，船上安装的卫星监控设备必须：

a. 放置在密封装置内。

b. 受官方封条（或机械装置）保护，此类保护可以显示装置是否被侵入或者窜改。

（9）有关卫星跟踪设备的责任、当卫星跟踪设备发生技术故障或者障碍时的要求见附件 1 的规定。

（10）第（1）条所指的渔船在尚未安装 VMS 前，应至少每日通过电子邮件、传真、电报、电话及无线电向其 FMC 报告。在向其主管部门报告时，除必须包括第（5）条所要求的数据外，还应包括：

a. 捕捞作业开始时的船位。

b. 捕捞作业结束时的船位。

（11）未能履行本决议所列义务的 CPC，应向 IOTC 秘书处报告。

a. 有关执行本决议的现有系统、基础设施和能力。

b. 执行此类系统的障碍。

c. 执行要求。

（12）每一 CPC 应在每年 6 月 30 日前，向 IOTC 秘书处提交一份按照本决议执行 VMS 计划的进度报告。IOTC 秘书处应在 IOTC 年会前汇总这类报告，并向 COC 提交汇总报告。IOTC 将根据报告，结合今后 VMS 的发展，讨论如何更好地执行其养护和管理措施。

（13）如果 CPC 认为执行 VMS 计划能确保 IOTC 养护和管理措施的有效性，鼓励 CPC 将本决议的适用范围扩大到第 1 条未提及的所有渔船。

（14）本决议取代第 06－03 号《关于建立船舶监测系统方案的决议》。

**附件 1**

## 卫星跟踪设备的性能要求和当卫星跟踪设备发生技术故障或者障碍时的要求

1. 若任一 CPC 有信息怀疑船上的船舶监控设备无法满足第 4 条的要求，或者已被窜改，应立即通知秘书处及该船的船旗国。

2. 需安装 VMS 的船舶船长及船东/持照人应确保安装在其渔船上的船舶监控设备在 IOTC 管辖区域内所有时间内皆可正常运作。船长及船东/持照人应确保：

（1）VMS 报告及信息无任何形式的变更。

（2）连结在卫星监控设备的天线无任何遮蔽。

（3）卫星监控设备的电力供应无任何形式的中断。

（4）船舶监控设备不得从船上移除。

3. 船舶监控设备应在 IOTC 管辖区域内持续运行。但当船舶在港内停泊的时期超过一星期，经事先通知船旗国并经过船旗国批准，如果船旗国有意愿也可通知秘书处，只需满足以下条件即可关闭船舶监控设备：该设备重新启动后首次发送的船位与最后 1 次报告的船位相比显示船舶未变更船位。

4. 当船舶上的卫星跟踪设备发生技术障碍和故障时，应在一个月内修复或更换设备。超过这个期限，不允许船长使用损坏的卫星跟踪设备进行捕捞作业。并且，当捕捞航次超过一个月以上，遇到设备停止运行或技术障碍，该船在进港后需要立即进行修复或更换，船舶不应在卫星跟踪设备尚未修复或者更换的情况下获准开始捕捞航次。

5. 当船上的船舶监控设备发生技术障碍及故障时，该船船长或者船东或其代表，应立即通知船旗国的 FMC，并且船旗国如果有意愿也可按照本附件第 6 款，在第一时间检测到或接收到有关技术障碍及故障的通知时向 IOTC 秘书处报告。当船上的船舶监控设备发生技术障碍或者故障时，该船船长或者船东或其代表，应每 4 小时通过电子邮件、传真、电报、电话和无线电，向船旗国 FMC 发送本决议第（5）条所要求的信息。

6. 当船旗国超过 12 小时未收到按照本决议第（7）条及本附件第 5 款的信息时，或者当有理由怀疑按照本决议第（7）条以及本附件第 5 款所发送的信息的准确性时，船旗国应尽快将此状况通知船长或者船东或其代表。如果这种状况在一年内在某一船舶上发生 2 次以上，船旗国应就此事件展开调查，包括派遣一名经授权的官员检查其所属设备，以便证实设备是否已遭窜改。此调查结果应在调查完成后 30 天内传至 IOTC 秘书处。

7. 有关本附件的第 5 款及第 6 款，每一 CPC 在检测到或者接收到渔船的船舶监测设备发生技术障碍或者故障通知时，应尽快但最迟不应超过 2 个工作日，向 IOTC 秘书处发送有关此船的船位，或应确保由该船船长或者船东或其代表发送船位报告。

## 10. 第 16 - 07 号　关于使用人造灯光吸引鱼类的决议

IOTC，认识到 IOTC 有责任采取养护管理措施，以减少由 FAD 捕捞努力量而造成的大眼金枪鱼及黄鳍金枪鱼幼鱼的死亡率。

回顾 IOTC《协定》所确定的目标：通过适当的管理，保证 IOTC《协定》所包括物种资源的养护和最佳利用，并鼓励这种资源的渔业得到可持续发展，并将兼捕程度降低到最小。

承认所有用以捕捞 IOTC 管理资源而使用的渔具需要进行管理以确保捕捞作业的可持续性。

注意到联合国大会第 67 - 79 号有关可持续渔业所做出的决议：呼吁各国独自、合作或者通过 RFMO 及安排，收集必要的数据来评估并密切监控大型 FAD 和其他装置的使用，视情况评估并密切监控对金枪鱼类资源、金枪鱼类行为及相关和依赖物种的影响，以改进监控这类装置的数量、类型以及管理程序，并减轻其对生态系统可能造成的负面影响，包括对幼鱼和非目标物种的兼捕，特别是鲨鱼及海龟。

忆及 1995 年 3 月 14—15 日，罗马召开 FAO 渔业部长级会议，回顾该会议通过的《世界渔业罗马共识》，提出"各国应……减少兼捕、丢弃鱼类……"。

按照 IOTC《协定》第 9 条第 1 款规定，决议如下：

（1）禁止悬挂 IOTC CPC 船旗的渔船及其他船舶，包括补给、支援和辅助船，在领海外为聚集金枪鱼类及类金枪鱼类使用、装设或者操作水面上或者水下的人造灯光。在 DFAD 上也禁止使用灯光。

（2）CPC 应禁止其船舶在 IOTC 管辖海域，故意在配备人造灯光以吸引 IOTC 所管辖金枪鱼类及类金枪鱼类的船舶或者 DFAD 周围或者附近，从事捕鱼活动。

（3）渔船在 IOTC 管辖海域作业遇到配备有人造灯光的 DFAD，应尽量将其移除并带回港内。

（4）尽管有第（1）条规定，但目前有渔船使用这类人造灯光以聚集金枪鱼类及类金枪鱼类的 CPC 可继续允许这类船舶使用这种灯光，直到 2017 年 12 月 31 日为止。欲应用本条款的 CPC 应在本决议通过后 60 天内，向秘书处提交报告。

（5）航行灯光以及为确保安全工作环境所必要的灯光，不受本决议影响。

（6）本决议取代第 15 - 07 号《关于使用人造灯光将鱼吸引至漂流集鱼装置的决议》。

## 11. 第 16 - 08 号　关于禁止使用航空器和无人航空器作为捕鱼辅助工具的决议

IOTC，忆及在《UNFSA》第五条第 C 款，确定应用预防性做法作为健全渔业管理的一般原则。

注意到 IOTC 通过的第 09 - 01 号决议中，绩效评估工作小组第 37 款及第 38 款建议指出，在修订或者取代 IOTC《协定》以纳入现代渔业管理原则之前，IOTC 应实施 UNFSA 提出的预防性做法。

承认为了粮食安全、生计、经济发展、多鱼种相互影响及对环境的影响，需要确保金枪鱼类及类金枪鱼类渔业的可持续发展。

考虑到第 12 - 01 号《关于实施预防性做法的决议》，按照相关国际标准，特别是 UNFSA 制定的指南，确保 IOTC《协定》第五条规定的渔业资源可持续利用。

回顾 IOTC《协定》所确定的目标为：通过适当管理，确保该 IOTC《协定》所涵盖的种群的养护和最佳利用，并鼓励基于此类种群的渔业的可持续发展。

承认所有捕捞 IOTC 管理种群的渔具都应纳入管理，以确保捕捞作业的可持续性。

考虑到航空器是指用于航行或者在空中飞行的装置，特别是包括但不限于飞机、直升机和任何允许一个人离开地面飞行或者盘旋的装置。无人航空器是指任何能够在空中飞行的装置，可在无人的情况下以遥控、自动或者其他方式驾驶，包括但不限于无人机。

承认使用航空器和无人航空器作为捕鱼/搜索辅助工具，因提高了探测鱼群的能力，所以可大幅提高金枪鱼渔船的捕捞努力量。

按照 IOTC《协定》第 9 条第 1 款规定，决议如下：

（1）IOTC CPC 应禁止悬挂其旗帜的渔船、辅助船及支援船使用航空器或者无人航空器作为捕鱼辅助工具。

（2）尽管有第（1）条的规定，但目前有使用航空器及无人航空器作为捕鱼辅助工具的渔船的 CPC，可允许这类船舶在 2017 年 12 月 31 日前继续使用。欲按照本条款执行的 CPC 应在本决议通过后 120 天内，向秘书处提交报告。

（3）任何在 IOTC 管辖海域使用航空器或者无人航空器进行捕鱼作业的行为，应向船旗国和 IOTC 秘书处报告，并通报 COC。

（4）用于科研或者 MCS 的航空器或者无人航空器，不适用于本措施第（1）条的限制。

## 12. 第16-11号　关于预防、阻止和消除IUU捕捞的港口国措施的决议

IOTC，深度关注在IOTC管辖区域持续发生IUU捕鱼活动，及其对鱼类资源、海洋生态系统和合法渔民生计，尤其是对发展中小岛国及相关区域日益增加的粮食安全需求造成的不利影响。

认识到港口国在采取有效措施促进海洋生物资源可持续利用和长期养护方面所起的作用。

承认打击IUU捕鱼活动所采取的措施应建立在船旗国的主要责任和按照国际法所有相关的管辖权，包括港口国措施、沿海国措施、相关市场措施的基础上以确保国民不支持或者不从事IUU捕鱼。

承认港口国措施为预防、阻止和消除IUU捕鱼活动提供了一个强有力并且成本效益高的方法。

认识到需要通过采取港口国措施加强区域和区域之间的协调性，以便打击IUU捕鱼活动。

意识到需要协助发展中国家，尤其是发展中小岛国，采取和实施港口国措施。

考虑到具有约束力的打击IUU捕鱼《港口国措施协定》已经在2009年11月于FAO框架下通过并开放签署，并希望在IOTC管辖区域以有效方式实施《港口国措施协定》。

牢记根据国际法，CPC对其领土内港口行使主权时，应当采取更为严格的措施。

忆及《UNCLOS》的有关条款。

忆及1995年12月4日《UNFSA》、1993年11月24日《促进公海渔船遵守国际养护和管理措施的协定》以及1995年《负责任渔业行为守则》。

认识到最近在制定的第10-11号《关于预防、阻止和消除IUU捕鱼港口国措施》决议附件Ⅳ规定的计算机化通讯系统〔称为电子港口国措施（以下简称e-PSM）应用软件〕，以及应用该软件提交的国家培训计划的成就。

确保采纳并逐渐过渡到完全使用e-PSM，以促进遵守本决议。

按照IOTC《协定》第9条第1款规定，决议如下。

### 第一部分　总　　则

（1）所使用的术语。

根据本决议：

a. "鱼类"是指IOTC《协定》所包括的所有高度洄游性鱼类种群。

b. "捕鱼"是指寻找、吸引、定位、捕捉、捕捞或获取鱼类的活动，或者从事任何可以合理预期而导致吸引、定位、捕捉、捕捞或获取鱼类的任何活动。

c. "捕鱼相关活动"是指任何支持或准备捕鱼的行动，包括先前未在港口卸下的鱼类的卸载、包装、加工、转载或者运送作业以及在海上提供人员、燃油、渔具和其他物资补给的活动。

d. "IUU捕鱼"是指第09-03号决议（后由第11-03号、17-03号和18-03号决议取代）第1条所述的活动。

e. "港口"包括离岸码头和其他用于卸载、转载、包装、加工、加油或者补给的其他设施。

f. "船舶"是指用于、装备用于，或者意图用于捕鱼或者捕鱼相关活动的任何船舶、其他类型的船只或者小船。

（2）目标。本决议的目标是通过有效实施港口国措施，管理 IOTC《协定》区域内鱼类的渔获量，从而预防、阻止和消除 IUU 捕鱼，确保这些资源和海洋生态系统的长期养护和可持续利用。

（3）应用。

a. 作为港口国，每一 CPC 应对寻求进入其港口或者已在其港口的不是悬挂其旗帜的船舶，采取本决议的相关规定，但以下船舶除外：

ⅰ. 为生计从事手工捕鱼的邻国船舶，前提是该港口国和该船旗国合作确保这些船舶不从事 IUU 捕鱼或者不支持 IUU 捕鱼的相关活动。

ⅱ. 未装运鱼类，或仅装运先前已卸载鱼类的集装箱船，前提是没有证据怀疑这些船舶从事支持 IUU 捕鱼的相关活动。

b. 实施本决议应以公平、透明和非歧视的方式进行，并符合国际法。

c. 每一 CPC 可使用在 IOTC 网站上可获得的 e-PSM 系统来实施本决议。从 2016 年起实施为期 3 年的试验期，将提供一个完整的培训计划，并进一步完善与发展。CPC 应鼓励所有利益相关方（船舶代表、港口国和船旗国）尽可能地应用 e-PSM 应用软件来遵守本决议，并在 2020 年 1 月 1 日前为其提供反馈意见帮助其进一步完善。在 COC 第 16 届会议中，应评估本应用软件的成效，并考虑是否强制应用并确定实施期。在此日期后，如果仍无法使用网络，可以按照第（6）条（进港的事先要求）手动提交报告。

（4）国家层面的整合与协调。

每一 CPC 应尽最大可能：

a. 将渔业相关的港口国措施与更广泛的港口国管控体系相结合或协调。

b. 将港口国措施与其他预防、阻止和消除 IUU 捕鱼和支持此类捕鱼相关活动的措施相结合，并酌情考虑 2001 年 FAO 的《预防、阻止和消除 IUU 捕鱼国际行动计划》。

c. 采取措施，在相关国家机构之间交换信息，并协调这些机构执行本养护和管理决议方面的相关活动。

## 第二部分　进　　港

（5）港口的指定。

a. 每一 CPC 应指定并公布船舶可按照本决议要求进入的港口。每一 CPC 应在 2010 年 12 月 31 日前向 IOTC 秘书处提供其指定的港口的名单，IOTC 秘书处应在 IOTC 网站上公布该名单。

b. 每一 CPC 应尽最大可能，确保根据第（5）条 a 款指定和公布的每一港口具有足够的按照本决议进行检查的能力。

（6）进港的事先要求。

a. 每一 CPC 应在允许船舶进港前，要求该船事先提供附件 1 所要求的信息。

b. 每一 CPC 应要求在进港前至少 24 小时，提供第（6）条 a 款规定的相关信息，或者假如该船距离进港时间少于 24 小时，在捕鱼作业结束后立即提供。对于后者，港口国必须有足够的时间核实这些信息。

（7）进港授权或拒绝。

a. 在收到第（6）条要求提供的相关信息，以及用来决定申请进港船舶是否从事 IUU 捕鱼或者支持此类捕鱼的相关活动的其他可能需要的信息后，每一 CPC 应决定是否授权或者拒绝该船舶进入其港口，并将此决定通知该船舶或者其代表。

b. 假如准许进港，应该要求该船船长或者该船代表在船舶抵达港口时，向该 CPC 主管机关出示进港授权书。

c. 假如拒绝其进港，每一 CPC 应将其按照第（7）条 a 款所作的决定通知该船船旗国，并且假如条件允许应尽可能地告知相关沿海国和 IOTC 秘书处。若 IOTC 秘书处认为此事件有助于全球打击 IUU 捕鱼活动，可将此决定向其他 RFMO 秘书处通报。

d. 在不违反第（7）条 a 款规定的情况下，当 CPC 有充分证据证明某艘寻求进入其港口的船舶，已从事 IUU 捕鱼或者支持此类捕鱼的相关活动，尤其是该船由某一 RFMO 按照该组织规则、程序和国际法规定，列入从事 IUU 捕鱼或者相关活动的船舶名单内，该 CPC 应拒绝该船进港。

e. 尽管有第（7）条 c 款和第（7）条 d 款规定，CPC 可允许前述船舶以接受检查为目的进入其港口，采取符合国际法，并至少与拒绝进港等效的其他适当措施，预防、阻止和消除 IUU 捕鱼和支持此类 IUU 捕鱼的相关活动。

f. 因某一原因，第（7）条 d 款或者第（7）条 e 款所述船舶在港停靠，CPC 应拒绝该船利用其港口卸下、转载、包装和加工鱼类和港口其他服务，尤其包括加油和补给、维修和上坞等。在这种情况下，应适用第（9）条 a 款和第（9）条 c 款的规定。拒绝使用港口的这种行为符合国际法。

（8）不可抗力或者遇难。

本决议不可以影响船舶按照国际法因为不可抗力或者遇难而进港的特殊情况，或者阻止港口国允许专门向遇险或者遇难中的人员、船舶或者航行器以提供援助为目的的进港。

### 第三部分　港口的使用

（9）港口的使用。

a. 当某船舶进入 CPC 某一港口时，该 CPC 应按其法律规定和国际法，包括本养护和管理决议的规定，拒绝该船使用港口卸下、转载、包装和加工先前未卸下的鱼类，以及使用港口其他服务，包括加油和补给、维修和上坞等，前提是：

ⅰ. 该 CPC 发现该船没有其船旗国所规定的从事捕鱼或者捕鱼相关活动的有效并且适用的授权。

ⅱ. 该 CPC 发现该船舶没有沿海国所规定的有关在该国管辖区域从事捕鱼或者捕鱼相关活动的有效并且可用的授权。

ⅲ. 该 CPC 收到明显证据证明船上渔获物是违反某沿海国管辖区域内的相关规定的。

ⅳ. 船旗国没有按照港口国要求在合理时间内确认船上鱼类的获取是符合相关 RFMO 的规定捕获的。

ⅴ. 该 CPC 有合理理由相信该船舶从事 IUU 捕鱼或者支持此类捕鱼的相关活动，包括支持第（7）条 d 款所指船舶的活动，除非该船舶能够证实：其行为方式符合 IOTC 有关决议；假如在海上提供人员、燃料、渔具和其他补给，接受供应的船舶在补给时，不属于第（7）条 d 款所指的船舶。

b. 尽管有第（9）条 a 款规定，但 CPC 不应拒绝该条所指船舶使用其港口服务，如果：

ⅰ. 如有充分证据证明，对船员的安全或健康，或者船舶的安全至关重要。

ⅱ. 在适当的情况下，为拆解该船舶。

c. 当 CPC 按本节规定拒绝船舶使用其港口，应立即将此决定通知该船船旗国，并酌情通知有关沿海国、IOTC，或者其他 RFMO 和其他相关国际组织。

d. 如果有充分证据显示拒绝某船舶使用港口的决定是不适当或者错误的，或者这些依据已不适用时，CPC 应撤回按照第（9）条 a 款拒绝使用其港口的决定。

e. 当 CPC 按照第（9）条 d 款撤回其拒绝进港的决定时，其应立即通知按照第（9）条 c 款所通知的各方。

### 第四部分　检查和后续行动

（10）检查级别和重点。

a. 每一 CPC 在每一报告年应至少对在其港口的上岸量或者转载量的 5% 进行检查。

b. 检查应涉及监控所有卸岸或者转载情况，以及包括比对进港通知所述卸岸或者转载的各鱼类的数量与实际卸岸或者转载的各鱼类数量。当已完成卸岸或者转载作业时，检查员应当核实和注意留存在船上的各鱼类的数量。

c. 国家检查人员应尽可能地避免延误一船舶，以及应确保船舶受到的干扰与不便最低，并且避免造成鱼类品质下降。

d. 港口 CPC 可以邀请其他 CPC 检查员陪同自己的检查人员，观察悬挂另一 CPC 旗帜的渔船所捕捞的渔获物的卸下或者转载作业活动。

（11）进行检查。

a. 每一 CPC 应确保其检查员履行附件 2 所列各项职责作为最低标准。

b. 每一 CPC 在其港口进行检查时应该：

ⅰ. 确保检查活动是由经过授权的合格检查员进行的，尤其是需要考虑第（14）条的规定。

ⅱ. 确保检查员在检查前向船长出示证明其检查员身份的有效证件。

ⅲ. 确保检查员仔细检查船舶所有相关区域、船上渔获、网具和其他渔具、设备，以及船上任何与核查是否遵守相关养护管理决议有关的文书或者记录。

ⅳ. 要求船长向检查员提供所有必要的协助和信息，并且按照要求提供相关材料和文件，或者经过适当验证的副本。

ⅴ. 假如与船舶船旗国有适当安排，邀请该船旗国参加检查。

ⅵ. 尽可能地避免延误船舶，将对船舶的干扰和不便程度降至最低，包括不必要的检查人员登船，以及避免对船上的鱼类品质产生不利影响的行动。

ⅶ. 尽可能地促进与该船船长或者资深干部船员的沟通，包括在可行和需要的情况下，检查员由翻译员陪同。

ⅷ. 确保检查方式公正、透明、不歧视，不会对船舶构成任何骚扰。

ⅸ. 在符合国际法规定下，不干扰船长与船旗国当局联络。

（12）检查结果。每一 CPC 应要求每次检查结果的书面报告均包括附件 3 所列的信息，并将其作为最低标准。

（13）检查结果的传送。

a. 港口 CPC 应在完成检查后 3 个工作日内通过电子方式传送检查报告，并经要求，把正本或者经过验证的副本传送给受检船舶的船长、船旗国和 IOTC 秘书处，如条件允许还应传送给：

i. 任何把渔获转载至受检船舶的船旗国。

ii. 相关 CPC 和国家，包括经检查证明其船舶在其国家管辖区域内从事 IUU 捕鱼和支持此类捕鱼的相关活动的国家。

iii. 船长国籍所属的国家。

b. IOTC 秘书处应毫不延迟地将检查报告传送给相关 RFMO，并将检查报告在 IOTC 网站上公布。

（14）检查人员的培训。每一 CPC 应根据实际情况参考附件 5 的检查员培训指南，确保其检查员受到适当培训。CPC 应就此寻求合作。

（15）港口国检查后的行动。

a. 检查完成后，如果有明确证据证明某艘船舶从事 IUU 捕鱼或者支持此类捕鱼的相关活动时，进行检查的 CPC 应该：

i. 将其发现立即通知船旗国、IOTC 秘书处，并且根据实际情况，也应通知相关的沿海国、其他 RFMO 以及该船船长国籍所属的国家。

ii. 通过与本养护管理决议一致的方式，如果尚未对该船采取这类行动，可拒绝该船舶使用港口卸下、转载、包装或者加工先前未卸下的鱼类，或者使用港口其他服务，尤其是包括加油和补给、维修和上坞等活动。

b. 尽管有第（15）条 a 款的规定，CPC 不应该拒绝在该条所提到的船舶因为船员安全或者健康或者船舶安全必需使用其港口服务的要求。

c. 本决议没有任何规定阻止 CPC 除了采取第（15）条 a 款和第（15）条 b 款规定的措施之外，采取符合国际法的措施，包括船舶的船旗国已明确要求或者已同意的措施。

（16）港口国追索的信息。

a. CPC 应维护公众可获得的相关信息，若有书面请求，应向船舶所有人、经营者、船长或者船舶代表提供该 CPC 按照其国家法律法规，以及根据本决议第（7）、第（9）、第（11）条或者第（15）条所采取的港口国措施的任何追索权的信息，包括有关公共服务机构或司法机构的信息，以及关于是否有权按照其国家法律法规，在任何因该 CPC 被指控采取不正当行动而导致船舶所有人、经营者、船长或者船舶代表遭受任何损失或者损害的情况下，寻求赔偿的信息。

b. CPC 应酌情将此类追索的所有结果通知船旗国、船舶所有人、经营者、船长或者其代表。如果之前已把按照第（7）、第（9）、第（11）条或者第（15）条规定所做的决定通知其他缔约方、国家或者国际组织，CPC 应告知其决定的任何变动情况。

### 第五部分　船旗国的作用

（17）CPC 船旗国的作用。

a. 每一 CPC 应要求悬挂其旗帜的船舶与港口国合作，根据本决议进行检查。

b. 当 CPC 有明确理由相信悬挂其船旗的某艘船舶从事 IUU 捕鱼或者支持此类捕鱼的相关活动，并且正寻求进入另一国港口或者已在另一国港口停泊时，应酌情要求该国家对该船舶进行检查或者采取与本决议相符的其他措施。

c. 每一 CPC 应鼓励悬挂其旗帜的船舶，在根据本决议或符合本决议方式行事的国家的港口卸下、转载、包装和加工渔获物，并使用其他港口服务。鼓励 CPC 建立公正、透明和非歧视性的程序，以确定任何可能不按照本决议或以与本决议不相符的方式行事的国家。

d. 港口国检查后，当某一船旗国 CPC 收到的检查报告表明，有足够的理由相信悬挂其旗帜的船舶已从事了 IUU 捕鱼或者支持此类捕鱼的相关活动时，应该立即并全面调查此事，并应在有充足证据的情况下，毫不延迟地按照其法律法规采取相关执法行动。

e. 每一 CPC 应在船旗国的能力范围内，向其他 CPC、相关港口国，并视具体情况，向其他有关国家、RFMO 和 FAO，报告对悬挂其旗帜、且根据本决议执行港口国措施被确定为从事了 IUU 捕鱼或者支持此类捕鱼的相关活动的船舶所采取的行动。

f. 每一 CPC 应确保适用于悬挂其旗帜的船舶的措施和适用于第（3）条 a 款提及的船舶的措施，在预防、阻止和消除 IUU 捕鱼和支持此类捕鱼的相关活动方面至少一样有效。

### 第六部分　发展中国家的要求

（18）发展中国家的要求。

a. CPC 应充分认识到发展中 CPC 在执行本决议方面的特殊要求。为此，IOTC 应向发展中 CPC 提供援助，以便：

ⅰ. 加强其能力，尤其是最不发达国家和发展中小岛国，确立其有效执行港口国措施的法律基础和执法能力。

ⅱ. 帮助其参加旨在促进有效确立和实施港口国措施的国际组织的活动。

ⅲ. 提供技术援助，促进其与相关国际机构协调，以促进其港口国措施的制定和实施。

b. IOTC 应充分考虑发展中港口国 CPC 的特殊要求，特别是最不发达国家和发展中小岛国的特殊要求，确保不向其直接或者间接地转移因实施本决议所产生的不成比例的负担。如果证明出现了不成比例的负担转移，CPC 应合作，便于相关发展中 CPC 履行本决议规定的具体义务。

c. IOTC 应评估发展中 CPC 有关本决议实施的特殊要求。

d. IOTC CPC 应合作建立适当的筹资机制，帮助发展中 CPC 执行本决议。这些机制应专门针对：

ⅰ. 开发和加强能力，包括 MCS 能力，以及对国家和区域一级的港口经理人、检查员、执法和法律人员的培训。

ⅱ. 与港口国措施有关的 MCS 和履约活动，包括获得技术和设备。

ⅲ. 列出发展中 CPC，以及其根据本决议采取行动，在解决争端的任何诉讼中产生的费用。

### 第七部分　IOTC 秘书处的职责

（19）IOTC 秘书处的职责。

a. IOTC 秘书处应毫不延迟地将下列信息在 IOTC 网站上公布：

ⅰ. 指定的港口名单。

ⅱ. 每一 CPC 确定的预先通知期。

ⅲ. 每一港口 CPC 指定的主管机构的有关信息。

ⅳ. IOTC 港口检查报告格式模板。

b. IOTC 秘书处应立即将港口 CPC 所传送的所有港口检查报告副本在 IOTC 网站上加密区域发布。

c. 所有与某次卸鱼或者转载有关的表格，应该一起发布在网站上。

d. IOTC 秘书处应立即将检查报告传送给相关的 RFMO。

（20）本决议应适用于 IOTC 管辖海域内的 CPC 港口。位于 IOTC 管辖区域以外的 CPC，应努力应用本决议。

（21）本决议取代第 10 - 11 号《预防、阻止和消除 IUU 捕鱼港口国措施的决议》。

## 附件 1

要求进港船舶事先提供的信息见附表 4 - 16。

附表 4 - 16　要求进港船舶事先提供的信息

| | | | | |
|---|---|---|---|---|
| 1. 意图停靠港 | | | | |
| 2. 港口国 | | | | |
| 3. 预计抵达日期和时间 | | | | |
| 4. 目的 | | | | |
| 5. 上一个停靠港和日期 | | | | |
| 6. 船名 | | | | |
| 7. 船旗国 | | | | |
| 8. 船舶类型 | | | | |
| 9. 国际无线电呼号 | | | | |
| 10. 船舶联络信息 | | | | |
| 11. 船东 | | | | |
| 12. 注册号码证书 | | | | |
| 13. IMO 船舶识别码（若有） | | | | |
| 14. 外部识别码（若有） | | | | |
| 15. IOTC 识别码 | | | | |
| 16. VMS | 编号 | 是：国家 | 是：RFMO | 类型： |
| 17. 船舶尺寸 | 长度 | 型宽 | | 吃水 |
| 18. 船长姓名和国籍 | | | | |

19. 相关捕鱼授权

| 授权者 | 发证单位 | 有效期 | 渔区 | 鱼种 | 渔具 |
|---|---|---|---|---|---|
| | | | | | |
| | | | | | |
| | | | | | |

20. 有关转载授权

| 授权者 | | 发证单位 | | 效期 | |
|---|---|---|---|---|---|
| 授权者 | | 发证单位 | | 效期 | |

21. 有关供货渔船的转载信息

| 日期 | 位置 | 船名 | 船旗国 | 识别码 | 鱼种 | 产品 | 捕获区 | 数量 |
|---|---|---|---|---|---|---|---|---|
| | | | | | | | | |
| | | | | | | | | |

22. 船上总渔获量

23. 将卸下渔获

| 鱼种 | 产品形式 | 捕获区 | 数量 | 数量 |
|---|---|---|---|---|
| | | | | |
| | | | | |

### 附件 2

## 港口国检查程序

检查人员应：

1. 尽可能核实船上船舶身份文件和船东信息是否真实、完整和正确，包括必要时通过联系船旗国或者查询船舶国际记录。

2. 核实船舶的船旗和识别标志（如船名、外部注册号码、IMO 船舶识别码、国际无线电呼号、其他标识和主尺度）与文件中所记载信息是否相符。

3. 尽可能核实有关捕鱼和捕鱼相关活动的授权是否真实、完整、正确，并与附件 1 所提供信息是否相符。

4. 尽可能审查船上所有其他相关文件和记录，包括其电子文件和来自船旗国或者 IOTC 秘书处，或者相关 RFMO 的 VMS 数据。相关文件可包括渔捞日志、渔获量、转载和贸易文件、船员名单、配载计划和图纸、鱼舱说明及《濒危野生动植物国际贸易公约》所要求的文件。

5. 尽可能检查船上所有相关的渔具，包括任何贮藏在视线之外的渔具和相关设备，并尽可能核实渔具与授权条件是否相符。也应尽可能核对渔具，确保其特征与相关规范相符，比如网目尺寸和网线直径、设备和配件、鱼网尺寸与结构、笼壶、耙具、鱼钩尺寸和数量等，并确保其标识与该船舶的授权一致。

6. 尽可能确定船上装载的鱼类是否按照适用的授权而捕获的。

7. 检查渔获物，包括通过取样，来确定其数量和组成。为此，检查员可打开装有事先包装好的渔获物的集装箱，移动渔获物或者集装箱以确定鱼舱的完整性。此类检查可检查产品类型和确认重量。

8. 评估是否有明确的证据证明一艘船舶从事 IUU 捕鱼或者支持此类捕鱼的相关活动。

9. 向该船船长提供含有检查结果的报告，包括可能采取的措施，并由检查人员和船长签字。船长在报告上的签字只是确认收到报告。船长应有机会在报告中添加任何评论或者反对的意见，并在适当情况下，与船旗国有关部门联系，特别是当船长在理解报告内容存在严重困难的情况下，应向船长提供一份报告副本。

10. 在必要和可能的情况下，安排翻译相关文件。

**附件3**

IOTC港口检查报告格式见附表4-17。

附表4-17 IOTC港口检查报告格式

| 1. 检查报告编号 | | | | 2. 港口国 | | | |
|---|---|---|---|---|---|---|---|
| 3. 检查机关 | | | | | | | |
| 4. 主要检查人员姓名 | | | | 识别码 | | | |
| 5. 检查港口 | | | | | | | |
| 6. 开始检查 | | 年（YYYY） | | 月（MM） | | 日（DD） | 时（HH） |
| 7. 结束检查 | | 年（YYYY） | | 月（MM） | | 日（DD） | 时（HH） |
| 8. 收到预先通知 | | | 是 | | | 否 | |
| 9. 目的 | 卸鱼 | 转载 | 加工 | 其他（请说明） | | | |
| 10. 上次进港港口、国家和日期 | | | | 年（XXXX） | 月（XX） | 日（XX） | |
| 11. 船名 | | | | | | | |
| 12. 船旗国 | | | | | | | |
| 13. 船舶类型 | | | | | | | |
| 14. 国际无线电呼号 | | | | | | | |
| 15. 注册号码证书 | | | | | | | |
| 16. IMO船舶识别码（如有） | | | | | | | |
| 17. 外部识别码（如有） | | | | | | | |
| 18. 注册港 | | | | | | | |
| 19. 船东 | | | | | | | |
| 20. 船舶受益船东（如已知且不同于船东） | | | | | | | |
| 21. 船舶经营者（如不同于船东） | | | | | | | |
| 22. 船长姓名和国籍 | | | | | | | |
| 23. 渔捞长姓名和国籍 | | | | | | | |
| 24. 船舶代理 | | | | | | | |
| 25. VMS | | 号码 | 是：国家 | 是：RFMO | | 类型： | |

26. 在IOTC管辖区域的状况，包括是否列在任何IUU渔船名单内

| 船舶识别码 | RFMO | 船旗国状况 | 船舶在授权名单内 | 船舶在IUU名单内 |
|---|---|---|---|---|
| | | | | |
| | | | | |

27. 相关捕鱼授权

| 授权者 | 发证单位 | 有效期 | 捕鱼区域 | 鱼种 | 渔具 |
|---|---|---|---|---|---|
| | | | | | |
| | | | | | |

（续）

| 28. 相关转载的授权 | | | | | | |
|---|---|---|---|---|---|---|
| 授权者 | | 发证单位 | | | 有效期 | |
| 授权者 | | 发证单位 | | | 有效期 | |

| 29. 有关供货渔船的转载信息 | | | | | | |
|---|---|---|---|---|---|---|
| 船名 | 船旗国 | 注册号码 | 鱼种 | 产品类型 | 捕鱼区域 | 数量 |
| | | | | | | |
| | | | | | | |

| 30. 评估卸载渔获（数量） | | | | | |
|---|---|---|---|---|---|
| 鱼种 | 产品类型 | 捕鱼区域 | 申报数量 | 卸载数量 | 申报数量与卸载数量的差异（如有） |
| | | | | | |
| | | | | | |

| 31. 留在船上的渔获物（数量） | | | | | |
|---|---|---|---|---|---|
| 鱼种 | 产品类型 | 捕鱼区域 | 申报数量 | 留存数量 | 申报数量与留存数量的差异（如有） |
| | | | | | |
| | | | | | |

| 32. 检查渔捞日志和其他文件 | 是 | 否 | 说明 |
|---|---|---|---|
| 33. 遵守适用的渔获文件计划的情况 | 是 | 否 | 说明 |
| 34. 遵守适用的贸易信息计划的情况 | 是 | 否 | 说明 |

| 35. 使用的渔具类型 | |
|---|---|

| 36. 按照附件 2 第 5 款规定检查的渔具 | 是 | 否 | 说明 |
|---|---|---|---|

**37. 检查人员的发现**

**38. 注意到的明显违规情况，包括提到的有关法律文件**

**39. 船长的意见**

**40. 采取的行动**

**41. 船长签名**

**42. 检查人员签名**

**附件 4**

## 港口国措施信息系统

在执行本养护和管理决议时，每一 CPC 应：

1. 寻求建立计算机化通信系统。

2. 尽可能设立网站，公布按照第（5）条 a 款所指定的港口的名单，以及按照本养护和管理决议相关条款所采取的行动。

3. 尽可能给予每份检查报告一个独特的参考号码，该号码由港口国的三个字母代码和签发机构的识别码组成。

4. 尽可能在附件 1 和附件 3 中采用下列国际编码系统，并将任何其他编码系统转化为国际系统。

国家或领地：三个字母的国家代码。

鱼种：FAO 三个字母代码。

渔船类型：FAO 字母代码。

渔具类型：FAO 字母代码。

**附件 5**

# 检查人员培训指南

港口国检查人员的培训计划应至少包含以下内容：

1. 职业道德。

2. 健康、安全和保障问题。

3. 可适用的国家法律法规、IOTC 养护和管理决议的适用范围和适用的国际法。

4. 证据的收集、评估和保存。

5. 一般检查程序，如报告撰写和采访技术。

6. 分析信息，如渔捞日志、电子文件和船舶历史（船名、所有权和船旗国）等，用于核实船长所提供的信息。

7. 船舶登临和检查，包括船舱检查和舱容计算。

8. 核查和确认有关船上卸下、转载、加工和留存渔获物的有关信息，包括不同鱼种的不同产品转换系数的运用。

9. 鱼种识别、体长和其他生物学参数测定。

10. 船舶和渔具识别，以及渔具检查和测量的技术。

11. VMS 和其他电子追踪系统的设备和操作。

12. 检查后将采取的行动。

# 13. 第17-05号　关于养护IOTC管理渔业所捕捞的鲨鱼类的决议

IOTC，认识到第12-01号《关于实施预防性做法的决议》，该决议呼吁IOTC CPC按照《UNFSA》第五条采取预防性措施。

关注IOTC CPC没有按照现有IOTC决议持续提交完整、准确与及时的鲨鱼类渔获记录。

认识到需改进特定物种的捕获、丢弃和贸易数据的收集方式，将其作为改进鲨鱼种群养护与管理的基础，并且认识到当鱼鳍从鱼体上移除后，几乎不可能对鲨鱼物种进行辨别。

忆及联合国大会从2007年每年达成共识而通过的可持续渔业决议（第62-177、第63-112、第64-72、第65-38、第66-68、第67-79、第68-71、第69-109、第70-75和第A-RES-71-123号），该决议呼吁国家立即采取一致行动，改善RFMO或安排管制鲨鱼类渔业与兼捕鲨鱼类措施的执行与遵守情况，特别是禁止或者限制仅采捕鲨鱼类鱼翅的渔业，必要时，可以考虑采取其他措施，例如要求所有鲨鱼类卸下时应保证鳍和鱼体自然连接。

进一步回顾FAO《鲨鱼类养护和管理国际行动计划》，该计划呼吁充分利用死的鲨鱼类，改进特定物种渔获量和上岸量数据以及鲨鱼类渔获量监控情况，以及帮助辨别和报告特定物种生物学与贸易数据。

意识到尽管已有禁止鲨鱼类割鳍抛体的区域性管理措施，但船只作业时仍会继续割除鲨鱼类鱼鳍，并将鲨鱼类鱼体丢弃到海里。

强调IOTC和WCPFC SC近期建议，使用鱼鳍鱼体重量比例不是可以验证的确保根除对鲨鱼类割鳍抛体的方法，并且已证明在执行、实施和监控方面无效。

注意到NEAFC通过第10-2015号《关于养护东北大西洋渔业委员会管理的相关渔业捕捞的鲨鱼类的建议》，以及NAFO第12条，规定鳍和鱼体自然连接的政策是确保NEAFC与NAFO渔业禁止鲨鱼类割鳍抛体唯一的选项。

按照IOTC《协定》第9条第1款规定，决议如下：

（1）此措施适用于所有悬挂CPC旗帜，并且在IOTC船舶名单或者授权捕捞IOTC管理的金枪鱼类或者类金枪鱼类鱼种的渔船。

（2）CPC应采取必要措施，要求其渔民除IOTC禁止的鱼种之外，充分利用鲨鱼类渔获。充分利用的定义如下：在渔船上保留鲨鱼类除头、内脏和鱼皮之外的所有部位，直到抵达第一个卸鱼地点。

（3）a. 生鲜鲨鱼类上岸。CPC应禁止在船上移除鲨鱼类鱼鳍。CPC应禁止在抵达第一个卸鱼地点前卸下、在船上保留、转载以及载运鳍和鱼体未自然连接的鲨鱼类鳍。

b. 冷冻鲨鱼类上岸。所有鲨鱼类渔获不适用第（3）条a款的CPC应要求其船舶在抵达第一个卸鱼地点时，留置在船上的鱼鳍重量不超过船上鲨鱼类鱼体重量的5%。目前没有要求鱼鳍和鱼体在第一个卸鱼地点一起卸下的CPC，应采取必要措施来确保通过国家观察员的核实、监控或者其他适当措施遵守不超过5%比例的规定。

c. 鼓励CPC考虑逐渐实施第（3）条a款所述的措施卸下所有的鲨鱼类渔获。IOTC在其2019年年会上按照SC的建议，使用最佳可获得的科学数据和其他已禁止在船上移除鲨鱼类鳍的CPC的案例，修改第（3）条。

（4）对于鲨鱼类是不需要鱼种的渔业，CPC 应鼓励其尽可能地释放意外捕获的鲨鱼类，特别是非供食用和（或）为生计的幼鲨和妊娠的母鲨。CPC 应要求渔民了解并使用辨识指南（例如《IOTC 印度洋渔业鲨鱼类和鳐类辨识》）和处理规范。

（5）在不影响第（3）条的情况下，为帮助在船上储藏，可以部分地切割鲨鱼鳍并折叠于鲨鱼类鱼体上，但到第一个卸鱼地点之前不可以将鱼鳍从鱼体上移除。

（6）CPC 应按照第 15 - 02 号《关于对 IOTC 缔约方和合作的非缔约方（CPC）强制性统计报告要求的决议》（或者随后取代的所有决议）中的 IOTC 数据报告规定和程序，在次年 6 月 30 日前报告鲨鱼渔获数据，包括所有可以得到的历史数据、估计的丢弃量和其状态（死或者活）和体长频率。

（7）CPC 应禁止购买、出售和销售违反本决议在船上所移除、在船上所保留、转载或者卸下的鲨鱼类鳍。

（8）IOTC 应在 2017 年年会上制定和考虑采用的机制，鼓励 CPC 遵守鲨鱼类数据报告的规定，特别是有关 SC 所鉴定的最脆弱的鲨鱼种类的数据。

（9）IOTC SC 应该要求 IOTC WPEB 继续确定与监控鲨鱼状态，直到能对所有相关鲨鱼物种/组进行全面评估。尤其是，IOTC WPEB 将为 IOTC 制定鲨鱼类项目长期行动指南，确保收集的数据是关键鲨鱼类物种进行可靠的资源评估所需要的。此计划将包括：

a. 确定 IOTC 关键鲨鱼物种的数据缺口。

b. 收集相关数据，包括直接联系 CPC 行政管理部门、研究机构与相关利益方。

c. 其他任何有助于收集 IOTC 有关关键鲨鱼物种进行可靠的资源评估的数据的活动。

IOTC SC 将在其鲨鱼报告中纳入此计划的成果，并且将根据所取得的进展，提出进行关键鲨鱼物种资源评估的预期日程。为了实施此计划，鼓励 CPC 提供资助。

（10）IOTC SC 应每年审议 CPC 按照本决议所报告的信息，并在必要时向 IOTC 提出如何加强 IOTC 渔业所捕鲨鱼类的养护和管理的建议。

（11）CPC 应着手进行研究，以便：

a. 确定使渔具更具选择性的方法，适当时，包括研究禁止使用钢丝连接钓钩的有效性。

b. 提高对关键鲨鱼物种的主要生物学或生态学参数、生命史与行为特性、洄游模式的认识。

c. 确定鲨鱼类交配、繁殖和育稚的主要区域。

d. 改进对活鲨鱼类的处理方法，以最大限度地提高释放后的存活率。

（12）IOTC 应考虑给予发展中的 CPC 提供适当协助，以便其识别鲨鱼物种或组和收集鲨鱼类渔获数据。

（13）本决议取代第 05 - 05 号《关于养护 IOTC 管理渔业捕捞的鲨鱼类的决议》。

## 14. 第 17 - 07 号　关于禁止在 IOTC 管辖海域使用大型流网的决议

IOTC，忆及联合国大会（UNGA）第 46 - 215 号决议，呼吁禁止全球公海大型流网捕捞作业，以及 IOTC 第 12 - 12 号决议《禁止在 IOTC 公海使用大型流网》，且两份文件都认识到这类渔具具有较大的负面影响。

注意到有大量渔船在 EEZ 与近海区域从事大型流网捕捞作业。

注意到大型流网渔业对 IOTC 管辖区域的生态系统造成了很大的影响，能够捕捞 IOTC 关注的物种，并可能会削弱 IOTC 养护和管理措施的有效性。

考虑到所获得的科学信息以及建议，尤其是 IOTC SC 的结论，已经证实旗鱼类及马鲛类遭受了过度捕捞。

注意到在 EEZ 内使用的大型流网，其长度常常超过 4 000 米（最长可达到 7 000 米），且这类在 EEZ 内使用的大型流网可能会漂流到公海，违反第 12 - 12 号决议（由第 17 - 07 号决议取代）。

也注意到 SC，重申其先前的建议，考虑到大型流网在海洋哺乳类或海龟频繁出没区域的负面生态影响，IOTC 应考虑禁止大型流网的决议是否适用于 EEZ 内。

按照 IOTC《协定》第 9 条第 1 款规定，决议如下：

（1）本决议适用于登记在 IOTC 的船舶名单中，并在 IOTC 管辖区域以金枪鱼类和类金枪鱼类为目标鱼种的使用流网的船舶。

（2）禁止在 IOTC 管辖区域内的公海使用大型流网①。在 2022 年 1 月 1 日前，在 IOTC 整个管辖区域内禁止使用大型流网。

（3）每一 CPC 应采取所有必要措施，禁止其渔船在 IOTC 管辖区域内的公海使用大型流网。其应采取所有必要措施，禁止其渔船于 2022 年 1 月 1 日前在 IOTC 整个管辖区域内使用大型流网。

（4）一艘悬挂 CPC 旗帜的渔船如果被发现在 IOTC 管辖区域内的公海作业，且已配置②使用大型流网，将被推定为已在 IOTC 管辖区域的公海使用大型流网。

（5）为监督本决议的实施情况，CPC 应在 2020 年 12 月 31 日前通知秘书处所有在其 EEZ 内悬挂任何 CPC 旗帜，并且使用大型流网的船舶。

（6）CPC 应在其年度执行报告中，摘要报告其在 IOTC 管辖区域的公海监测、控制及监督有关大型流网捕捞作业的情况。

（7）IOTC 应考虑 SC 的最新建议，定期评估是否应通过以及执行额外措施以确保大型流网不会在 IOTC 管辖区域内使用。第 1 次评估应在 2023 年进行。

（8）本措施不妨害 CPC 为规范使用大型流网实施更严厉的措施。

（9）本决议取代第 12 - 12 号《关于禁止在 IOTC 管辖海域公海使用大型流网的决议》。

---

①大型流网被定义为长度超过 2.5 千米的刺网或其他网衣或网衣的组合，其目的是当这些网衣在海表面或水中漂流时，使鱼刺入、陷入或缠络。

②配置使用大型流网指渔船上装有机械设备使该船可以投放以及收回大型流网。

## 15. 第18-02号 关于IOTC管理渔业所捕捞的大青鲨养护管理措施的决议

IOTC，忆及第17-05号《有关IOTC管理渔业所捕捞的鲨鱼类养护决议》目标为鲨鱼类渔业的可持续发展以及对鲨鱼类进行养护。

忆及第12-01号《关于实施预防性做法的决议》呼吁IOTC CPC按照《UNFSA》第5及第6条应用预防性做法。

忆及第15-01号《在IOTC管辖区域记录渔船渔获量及捕捞努力量的决议》确定了IOTC数据记录系统。

忆及第15-02号《IOTC缔约方及合作的非缔约方（CPC）强制性统计报告要求的决议》规定了CPC必须向IOTC秘书处提交渔获物及渔获物相关信息。

忆及联合国大会从2007年起每年达成共识后通过有关可持续渔业的决议（第62-177、第63-112、第64-72、第65-38、第66-68、第67-79、第68-71、第69-109、第70-75及第71-123号），呼吁各国立即采取一致的行动，以改善RFMO，或者安排现行有关鲨鱼类渔业的管理，以及执行与遵守意外捕获鲨鱼类的措施，特别是禁止或限制以获取鲨鱼类鱼翅为唯一目的的渔业措施，以及在必要时考虑采取其他适当措施，如要求所有卸下的鲨鱼类渔获须鱼鳍与身体自然连接。

考虑到在最新资源评估结果确定前，为了避免大青鲨渔获量的增加，同时采取改进数据收集与渔获量监控措施为适当之举。

考虑到所估计的大青鲨平均渔获量高于报告的渔获量；

按照IOTC《协定》第9条第1款规定，决议如下：

（1）为养护印度洋大青鲨，有船舶在IOTC管辖区域捕捞大青鲨的CPC应确保采取下列管理措施以达到可持续利用此类资源的目的、支持IOTC《协定》目标的实现：

**渔获量信息的记录、报告和使用**

（2）为减少未报告的渔获量，各CPC应确保其渔船在IOTC管辖区域捕捞IOTC管理渔业相关物种时，按照第15-01号《在IOTC管辖区域渔船记录渔获量及捕捞努力量的决议》或任何替代的决议，记录其大青鲨渔获量。

（3）CPC应实施数据收集计划，完全按照第15-02号《IOTC缔约方及合作的非缔约方（CPC）强制性统计报告要求的决议》或任何替代的决议，确保向IOTC报告的大青鲨渔获量、捕捞努力量、体长与丢弃量的准确性得到改善。

（4）CPC应将其国内采取的渔获量监控行动，在提交给SC的国家年度报告中说明。

**科学研究**

（5）鼓励CPC进行大青鲨科学研究，对关键生物、生态、行为特征、生命史、洄游、释放后存活率、安全释放准则、育稚区及捕捞方法改进等提供信息。这类信息应通过工作文件及国家年度报告提供给WPEB和SC。

（6）根据2021年大青鲨资源评估结果，SC应在可能的情况下针对备选限制、阈值、目标参考点提出建议，以养护和管理IOTC管辖区域的此类鱼种。

（7）最迟在 2021 年前，SC 也应就确保该种群的长期可持续发展，提出可能的管理选项，例如减缓措施以减少大青鲨的死亡率、渔具选择性改进、禁渔区、禁渔期或最小捕获体长。

**最终条款**

（8）基于下次资源评估的结果、各 CPC 更新的渔获量信息并考虑 SC 的建议，SC 应在 2021 年的年会上考虑通过养护管理措施，其中包括考虑最近所报告的渔获量，来决定各 CPC 的渔获量限额，或酌情采取兼捕减缓措施，如禁用钢丝或捕捞大青鲨的鲨鱼钓线。

## 16. 第 18 – 03 号　关于建立被认为在 IOTC 管辖区域从事非法的、不报告的和不受管制的捕捞活动船舶名单的决议

IOTC，回顾 FAO 理事会在 2001 年 6 月 23 日通过《IPOA-IUU》。该计划规定，认定船舶从事 IUU 活动应通过已商定的程序，并采取公平、透明和非歧视性的方式。

忆及 IOTC 已通过第 01 – 07 号决议（由第 14 – 01 号决议取代），表达对 IPOA-IUU 的支持。

忆及 IOTC 已通过措施打击 IUU 捕捞活动。

忆及 IOTC 已通过第 07 – 01 号决议，促进 CPC 的公民遵守 IOTC 养护管理措施。

也忆及 IOTC 已通过第 07 – 02 号决议（由第 13 – 02 号决议取代，后由第 14 – 04 号决议取代，再由第 15 – 04 号决议取代），通过建立经授权在 IOTC 管辖区域作业的渔船名单，来加强 IOTC 养护管理措施的实施。

认识到 IUU 捕捞活动可能与重大和有组织的犯罪有关联。

关切 IUU 捕捞活动在 IOTC 管辖区域内持续发生，并且这些活动削弱了 IOTC 养护管理措施的有效性。

进一步关切有证据显示许多从事这类捕捞活动的船东通过改挂船旗的方式以规避 IOTC 养护和管理措施。

决心对从事 IUU 捕捞的渔船采取抵制措施，来应对不断增加的 IUU 捕捞活动带来的挑战，但不影响按照 IOTC 相关法律文书对船旗国采取进一步的措施。

意识到需要优先处理大型渔船所进行的 IUU 捕捞活动。

注意到此情况必须按照所有相关国际渔业法律文书和世界贸易组织协定中所确定的相关权利和义务进行处理。

考虑到 2011 年在加利福尼亚州拉霍亚举行的第 3 次区域性金枪鱼渔业管理组织联席会议已建议的基本原则，即对于被其他 RFMO 列入 IUU 名单的船只交叉列入 IUU 名单。

承认有必要在任何渔船交叉列入 IUU 名单的决定中保留 IOTC 的决策权，以确保成员有机会在将其船只列入 IOTC IUU 船舶名单之前，根据个案考虑每艘船舶。

根据 IOTC《协定》第 9 条第 1 款规定，决议如下：

**名词定义**

（1）为实现本决议的目的：

a. "船东"指作为船舶拥有者注册的自然人或者法人。

b. "经营者"指负责对船舶管理与经营做出商业决定的自然人或者法人，并包括船舶租赁者。

c. "船长"指任何时间在渔船上拥有最高职位的人。

d. "捕捞"指搜寻、诱集、定位、捕捞、获取或者采捕鱼类，或者任何可合理地推测为诱集、定位、获取或者采捕鱼类的活动。

e. "捕捞相关活动"指任何支持或者准备捕捞的作业，包括卸下、包装、加工、转载或者载运尚未于一港口卸下的鱼类和（或）渔产品，以及于海上提供人员、燃料、渔具、食物及其他补给。

f. "信息"指适当且充分的记录数据，可作为提供给 COC 和（或）IOTC 存在争议问题的证据。

g. "船东"和"经营者"也包括多位"船东"和"经营者"。

**本措施的适用**

（2）本决议适用于在 IOTC 管辖区域内针对 IOTC《协定》或者 IOTC 养护和管理措施涉及物种进行捕捞和捕捞相关活动的船舶、其船东、经营者和船长。

**目标**

（3）本决议规定了 IOTC 对被认定涉嫌 IUU 捕捞活动船舶名单进行系统维护和更新的规则和程序，包括：

a. IOTC IUU 船舶提议名单（以下简称 IUU 船舶提议名单）。

b. IOTC IUU 船舶暂定名单（以下简称 IUU 船舶暂定名单）。

c. IOTC IUU 船舶名单（以下简称 IUU 船舶名单）。

**IUU 捕捞活动的定义**

（4）为达到本决议的目的，渔船被认为是在 IOTC 管辖区域内从事与 IOTC《协定》或者与 IOTC 养护和管理措施所涉及的的物种有关的 IUU 捕捞活动，当某一 CPC 提交的信息证明这类渔船已：

a. 从事捕捞或者捕捞相关活动，但未按照第 15 - 04 号决议在 IOTC 船舶名单中登记，或者未在作业船舶名单中登记。

b. 在 IOTC 的养护和管理措施适用于其船旗国时，未获得配额、渔获限额或者捕捞努力量，而从事捕捞或者捕捞相关活动，除非该船悬挂另一 CPC 的船旗。

c. 未按照 IOTC 养护和管理措施记录或者报告其渔获情况，或者提交虚假的渔获量报告。

d. 违反 IOTC 养护和管理措施，获取或者卸下体型过小的鱼类。

e. 违反 IOTC 养护和管理措施，在禁渔期或者禁渔区内从事捕捞或者捕捞相关活动。

f. 违反 IOTC 养护和管理措施，使用禁用的渔具。

g. 与未列在 IOTC 管辖区域内接受海上转载船舶名单中的船舶进行转载，或者与未列在 IOTC 船舶名单中的船舶进行联合作业、支援或者补给活动。

h. 未取得沿海国授权或者许可，或者违反沿海国法规，而在该沿海国管辖区域内从事捕捞或者捕捞相关活动（此类活动并不影响该沿海国对这类船只采取执法措施的主权权利）[①]。

i. 无国籍从事捕捞或者捕捞相关活动。

j. 故意窜改或者遮蔽其标识、身份或者注册号从事捕捞或者捕捞相关活动。

k. 从事违反 IOTC 任何其他有法律约束力的养护和管理措施的捕捞或者捕捞相关活动。

**提交 IUU 捕捞活动的信息**

（5）若 CPC 掌握一艘或者多艘船舶在 COC 年会前 24 个月内在 IOTC 管辖区域从事 IUU 捕捞活动的信息，其应向 IOTC 秘书处提供此类船舶名单。提交期限应该在 COC 年会前至少 70

---

①为实现本项目的，如果列于 IOTC 船舶名单中的渔船所投放的 FAD 未经沿海国许可或者授权漂入该国的管辖区域，将不认为从事 IUU 捕捞活动。但是，如果船舶未经许可或者授权在沿海国区域收回 FAD 或者对 FAD 下网时，该船将被视为从事 IUU 活动。

天，并按照 IOTC 非法活动的报告格式（如附件 1）提交。

（6）CPC（提名的 CPC）按照第（5）条所提交的名单应附上名单中每艘船舶 IUU 捕捞活动相关信息，包括但不限于：

a. CPC 就涉嫌违反 IOTC 养护和管理措施的 IUU 捕捞活动的报告。

b. 根据相关贸易统计信息，如统计文件和其他国家或者国际可查核的统计信息，所取得的贸易信息。

c. 任何从其他来源取得和（或）者渔场所收集的其他信息，例如：

ⅰ. 从港内或者海上检查所收集的信息。

ⅱ. 来自沿海国的信息，包括 VMS 或者船舶自动辨识系统（以下简称 AIS）数据、卫星或者海上或者空中侦测资料。

ⅲ. IOTC 计划，但该计划规定所收集的资料应该保密的除外。

ⅳ. 第 3 方收集并且直接提供给 CPC，或者按照第（7）条通过的 IOTC 秘书处提供的信息与情报。

（7）当 IOTC 秘书处从第三方收到指控涉嫌 IUU 捕捞活动的信息与情报时，IOTC 秘书处应将此信息提交给该船的船旗国和各 CPC。若船旗国为一 CPC，并且任何其他 CPC 借此向 IOTC 秘书处提出要求时，船旗国应调查指控并应在 60 天内向 IOTC 秘书处报告调查进展。若船旗国为非 CPC，并且当任何 CPC 提出要求时，IOTC 秘书处应要求该船旗国调查指控并在 60 天内向 IOTC 秘书处报告调查进展。IOTC 秘书处则应尽快通知各 CPC 与各涉及船舶的船旗国，并传送给他们所收到的信息。若所指控的 IUU 活动发生在 IOTC 沿海国 CPC 区域内，所涉及的 CPC 应请求将该船纳入 IUU 提议名单［按照第（6）条 c 款 ⅳ 项］。若所指控的 IUU 活动发生在 IOTC 管辖区域内国家管辖外的区域，任何 CPC 可请求将该船纳入 IUU 提议名单。

**IOTC IUU 船舶提议名单**

（8）以第（5）、第（6）和第（7）条所获信息为基础，IOTC 秘书处应按照附件 2 的格式整理这类信息，并草拟 IUU 船舶提议名单。IOTC 秘书处应在 COC 年会前至少 55 天将该 IUU 船舶提议名单，连同汇总信息，一并传送给各 CPC 和 IUU 船舶提议名单内涉及船舶的船旗国。

（9）船只列入 IUU 船舶提议名单内的船旗国应被要求：

a. 通知船东、经营者和船长该船已被列入 IUU 船舶提议名单，以及若经 IOTC 确定列入 IUU 船舶名单后的可能后果。

b. 严密监控列入 IUU 船舶提议名单内的船只，判定其活动以及更换用途、船名、船旗和（或）者注册船东的可能性。

（10）船只列入 IUU 船舶提议名单内的船旗国可以在 COC 年会前至少 15 天，将任何对于列入名单的船舶和其活动的意见和信息传送给 IOTC 秘书处，包括按照第（9）条 a 款和第（9）条 b 款的信息，以及显示被列入名单的船舶是否从事以下活动的信息：

a. 按照 IOTC 现行有效的养护管理措施从事捕捞活动。

b. 于沿海国区域内作业时，按照该国法规从事捕捞活动，并遵守船旗国法规和捕鱼许可。

c. 仅针对 IOTC《协定》或者 IOTC 养护和管理措施未包括的物种从事捕捞活动。

（11）IOTC 秘书处应汇总任何从 CPC 和船旗国所收到的有关 IUU 船舶提议名单中渔船的新信息，和按照据第（22）条与第（23）条所收到的 IUU 船舶名单中渔船的新的信息，连同填好的附件3中的检核表，若可能，同附件4，于COC年会前至少10天发送给所有的CPC和名单中有船舶的船旗国。

（12）一CPC可于任何时间提交任何与建立IUU船舶名单相关的IUU船舶提议名单中船只的额外信息。如果IOTC秘书处在IUU船舶提议名单告知CPC后收到此信息，其应尽快将此信息发送给所有CPC和涉及船舶的船旗国。

**IUU船舶暂定名单**

（13）COC应每年在年会上审议IUU船舶提议名单、所提交的信息、船只列入IUU船舶提议名单的船旗国的任何意见、和任何CPC提交的任何额外信息。如果IOTC COC认为文件信息可证明该船舶从事IUU捕捞活动，应将该船列入IUU船舶暂定名单中。

（14）COC不得将船舶列入IUU船舶暂定名单中，如果：

a. 提出名单的CPC并未遵守第（5）条和第（6）条的规定。

b. 根据所获得的信息，COC不认为第（4）条所指IUU捕捞活动的推定成立。

c. 列于IUU船舶提议名单中的船旗国提供信息显示该船所有时间均遵守船旗国规定和捕鱼授权，并且：

ⅰ. 该船从事与IOTC《协定》和养护管理措施相符合的捕捞活动。

ⅱ. 该船在沿海国管辖区域内从事捕捞活动，并且遵守该沿海国法规。

ⅲ. 该船捕捞IOTC《协定》或者IOTC养护措施未涉及的物种。

d. 列于IUU船舶提议名单中的船旗国提供信息显示已采取有效行动回应涉及的IUU捕捞活动，包括起诉和予以严厉的惩处，以确保遵守规定以及阻止进一步的违规情况。每一CPC应报告其按照第07-01号决议所采取的行动与措施来促进悬挂其旗帜的渔船遵守IOTC养护和管理措施。

（15）若船旗国没有证明第（14）条c或者d款所指事项，或者船旗国未按照第10条或者未在COC会议中提供相关信息，IOTC COC应将该船舶列入IUU暂定名单，并建议IOTC将该船纳入IUU船舶名单中。

（16）IOTC COC在其每届年会进行第（13）条所指的审议后，应向IOTC提交IUU船舶暂定名单供其考虑。如果COC无法决定这艘船舶是否列入IUU船舶暂定名单，则应将该船列入名单中，并且IOTC应决定是否将该船列入IUU船舶名单中。

**IOTC IUU船舶名单**

（17）IOTC COC应每年审议IUU船舶名单和按照据第（11）条所发送的信息，并应建议IOTC哪艘船舶（若有）应增加到IUU船舶名单中或者从名单中移除。

（18）IOTC应每年在其年会上审议IUU船舶名单、IUU船舶暂定名单、IOTC COC所通过的修改的IUU船舶名单的建议、以及按照据第（6）、第（10）、第（12）和第（30）条提供的文件信息。根据其审议情况，IOTC可决定依照下列方式修改IUU船舶名单：

a. 新增或者移除船舶。

b. 针对一艘已列入IUU船舶名单的船只，按照第（30）条a款，改正任何错误的细节资料，或者增添新的细节资料。

（19）IOTC可以按照第（18）条达成共识后修改IUU船舶名单。若无法达成共识，IOTC可以通过投票方式决定任何修改提议。如果一成员提出要求并且获得附议，投票可为不计名投票。如果出席并且投票支持修改提议的缔约方达到 2/3 或者以上，应视为同意通过并且生效。IOTC 根据本条所做的决定，不得影响提名国家或船旗国按照第（4）条和第（14）条 d 款所做的任何国内起诉或者处罚。

**打击 IUU 船舶的行动**

（20）在通过 IUU 船舶名单后，IOTC 秘书处应要求名单内各船的船旗国：

a. 通知船东和经营者该船已列入名单中，以及列入名单后可能产生的后果。

b. 采取所有必要措施避免该船从事 IUU 捕捞活动，包括收回其渔业许可证或撤销该船注册，并通知 IOTC 其所采取的措施。

（21）一 CPC 应根据其法令采取所有必要措施。

确保悬挂其旗帜的船舶，包括任何渔船、辅助船、燃料（补给）船、母船或者货船，不会通过任何方式给列于 IUU 船舶名单中的船只提供协助，或者与这类船只从事捕捞加工作业或者参与转载或者共同捕捞作业，但当这类船舶或者这类船舶上的任何人员处于危难时，可以对其提供协助。

除因检查和有效执法行动而允许该船进港之外，拒绝任何列入 IUU 船舶名单的船只进入其港口，但在受到不可抗力因素的情况下，该船或该船的任何人员处于危难时，不在此限制内。

如果在其港口发现列入 IUU 船舶名单的船舶，考虑优先检查这类船舶。

禁止租用列于 IUU 船舶名单中的船只。

拒绝将其旗帜授予列于 IUU 船舶名单中的船只，除非该船船东已变动，并且新船东已提供充分信息证明前船东或者经营者与该船已无进一步的法律、受益或者财务关系，或者对该船已无控制权；或经考虑所有记录的相关事实后，船旗国认为授予该船旗帜将不会发生 IUU 捕捞活动。

禁止从列于 IUU 船舶名单中的船只进口、卸下或者转载金枪鱼类和类金枪鱼类。

鼓励进口商、载运商和其他相关部门避免交易，包括转载，列于 IUU 船舶名单中的船只所捕捞的金枪鱼类和类金枪鱼类。

收集并与其他 CPC 交换任何适当信息，以便侦查、管控和防止来自 IUU 船舶名单中的船只的金枪鱼类和类金枪鱼类的伪造进口/出口证明书。

**船舶除名程序**

（22）列于 IUU 船舶名单的船旗国可以在任何时间，包括在休会期间，通过向 IOTC 秘书处提供下列证明信息，可以从名单中除名：

a. i . 其已通过措施，使该船船东和所有任职于该船，并在 IOTC 管辖区域针对 IOTC《协定》管理物种从事捕捞和捕捞相关活动的所有其他国民遵守所有 IOTC 养护管理措施。

ii . 其已有效地并且将持续有效地负起有关监测与控制该船捕捞活动的船旗国责任。

iii . 其已对船东、经营者和船长（若条件允许的话）采取有效行动，以应对导致该船列入 IUU 船舶名单的 IUU 捕捞活动，包括起诉和施以严厉的惩罚。

b. 该船已更换所有权、并且船东能证实前船东已与该船无任何营运、法律、受益、财务或者实际利益关系，无论直接或者间接，或者对该船已无管控权，并且新船东过去 5 年内并未参与任何 IUU 捕捞活动。

c. 该船已沉没或者拆除。

d. 提名的 CPC 和船旗国对从事 IUU 捕捞活动船舶的任何起诉和（或）惩罚已结束。

（23）如果将一船从 IUU 船舶名单中除名的要求是在 COC 年会前 55～15 天内提出，则应在该会议中考虑此要求。COC 应一并审议该要求和任何按照第 22 条所提供的信息，并应建议 IOTC 是否将该船从 IUU 船舶名单中除名。

（24）如果属于在 COC 年会前超过 55 天收到要求，该要求将按照第（25）条至第（28）条所述的休会期间程序进行考虑。

（25）根据第（22）条所收到的信息，IOTC 秘书处应在收到除名要求后 15 天内，将该要求连同所有提交的佐证信息，以及附件 4 中的查核表，发送给所有 CPC。

（26）缔约方应审议船舶除名的要求，并在 IOTC 秘书处通知后 30 天内，将在 IUU 船舶名单中移除或保留的结论通知 IOTC 秘书处。

（27）30 天期限结束后，IOTC 秘书处应按照下列情况确认 CPC 就提案所作决定的结果：

a. 至少 50% 拥有投票权的缔约方同意该提案，船舶除名程序才可以视为生效。

b. 若有 2/3 或者以上拥有投票权的缔约方回应同意将该船从 IUU 船舶名单中除名，该提案则应视为通过，并且该船应被移除。

c. 若少于 2/3 拥有投票权的缔约方回应同意将该船从 IUU 船舶名单中除名，则不得移除该船，并且除名的要求应按照第（23）条所述的程序于下届 COC 年会上讨论。

（28）IOTC 秘书处应将每一决定的结果，连同经修改的 IUU 船舶名单，发送给所有 CPC、该船船旗国（如果非 CPC）和任何可能有关系的非缔约方。决定的结果经传达后，经修改的 IUU 船舶名单将立即生效。

**IUU 船舶名单公布**

（29）IOTC 秘书处将采取任何必要措施，通过符合机密规定的方式，以及通过电子工具，确保 IOTC 公布按照第（18）条，或者按照第（22）至第（27）条或者第（30）、第（34）、第（35）或者第（36）条所修改的 IUU 船舶名单，包括在 IOTC 网站上公布。此外，IOTC 秘书处应尽快向 FAO 和第（31）条所规定的组织提交 IUU 船舶名单，来加强 IOTC 与这类组织的合作以便预防、制止和消除 IUU 捕捞。

**IUU 船舶名单中船只细节资料变动**

（30）一 CPC 如果掌握 IUU 船舶名单中的船只的附件 2 第 1 至第 8 条的新信息或者信息发生变动，应尽快向 IOTC 秘书处报告。IOTC 秘书处应将此类信息发送给所有 CPC，以及：

a. 若指出的错误细节资料是在船舶列入 IUU 船舶名单时纳入的，将此事提交给 IOTC，IOTC 按照第 18 条（2）款进行讨论。

b. 若这类信息指出的细节资料在该船加入 IUU 船舶名单后有所变动，设法通过参考其他信息予以查证，并在查证后更新 IUU 船舶名单中船舶的相关细节资料并按照第（29）条规定重新公布。如果秘书处在合理的努力后，仍无法核实 CPC 提交的信息，那么 IUU 船舶名单将不更新。

**在 IUU 船舶名单中的船舶交叉互列**

（31）IOTC 秘书处应特别地与下列组织秘书处保持联系，使得这类组织在通过或者修正 IUU 船舶名单后，及时取得最新名单和任何其他与名单相关的信息：CCAMLR、CCSBT、IC-CAT、SEAFO、南印度洋渔业协定（SIOFA）、南太平洋区域渔业管理组织（SPRFMO）和 WCPFC。

（32）即使有第（2）条的规定，如果按照第（33）至第（38）条的程序，则第（31）条所述组织的 IUU 船舶名单中的船舶应列入 IOTC IUU 船舶名单，或者从第（31）条所述组织的 IUU 船舶名单中除名的船舶应从 IOTC IUU 船舶名单中除名。

（33）除第（31）条所述的组织之外，秘书处应将 IOTC IUU 船舶名单发送给表示愿意收到该名单的相关组织。

（34）IOTC 秘书处在收到第（31）条的信息时，应立即通知所有 CPC，以便修改 IOTC IUU 船舶名单。

（35）若船名列在第（31）条所述组织的 IUU 船舶名单中，则该船应列入 IOTC IUU 船舶名单，除非任意一个 CPC 在 IOTC 秘书处发送名单之日起 30 天内通过书面形式提出反对。反对的 CPC 应解释其反对的理由。

（36）按照第（35）条提出的反对案应提交给下届 COC 进行审议。COC 应对是否将相关船舶纳入 IUU 船舶名单向 IOTC 提出建议。

（37）按照第（34）和第（35）条程序列入 IOTC IUU 船舶名单的船舶如果经第（31）条所述的组织从其 IUU 船舶名单中除名，也应该从 IOTC IUU 船舶名单中除名。

（38）按照第（34）至第（36）条 IOTC IUU 船舶名单改变时，IOTC 秘书处应将修改过的 IOTC IUU 船舶名单发送给所有 CPC。

**总则**

（39）在不损害船旗国与沿海国采取符合国际法的行动的权利下，CPC 不可以对按照第（8）条和第（16）条列入 IUU 船舶提议名单和（或）者暂定名单的船舶，或者 IOTC 从 IUU 船舶名单中除名的船只，以这类船舶涉嫌进行 IUU 捕捞活动为由，采取任何单方面的贸易措施或者其他制裁措施。

（40）有关本决议要采取行动的时间框架概要见附件 5。

（41）本决议取代第 17－03 号《有关建立被认为在 IOTC 区域从事非法的、不报告的和不受管制的捕捞活动船舶名单》的决议。

## 附件 1

## IOTC 非法活动的报告格式

忆及第 18-03 号《有关建立被认为在 IOTC 管辖区域从事非法的、不报告的和不受管制的捕捞活动船舶名单》的决议，本附件 1 是 CPC 名称、第三方名称所记录的在活动发生的海域的非法捕捞活动的详细情况。

### 1. 船舶详细情况

非法捕捞活动的详细情况见附表 4-18。

附表 4-18　非法捕捞活动的详细情况（请以下列表格详述事件）

| 项目 | 内容 | 说明 |
|---|---|---|
| a | 当前船名（以前船名，若有） | |
| b | 当前船旗（以前船旗，若有） | |
| c | 第 1 次纳入 IOTC IUU 船舶名单的日期（若适用） | |
| d | 劳氏或者 IMO 号码（若有） | |
| e | 照片 | |
| f | 国际呼号（以前国际呼号，若有） | |
| g | 船东（以前船东，若有） | |
| h | 经营者（以前经营者，若有）和船长/渔捞长 | |
| i | 遭到指控 IUU 捕捞活动的日期 | |
| j | 遭到指控 IUU 捕捞活动的位置 | |
| k | 遭到指控 IUU 捕捞活动概要（详见第 2 部分） | |
| l | 对涉嫌 IUU 捕捞活动所采取的任何行动的概要 | |
| m | 所采取行动的结果 | |

### 2. 违反 IOTC 决议的详细信息

违反 IOTC 决议的详细信息见附表 4-19。对违反 IOTC 第 18-03 号决议的项目在附表 4-19 的"说明"栏中打×，并提供有关细节，包括日期、位置和信息来源。必要时，可以附录方式提供额外信息。

附表 4-19　违反 IOTC 决议的详细信息

| 项目 | 内容 | 说明 |
|---|---|---|
| a | 从事捕捞或者捕捞相关活动，既未按照第 15-04 号决议登记在 IOTC 船舶名单中，也未登记在实际作业渔船名单中 | |
| b | 其船旗国在 IOTC 适用的养护和管理措施下，未获配额、渔获限额或者捕捞努力量，而从事捕捞或者捕捞相关活动 | |

（续）

| 项目 | 内容 | 说明 |
|---|---|---|
| c | 未按照 IOTC 养护和管理措施记录，或者报告其渔获量，或者虚报其渔获量 | |
| d | 违反 IOTC 养护和管理措施，捕捞或者卸下体长过小的鱼类 | |
| e | 违反 IOTC 养护与管理措施，在禁渔期或者在禁渔区内从事捕捞或者捕捞相关活动 | |
| f | 违反 IOTC 养护和管理措施，使用禁用的渔具 | |
| g | 与未列在 IOTC 船舶名单中或者与未列在于 IOTC 管辖区域内接受海上转载船舶名单中的船舶进行转载活动，或者联合作业、辅助或者补给 | |
| h | 未取得沿海国授权或者许可，或者违反沿海国法规，而在该沿海国管辖区域内从事捕捞或者捕捞相关活动（此项并不影响该沿海国对这类船舶采取执法措施的主权权利） | |
| i | 无国籍从事捕捞或者捕捞相关活动 | |
| j | 故意窜改或者遮蔽其标识、身份或者注册而从事捕捞或者捕捞相关活动 | |
| k | 从事违反 IOTC 任何其他有法律约束力的养护和管理措施的捕捞或者捕捞相关活动 | |

### 3. 有关的文件

在此列出有关的附录文件，例如登临报告、法院诉讼文件和照片等。

### 4. 建议的行动

建议的行动见附表 4 - 20。

附表 4 - 20　建议的行动

| | 建议的行动 | 说明 |
|---|---|---|
| a | 仅向 IOTC 秘书处报告。未建议进一步的行动 | |
| b | 向 IOTC 秘书处报告非法活动。建议通知船旗国 | |
| c | 建议纳入 IOTC IUU 名单 | |

**附件 2**

## IOTC IUU 船舶名单上包含的所有信息

IOTC IUU 船舶提议名单、IOTC IUU 船舶暂定名单和 IOTC IUU 船舶名单应该包含下列详细信息：

1. 船名和以前的船名（若有）。

2. 船旗国和以前的船旗国（若有）。

3. 该船船东、经营者、以前的船东和以前的经营者的姓名与地址（若有）。

4. 如果为法人实体，注册的国家和注册号码。

5. 国际呼号和以前的国际呼号（若有）。

6. IMO 编号（若有），或者唯一的船舶识别号码（UVI），或者若不适用时，其他任何船舶识别号码。

7. 船舶近期照片（若可得到）。

8. 船舶总长。

9. 船舶首次被列入 IOTC IUU 船舶名单的日期（若适用）。

10. 证明将船舶列入名单的涉嫌 IUU 捕捞活动摘要，连同所有相关佐证文件信息。

11. 对涉嫌 IUU 捕捞活动所采取的行动及其结果的摘要。

12. 若该船系根据其他组织列入或被提议列入 IUU 名单，则提供该组织的名称。

# 附件 3

秘书处为船舶列入 IUU 提议名单和暂定名单所填的检查核实表见附表 4-21。

附表 4-21 秘书处为船舶列入 IUU 提议和暂定名单所填的检查核实表

船名：_____

| 行动 | 责任归属 | 决议条款 | 准时提供（是/否）| 备忘 | 标示是否适用 | 意见 |
|---|---|---|---|---|---|---|
| **IUU 船舶提议名单** | | | | | | |
| 至少在 COC 会议前 70 天提交 IOTC 报告表（附件 1）和文件信息 | 提名的 CPC | 第(5)、第(6)、第(7)、第(8) 条 | | 如没有，不应纳入 IUU 暂定名单中 [第(17)条] | | |
| 至少在 COC 会议前 15 天，船旗国提供信息表示其已通知船东和船长该船列在 IUU 船舶提议名单及其后果 | 船旗 CPC | 第(9)、第(10) 条 | | | | |
| 至少在 COC 会议前 15 天，船旗国提供与第(10)条一致的信息 | 船旗国 CPC | 第(10) 条 | | | | |
| 已提交与 IUU 名单相关的额外信息 | 提交的 CPC 或者船旗 CPC | 第(12) 条 | | | | |
| 列入 IUU 船舶暂定名单（秘书处仅表明信息是否已提供，对信息的充足性不作判断，充足性应由 COC 负责）| | | | | | |
| 对于 IUU 船舶暂定名单提议名单的船旗国是否已提供下列信息，显示该船在所有相关时间内均遵守船旗国规定和捕鱼授权规定 | 船旗 CPC | 第(14) 条 c 款 | | 对 COC 的备注：若符合第(14)条 c 款或者 d 款，不列入 IUU 暂定名单中 | | |

（续）

| 行动 | 责任归属 | 决议条款 | 准时提供（是否） | 备忘 | 标示是否适用 | 意见 |
|---|---|---|---|---|---|---|
| 该船从事与 IOTC《协定》利养护管理措施相符的捕捞活动 | 船旗 CPC | 第（14）条 c 款 | | | | |
| 该船于沿海国国管辖区域内从事捕捞活动，并且遵守该沿海国的法规 | 船旗 CPC | 第（14）条 c 款 | | | | |
| 该船仅捕捞 IOTC《协定》或者 IOTC 养护管理措施未包括的物种 | 船旗 CPC | 第（14）条 c 款 | | | | |
| 船旗国是否已提供信息证明已采取有效行动以回应涉及的 IUU 捕捞活动（COC 将决定所采取的行动是否足够严厉） | 船旗 CPC | 第（14）条 d 款 | | | | |
| 船旗国是否提供信息证明其已采取与第 07-01 号决议一致的行动 | 船旗 CPC | 第（14）条 d 款 | | | | |

# 附件 4

秘书处为可能从 IUU 船舶名单中除名的船舶所填写的检查核实表见附表 4 - 22。

## 附表 4 - 22 秘书处为可能从 IUU 船舶名单中除名的船舶所填写的检查核实表

附表备注：秘书处仅表明信息是否已提供，不对信息的充足性作出评判，充足性交由 COC/IOTC 负责。

[IOTC 从名单中移除船舶的备注：第（17）条和第（27）条]

船名：_____

| 第（22）条 | 行动 | 责任归属 | 提供信息（是/否） | 意见 | 备注 |
|---|---|---|---|---|---|
| a 款 | 其已采取措施，使该船、船东和所有其他国民遵守 IOTC 所有的养护管理措施 | 船旗 CPC | | | 如果符合 a 款或者 b 款或者 c 款，该船应按照第 27 条从 IUU 船舶名单中移除，否则该船将保留在名单中，待 COC 在其下届年会中审议 |
| | 其已有效地并目将持续有效地负有关监测与控制该船捕捞活动的船旗国责任 | 船旗 CPC | | | |
| | 其对船东和船员采取有效行动，应对导致该船列入 IUU 船舶名单的捕捞活动，包括起诉和施以严厉的惩罚 | 船旗 CPC | | | |
| b 款 | 该船已更换所有权、新船东，并能证明以前的船东与该船无任何营运、法律、受益、财务或者实际利益关系，不论直接或者间接，或者对该船无控制权，新船东在过去的 5 年内未参加任何 IUU 捕捞活动 | 船旗 CPC | | | |
| c 款 | 该船已沉没或者已拆解 | 船旗 CPC | | | |
| d 款 | 提名的 CPC 与船旗国对从事 IUU 捕捞活动船舶的任何起诉和/或者制裁已结束 | 船旗 CPC | | | |

## 附件 5

关于本决议应采取行动的时间表概要见附表 4 - 23。

附表 4 - 23　关于本决议应采取行动的时间表概要

| 步骤 | 时间表 | 应采取的行动 | 责任归属 | 决议条款 |
|------|--------|--------------|----------|----------|
| 1 | 至少在 COC 会议前 70 天 | 向 IOTC 秘书处发送信息 | CPC | 第（5）、第（6）条 |
| 2 | COC 会议前 55 天 | 将所有收到的有关涉嫌 IUU 捕捞活动的信息汇总至 IUU 船舶提议名单和 IUU 船舶名单。把 IUU 船舶提议名单发送给所有 CPC 和有船舶列于名单中的船旗国（如果不是 CPC） | IOTC 秘书处 | 第（8）条 |
| 3 | COC 会议前 15 天 | 把有关涉嫌 IUU 捕捞活动的信息提供给 IOTC 秘书处 | 船旗国 | 第（10）条 |
| 4 | COC 会议前 10 天 | 将 IUU 船舶提议名单和按照第（22）条所提出的有关列于 IUU 船舶名单的船舶的额外信息发送给所有 CPC 与有船舶列于名单中的船旗国（如果不是 CPC） | IOTC 秘书处 | 第（11）条 |
| 5 | 任何时间 | 向 IOTC 秘书处提交任何与确定 IUU 船舶名单相关的额外信息 | CPC 和船旗国 | 第（12）条 |
| 6 | 在 COC 会议前尽早 | 按照第（12）条，发送额外信息 | IOTC 秘书处 | 第（12）条 |
| 7 | COC 会议上 | 审议 IUU 船舶提议名单，包括提名的 CPC 与船旗国所提供的信息，包括任何成员在会中提供的信息/澄清说明，向 IOTC 提交 IUU 船舶暂定名单并提供建议 | 所有 CPC，船旗国和提名的 CPC 除外 | 第（13）至第（15）条 |
| 8 | COC 会议上 | 审议 IUU 船舶名单，向 IOTC 提供有关移除船舶的建议 | 所有 CPC，船旗国和提名的 CPC 除外 | 第（17）条 |
| 9 | IOTC 会议上 | 审议 IUU 船舶暂定名单，包括提名的 CPC 和船旗国于会中提供的任何新信息/澄清说明；审议 IUU 船舶名单。通过最终 IUU 船舶名单 | 所有 CPC，船旗国和提名的 CPC 除外 | 第（17）、第（19）条 |
| 10 | 在 IOTC 年会后立即进行 | 在 IOTC 网站公布 IUU 船舶名单，并向 FAO、第（31）和第（32）条规定的组织、CPC 和船旗国（如果不是 CPC）发送 IUU 船舶名单 | IOTC 秘书处 | 第（29）条 |

## 17. 第 18-04 号 关于生物可降解集鱼装置试验项目的决议

IOTC，铭记联合国大会第 67-79 号有关可持续渔业的决议，该决议呼吁各国，无论单独地、全体地或者通过 RFMO 和安排，收集必要数据以评估和密切监控大型 FAD 和其他 FAD（若条件允许）的使用情况和其对金枪鱼类资源、金枪鱼类行为、关联物种和依附物种的影响，改进管理程序、监控这种装置的数量、类型和使用情况，并减轻对生态系统，包括对幼鱼和非目标物种意外兼捕，尤其是对鲨鱼类和海龟可能产生的负面影响。

回顾 IOTC《协定》的目标是通过适当的管理，确保养护以及最佳化利用 IOTC《协定》所包括的种群资源，并鼓励这类种群的渔业可持续发展，同时将兼捕水平降到最低。

注意到《防止船舶污染国际公约》（以下简称 MARPOL）附件 V。

承认在制作 FAD 时，推动使用天然的生物可降解的材料有利于减少海洋垃圾。

注意到 IOTC SC 向 IOTC 建议，为避免缠绕鲨鱼类、海龟和其他物种，只能设计与投放非缠络型 FAD，不论是漂浮式还是锚碇式 FAD。

回顾第 12-04 号决议规定，IOTC 在 2013 年年会上审议 IOTC SC 为减少海龟的意外缠绕，对 FAD 的改良设计所提出的建议，包括使用生物可降解材料，并考虑社会经济因素，通过采取进一步的措施来降低 IOTC《协定》包括的渔业中海龟的误捕。

回顾第 17-08 号决议（由第 18-08 号决议取代）建立 FAD 管理计划程序，包括更详细的 FAD 网次渔获物报告规范以及使用生物可降解材料，来减少意外缠绕第 17-08 号决议（由第 18-08 号决议取代）附件 3 所述的非目标物种，并呼吁减少海洋合成材料垃圾的数量以及推广使用生物可降解材料（如麻类帆布、麻绳等）。

进一步回顾 SC 注意到采用生物可降解 FAD（以下简称 BIOFAD）研究中面临的挑战，例如限制印度洋每艘围网船激活的 FAD 数量，可能会阻碍 BIOFAD 试验设计后的投放，阻碍船队参与，阻碍投放可能不利于捕鱼的 BIOFAD。

进一步注意到 IOTC 与其他金枪鱼类 RFMO 的建议和通过的决议，使用天然或者生物可降解材料做成的 DFAD 来减少海洋人工合成垃圾的数量。

忆及第 20 届 SC 会议通过了（IOTC SC20 会议记录第 157 条至第 165 条）由粮食暨海洋创新科技中心（以下简称 AZTI）、西班牙海洋科学研究院（以下简称 IEO）和法国发展研究院（以下简称 IRD）所组成的项目联合小组（project consortium），主导的一科学研究计划（BIO-FAD 研究计划，IOTC-2017-SC-20-INF07），测试在自然环境中使用的生物可降解材料和新设计的 DFAD，并要求在下届 WPEB、热带金枪鱼工作组（WPTT）以及 SC 会议中报告该计划在海上测试的结果。

注意到 SC 支持项目联合小组进行一次大规模的试验，在 2018—2019 年投放 1 千个新设计的试验用 BIOFAD 以获得足够的科学数据并进行可靠的科学研究，以避免先前小规模试验（每季度投放 250 个 BIOFAD 以分析时间效应）中所发现的不足。SC 也注意到此计划依靠的塞舌尔、毛里求斯和欧盟围网船队的积极合作，并且在印度洋作业的围网渔船共有 42 艘参与此计划。SC 注意到每艘船将总共投放约 24 个 BIOFAD，每 3 个月投放 6 个（于 2018 年 4 月—2019 年 4 月项目执行期间，每艘船每个月投放 2 个 BIOFAD）。

按照 IOTC《协定》第 9 条第 1 款规定，决议如下：

（1）承认并支持 BIOFAD 项目，旨在根据第 17‑08 号决议（由第 18‑08 号决议取代）的要求，减少使用非生物降解 FAD 产生的海洋人工合成垃圾对生态系统的影响。该项目情况说明如附件 1。

（2）在 BIOFAD 项目小组与 SC 监管下，BIOFAD 将由项目小组投放用来收集 BIOFAD 的科学数据，并且不得免除第 17‑01 号决议（由 18‑01 号决议取代）和第 17‑08 号决议（由第 18‑08 号决议取代）所规定的 FAD 数量的限制。

（3）作为第 1 条所指项目的一部分，所投放的每一个 BIOFAD 应由项目小组清楚地标识，以便区别于其他 FAD，并避免其变成无法辨识或者与 BIOFAD 研究项目脱离。

（4）未参与研究项目的船舶，对已清楚标识的 BIOFAD 下网，应将 BIOFAD（与相关设备）状态和对此 BIOFAD 的活动（包括渔获数据，若适用）专门向其国家的科学家报告。鼓励未参与研究项目的船舶在遇到此类 FAD 时，将 BIOFAD（与相关设备）状态和对此 BIOFAD 的活动向其国家的科学家报告。

（5）项目小组将在 2020 年会议前至少 2 个月提供 IOTC SC 此项目的结果。SC 将分析项目结果，并针对可能的 FAD 额外管理选项提出科学建议供 2021 年 IOTC 会议上进行审议。

## 附件 1

### BIOFAD 项目信息与投放和使用指南

由 AZTI、IRD 与 IEO 所组成的项目小组，通过"测试设计并确定减少 DFAD 对生态系统影响的选项"这一项目来解决目前存在的问题并提供解决问题的方法，以便在 IOTC《公约》区域使用 BIOFAD。本计划将由欧盟、塞舌尔与毛里求斯围网渔业和国际海产品可持续利用基金会合作进行。本项目的具体目的如下：

1. 在自然环境中测试由特定生物可降解材料设计所制作的 DFAD。

2. 确认减少 DFAD 对生态系统影响的方案。

3. 评估在热带金枪鱼渔业中围网渔船使用 BIOFAD 的社会经济方面的可行性。

4. 项目小组将监管试验用 BIOFAD 的制作，并监控投放在海上的 BIOFAD 和与其相配对的传统非缠络型 FAD（以下简称 CONFAD）的数据收集和报告。参与印度洋 BIOFAD 项目的围网渔船将遵守下列有关材料和原型选择、投放策略和识别、数据收集和报告的规定。

（1）材料和原型选择。

BIOFAD 项目共选择 3 种 FAD 的原型设计（见附图 4-3）。这些设计包括大小与材料等方面所有的详细说明，以便作为金枪鱼围网渔业界制作 BIOFAD 的指南。这类原型设计是与传统的非缠绕 FAD 设计一致，目标是包括渔民目前对 CONFAD 所探索的不同漂流性能：表层 FAD（原型 C）、半表层 FAD（原型 A.1 和 A.2）和深层 FAD（原型 B.1 和 B.2）。合成材料如塑料水桶、塑料瓶、鱼网、合成帆布以及金属框架筏体等禁止用于制作 BIOFAD。为替换这类合成材料，选择了结构不同的棉绳和高耐性的棉质帆布。

（2）投放策略和识别。

考虑围网船队 FAD 捕捞策略和其在印度洋的动态之后，将采用一种有效的 FAD 投放策略（见附图 4-4）。2018 年 4 月至 2019 年 4 月预计将投放 1 千个 BIOFAD（每船 24 个 BIOFAD），即每船每个月投放 2 个 BIOFAD（最好是每艘船每季度投放 6 个 BIOFAD）。将由 42 艘在印度洋

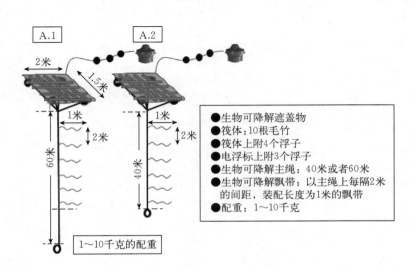

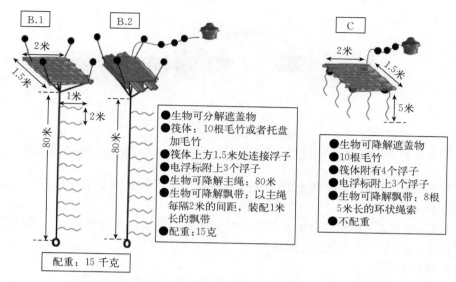

附图 4-3　BIOFAD 项目所选定的原型大小与材料示意

作业的毛里求斯、塞舌尔和欧盟围网船共同投放。每季度约投放 250 个 BIOFAD。

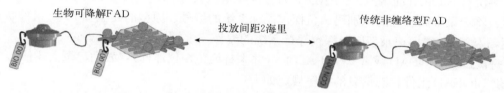

附图 4-4　BIOFAD 与其配对的 CONFAD 投放策略示意

为评估 BIOFAD 诱集金枪鱼类和非金枪鱼类鱼种的效果、结构耐用性与降解率和 FAD 性能（如漂流），将比较 BIOFAD 与现行使用的 CONFAD 的效果。

投放顺序规定如下：

a. 每一个 BIOFAD 将与其配对的 CONFAD 一起投放。

b. CONFAD 构造与其配对的 BIOFAD 类似，但是由现在所使用的合成材料制作。

c. 首次投放时，BIOFAD 与其配对的 CONFAD 将使用相同品牌或型号的鱼探仪。

d. BIOFAD 与其配对的 CONFAD 间隔约 2 海里。

BIOFAD 与 CONFAD 的识别程序如下：

e. 所有 BIOFAD 与 CONFAD 将配有识别码，来确保追踪这类 FAD（如自 BIO-0001 号至 BIO-1000 号，和自 CON-0001 号至 CON-1000 号）。

f. 此类识别码将永远属于同一个 BIOFAD 或者 CONFAD。

g. 所有 BIOFAD 将配有 2 块显示其识别码的金属牌，一块系在筏体上，一块系在鱼探仪浮标上（见附图 4-5）。

h. CONFAD 与其配对的 BIOFAD 将共享相同的序号（如：CON-0001 号和 BIO-0001 号）

i. 所有 CONFAD 将配有一块系在鱼探仪浮标上的金属牌作为其识别码。

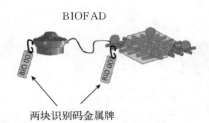

附图 4-5 将 BIOFAD 识别码金属牌系在筏体上和相关的鱼探仪浮标上的示意

j. 不可摘除系在 BIOFAD 筏体上的金属牌，在替换金属牌所附着的结构时，可摘除该金属板并将其重新系在新结构处。

k. 若 BIOFAD 或者 CONFAD 更换所有人时（如每当替换鱼探仪浮标时），识别码金属牌应从旧的鱼探仪浮标替换至新的鱼探仪浮标上。

（3）数据收集和报告。

下列捕捞活动已纳入 BIOFAD 和 CONFAD 相关数据收集程序中：

a. 每次新投放 BIOFAD 或者 CONFAD 时：将收集原型的类型（如 A.1）、金属牌上的识别码（如 BIO-0001）与相关鱼探仪浮标系统的编号。

b. 每次对 BIOFAD 或者 CONFAD 下网、替换鱼探仪浮标，或者收回 BIOFAD 或者 CONFAD 时：将记录金属牌上的识别码、鱼探仪浮标系统的编号、原型的类型和 FAD 组件状态。若替换鱼探仪浮标，需要记录新旧鱼探仪浮标系统的编号。

c. 每次接近 BIOFAD 或者 CONFAD 时（并未替换鱼探仪浮标）：鼓励记录上述信息。

提供 BIOFAD 组件状态信息的程序规定如下：

d. 每次对 BIOFAD 或者 CONFAD 下网时：如果条件允许，吊起该试验性 FAD 以评估其组件状态。

e. 船上国家观察员与船员（船长）应负责收集此信息。

f. 检查附表 4-24 列出的所有结构。按照 FAD 状态用 1~5 分来评价（1 分＝非常好，无损坏；2 分＝良好，有点损坏；3 分＝差，损坏严重；4 分＝很差，接近沉没；5 分＝未知）。还须对 FAD 各个组件的评分提供进一步的说明。

g. 在条件允许的情况下，拍摄 BIOFAD 或者 CONFAD 组件的照片。

h. 每当替换 BIOFAD 或者 CONFAD 组件时，请按照附表 4-24 报告。

i. 如果为 BIOFAD，由生物可降解材料取代任何需要替换的损坏部位，该材料与 FAD 一开始制作的材料类似，并与原本的原型设计一致。

j. 鼓励经营者进一步描述构造的状态［如各组件的降解程度（%）］。

要求参加项目的渔船报告项目执行期间所投放的 BIOFAD 或者 CONFAD 相关的鱼探仪浮标的信息。

所有收集的上述信息将按照 BIOFAD 项目的特定表格报告，并为船员（船长）设计电子邮件模板，通过下列电子邮箱地址 biofad@azti.es 提供项目小组所需的信息。

**附表 4-24　参加项目的渔船报告所需信息的电子邮件模板**

| BIOFAD 和 CONFAD 状态 | | | | | | 替换 | |
|---|---|---|---|---|---|---|---|
| 漂浮部分 | 1 | 2 | 3 | 4 | 5 | 是 | 否 |
| 筏体 | | | | | | | |
| 浮子 | | | | | | | |
| 遮盖物/帆布 | | | | | | | |
| 悬挂部分 | 1 | 2 | 3 | 4 | 5 | | |
| 主绳 | | | | | | | |
| 飘带（环绳） | | | | | | | |
| 沉子 | | | | | | | |

1　非常好，无损坏
2　良好，有点损坏
3　差，损坏严重
4　很差，接近沉没
5　未知

船名：
日期/时间：
活动（在对应栏下方打×）：

BIOFAD 或者 CONFAD 编号：
原型（在对应该栏下方打×）：

| A1 | A2 | B1 | B2 | C |
|---|---|---|---|---|
| | | | | |

对 BIOFAD 或者 CONFAD 是否具有所有权（是/否）：
旧的或者外来鱼探仪浮标系统的编码：
新的鱼探仪浮标系统的编码：
是否吊起（是/否）：

## 18. 第 18-05 号　关于旗鱼类（条纹四鳍旗鱼、印度枪鱼、蓝枪鱼和平鳍旗鱼）养护和管理措施的决议

IOTC，忆及第 15-05 号《关于条纹四鳍旗鱼、印度枪鱼和蓝枪鱼养护措施的决议》（由第 18-05 号决议取代），该决议的目标是减少对旗鱼类的捕捞压力。

忆及按照可获得的科学信息与建议，尤其是 IOTC SC 的结论，条纹四鳍旗鱼、印度枪鱼、蓝枪鱼和（或）平鳍旗鱼正处在生产型过度捕捞的状态，并且有些鱼种已处于资源型过度捕捞，近年的渔获量远远超过 2009—2014 年（基准期）的平均渔获量。

忆及第 12-01 号《关于实施预防性作法的决议》，该决议呼吁 IOTC CPC 按照《UNFSA》第 5 和 6 条，应用预防性作法；并进一步忆及《UNFSA》第 6.2 条规定，不得以科学数据不足为由推迟或者不采取养护和管理措施。

忆及第 15-01 号《关于 IOTC 管辖区域渔船记录渔获量和捕捞努力量的决议》，该决议已确定 IOTC 数据记录系统。

忆及第 15-02 号《关于 IOTC 缔约方和合作的非缔约方（CPC）强制性统计报告要求的决议》，该决议已规定 CPC 须向 IOTC 秘书处提交渔获量及渔获相关信息。

考虑到 SC 注意到 2015 年和 2016 年渔获量比 2009—2014 年的平均水平大幅增加，所以 SC 建议应大幅减少目前的渔获量，以结束生产型过度捕捞，并在可能的情况下使资源得到恢复。

按照 IOTC《协定》第 9 条第 1 款规定，决议如下：

（1）为确保印度洋条纹四鳍旗鱼、印度枪鱼、蓝枪鱼和平鳍旗鱼的养护，有渔船在 IOTC 管辖区域捕捞这类鱼种的 CPC 应确保至少采取下列管理措施，以支持这些种群的可持续开发，达到 IOTC《协定》的目标，确保资源的养护和最佳利用。

**管理措施：渔获量限额**

（2）CPC 应尽力确保任一年度的印度洋条纹四鳍旗鱼、印度枪鱼、蓝枪鱼和平鳍旗鱼总渔获量不超过 MSY 的水平，或者当没有 MSY 时，不超过 SC 估计的 MSY 范围中值的下限。

（3）第（2）条所指的限额与如下所述对应：

a. 条纹四鳍旗鱼：3 260 吨。

b. 印度枪鱼：9 932 吨。

c. 蓝枪鱼：11 930 吨。

d. 平鳍旗鱼：25 000 吨。

（4）第（2）条所指的任一鱼种的年平均总渔获量，若从 2020 年后连续两年超过第（3）条所述的限额，IOTC 应审议本决议所含措施的执行情况与有效性，并根据实际情况向第 14 条所指的 SC 提出建议，考虑采取适当的额外的养护和管理措施。

**其他管理措施**

（5）在 SC 对所有的和（或）单一物种的最小体长提出建议之前，即使有第 17-04 号决议，CPC 不得在船上留存、转载、卸下 LJFK 小于 60 厘米的第（2）条所指的任何一种鱼，并且应该

在不影响船员安全的前提下，立即以实现最高存活率的方式释放回海中[①]。

（6）此外，CPC 需要考虑通过额外渔业管理措施限制捕捞死亡率，例如：释放任何拉到船上或者船舷边的活体；改进捕捞方法和（或）渔具来减少幼鱼的捕捞；采用空间/时间管理措施减少在育稚区进行捕捞作业；限制海上捕捞天数和（或）捕捞旗鱼的渔船数量。

**渔获信息的记录、报告和使用**

（7）CPC 应确保其在 IOTC 管辖区域捕捞条纹四鳍旗鱼、印度枪鱼、蓝枪鱼和平鳍旗鱼的船舶，按照第 15 - 01 号《在 IOTC 管辖区域渔船记录渔获量和捕捞努力量的决议》要求，或者任何后续替代的决议，记录渔获量。

（8）CPC 应执行数据收集计划，来确保完全按照第 15 - 02 号《IOTC 缔约方和合作的非缔约方（CPC）强制性统计报告要求的决议》，或者任何后续替代的决议，准确报告 IOTC 条纹四鳍旗鱼、印度枪鱼、蓝枪鱼和平鳍旗鱼的渔获量、活体释放和（或）丢弃量、捕捞努力量、体长和丢弃数据。

（9）在 CPC 向 SC 提交的年度报告中，应纳入其国内为实现可持续利用与养护条纹四鳍旗鱼、印度枪鱼、蓝枪鱼和平鳍旗鱼所采取的渔获量监控和渔业管理措施。

（10）为收集上述鱼种数据，IOTC 应考虑给发展中 CPC 提供适当的协助。

**科学研究和 SC**

（11）鼓励 CPC 对于条纹四鳍旗鱼、印度枪鱼、蓝枪鱼和平鳍旗鱼的生物、生态、行为关键特征、生命史、洄游、释放后存活率与安全释放指南、育稚区确认、改进捕捞方法与渔具选择性进行科学研究。研究结果应通过工作文件与国家年度报告提供给 IOTC 旗鱼工作小组和 SC。

（12）IOTC 旗鱼工作小组和 SC 应持续评估与监控条纹四鳍旗鱼、印度枪鱼、蓝枪鱼和平鳍旗鱼的状态，并向 IOTC 提供建议。

（13）SC 和 COC 应每年审议所提供的信息，并评估 CPC 报告中对条纹四鳍旗鱼、印度枪鱼、蓝枪鱼和平鳍旗鱼的渔业管理措施的成效，并酌情向 SC 提供建议。

（14）本决议所涉及的每一鱼种，SC 应对下列事项提供建议：

a. 减少捕捞死亡率的选项，使得至少在 2026 年前恢复和（或）维持资源处在神户矩阵图绿色区域内的状态，并且可能性为 $60\% \sim 90\%$。所提供的建议应根据目前的开发状态和今后可能的变化，并考虑下列 c 款建议。

b. 在 IOTC 管辖区域养护管理的候选参考点。

c. 考虑成熟群体的体长与补充进入不同渔具的渔业中的补充群体的体长，在可行的情况下，建立各类鱼种的最小养护体长。若条件允许，应考虑渔业间技术方面的相互影响，提出养护 4 种鱼种相同的最小养护体长的建议。

**最终条款**

（15）本决议取代第 15 - 05 号《关于条纹四鳍旗鱼、印度枪鱼和蓝枪鱼养护措施的决议》。

---

①即使有第（5）条，但当围网船意外捕获小型旗鱼类，并在围网船捕捞作业过程中将其冷冻，如果未销售这类渔获，该行为没有构成违规。

## 19. 第 18-07 号 关于未履行 IOTC 报告义务适用的措施的决议

IOTC，按照 IOTC《协定》第九条，为实现本 IOTC《协定》的目标，缔约方同意向 IOTC 提供可能需要的统计、其他数据和信息，以及名义渔获量数据、渔获量和捕捞努力量数据、体长数据和 FAD 数据等，应每年在 6 月 30 日前向秘书处提交上一年度的数据。

回顾 IOTC 通过的有关数据提交截止日期、程序和统计报告义务的决议，即第 15-02 号、第 15-01 号、第 14-05 号、第 12-04 号、第 10-11 号（由第 16-11 号决议取代）、第 11-04 号、第 10-08 号和第 01-06 号决议。

认识到发展中 CPC 可以从 IOTC 获得资金，以提高其数据收集和提交的能力。

考虑到 SC（IOTC-2015-SC18-R）关注到 CPC 提交的 IOTC 各种物种的总渔获量、捕捞努力量和体长数据的不足，尽管提交这类数据属于强制性措施，鉴于 IOTC 数据库中可用信息存在缺口，以及基础渔业数据在评估资源状态并提供可靠的管理建议方面的重要性，要求 CPC 遵守 IOTC 数据提交要求。

考虑到 SC 建议 IOTC 通过 COC 制定处罚机制来改进目前没有遵守第 15-01 号和第 15-02 号决议所规定的 CPC 基础渔业数据提交要求的遵守情况。

注意到即使通过许多措施来解决此问题，仍然有不完整的报告或者未提交数据的情况，未遵守报告义务仍然是 SC 和 IOTC 需解决的问题。

注意到仍然有许多物种并未进行评估，并且有些其他物种虽然已经进行了评估但仍然有很高的不确定性，有可能成为导致某些 IOTC 物种枯竭的重大风险以及对生态系统产生负面效应。

进一步注意到为保证所有 IOTC 渔业按照符合预防性做法的原则进行管理，有必要采取措施来消除或者减少不报告或者误报的情况。

按照 IOTC《协定》第 9 条第 1 款规定，决议如下：

（1）CPC 应在其年度报告（执行报告）中，阐述其为履行 IOTC 渔业数据报告义务所采取的相关行动，包括 IOTC 渔业所捕获的相关鲨鱼物种，特别是针对目标鱼种和兼捕物种数据收集所采取的改进措施。

（2）CPC 按照第（1）条所采取的行动，应每年由 IOTC COC 进行审议。

（3）在 COC 进行审议后，IOTC 在其年会上应按照所附的指南（附件 1），并在适当考虑所涉 CPC 对这类案件所提供的信息后，对未按照第 15-02 号决议第 2 条（或者任何后续修订）提交某一年度单一或者多物种名义渔获量数据（专门的）的 CPC，包括零渔获量报告的 CPC，可以考虑其从缺乏或不完整报告年份的下一年度起禁止留存这类鱼种，直到 IOTC 秘书处收到这类数据为止。应优先考虑多次不遵守该规定的 CPC。任何因为内战而无法履行本报告义务的 CPC，这项措施应豁免。所涉 CPC 应与 IOTC 秘书处合作，使用 FAO 所建立的数据收集方法，确认并实施可能的数据收集替代方法。

（4）为便于按照本决议附件 1 中第 1 条的要求报告零渔获量，应采用下列方法：

a. 作为报告名义渔获量的 IOTC 1RC 电子表格的一部分，秘书处应按照第 15-01 号《关于 IOTC 管辖区域渔船记录渔获量和捕捞努力量的决议》（或后续取代决议）的要求记录渔获量和兼捕量数据，并按照本决议附件 2 所规定的格式，分渔具类型填报 IOTC 各鱼类以及最经常捕获的板鳃类各物种的渔获情况。

b. CPC 应在其报告的总渔获量数据内，以"1"代表其有此渔获（有渔获量）或者"0"代表零渔获（零上岸量＋零丢弃量）的方式，按照渔具类型，分鱼种妥善填好每一小格。

c. 仅将报告中有渔获量部分填入 1RC 电子表格内"渔获量"一栏。

（5）IOTC 可考虑扩大该表格，以酌情包括 IOTC 管辖区域内的额外物种和鱼种/渔具。

（6）本决议取代第 16－06 号《关于未履行 IOTC 报告义务时的适用措施》。

**附件 1**

# 便于应用第（3）条的指南

IOTC 将按照附表 4 - 25 设定的时间和步骤，作为应用本决议第（3）条的指南。

附表 4 - 25 设定的时间和步骤

| 年度数据审议<br>（从 2016 年起，每年一次） | 禁止留存后 |
| --- | --- |
| 1. CPC 按照第 15 - 02 号决议和 SC 的表格，向 IOTC 秘书处提交总渔获量数据，包括零渔获量<br><br>2. IOTC 秘书处经与 SC 商议，将在履约情况报告中，列明每一 CPC 分种类或者种群数据提交状况（例如完整、不完整或者缺少）<br><br>3. COC 按照 IOTC 秘书处、SC 和 CPC 所提供的任何其他相关信息，审议该报告。按照审议结果，COC 在其报告中列出未按照要求提交数据（即数据缺失或不完整）的 CPC，并通知其可能从下一年度起相关渔业所涉物种或种群会被 IOTC 禁止留存在船上，直到数据提交给 IOTC 秘书处<br><br>4. COC 还可考虑是否应建议采取与本决议一致的其他行动 | 1. 被发现提交数据"缺失"或"不完整"的 CPC，不得留存这些物种在舱内<br><br>2. 这类 CPC 应尽快将缺失的数据提交给 IOTC 秘书处，以纠正这种情况<br><br>3. IOTC 秘书处，在必要且适当的情况下，将与 COC 和 IOTC 主席商议，审议适时提交的新数据，并确定是否完整。如果数据完整，IOTC 秘书处将立即通知所涉 CPC 可恢复相关渔业所涉物种或种群的留存<br><br>4. 在休会期间这类 CPC 提供数据，并且 IOTC 秘书处做出允许恢复留存的决定之后，COC 将在年会中审议该决定。如果认为数据仍不完整，COC 将再次采取前一栏第 3 条和第 4 条所述的行动 |

**附件 2**

零渔获量的报告范例见附表 4-26。

附表 4-26　零渔获量的报告范例（IOTC 秘书处可进一步调整）

| T1 "零渔获量" 矩阵 | | | 种群 | 渔具类别 | | | | | | |
| --- | --- | --- | --- | --- | --- | --- | --- | --- | --- | --- |
| 物种组 | 物种代码 | 中文名 | IO | 手钓 | 竿钓 | 延绳钓 | 围网 | 曳绳钓 | 刺网 | 其他 |
| 温带金枪鱼类 | ALB | 长鳍金枪鱼 | IO | | | | | | | |
| | SBT | 南方蓝鳍金枪鱼 | IO | | | | | | | |
| 热带金枪鱼类 | BET | 大眼金枪鱼 | IO | | | | | | | |
| | SKJ | 鲣 | IO | | | | | | | |
| | YFT | 黄鳍金枪鱼 | IO | | | | | | | |
| 浅海金枪鱼类 | LOT | 青干金枪鱼 | IO | | | | | | | |
| | KAW | 鲔 | IO | | | | | | | |
| | FRI | 扁舵鲣 | IO | | | | | | | |
| | BLT | 双鳍舵鲣 | IO | | | | | | | |
| | COM | 康氏马鲛 | IO | | | | | | | |
| | GUT | 斑点马鲛 | IO | | | | | | | |
| 旗鱼类 | BUM | 蓝枪鱼 | IO | | | | | | | |
| | BLM | 印度枪鱼 | IO | | | | | | | |
| | MLS | 条纹四鳍旗鱼 | IO | | | | | | | |
| | SFA | 平鳍旗鱼 | IO | | | | | | | |
| | SWO | 剑鱼 | IO | | | | | | | |
| 第15-01号决议要求的特定渔具的其他物种（灰色部分不须填写） | SSP | 尖吻四鳍旗鱼 | IO | | | | | | | |
| | BSH | 大青鲨 | IO | | | | | | | |
| | MAK | 鲭鲨类 | IO | | | | | | | |
| | POR | 鼠鲨 | IO | | | | | | | |
| | SPN | 双髻鲨类 | | | | | | | | |
| | FAL | 镰状真鲨 | IO | | | | | | | |
| | MZZ | 其他硬骨鱼类 | IO | | | | | | | |
| | SKH | 其他鲨类 | IO | | | | | | | |
| | THR | 长尾鲨类 | IO | | | | | | | |
| | OCS | 长鳍真鲨 | IO | | | | | | | |
| | TIG | 鼬鲨 | | | | | | | | |
| | PSK | 拟锥齿鲨 | | | | | | | | |
| | WSH | 噬人鲨 | | | | | | | | |
| | MAN | 蝠鲼 | | | | | | | | |
| | PLS | 紫魟 | | | | | | | | |
| | | 其他鳐类 | | | | | | | | |

注：按照第15-01号决议规定的渔捞日志，灰色部分不需要填写。

## 20. 第 19‑01 号　关于恢复 IOTC 管辖海域黄鳍金枪鱼资源临时计划的决议

IOTC，考虑到在相关环境和经济因素限制下，包括 IOTC 管辖区域内发展中国家的特殊需求，IOTC 的管理目标是维持资源的长期可持续性并且有很高的可能性不低于可产出 MSY。

铭记 IOTC《协定》第十六条有关沿海国的权利，以及《UNCLOS》第八十七条和第一百一十六条有关公海捕鱼的权利。

承认发展中国家的特殊需求，特别是《UNFSA》第二十四条中的发展中小岛国的特殊需求。

忆及《UNFSA》第五条要求高度洄游鱼类种群的养护管理要以最佳科学证据为依据，并且当某一资源评估结果处于神户矩阵图红色象限时，需要特别参考第 15‑10 号决议，要求以高概率结束该鱼类的过度捕捞，并尽可能在短期内重新恢复此资源的生物量。

进一步忆及《UNFSA》第六条和 IOTC 第 12‑01 号《有关预防性措施实践的决议》，该决议要求各国在信息不明确、不可靠或不充足时应该更为慎重，并且不得以科学数据不足为由推迟或不采取养护管理措施。

考虑到 2009 年 6 月 23—7 月 3 日西班牙 San Sebastian 举行的第 2 次区域性金枪鱼渔业管理组织联席会议（KOBE II）通过的建议；适当时，针对不同的渔业实施冻结捕捞能力的措施，但是此冻结不应当限制发展中沿海国家进入、发展可持续性金枪鱼渔业并从中获益。

进一步考虑到 2011 年 7 月 12—14 日在美国加州拉霍亚举行的 KOBE Ⅲ 会议通过的建议；考虑资源状况，每一 RFMO 应该考虑制定减少过剩的捕捞能力的计划，但是不能限制发展中沿海国家，特别是发展中小岛国、领地和经济脆弱的小国家，进入、发展（包括在公海上）可持续金枪鱼渔业以及从中获利；若条件允许，在其管辖海域内将捕捞能力从发达的成员国移转到发展中沿海捕鱼国。

进一步考虑到 ICES 与 FAO 2006 年捕捞技术和鱼类行为工作小组报告指出，刺网是最难以控制渔获量和最难以实现可持续渔业的渔具之一。

进一步忆及 2015 年 11 月 23—27 日在印尼吧里岛召开的第 18 届 SC 会议以及 2018 年 12 月 3—7 日在塞舌尔召开的第 21 届 SC 会议，考虑到这两次会议通过的建议，该建议指出黄鳍金枪鱼渔获量应该在 2017 年的基础上减少 20%，使得资源在 2027 年有 50% 的概率恢复到高于 KOBE Ⅱ 管理策略矩阵所述的暂定目标参考点。

进一步考虑到第 21 届 SC 有关资源评估限制与不确定性的管理建议。

进一步考虑 2018 年 10 月 29—11 月 3 日在塞舌尔召开的第 20 届 WPTT 的关切，围网渔船改变策略以增加 FAD 的使用，以维持渔获量，已使黄鳍金枪鱼与大眼金枪鱼幼鱼渔获量显著提高。

注意到辅助船对增加围网渔船的捕捞努力量以及提高捕捞能力都有作用，并且辅助船数量在过去几年中大量增加。

进一步考虑到联合国大会第 70‑75 号决议，该决议呼吁各国在发展、通过和实施养护管理措施时，需要更多地考虑科学建议，并考虑发展中国家的特殊需求，包括"加快发展中小岛国（以下简称 SIDS）发展的行动路径"所强调的 SIDS。

注意到 IOTC《协定》第 5 条第 2 款（b），在养护与管理、最佳化利用本 IOTC《协定》所管理的种群时，应对于以这类种群为基础的本区域内的发展中成员国发展该渔业的特殊利益与需求应有的承认。

进一步考虑到 IOTC《协定》第 5 条第 2 款（d）要求 IOTC 对于 IOTC《协定》管理的种群的渔业，保持对经济因素和社会因素的考虑，特别需要注意发展中沿海国家的利益，包括确保所通过的养护管理措施不会直接或间接将养护行动中的成本以不合理的比例转移到发展中国家，尤其是 SIDS。

进一步认识到黄鳍金枪鱼、鲣与大眼金枪鱼渔业之间产生相互作用的情况。

考虑到第 16 - 01 号决议（由第 17 - 01 号决议取代，后由第 18 - 01 号和第 19 - 01 号决议取代）第（12）条允许 IOTC 在 2019 年前审视此临时计划。

依据 IOTC《协定》第 9 条第 1 款规定，决议如下：

**适用范围**

（1）本决议应适用于 IOTC 管辖区域内所有以印度洋金枪鱼类和类金枪鱼类为目标鱼种的 24 米以上渔船，以及 24 米以下并在其船旗国 EEZ 以外作业的渔船。

（2）本决议的措施应视为临时措施，并将由 IOTC 最迟在 2020 年的年会上进行审议。

（3）尽管有第（2）条的规定，但是本决议应该在 IOTC 会议上通过一套管理黄鳍金枪鱼资源的正式管理程序，并且在生效时进行审议。

（4）本决议内容不应该对未来捕捞机会的分配形成预设或成见。

**渔获限额**

（5）围网：2014 年围网黄鳍金枪鱼申报渔获量超过 5 000 吨的 CPC，围网黄鳍金枪鱼渔获量在 2014 年的基础上减少 15%。

（6）刺网：2014 年刺网黄鳍金枪鱼申报渔获量超过 2 000 吨的 CPC，刺网黄鳍金枪鱼渔获量在 2014 年的基础上减少 10%。

（7）延绳钓：2014 年延绳钓黄鳍金枪鱼申报渔获量超过 5 000 吨的 CPC，延绳钓黄鳍金枪鱼渔获量在 2014 年的基础上减少 10%。

（8）CPC 的其他渔法：2014 年其他渔法黄鳍金枪鱼申报渔获量超过 5 000 吨的 CPC，其他渔法黄鳍金枪鱼渔获量在 2014 年的基础上减少 5%。

（9）当适用第（5）、第（6）、第（7）和第（8）条规定时，依照各渔具减少渔获量时，发展中小岛国家和最欠发达国家可以选择 2014 年或 2015 年的黄鳍金枪鱼渔获量作为标准。这类 CPC，第（13）条 a 款适用于 2018 年和 2019 年的渔获量总和。

（10）占 2017 年印度洋黄鳍金枪鱼总渔获量 4% 以下的 SIDS CPC 应该对于其围网渔获量在 2018 年的基础上减少 7.5%，2019 年和 2020 年除外。

（11）任何不适用第（5）至第（10）条的 CPC，若在任何后续年度（从 2017 年起）渔获量超过限额，应该依照第（5）、第（6）、第（7）和第（8）条所述特定渔具来减少其渔获量。

（12）船旗国将决定渔获量削减的适当方法，包含捕捞能力削减、捕捞努力量限制等，并每年在其执行报告中向 IOTC 秘书处报告。

**超年度限额量**

（13）若 CPC 的某一船队超过了第（5）至第（10）条的年度限额，该船队的渔获限额应该依照下列方法削减：

a. 若 2017 年、2018 年和 2019 年的渔获量总和超过 2017、2018 和 2019 年的渔获限额总和①，应该从 2021 年渔获限额中扣回超过的渔获量（超捕量）。

b. 2020 年之后，应该从其后 2 年的限额中扣回 100％的超捕量。

c. 该船队连续 2 年或以上超捕，对于这样的情况，应该从其后 2 年的限额中扣回 125％的超捕量。

（14）CPC 应该在其执行报告中，通过 IOTC COC 通知 IOTC 有关所有因为第（13）条所述超捕所致的后续限额削减。

（15）修订的渔获限额将适用于下一年度，并且应该按照规定，向 IOTC COC 提交修订渔获量的报告，来评估 CPC 的遵守情况。

**辅助船**

（16）辅助船：CPC 应该于 2022 年 12 月 31 日前依照下列 a、b 和 c 款逐渐减少辅助船②。船旗国应该将减少辅助船的状态纳入执行报告，并提交给 COC。

a. 2018 年 1 月 1 日—2019 年 12 月 31 日：1 艘辅助船支援不低于 2 艘，并且都属于相同船旗国的围网船。

b. 2020 年 1 月 1 日—2020 年 12 月 31 日：2 艘辅助船支援不低于 5 艘，并且皆属于相同船旗国的围网船③。

c. CPC 不得在 2017 年 12 月 31 日后，在 IOTC 船舶名单中注册任何新的或额外的辅助船。

（17）单船围网在任何时间不得被超过 1 艘并且属于相同船旗国的辅助船所辅助。

（18）作为第 15 - 08 号决议（由第 17 - 08 号决议取代，后由第 18 - 08 号和第 19 - 02 号决议取代）和第 15 - 02 号决议的补充，CPC 船旗国应该在 1 月 1 日前，每年报告下一年度每艘辅助船所服务的围网船。此信息是强制性义务，并且将在 IOTC 网站上公布，以便所有 CPC 都能获得。

（19）CPC 应该从 2019 年 3 月 1 日起，汇报 2018 年和 2019 年由围网渔船和相关辅助船每 1°方格内投放的 FAD 的数量。

**刺网**

（20）考虑这类渔具巨大的生态影响并尽快跟踪第 17 - 07 号《有关在 IOTC 区域内禁止使用大型流网的决议》的执行情况，在不违反 IOTC《协定》第十六条的前提下，CPC 应该鼓励淘汰刺网渔船或将刺网转为其他渔具。

（21）CPC 应该从 2023 年起，将刺网渔业的刺网设置于水面下至少 2 米处，以减缓刺网对生态系统的影响。

（22）鼓励 CPC 采用 IOTC SC 认可的数据收集替代方法（电子或人类），在 2023 年将刺网渔船的国家观察员覆盖率或港口采样率增加至 10％。

（23）CPC 应该通过 COC 向 IOTC 报告第（21）至第（23）条的执行情况。

**行政事项**

（24）按照 SC 的建议，IOTC 秘书处应该在当年 12 月，准备并传阅一份前一年度按照第

---

①印尼的渔获量按照其提交给 SC 的国家报告中的数据计算。

②按照本决议的目的，辅助船包括支持船。

③a 和 b 款不适用于仅有 1 艘辅助船的船旗国。

（5）至第（10）条设定的渔获限额分配表。

（25）CPC 应该按照第 15-01 号《在 IOTC 管辖区域渔船渔获量和捕捞努力量统计的决议》和第 15-02 号《IOTC 缔约方和合作非缔约方（CPC）强制性统计报告要求的决议》的要求监控其船舶的黄鳍金枪鱼渔获量，并提交一份最新的黄鳍金枪鱼渔获量摘要给 IOTC COC 予以审议。

（26）为达到本决议的目的，CPC 应该按照第 15-02 号决议，分别提交在 EEZ 外作业的总长度大于等于 24 米和其他小于 24 米的渔船黄鳍金枪鱼的渔获量。

（27）COC 应该每年评估由本决议案所导致的报告义务与渔获限额遵守情况，并应该据此向 IOTC 提出建议。

（28）SC 通过其 WPTT 应该执行《改善现有黄鳍金枪鱼评估工作计划》，并对 IOTC 提出财务与行政要求的建议，进一步工作以尽量减少黄鳍金枪鱼资源评估中的问题并降低复杂性。

（29）SC 通过其 WPTT 应该在 2019 年考虑所有可能的捕捞死亡来源，以恢复和维持生物量水平达到 IOTC 确定的目标，评估本决议所述措施的效力。

（30）本决议取代 IOTC 第 18-01 号《关于恢复印度洋黄鳍金枪鱼资源临时计划的决议》。

## 21. 第19-02号　关于集鱼装置（FAD）计划程序的决议

IOTC，铭记《UNFSA》，有关协定鼓励沿海国和公海渔业国，采取符合时效的方式，收集以及分享有关捕捞活动的完整和正确数据，尤其是船舶位置、目标鱼种和非目标物种渔获量和捕捞努力量数据。

注意到在联合国大会第67-79号可持续渔业决议中，呼吁各国各自、共同或通过RFMO和协定，收集必要数据来评估和严格地监控大型FAD，若条件允许，也要评估其他装置的使用情况，以及其对金枪鱼类资源与金枪鱼类行为和附属和依赖物种的影响，来优化管理程序以便监控这类装置的数量、类型和使用情况，减缓对生态系统可能产生的负面影响，包括对幼鱼和意外捕获的非目标物种的影响，特别是鲨鱼和海龟。

注意到FAO《负责任渔业行为守则》规定各国应该汇总整理分区域或RFMO所管理鱼种的渔业相关数据以及其他科学支撑数据，并按照符合时效的方式将数据提供给该组织。

认识到按照IOTC的管理，FAD应受到IOTC管理以便确保捕捞作业的可持续性。

虑及辅助船的活动和FAD的使用是构成围网作业船队捕捞努力量的一部分。

意识到IOTC被赋予责任通过养护与管理措施来减少因使用FAD所造成的大眼金枪鱼和黄鳍金枪鱼幼鱼的死亡率。

忆及第12-04号决议，该决议要求IOTC在其2013年的年会中考虑SC关于发展改良FAD设计来减少海龟缠绕事件的建议，包括使用生物可降解材料，连同考虑社会经济因素，通过采取进一步措施，来减缓IOTC《协定》所管理的渔业对海龟造成的负面影响。

忆及第13-08号决议（由第15-08号决议取代，后由第17-08号决议取代，再由第18-08号和第19-02号决议取代）建立的FAD管理计划，包括FAD数量限制、更详细的FAD作业渔获情况报告以及改进FAD设计，来减少非目标物种缠绕事件的发生。

注意到SC建议IOTC应该仅设计和施放非缠络型FAD，包括漂浮的或锚碇的，来避免对鲨鱼类、海龟和其他物种发生缠绕。

注意到SC建议IOTC研究暂时禁用FAD以及其他措施的可行性及其对印度洋渔业和有关种群的影响。

忆及IOTC《协定》所设定的目标，该目标是通过适当的管理确保IOTC《协定》管理的种群的养护以及最佳利用、鼓励以捕捞这些鱼种为主的渔业的可持续发展，并将兼捕程度降到最低。

根据IOTC《协定》第9条第1款规定，决议如下：

（1）定义。

**为此决议的目的**

a. FAD：利用任何材质人工制成的或天然的永久、准永久或暂时性物体、结构或装置，通过投放和（或）追踪的方式，聚集目标金枪鱼类以达到捕捞的最终目的。

b. DFAD是指一端未固定在海底的FAD。DFAD通常有一漂浮结构（如竹筒或由浮标或软木等提供浮力的金属筏）以及一水下结构（由旧网衣、帆布、绳索等制成）。

c. AFAD是指一端固定在海底的FAD，通常由一大型浮标并用链条锚碇于海底。

　　d. 卫星电浮标（instrumented buoys）是指具有标示清晰的特定参考号码来区分其所有人并配有卫星追踪系统以监控其位置的浮标。

　　e. 作业浮标（operational buoys）是指安装在 DFAD 或流木，并且已被启用、打开和投放在海上，并传输位置和任何其他信息，如回声鱼探信息的卫星电浮标。

　　f. 浮标的启用是指浮标提供公司在收到渔船船东或管理者要求后，开启卫星通讯服务的行为。

　　g. 浮标的停用是指浮标提供公司在收到渔船船东或管理者要求后，停止卫星通讯服务的行为。

　　h. 浮标所有人是指任何支付与 FAD 相关浮标的通讯服务费者，和（或）授权接收卫星浮标信息者，以及要求其启用和（或）停用者的法人或自然人、组织实体或其分支。

　　i. 再启用由浮标供应公司收到浮标所有人或管理者要求，重新开启卫星通讯服务。

　　j. 持有浮标（buoy in stock）是指浮标所有人已经获得但尚未运作的卫星电浮标。

　　（2）本决议适用于在 IOTC 管辖海域作业的围网渔船并使用配有卫星电浮标的 DFAD 来聚集金枪鱼类的 CPC。只有围网船，相关辅助船或支援船可进入 IOTC 管辖区域投放 DFAD。

　　（3）本决议要求在所有 DFAD 上使用如前述定义的卫星电浮标，并禁止使用任何其他不符合此定义的浮标，如无线电浮标。

　　（4）本决议将任何围网渔船在任何时间启用和追踪的卫星电浮标上限定为 300 个。每一艘围网渔船每年拥有的卫星电浮标数量限定为不超过 500 个（持有浮标和作业浮标）。只有当卫星电浮标实际处于围网船或其辅助船、支援船的甲板上并属于这些船舶时，才可以启用一个卫星电浮标。启用卫星电浮标应该在渔捞日志上记录，要清楚地记录卫星电浮标的单一识别码、日期、时间和投放的地理坐标。

　　（5）每一 CPC 应该对悬挂其旗帜的船舶，采取比第（4）条所设定数量更低的限制标准。此外，任何 CPC 可以对其 EEZ 内投放的 DFAD 采取较第（4）条所设定数量更低的限制标准。该 CPC 应该审查已通过的限制，以确保不超过 IOTC 所设定的限制。

　　（6）CPC 应该确保从本决议生效日起，其每一艘作业中的围网渔船不会超过第 4 条所设定的卫星电浮标数量上限。

　　（7）所有围网渔船、辅助船或支援船应该向其相关 CPC 报告船上搭载的卫星电浮标的数量，包含各作业航次前后各卫星电浮标的单一识别号码。

　　（8）每一卫星电浮标仅应在被带回港口后可以再次启用，不论是由追踪浮标的渔船/相关辅助或支援船或 CPC 授权的任何其他船舶，都可再次启用。

　　（9）尽管 IOTC 所要求进行的所有研究已经完成，包括第 15-09 号有关 FAD 的决议所通过的由工作小组进行的研究，IOTC 需要审查第 4 条所设定卫星电浮标的数量上限。

　　（10）CPC 应该要求悬挂其旗帜并且对 DFAD 进行捕捞的渔船，在第 12-02 号决议（或任何后续决议）所设定的保密规则下，每年报告该船追踪、遗失和转让的作业卫星电浮标数量（所投放的海上标识 DFAD 的总量，通过在流木或在海中的其他船舶的 DFAD 上安装卫星电浮标），按照 1°方格、每月及 DFAD 分种类的方式提交。

　　（11）所有 CPC 应该确保第（2）条所指的所有渔船，使用附件 3（DFAD）和附件 4（AFAD）《FAD 日志》部分所规定的特定数据要素，记录与 FAD 有关的捕捞活动。

（12）有渔船悬挂其旗帜并使用 FAD 进行捕捞的 CPC，应该每年向 IOTC 提交 FAD 使用管理计划。按照本决议的要求，根据使用者、涉及的船舶类型、使用的渔法和渔具以及建造所使用的材料等，对于 DFAD 和 AFAD 的管理计划应该按照规定分开报告。每一 CPC 为 DFAD 和 AFAD 准备的 FAD 管理计划，最低应该符合附件 1 和附件 2 的指南。

（13）管理计划应该由 COC 进行分析。

（14）管理计划内容应该包括倡议或研究，来调查并尽可能减少捕获与 FAD 作业相关的小型大眼金枪鱼和黄鳍金枪鱼以及非目标物种。管理计划也应该包含尽可能预防 FAD 遗失或遗弃的指南。

（15）除管理计划外，所有 CPC 应该确保所有悬挂其旗帜并采用 FAD 进行捕捞的渔船（含辅助船），按照附件 3（DFAD）和附件 4（AFAD）中的特定数据要求记录 FAD 相关的捕捞活动。

（16）CPC 应该在年会前 60 天向 IOTC 提交一份 FAD 管理计划的进度报告，若条件允许，包括重新思考其最初提交的管理计划，并包括重新思考附件 3 所设定原则的应用情况。

**非缠络型和生物可降解 FAD**

（17）为减少鲨鱼类、海龟或任何其他物种缠络，CPC 应该要求悬挂其旗帜的渔船使用非缠络设计和材料建造 FAD，如附件 5 所述。

（18）为减少复合材料海洋废弃物，应该倡导使用天然或生物可分解材料建造 FAD。CPC 为转型使用 BIOFAD，应该鼓励悬挂其旗帜的渔船从 2022 年 1 月 1 日起，按照附件 5 的指南使用 BIOFAD，卫星电浮标使用的材料除外。CPC 应该从 2022 年 1 月 1 日起，鼓励悬挂其旗帜的渔船捞起、留置和仅在港口丢弃所有遇到的传统 FAD（例：由缠络型材料所制造或设计的）。上述所指年份应该按照 SC 对第 18-04 号决议《生物可降解集鱼装置实验决议》的建议进行审查。

（19）鼓励 CPC 测试、使用生物可降解材料，协助悬挂其旗帜的渔船转型至完全使用生物可降解材料制作的 DFAD，这类测试成果应该向 SC 报告。SC 应该持续探讨使用 BIOFAD 的研究成果，并应该适当向 IOTC 提供具体建议。

**FAD 标示**

（20）一套新的标示计划应该由 FAD 特别工作小组制定，并且应该由 IOTC 在 2020 年年会上考虑。

（21）在第（20）条所述的标示计划通过之前，CPC 应该确保安装在 DFAD 的卫星电浮标包含清晰可辨识的特定参考号码（由电浮标制造商提供的识别码）和船舶特定的 IOTC 登记号码。

**数据报告和分析**

（22）CPC 应该按照符合 IOTC 提供渔获量和捕捞努力量数据的标准向 IOTC 提交附件 3 和附件 4 所述的数据，这类数据应该按照第 15-02 号决议（或后续所有决议）的要求汇总整理后提交给 IOTC SC，并按照第 12-02 号决议（或后续任何决议）设定的保密规则进行分析。

（23）IOTC SC 获得信息后应进行分析，并提出额外的 FAD 管理选项的科学建议以供 SC 审议，包括 FAD 使用数量以及在新型和改良 FAD 设计上使用生物可降解材料。在评估 FAD 对目标鱼种资源和相关物种的动态与分布以及对生态的影响时，若条件允许，也应该包括所有遗弃 FAD（即没有浮标或漂浮在渔区外的 FAD）的数据。

**FAD 追踪和取回程序**

（24）为支持监控按照第（4）条所建立的限制的遵守情况，在保护商业机密数据的前提下，从 2020 年 1 月 1 日起，卫星电浮标供应公司或 CPC 应向 IOTC 秘书处报告，或要求其渔船报告，所有启用中的 FAD 的每日信息。这类信息应包含日期、卫星电浮标识别码、监控渔船船名和每日位置，应每月汇总，并且在至少 60 天后，最迟 90 天之前提交。

（25）IOTC 应该在其 2021 年年会上根据 FAD 特别工作小组的建议，建立一套 DFAD 追踪和取回政策。该政策应该定义 DFAD 的追踪、遗失 DFAD 的通报、对于抛弃、遗失的 DFAD 在沿海国有搁浅风险的进行实时警报、如何以及由何人取回 DFAD、以及取回费用如何进行索取与分担。

（26）IOTC 秘书处应每年向 IOTC COC 提交一份有关各 CPC 作业浮标数量限制和卫星电浮标年度购买限制遵守情况的报告。

（27）本决议最迟应该由 IOTC 基于 SC 的建议在 2022 年进行审议。

（28）本决议应该在 2020 年 1 月 1 日起生效。

（29）本决议取代第 18－08 号决议《集鱼装置（FAD）管理计划步骤，包括 FAD 数量限制、更详细的 FAD 作业渔获报告规范和改进 FAD 设计来减少非目标鱼种缠绕的决议》。

**附件 1**

## 准备漂浮集鱼装置（DFAD）管理计划的指南

为支持有渔船在 IOTC 管辖区域通过 DFAD 作业的 CPC 履行向 IOTC 秘书处提交 DFAD 管理计划（以下简称 DFAD-MP）的义务，DFAD-MP 应该包括：

1. 目标。

2. 范围：描述其适用范围。

（1）船舶类型、辅助船和补给船。

（2）投放的 DFAD 数量和 DFAD 信标数量。

（3）投放 DFAD 的报告程序。

（4）意外兼捕的减少和利用政策。

（5）与其他各类渔具冲突的考虑。

（6）监控和回收遗失 DFAD 的计划。

（7）"DFAD 所有权"的声明或政策。

3. 管理 DFAD-MP 的制度安排。

（1）法律责任。

（2）批准 DFAD 和（或）DFAD 信标投放的申请程序。

（3）船东和船长就 DFAD 和（或）DFAD 信标投放与使用的责任。

（4）DFAD 和（或）DFAD 信标替换的政策。

4. 报告的义务。

（1）DFAD 制作规格和要求。

（2）DFAD 结构特点描述。

（3）DFAD 标示和识别标志，包括 DFAD 信标。

（4）发光的要求。

（5）雷达反射器。

（6）能见距离。

（7）无线电浮标（需有序号）。

（8）卫星收发器（需有序号）。

5. 适用范围。

任何禁用区域或期间的细节，例如领海、航线、邻近手工渔业区域等的详细说明。

6. DFAD-MP 的适用期。

7. 监控和审议 DFAD-MP 执行的方式。

8. DFAD 日志范例（按照附件 3 收集数据）。

**附件 2**

# 准备锚碇集鱼装置（AFAD）管理计划的指南

为支持有渔船在 IOTC 管辖海域以 AFAD 作业的 CPC 履行向 IOTC 秘书处提交 AFAD 管理计划（AFAD-MP）的义务，AFAD-MP 应该包括：

1. 目标。

2. 范围：描述其适用范围。

（1）船舶类型。

（2）投放的 AFAD 数量和（或）AFAD 信标数量（每一 AFAD 类型）。

（3）投放 AFAD 的报告程序。

（4）AFAD 间的距离。

（5）意外兼捕的减少和利用政策。

（6）与其他渔具冲突的考虑。

（7）建立投放的 AFAD 的目录清单，按本附件第 4 条要求所列的每一 AFAD 的识别标志、特点和设备，锚碇 AFAD 的位置坐标，设置、遗失和重新设置的日期。

（8）监控和收回遗失 AFAD 的计划。

（9）"AFAD 所有权"的声明或政策。

3. 管理 AFAD-MP 的制度安排。

（1）法律责任。

（2）适用于 AFAD 下网作业和使用的法规。

（3）AFAD 维修和维护规定和替换政策。

（4）数据收集系统。

（5）报告义务。

4. AFAD 制作规范和要求。

（1）AFAD 结构特点（描述漂浮结构和水下结构，特别强调使用的所有网片的材料）。

（2）用来固定的锚具。

（3）AFAD 标示和识别标志，包括 AFAD 信标（如有）。

（4）发光的要求（如有）。

（5）雷达反射器。

（6）能见距离。

（7）无线电浮标（如有，需有序号）。

（8）卫星传送器（需有序号）。

（9）回声鱼探仪。

5. 适用范围。

（1）锚碇位置坐标（如果可适用）。

（2）任何禁用区域的细节，例如航线、海洋保护区、保护地等。

6. 监控和审查 AFAD-MP 执行的方式。

7. AFAD 日志范例（按照附件 4 收集数据）。

附件 3

## DFAD 的数据收集

1. 每次对 DFAD 的活动，无论是否下网作业，每艘渔船、辅助船和补给船须报告下列信息：

（1）船舶（船名和渔船、辅助船和补给船的注册码）。

（2）位置［事件发生的地理位置（经、纬度）的度与分］。

（3）日期（如 DD/MM/YYYY，日/月/年）。

（4）DFAD 识别码（DFAD 或信标识别码）。

（5）DFAD 种类（天然漂浮 FAD、人工漂浮 FAD）。

（6）DFAD 结构特点。

（7）漂浮部分和水下悬挂部分结构的尺寸和材料。

（8）活动种类（接近投放、起网、收回、遗失、介入以维护电子设备）。

2. 若接近后下网，无论留舱或丢弃、无论死活，记录该网次的渔获量与兼捕结果。CPC 需要将每艘船按照月份以 1°方格方式汇总数据，向秘书处报告这类数据。

**附件 4**

## 收集 AFAD 的数据

1. 需收集任何 AFAD 周边的活动。

2. 每次对 AFAD 的活动（维修、介入加强等），无论是否下网或其他捕捞活动，需收集下列信息：

（1）位置［事件发生的地理位置（经、纬度）的度与分］。

（2）日期（如 DD/MM/YYYY，日/月/年）。

（3）AFAD 识别码（例：AFAD 标示或信标识别码或任何供识别所有人的信息）。

3. 若接近后下网或有其他捕捞活动，需收集该网次的渔获量与兼捕结果，不论留舱或丢弃、不论死活。

**附件 5**

## 设计与投放 FAD 的原则

非缠络型 FAD 范例见附图 4 – 6。

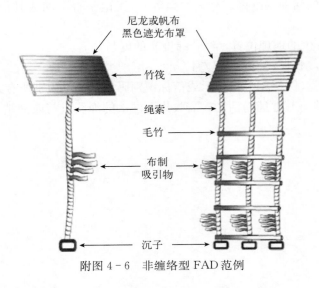

附图 4 – 6　非缠络型 FAD 范例

1. FAD 的海面结构不应该被覆盖，或仅由无网目材料覆盖。
2. 若在海面下面有结构物，其不应该由网片制成，而是由如绳索或帆布等无网目材料制成。

## 22. 第 19‐03 号　关于 IOTC 管辖海域内与渔业相关的蝠鲼养护的决议

IOTC，承认第 12‐01 号《有关执行预防性做法》决议，该决议呼吁 IOTC CPC 在管理金枪鱼类和类金枪鱼类物种时，按照《UNFSA》第 5 条采取预防性做法；并为实现渔业的有效管理，在国家管辖海域内也采用该作法。

忆及第 05‐05 号《有关 IOTC 管理渔业所捕捞的鲨鱼类养护》决议（由第 17‐05 号决议取代）。

考虑到包括蝠鲼科前口蝠鲼属和鲼科蝠鲼属的鲼科〔(family Mobulidae) 物种（以下简称为蝠鲼 (mobulid rays)〕因成长缓慢、性成熟晚、妊娠期长并且时常仅产下数尾幼崽，会因为过度捕捞而变得极为脆弱。

承认蝠鲼对印度洋生态和文化的重要性。

关注从沿岸到公海的不同渔业对这类物种的潜在影响。

考虑 FAO《鲨鱼养护国际行动计划》呼吁国家通过 RFMO 合作来实现确保鲨鱼资源的可持续性。

关注到缺乏非目标物种捕捞活动完整并且准确的报告数据。

承认收集各物种的渔获量、渔获率、释放、丢弃以及贸易数据的需求，可以将其作为改善蝠鲼资源养护管理的基础。

注意到蝠鲼被列入《保护野生动物迁徙物种公约》（CMS）附件 Ⅰ 和附件 Ⅱ，并且迁徙物种途经的国家应该致力于努力保护该物种。

进一步注意到蝠鲼也被列入《濒临绝种野生动植物国际贸易公约》（CITES）附件 Ⅱ，应在特定条件下严格控制贸易，除此之外，贸易不可以不利于物种在野外的生存。

认识到 SC 近期注意到这类物种在印度洋的减少，并建议相关管理措施，若有必要应立即采取，禁止留存在船上等。

按照 IOTC《协定》第 9 条第 1 款，决议如下：

（1）本决议适用于所有悬挂 CPC 旗帜并且船名列在 IOTC 渔船名单或者授权捕捞 IOTC 管理的金枪鱼类和类金枪鱼类物种的渔船。

（2）若在开始投放渔具之前就已经目击该生物，CPC 应禁止所有渔船在 IOTC 管辖区域内以捕捞蝠鲼为目标而投放任何渔具。

（3）CPC 应禁止在 IOTC 管辖区域内的所有渔船留置、转载、卸下、储存任何捕获的蝠鲼部分或全部鱼体。

（4）上述第（2）和（3）条不适用于生计型渔业①，但是该渔业无论如何都不应该销售或者贩卖部分或者全部的蝠鲼鱼体。

（5）CPC 应要求所有从事生计型渔业以外的渔船，当目击到蝠鲼在网内、上钩、或在甲板

---

①生计型渔业指捕获鱼类直接为渔民家人所食用，而并非由中间商收购，并且在下一级市场进行销售的渔业，根据 FAO 渔业技术文件——捕捞渔业数据常规收集方法指南，1999 年，第 382 号，p. 133。罗马：FAO。

上时，应该尽可能地快速并采取对该被捕获个体造成最小伤害的方式释放活体。在考虑船员安全的前提下，应按照附件 1 所述的程序处理。

（6）尽管有第（3）条限制，但是当围网渔船作业过程中意外捕获并冷冻蝠鲼，该渔船必须将蝠鲼全鱼上交给负责的政府机构或者有关当局，或者在卸鱼时丢弃。通过该方式上交的蝠鲼不可以作为销售或交换的对象，但是可供其国内公民食用。

（7）尽管有第（3）条限制，但是若生计型渔业作业意外捕获蝠鲼，该渔船应该在卸鱼时向负责的政府机构或者有关当局报告意外捕获的信息，意外捕获的蝠鲼仅可在当地消费。此条款在2022 年 1 月 1 日失效。

（8）CPC 应该通过渔捞日志和（或）国家观察员计划收集并汇报渔船与对蝠鲼的影响（例：丢弃和释放数量）的信息和数据。数据应该在下一年 6 月 30 日前按照第 15－02 号决议（或任何后续修订版本）规定的时间向 IOTC 秘书处提交。

（9）CPC 应该确保渔民理解并使用适当减缓、辨识、处理和释放技术，并在船上备有所有按照附件 1 的处理指南释放蝠鲼的必要装备。

（10）休闲和运动性渔业应该活体释放所有捕获的蝠鲼，无权留存、转载、卸下、储存、销售或兜售任何部分或完整的蝠鲼鱼体。

（11）除非明确表明其渔业不会刻意和（或）意外捕获蝠鲼，CPC 应该规划生计渔业和手工渔业①采样计划来监控蝠鲼物种渔获量，IOTC 秘书处在需要时给予协助。

自 2020 年起，应该在国家科学报告中向 SC 提交汇报采样计划，包括其科学和实践依据。SC 最迟将在 2021 年提供其对这类计划的完整的建议。考虑到 SC 的建议，若条件允许，CPC 将于 2022 年起执行采样计划。

（12）鼓励 CPC 调查蝠鲼在船上和释放后死亡率，包含但非限于，采取卫星标志计划，暂时以国家资助为主并辅以 IOTC 可能的拨款，以调查本措施的有效性。

（13）IOTC SC 应该审查 IOTC 管辖区域内蝠鲼物种的状态，并在 2023 年向 IOTC 提出管理建议，同时指出 EEZ 内外有关养护与管理蝠鲼的潜在热点。此外，要求 IOTC SC 在认为知识完整和科学建议恰当时，进一步改进附件 1 的处理程序。

（14）若采样是 IOTC SC 研究计划的一部分时，应允许国家观察员在 IOTC 管辖区域内收集已死亡的蝠鲼生物样本。为取得 SC 的同意，应该在提案中附上一份包括工作目标、欲收集样本数、采样捕捞努力量时空分布的一份详细的文件，并应向 SC 提交年度工作进度和总结报告。

---

①手工渔业：延绳钓或表层渔业（例：围网、竿钓、刺网、手钓和曳绳钓渔业）以外并且在 IOTC 注册渔船的渔业（定义如第 15－02 号决议）。

**附件 1**

## 活体释放处理程序

1. 禁止对蝠鲼使用鱼叉。

2. 禁止通过鳃盖或呼吸孔提起蝠鲼。

3. 禁止在蝠鲼鱼体上穿孔（例：为提起蝠鲼穿过缆绳）。

4. 应尽可能采取如 IOTC - 2012 - WPEB08 - INF07 文件所建议的最佳可适用方法，从网中提起体型过大以至于无法安全徒手提起的蝠鲼。

5. 应尽快将无法拉上甲板前即安全释放的大型蝠鲼释放回水中时，尽可能使用甲板与船舷开口相连的滑道。若不使用这种滑道，应使用吊索或网将其降至水面。

## 23. 第 19 - 04 号　关于经批准在 IOTC 管辖区域作业 IOTC 船舶名单的决议

IOTC，忆及 IOTC 已采取各种措施，以预防、阻止和消除大型金枪鱼船舶从事 IUU 的渔业。

更忆及 IOTC 在 2001 年会议上通过第 01 - 06 号《有关 IOTC 大眼金枪鱼统计文件计划的决议》。

更忆及 IOTC 于 2001 年会议上通过第 01 - 02 号（由第 13 - 02 号决议、第 14 - 04 号和第 15 - 04 号决议取代）《有关捕捞活动管控的决议》。

注意到大型船舶移动性高，容易将作业渔场从某一洋区变换至另一洋区，并且极有可能没有及时向 IOTC 登记，而在 IOTC 管辖区域作业。

注意到辅助船或支援船能够通过"在禁渔区"投放 FAD，适用不受控制的方式来增强围网船舶的捕捞能力。

忆及 FAO 理事会在 2001 年 6 月 23 日通过 IPOA-IUU，目的在于预防、阻止和消除 IUU 捕捞，该计划规定 RFMO 应该采取行动，加强和采取与国际法一致的创新方式，来预防、阻止和消除 IUU 捕捞，特别是制定批准船舶名单和从事 IUU 捕捞的船舶名单。

忆及 IOTC 通过第 02 - 05 号决议（由第 05 - 02 号决议、第 07 - 02 号决议、第 13 - 02 号决议、第 14 - 04 号决议和第 15 - 04 号决议取代）《关于制定批准在 IOTC 管辖区域作业的 IOTC 船舶名单的决议》，在 2003 年 7 月 1 日建立 IOTC 批准作业船舶名单。

承认需要采取进一步措施，以有效消除 IUU 大型金枪鱼渔船。

按照 IOTC《协定》第 9 条第 1 款规定，决议如下：

（1）IOTC 应该建立 IOTC 船舶名单，包括：

a. 全长 24 米以上。

b. 若在船旗国 EEZ 外作业，小于 24 米并且经批准在 IOTC 管辖区域内捕捞金枪鱼类和类金枪鱼类的船舶（以下简称为 AFV）。

（2）根据本决议，未列入名单的船舶，包括附属船、辅助船和支援船，应该被视为未批准在 IOTC 管辖区域捕捞、在船上保留、转载或卸下金枪鱼类和类金枪鱼类，或支援任何渔业活动或投放 DFAD。本条款不适用于全长不满 24 米，在船旗国 EEZ 内作业的船舶。

（3）每一 CPC 应该通过电子方式向 IOTC 秘书处提交经批准在 IOTC 管辖区域内作业的上述第（1）条的 a 和 b 所指 AFV 名单。此名单应包含下列信息：

a. 船名和国家注册号码或欧盟注册号码（CRF）。

b. IMO 号码（符合 IMO 要求的话）。

c. 为给予 CPC 必要的时间使具有资格但尚未获得 IMO 号码的船舶取得该号码，本条从 2016 年 1 月 1 日起生效。对于小于 100 吨并且总长大于 12 米的船舶，本条的要求从 2020 年 1 月 1 日起生效，CPC 应该确保其注册在 IOTC 船舶名单的船舶已取得 IMO 号码［与 IMO 大会决议第 A.1117（30）号决议一致］，第（3）条 b 款有关 IMO 号码的规定不适用于不具有取得 IMO 号码资格的船舶。

d. 先前船名（若有）或列为不适用。

e. 先前船旗（若有）或列为不适用。

f. 先前从其他船籍除籍的详细资料（若有）或列为不适用。

g. 国际无线电呼号（若有）或列为不适用。

h. 注册港。

i. 船舶类型、总长和总吨（GT）。

j. 鱼舱容积（以立方米计），此要求将于 2022 年 1 月 1 日起生效。

k. 船东和经营者姓名和地址。

l. 若有并且与船舶船东/经营者不同，船舶受益船东姓名和地址，或列为不适用。

m. 经营船舶公司的名称与地址和公司注册编号（若有）。

n. 使用的渔具。

o. 经授权捕捞和（或）海上转载的期间。

p. 船舶彩色照片，包括：

ⅰ. 船舶左舷和右舷的完整结构。

ⅱ. 船首。

ⅲ. 至少有一张照片须清楚显示第（2）条的 a 款所述的其中一项的外部标识。

（4）对于未授权在 CPC EEZ 之外作业的船舶，第（3）条 p 款将于 2022 年 1 月 1 日生效。

（5）若未提交任何前述信息，该船舶不应该被纳入 IOTC 名单。IOTC 应该考虑船东按照适当程序但仍无法取得 IMO 号码的例外情况，船旗 CPC 应该向 IOTC 秘书处汇报所有这类例外情况。

（6）所有授权其船舶捕捞 IOTC 管辖鱼种的 CPC，应向 IOTC 秘书处提交一份在国家管辖海域外进行捕捞的官方授权表格更新版，并在此信息有所变动时及时更新。此信息表包括：

a. 主管机关名称。

b. 主管机关人员姓名和联系方式。

c. 主管机关人员签名。

d. 主管机关官方图章样式。

（7）IOTC 秘书处应该在 IOTC 网站加密处将前述信息发布，以供监控管理。

（8）第（3）条的表格应该仅被用于监控管理，并且该表格与船舶上所携带的许可证有差异并不构成违法，但需要检查国向船舶船旗国主管机关澄清。

（9）在 IOTC 最初的船舶名单建立之后，每一 CPC 应在 IOTC 名单中有任何加入、删除和（或）修改时，立即通知 IOTC 秘书处。

（10）IOTC 秘书处应该维护 IOTC 名单，并确保按照符合 CPC 指定保密规定的方式，采取电子方式公布此名单，包括在 IOTC 网站上公布。

（11）该名单中船舶的船旗 CPC 应该：

a. 仅在有能力履行 IOTC《协定》对其船舶规定的义务和 IOTC 养护管理措施时，才可以被批准其船舶在 IOTC 管辖区域内作业。

b. 采取必要措施确保其 AFV 遵守 IOTC 所有相关的养护管理措施。

c. 采取必要措施确保其在 IOTC 名单上的 AFV 在船上保存有效的船舶登记证书和捕捞和

（或）转载批准书。

d. 确保其在 IOTC 名单上的 AFV 历史上无 IUU 捕捞活动记录，或者若过去有这类记录，但新船东已提供充足的证据，证明与先前的船东与经营者无法律、利益或财务关系，或未控制这些船舶，并且 IUU 事件所涉一方已正式解决此问题已完成处罚，或已考虑所有相关事实，其 AFV 不会从事或参与 IUU 捕捞。

e. 在国内法可行的范围之内，确保其在 IOTC 名单上的 AFV 的船东和经营者，不从事或者不参与未列入 IOTC 名单的 AFV 在 IOTC 管辖区域所进行的金枪鱼渔业活动。

f. 在国内法可行的范围之内，采取必要措施确保其在 IOTC 名单上的 AFV 的船东为船旗 CPC 的公民或法人，可对其有效地采取各种管控或惩处措施。

（12）CPC 应审议其按照第（7）条所采取的内部行动和措施，包括惩处和制裁行动，并通过符合其国内法有关信息披露的方式，每年向 IOTC 报告其审议结果。IOTC 考虑审议的结果，如果条件允许，应要求有 AFV 在 IOTC 名单的船旗 CPC 采取进一步的行动，以改进这类船舶遵守 IOTC 养护管理措施。

（13）a. CPC 应按照其适用的法规采取措施，禁止未列入 IOTC 名单的船舶捕捞、在船上保留、转载和卸下金枪鱼类和类金枪鱼类。

b. 为确保 IOTC 统计文件计划所包括鱼种的养护管理措施的有效性：

ⅰ. 船旗 CPC 应仅为在 IOTC 名单上的船舶签发统计文件。

ⅱ. CPC 应要求 AFV 在 IOTC 管辖区域内捕捞统计文件计划所包括鱼种在输入缔约方领土时，附上为 IOTC 名单上船舶所签发的统计文件。

ⅲ. CPC 进口统计文件计划所包括的鱼种时，应与船舶船旗国合作，确保统计文件不是伪造或者不含错误信息。

（14）若有合理理由怀疑不在 IOTC 名单上的船舶在 IOTC 管辖区域从事捕捞和（或）转载金枪鱼类和类金枪鱼类时，每一 CPC 应通知 IOTC 秘书处所有的事实信息。

（15）a. 如果第（14）条所提某一船舶悬挂某一 CPC 的船旗，IOTC 秘书处应要求该 CPC 采取必要措施，防止该船在 IOTC 管辖区域内捕捞金枪鱼类和类金枪鱼类。

b. 如果第（14）条所提某一船舶无法确认其船旗，或者属于不具合作地位的非缔约方，IOTC 秘书处应立即汇总整理此信息并毫不延迟地传递给所有 CPC。

（16）IOTC 和有关的 CPC 应该互相联系，并与 FAO 和其他相关区域性金枪鱼渔业管理组织尽最大努力，建立和采取适当措施，如果条件允许，包括适时建立相同性质的名单，避免对其他洋区的金枪鱼类资源产生负面影响。这类负面影响可能包括 IUU 船舶从印度洋转移至其他洋区所造成的过度捕捞压力。

（17）每一 IOTC CPC 应：

a. 确保其任一船舶在船上保存经该 IOTC CPC 主管机关所签发和认证的文件，至少应包括下列文件：

ⅰ. 作业执照、许可证或授权书，以及附加在前述文件上的条款和条件。

ⅱ. 船名。

ⅲ. 注册港和注册号码。

ⅳ. 国际呼号。

ⅴ. 船东和租船者（若有关联的话）姓名和地址。

ⅵ. 全长。

ⅶ. 主机马力（以千瓦或马力为单位，若适当的话）。

b. 至少每年定期核实上述文件。

c. 确保第（17）条 a 款所指文件和信息有任何修订，均经该 IOTC CPC 的主管机关证实。

（18）每一 IOTC CPC 应确保其经批准在 IOTC 管辖区域捕捞的船舶，按照通常可接受的标准如《FAO 渔船标识和辨识标准规范》，通过可辨识的方式加以标识。

（19）每一 IOTC CPC 应确保：

a. 经其批准在 IOTC 管辖区域捕捞的船舶，所使用的渔具有适当的标识，如在海中的网具、钓具和渔具的末端，日间应安装旗帜或雷达反射浮标，夜间应安装发光浮标，以充分显示其位置和范围。

b. 作为标志用的浮标，以及漂浮在水中或水面上意图用于指出固定渔具的类似物品，应随时以文字和（或）数字清楚地标示其所属船舶。

c. FAD 应随时通过文字和（或）数字清楚地标示其所属船舶。

（20）每一 IOTC CPC 应确保经授权在 IOTC 管辖区域捕捞作业的全长 24 米或以上的船舶和小于 24 米并在其船旗国 EEZ 外作业的船舶纳入 IOTC 船舶名单上，并确保在船上保存页码连续并装订成册的国家渔捞日志。船上应该至少保存在过去 12 个月捕捞作业期间的渔捞日志中所记载的原始记录。

（21）本决议取代第 15 - 04 号《有关经过批准在 IOTC 管辖海域作业 IOTC 船舶名单的决议》。

## 24. 第19-05号　关于禁止围网渔船丢弃在 IOTC 管辖区域捕获的大眼金枪鱼、鲣、黄鳍金枪鱼和非目标鱼种的决议

IOTC，承认需要采取相应的行动，来确保达成 IOTC 养护和管理 IOTC 管辖区域内大眼金枪鱼、鲣和黄鳍金枪鱼的目标。

认识到国际社会已在若干国际文书和声明中，承认对渔获丢弃在道德方面的关切和政策，包括联合国大会决议〔A-RES-49-118（1994）；A-RES-50-25（1996）；A-RES-51-36（1996）；A-RES-52-29（1997）；A-RES-53-33（1998）；A-RES-55-8（2000）；A-RES-57-142（2002）〕；《UNFSA》；1995 年 3 月 14—15 日 FAO 渔业部长会议通过的《世界渔业的罗马共识》；《负责任渔业行为守则》以及《IPOA-鲨鱼》；《生物多样性公约》（以下简称 CBD）。

忆及《UNFSA》，该协定强调通过例如 IOTC 的 RFMO 的行动，对确保养护和管理高度洄游性鱼类的重要性，并明确表示"国家应该尽量减少……丢弃、……、捕捞非目标物种，包括鱼类和非鱼类，并尽量减少对附属和依赖物种，尤其是濒危物种的影响……"。

1995 年 3 月 14—15 日召开 FAO 渔业部长会议，该会议通过《世界渔业的罗马共识》，该共识明确表示"国家应该……减少兼捕以及丢弃鱼类……"。

忆及 FAO《负责任渔业行为守则》，该守则明确表示"国家应该采取适当措施尽可能减少浪费和丢弃……收集丢弃的信息……；（在预防性措施中）考虑丢弃……；发展可尽量减少丢弃的技术……；使用选择性渔具来尽量减少丢弃"。

忆及 IOTC 通过的第 12-01 号《执行预防性措施的决议》。

关切在道德上无法接受的浪费，以及不可持续的捕捞活动对海洋环境的影响，如印度洋围网金枪鱼渔业丢弃的金枪鱼类和非目标鱼类。

关切印度洋围网金枪鱼渔业丢弃为数可观的金枪鱼类和非目标鱼类。

考虑《千年发展目标》，特别是第 2 条致力于"消灭饥饿，实现粮食安全与改善营养状况以及促进可持续性农业的发展"。

按照 IOTC《协定》第 9 条第 1 款规定，决议如下：

**目标金枪鱼类的留存**

（1）CPC 应要求所有围网船在船上留存，以及卸下全部所捕获的大眼金枪鱼、鲣和黄鳍金枪鱼，但如第（4）条 b 款 i 所定义的不适合人类食用的鱼类除外。

**非目标物种的留存**

（2）CPC 应要求所有围网船在船上留存，以及此后卸下下述非目标物种或者种群、其他金枪鱼类、纺锤鲹、鲯鳅、鳞鲀、旗鱼、沙氏刺鲅和鲔类，但是第 4 条 b 款 i 所定义的不适合人类食用的鱼类和（或）国内法令和国际义务禁止留存、食用或者贸易的物种除外。

（3）CPC 使用本决议第（1）条和第（2）条规定以外的其他渔具，并把 IOTC 管辖区域内的金枪鱼类和类金枪鱼类作为目标渔获者，应鼓励这类船舶：

a. 采取所有合理步骤，尽可能地确保安全释放所捕获的非目标物种的活体，同时需要考虑船员安全。

b. 在船上留存及之后卸下所有死亡的非目标物种，但如第 4 条 b 款第 i 所定义的不适合人类食用的物种和（或）者国内法令与国际义务禁止留存的物种除外。

（4）执行全部留存规定的程序包括：

a. 当收起的围网渔具已超过一半或者已全部收起时，围网船不得丢弃已捕获的第（2）条所指的大眼金枪鱼、鲣、黄鳍金枪鱼以及非目标物种。假如设备出现故障影响起网和收网，并导致渔船无法遵守规定，船员必须努力尽快释放金枪鱼类和非目标物种。

b. 针对前述规定，下述两种情况可除外：

i. 当该船船长决定捕捞如第（2）条所指的金枪鱼类（大眼金枪鱼、鲣或者黄鳍金枪鱼）和非目标物种属于不适合人类食用的物种时，应符合下述定义：

"不适合人类食用"是指鱼类：刺入围网网目或者压坏；或者因掠食者咬食造成受损；或者因渔具故障致无法正常回收网具以及渔获，也无法实现释放活鱼的目的，使其在网具内死亡并腐烂。

"不适合人类食用"的鱼类并不包括：在体型大小、市场营销或者鱼种组成方面，被认为不符合需求；或者因渔船船员的操作或者疏忽失误，导致鱼类腐烂或者受污染。

ii. 当船长决定所捕如第（2）条所指的金枪鱼类（大眼金枪鱼、鲣或黄鳍金枪鱼）和非目标物种属于该航次最后一网次作业所捕获的，并且船上已经不具备储存能力来储放该网次作业所捕的所有金枪鱼类（大眼金枪鱼、鲣或黄鳍金枪鱼）和非目标物种，这些鱼类可以被丢弃，前提条件是假如：

船长和船员企图尽可能尽快地活体释放金枪鱼类（大眼金枪鱼、鲣或黄鳍金枪鱼）和非目标物种。丢弃后不再进行捕捞，直到已卸下或者转载船上的金枪鱼类（大眼金枪鱼、鲣或黄鳍金枪鱼）和非目标物种。

**不留存**

（5）假如该船船长决定不应按照第（4）条 b 款 i 和 ii 在船上留存鱼类，该船长应在相关渔捞日志上记录此事件，包括丢弃鱼类的估计吨数和鱼种组成情况，以及该网次留存鱼类的估计吨数和鱼种组成情况。

**审查**

（6）IOTC SC、IOTC WPTT 与 IOTC WPEB 应该优先：

按照在第 18 届 IOTC SC 年会报告中所提的建议采取行动，审议留存除 IOTC 决议禁止以外的非目标物种渔获的好处，并且在第 22 届 IOTC 年会上提出建议。审议工作应考虑所有主要渔具（如围网、延绳钓和刺网）通常会丢弃的所有物种，并应考虑在公海和沿海国国内都有的渔业，考虑留存在船上和加工后卸陆两者的可行性。

**执行**

（7）本决议将按照 SC 根据 WPTT（针对大眼金枪鱼、鲣和黄鳍金枪鱼）和 WPEB（针对非目标物种）的审议情况，提出相应的建议并给予修订。

（8）本决议取代第 17-04 号《禁止围网渔船丢弃在 IOTC 管辖区域捕获的大眼金枪鱼、鲣、黄鳍金枪鱼和非目标鱼种的决议》。

## 25. 第 19 - 06 号　关于建立大型渔船转载计划的决议

IOTC，考虑需要打击 IUU 捕捞活动，因其削弱了 IOTC 已通过的养护和管理措施的有效性。

严重关切目前已经存在的有组织性金枪鱼类的"洗鱼"活动，以及有大量的 IUU 渔船将所捕获的渔获物以合法船的名义进行转载。

鉴于有需要确保对 IOTC 管辖区域内大型延绳钓渔船转载活动进行监控，包括管控其卸鱼。

考虑到需要收集这类大型金枪鱼延绳钓渔船的渔获数据来减少有关这类种群的科学评估中的不确定性。

按照 IOTC《协定》第 9 条第 1 款规定，决议如下：

### 第一部分　总　　则

（1）除以下第（2）条所列出的海上转载监控计划之外，所有 IOTC 管辖区域内金枪鱼类和类金枪鱼类，以及与金枪鱼类和类金枪鱼类渔业相关的鲨鱼类渔获（以下简称为金枪鱼类和类金枪鱼类和鲨鱼类）的转载作业，均需要在港内进行。

（2）CPC 应采取必要措施，确保其国籍的 LSTV 在港内进行转载活动时，遵守附件 1 所规定的义务。

（3）马尔代夫竿钓渔船与转载船在马尔代夫管辖区域内进行的转载作业，应免除附件 1 和附件 3 所规定的数据报告的要求，前提是两种船都悬挂马尔代夫旗帜，并在 IOTC 授权渔船名单上登记。这类转载作业应遵守本决议附件 2 所述标准。

### 第二部分　海上转载监控计划

（4）IOTC 现在建立的海上转载监控计划，只适用于大型金枪鱼延绳钓渔船（以下简称为 LSTLV）以及经批准在海上接受这类渔船转载的运输船。除 LSTLV 之外，渔船所捕获的金枪鱼类、类金枪鱼类以及鲨鱼类不可以在海上进行转载。IOTC 应讨论并根据情况适当地修改本决议。

（5）LSTLV 的船旗 CPC 应决定是否批准其 LSTLV 在海上转载。如果船旗 CPC 批准悬挂其旗帜的 LSTLV 可以进行海上转载，此类转载活动应按照以下第三、第四和第五部分与附件 3 和附件 4 规定的程序进行。

### 第三部分　经过批准在 IOTC 管辖区域内可以接受海上转载的船舶名单

（6）IOTC 应建立并维护经批准在 IOTC 管辖区域内从 LSTLV 接受金枪鱼类和类金枪鱼类和鲨鱼类的 IOTC 运输船名单。为达到本决议的目的，不在此名单的运输船被视为未经批准在海上接受金枪鱼类、类金枪鱼类以及鲨鱼类。

（7）若条件允许，每一 CPC 应通过电子方式，给 IOTC 秘书处提交在 IOTC 管辖区域内经过批准可以接受其所属 LSTLV 海上转载的运输船名单。此名单应该包括下列信息：

a. 船舶的船旗。

b. 船名和登记编号。

c. 旧船名（若有）。

d. 旧船旗（若有）。

e. 以往从其他船籍登记除名的详细资料（若有）。

f. 国际无线电呼号。

g. 船舶类型、长度、总吨位（GT）和装载容量。

h. 船东和经营者的姓名和地址。

i. 批准转载期间。

（8）在 IOTC 最初运输船名单建立后，每一 CPC 应在 IOTC 运输船名单有任何新增、删除和（或）修改情况时，立即将相关情况向 IOTC 秘书处报告。

（9）IOTC 秘书处应维护 IOTC 运输船名单，并采取相应的措施，确保该名单的公开过程是通过符合 CPC 所通知的针对其船舶的保密规定的电子方式进行的，方式应包括将该名单在 IOTC 网站上公布。

（10）经批准可以在海上进行转载的运输船应安装和启用 VMS。

### 第四部分　海上转载

（11）LSTLV 在 CPC 管辖海域内的转载活动应经过相关沿海国事先授权。CPC 应采取必要措施，确保悬挂其旗帜的 LSTLV 遵守下列规定：

**船旗国授权**

（12）除非事先取得船旗国的授权，否则 LSTLV 不可以在海上进行转载活动。

**通知义务**

**渔船：**

（13）为取得上述第（12）条所提到的事先授权，LSTLV 船长和（或）船东需要至少在预定转载日期 24 小时之前通知其船旗国当局下列信息：

a. LSTLV 船名、其在 IOTC 船舶名单中的编号、以及其 IMO 号码（如果签发的话）。

b. 运输船船名、批准在 IOTC 管辖区域内接受转载的 IOTC 运输船名单编号，及其 IMO 号码和准备转载的产品。

c. 准备转载的各类产品吨数。

d. 准备转载的日期和地点。

e. 渔获物捕获的地理位置。

（14）有关的 LSTLV 应在转载后 15 天内，按照附件 3 的格式妥善填写 IOTC 转载申报书，并且连同其在 IOTC 船舶名单的编号，一并传送给其船旗国。

**接受渔获的运输船：**

（15）在开始转载前，运输船船长应确认相关的 LSTLV 有参加 IOTC 海上转载监控计划（包括按照附件 4 第 13 条支付费用），并已取得第（12）条所述船旗国的事先授权。接受渔获的运输船船长在未进行确认之前，不可以进行转载活动。

（16）接受渔获的运输船船长应在转载完成后 24 小时内，妥善填写 IOTC 转载申报书，连同其在 IOTC 管辖区域内经过批准可以接受转载的运输船名单的编号，一并提交给 IOTC 秘书处以及 LSTLV 的船旗 CPC。

（17）接受渔获的运输船船长应在卸鱼之前 48 小时，提交 IOTC 转载申报书，以及经过批准在 IOTC 管辖区域内可以接受转载的运输船名单中的编号，一并提交给卸鱼发生地国家的主管当局。

**区域性观察员计划（ROP）**

（18）每一 CPC 应确保所有在海上转载的运输船都能按照附件 4 的 IOTC 区域性观察员计

划，例如在船上配有 IOTC 区域性观察员。IOTC 区域性观察员应观察本决议的遵守情况，特别是转载的数量是否与 IOTC 转载申报书所报的渔获数量相符。

（19）禁止船上无 IOTC 区域性观察员的船舶开始或者继续在 IOTC 管辖区域内进行海上转载活动，除非是因为发生不可抗力的情况，并且已适当地通知 IOTC 秘书处。

（20）附件 5 所列的在 2015 年前列于 IOTC 授权船舶名单中的 8 艘印尼籍木制运输船，可以由国家观察员计划替代区域性观察员计划的区域性观察员。该国家观察员应至少以金枪鱼类 RF-MO 的区域性观察员计划标准进行培训，并可以履行区域性观察员的所有职责，包括提供所有 IOTC 区域性观察员计划所要求的资料，以及与 ROP 承包商所准备的资料相同的报告。此规定仅适用于本条附件 5 所指的 8 艘特定木制运输船。只有在所替代的船舶材料仍为木头，并且鱼舱装载容量小于被替代的船舶时，允许替换这类木制运输船，而且被取代的木制运输船应立即从 IOTC 授权船舶名单中删除。

（21）第（20）条的规定将与 IOTC 秘书处协商后，重新安排时间，仅为 2019 年起 2 年期的先导计划。计划结果包括数据收集、报告和计划的成效，应该在 2021 年由 IOTC COC 按照印尼准备的报告，以及 IOTC 秘书处的分析进行审查。审查应包括此计划是否与 ROP 具有同等的效果，也应探讨这类船舶取得 IMO 号码的可行性。是否延长计划或者整合纳入 ROP 计划应由 IOTC 决定。

## 第五部分 总 则

（22）为确保有关统计文件方案所涉及鱼种的 IOTC 养护管理措施的有效性：

a. LSTLV 的船旗 CPC 在核发统计文件时，应确保转载量与每一 LSTLV 报告的渔获量相符。

b. LSTLV 的船旗 CPC 应在确认转载是按本决议执行之后，才对转载的渔获签发统计文件。此确认过程应根据 IOTC 区域性观察员计划所取得的信息进行。

c. CPC 应规定：当 LSTLV 在 IOTC 管辖区域内捕捞统计文件方案所包括鱼种出口到某一缔约方时，附上对 IOTC 名单上渔船所签发的统计文件以及 IOTC 转载申报书复印件。

（23）CPC 应在每年 9 月 15 日前向秘书处报告：

a. 前一年度转载的各鱼种重量。

b. 前一年度登记在 IOTC 授权渔船名单中并且曾经从事转载的 LSTLV 名单。

c. 综合评估指派至接受其 LSTLV 转载的运输船上的区域性观察员报告内容与结论并报告。

（24）所有经转载所卸下或者进口到 CPC 的金枪鱼类和类金枪鱼类和鲨鱼，不论是未加工或者已在船上加工，应该附上 IOTC 转载申报书，直到进行首次销售为止。

（25）IOTC 秘书处应每年向 IOTC 年会提交本决议的执行情况报告，IOTC 应审视本决议的遵守情况。

（26）IOTC 秘书处依据本决议附件 4 第 10 条，在提供 CPC 所有原始数据、摘要和报告的副本时，也应指出悬挂这类 CPC 船旗的 LSTLV 或运输船可能违反 IOTC 规定的证据。当收到该证据时，每一 CPC 应调查这类案件，并在 COC 会议 3 个月前向 IOTC 秘书处报告调查结果。IOTC 秘书处应在 COC 会议 80 天前，通知 CPC 可能涉及此类违规的 LSTLV 或者运输船的船名和船旗名单，以及对于所涉船旗 CPC 的回应。

（27）本决议取代第 18 - 06 号《建立大型渔船转载计划的决议》。

**附件 1**

## 有关 LSTV 在港内转载的条件

**总则**

1. 港内转载作业仅能按照下列程序进行。

**通知的义务**

2. 渔船。

（1）LSTV 船长必须至少在转载前 48 小时，通知港口国当局下列信息：

a. LSTV 船名和其在 IOTC 渔船名单中的编号。

b. 运输船的船名与拟转载的产品。

c. 准备转载的各类产品吨数。

d. 准备转载的日期与地点。

e. 金枪鱼类、类金枪鱼类和鲨鱼类渔获的主要渔场。

（2）LSTV 船长应在转载时，向其船旗国通报下列信息：

a. 所涉及产品和数量。

b. 转载的日期和位置。

c. 接受转载的运输船船名、登记编号与船旗国。

d. 捕获金枪鱼类、类金枪鱼类和鲨鱼类渔获物的地理位置。

（3）有关的 LSTV 船长应在转载完成后 15 天内，按照附件 2 所列的格式，妥善填写 IOTC 转载申报书，并连同其在 IOTC 渔船名单中的编号一并发送给其船旗国。

3. 接受渔获的船舶。接受渔获的运输船船长最迟应在转载前 24 小时以及在转载结束时，通知港口国当局转载到该船的金枪鱼类、类金枪鱼类和鲨鱼类渔获的数量，并在 24 小时内填妥并向主管当局提交 IOTC 转载申报书。

**卸载国**

4. 接受渔获的运输船船长应在卸鱼前 48 小时，将 IOTC 转载申报书妥善填写并提交给卸载地点所在国家的主管当局。

5. 前述几条所指的港口国和卸载国应采取适当措施，以核实所收到信息的正确性，并与该 LSTV 船旗 CPC 合作确保卸鱼量与各渔船所汇报的渔获数量相符。核实工作的进行，应尽量减少对渔船造成干扰和不便，避免降低渔获物品质。

6. LSTV 的船旗 CPC 应在每年提交给 IOTC 的年度报告中，包括其所属渔船转载情况的详细报告。

**附件 2**

## 有关马尔代夫运输船与竿钓渔船之间转载的条件

**一般要求**

1. 相关竿钓渔船应悬挂马尔代夫旗帜，并且应具备马尔代夫有关当局签发的有效捕鱼执照。

2. 相关运输船应悬挂马尔代夫旗帜，并且应具备马尔代夫有关当局签发的有效作业执照。

3. 不应授权相关的渔船在马尔代夫国家管辖海域外，从事捕捞或者渔业相关活动。

4. 转载作业仅应在马尔代夫国家管辖海域的环礁内进行。

5. 相关运输船必须安装运作中的 VMS，并且由马尔代夫有关当局监控，另应安装适合监控转载的电子观察员系统。应在 2019 年 12 月 31 日前达到电子观察员系统的监控要求。

6. 涉及转载作业的渔船应当按照第 15-03 号《有关渔船监控系统计划决议》的规定，由马尔代夫有关当局通过运作中的 VMS 进行监控。

**报告要求**

7. 船旗国应当每年在其年度报告中向 IOTC 报告其渔船有关这类转载的细节。

8. 马尔代夫有关当局所述的岸上数据收集和报告要求应适用于马尔代夫运输船与竿钓渔船间的转载作业。

## 附件 3

IOTC转载申报书见附表 4－27。

**附表 4 - 27　IOTC 转载申报书**

| 运输船 | 渔船 |
| --- | --- |
| 船名和无线电呼号：<br>船旗：<br>船旗国许可证号：<br>国家登记号码（若有）：<br>IOTC登记号码（若有）： | 船名和无线电呼号：<br>船旗：<br>船旗国许可证号：<br>国家登记号码（若有）：<br>IOTC登记号码（若有）： |

代理商名称：

签名：

LSTV 船长姓名：

签名：

运输船船长姓名：

签名：

日　月　时　年 _____ 从

离港日　□□　□□　□□

返港日　□□　□□　□□　到

转载日　□□　□□　□□

以千克或者所使用的单位（如箱、筐）表示重量，并且此单位的卸下重量为 _____ 千克

转载地点：

| 鱼种 | 港口 | 洋区 | 产品类型 | | | |
| --- | --- | --- | --- | --- | --- | --- |
| | | | 全鱼 | 去内脏 | 去头 | 切片 |
| | | | | | | |
| | | | | | | |
| | | | | | | |

如果在海上进行转载活动，IOTC区域性观察员的姓名和签名：_____

附件 4

## IOTC 区域性观察员计划

1. 每一 CPC 应要求经批准在 IOTC 管辖区域内接受转载的、列入 IOTC 运输船名单的、并在海上进行转载活动的运输船，在 IOTC 管辖区域内每次转载作业期间需搭载一名 IOTC 区域性观察员。

2. IOTC 秘书处应指派区域性观察员，并安排其登上经批准在 IOTC 管辖区域内接受来自履行 IOTC 区域性观察员计划的 CPC 所属的 LSTLV 转载的运输船。

**区域性观察员的指派**

3. 被指派的区域性观察员应具有以下的资格以完成其任务：

（1）有足够经验辨识各类鱼种和渔具。

（2）对 IOTC 养护管理措施有令人满意的认知。

（3）观测和正确记录的能力。

（4）对于接受观察的船舶船旗国的语言有令人满意的认知。

**区域性观察员的义务**

4. 区域性观察员应该：

（1）完成 IOTC 指南要求的技术培训任务。

（2）尽可能地不属于该运输船船旗国的公民。

（3）有能力执行以下第 5 条所规定的职责。

（4）姓名列在 IOTC 秘书处所维护的区域性观察员名单内。

（5）非 LSTLV 的船员或者非 LSTLV 公司的员工。

5. 区域性观察员的职责应为：

（1）转载发生前，在有计划与运输船进行转载的渔船上，区域性观察员应：

a. 核查渔船在 IOTC 管辖区域内捕捞金枪鱼类、类金枪鱼类和鲨鱼鱼种的授权或者许可证的有效性。

b. 核查并关注船上的总渔获量，以及将其转移到运输船的渔获量。

c. 核查 VMS 是否正常运作和检查渔捞日志。

d. 核对船上是否有从其他船转移过来的渔获物，并要核查该转移渔获物的文件。

e. 假如有迹象显示，该渔船涉及违规，应立即向运输船船长报告该违规情况。

f. 在区域性观察员报告内，报告其在渔船上执行任务的结果。

（2）在运输船上时监测运输船遵守 IOTC 所通过相关养护管理措施的情况，特别是区域性观察员应：

a. 记录和报告转载活动。

b. 进行转载时，核对船舶的位置。

c. 观测和估计所转载的产品。

d. 核对和记录有关 LSTLV 的船名和其 IOTC 编号。

e. 核对转载申报书上的数据。

f. 认证转载申报书上的数据。

g. 在转载申报书上会签。

h. 发布运输船转载活动的每日报告。

i. 汇总整理按照本条所收集的信息，撰写综合报告，并允许船长在此报告上加入相关信息。

j. 在观测期结束后 20 天内，向秘书处提交上述综合报告。

k. 执行 IOTC 规定的其他职责。

6. 区域性观察员应将 LSTLV 捕捞作业和 LSTLV 船东的所有信息视为机密，并通过书面形式将此款规定作为指派观察员的一项条件。

7. 被指派上船的区域性观察员，应遵守对该船有管辖权的船旗国所制定的法律规定。

8. 区域性观察员应尊重适用于船上所有人员的等级制度和一般行为规定，但这类规定不应妨碍本计划区域性观察员的职责，以及本计划第 9 条所制定的船上人员的相关义务。

**运输船船旗国的义务**

9. 运输船船旗国与船长对区域性观察员的责任应包括下列，特别是：

（1）应允许区域性观察员接近船上的人员、渔具以及设备。

（2）在区域性观察员提出要求时，假如指派的船上有这类设备的话，也应允许其使用下列设备，来帮助其履行第 5 条所要求的职责：

a. 卫星导航设备。

b. 工作中的雷达。

c. 电子通讯工具。

（3）应提供区域性观察员等同于职务船员待遇的膳宿，包括住所、膳食和适当的卫生设备。

（4）应该在船桥或者驾驶舱提供适当的空间以便区域性观察员进行文书工作，并在甲板上提供适当的空间，使其便于执行观察任务；以及

（5）船旗国应确保船长、船员和船东在区域性观察员执行其任务时，不阻挠、威胁、干涉、影响、贿赂区域性观察员。

10. IOTC 秘书处应在 COC 会议 4 个月前，通过符合所有规定的保密规定方式，将有关该航次所有原始数据、摘要和报告的副本提供给在其管辖范围内的进行转载活动的运输船船旗国，以及 LSTLV 船旗 CPC。

**转载时 LSTLV 的义务**

11. 在天气状况允许的情况下，应让区域性观察员登上渔船，并允许区域性观察员接近渔船上的人员或者进入渔船上的区域，以便其执行第 5 条所要求的职责。

12. IOTC 秘书处应给 COC 和 SC 提交区域性观察员报告。

**区域性观察员费用**

13 执行本计划的费用应由有计划进行转载作业的 LSTLV 船旗 CPC 支付。此费用应以计划的总经费作为计算基准，并应存入 IOTC 秘书处的特别账户，IOTC 秘书处应管理执行本计划的账户。

14. 未按照上述第 13 条支付费用的 LSTLV，不可以加入海上转载计划。

## 附件 5

授权进行海上转载的印度尼西亚籍运输船名单见附表 4 - 28。

附表 4 - 28    授权进行海上转载的印度尼西亚籍运输船名单

| 序号 | 木制运输船船名 | 总吨数 |
|---|---|---|
| 1 | Mutiara 39 | 197 |
| 2 | Hiroyoshi17 | 171 |
| 3 | Mutiara 36 | 294 |
| 4 | Abadi Jaya101 | 387 |
| 5 | Perintis Jaya 89 | 141 |
| 6 | Bandar Nelayan 271 | 242 |
| 7 | Bandar Nelayan 2017 | 300 |
| 8 | Bandar Nelayan 2018 | 290 |

## 26. 第 19 - 07 号　关于 IOTC 管辖海域租船机制的决议

IOTC，承认按照 IOTC《协定》，缔约方应互相合作，确保印度洋金枪鱼类和类金枪鱼类的养护，以及促进最佳利用。

忆及按照《UNCLOS》第 92 条规定，船舶在航行时应仅悬挂一国的旗帜，并且除国际文书规定的例外情况之外，在公海上应受该国的专属管辖。

认识到所有国家发展其捕捞船队的需求与利益，使其按照 IOTC 养护管理措施充分利用其捕捞机会。

认识到租船机制对印度洋可持续渔业发展起到了重要作用。

铭记除非受到严格管制，未改变渔船船旗的租船机制可能会严重削弱 IOTC 养护管理措施的有效性。

对确保租船机制不会促进 IUU 捕捞活动或者削弱 IOTC 养护管理措施，表示关切。

认识到 IOTC 需管理租船行为，并适当考虑相关因素。

认识到 IOTC 需要建立租船机制执行程序。

按照 IOTC《协定》第 9 条第 1 款规定，决议如下：

### 第一部分：定　义

（1）租船：指通过合同或者安排，悬挂缔约方旗帜的渔船在规定期间内承包给另一缔约方的经营者，并且不改变船旗。为达到本决议的目的，租船缔约方指拥有配额分配或者捕捞机会的缔约方，"船旗缔约方"指受租船舶所注册的缔约方。

### 第二部分：目　标

（2）允许租船机制，主要作为租用国发展渔业的第一步。租船合同的期限应与租用国的发展期限一致。租船机制不应损害 IOTC《公约》和管理措施。

### 第三部分：总　则

（3）租船机制应包括下列条件：

a. 船旗缔约方已书面同意该租船合同。

b. 租船合同的捕捞作业期间在任何一年内不可以累计超过 12 个月。

c. 被租用的渔船应在负责任的 CPC 具有注册信息，并且明确同意 IOTC 养护管理措施适用其渔船。所有船旗 CPC 应履行管理其渔船的责任，以确保遵守 IOTC 养护管理措施。

d. 按照第 15 - 04 号《有关经批准在 IOTC 管辖区域作业的 IOTC 船舶名单的决议》（或者后续取代的任何决议），被租用的渔船应在授权在 IOTC 区域作业的 IOTC 船舶名单中。

e. 在不损害租船缔约方义务的前提下，船旗缔约方应确保被租船遵守租船缔约方、以及船旗 CPC 的规定；并且应按照其权利、义务以及国际法下的管辖权，确保被租船舶遵守相关 IOTC 养护管理措施。假如租船缔约方允许被租船舶在公海进行作业，船旗缔约方需要负责管理按照租船机制所进行的公海捕捞作业。被租船舶应向租船和船旗缔约方，以及 IOTC 秘书处报告船位监控与渔获数据。

f. 所有按照租船机制（包括按照租船合同并且在第 18 - 10 号决议之前即存在的）捕获的历史和现有/未来渔获量，包含兼捕和丢弃量，应纳入租船缔约方的配额或者捕捞机会进行计算。

渔船租船合同期间的历史以及现有或未来国家观察员覆盖的渔船应纳入租船缔约方的国家观察员覆盖率进行计算。

g. 租船缔约方应向 IOTC 报告所有渔获量，包括兼捕和丢弃量，以及其他 IOTC 要求的信息，以及按照本决议第三部分租船通报机制中列出的信息。

h. 应按照相关 IOTC 养护管理措施，使用 VMS，假如条件允许，用区分渔区的工具，比如渔获标签或者标识，来有效管理渔业。

i. 被租船的国家观察员覆盖率按照第 11-04 号《国家观察员计划的决议》（或者后续取代的任何决议）第 2 条的方式计算，应为捕捞努力量的 5%。第 11-04 号决议所有其他条文适用于被租船舶。

j. 被租船舶应具有租船缔约方所签发的捕捞许可证，且不能列于 IOTC 第 17-03 号（由第 18/03 号决议取代）《建立被认为在 IOTC 管辖区域从事非法的、不报告的和不受管制的捕捞活动船舶名单的决议》（或者后续取代的任何决议）所建立的 IOTC IUU 船舶名单，和（或）其他区域性渔业管理组织的 IUU 名单中。

k. 按照租船机制作业时，尽可能不得授权被租船舶使用船旗 CPC 的配额（若有）或者权利。船舶不能同时根据一个以上的租船机制进行作业。

l. 除非租船合同有明确规定，并且符合相关国内法规，被租船舶的渔获只可在租船缔约方港口或者在其直接监管下卸载，以确保受租船舶的活动不会损害 IOTC 养护管理措施。

m. 被租船舶船上在任何时候都应该有第（4）条 a 款所指的文件。

### 第四部分：租船通报机制

（4）在 15 天之内，或者在任何情况下，租船合同的捕捞活动开始前 72 小时：

a. 假如条件允许，租船缔约方应向 IOTC 秘书处提交下列被租船舶各类相关信息，并将副本提交给船旗缔约方按照本决议确认为被租的船舶的任何信息：

ⅰ. 被租船舶的船名（母语和拉丁字母）与注册号码和 IMO 船舶辨识号码（如果有的话）。

ⅱ. 船舶受益船东的姓名与联络地址。

ⅲ. 船舶描述，包括全长、类型、按照合同计划使用的渔法类别。

ⅳ. 租船合同副本，以及租船缔约方签发的任何捕捞授权或者许可证，特别是包括分配给该船的配额或者捕捞机会，以及租船合同的期限。

ⅴ. 其同意该租船合同。

ⅵ. 为执行这些条款采取的措施。

b. 船旗 CPC 应向 IOTC 秘书处提供下列信息，并将副本提交给租船缔约方：

ⅰ. 其同意该租船合同。

ⅱ. 为执行这些条款所采取的措施。

ⅲ. 其同意遵守 IOTC 养护管理措施。

（5）在收到第（3）条所要求信息后，IOTC 秘书处应通过 IOTC 通函，在 5 个工作日内将所有信息通报所有 CPC。

（6）租船缔约方，以及船旗 CPC 应将租船合同捕捞活动的开始、暂停、恢复与终止等信息，立即向 IOTC 秘书处报告。

（7）对于终止租船合同的相关信息，IOTC 秘书处应通过 IOTC 通函，在 5 个工作日内通报所有 CPC。

（8）租船缔约方应在每年 2 月 28 日前，按照 IOTC 数据保密协定要求的方式，将前一年度按照本决议签署与进行的租船合同细节向 IOTC 秘书处报告，包括被租船的渔获量与捕捞努力量信息，以及被租船所达到的国家观察员覆盖率水平。

（9）IOTC 秘书处应每年向 IOTC 摘要报告前一年度所有租船合同的情况。IOTC 在其年会期间，应按照 IOTC COC 的意见，审议本决议遵守情况。

（10）本决议取代 IOTC 第 18-10 号《IOTC 管辖区域租船机制的决议》。

# 主要参考文献

许柳雄，戴小杰，2019. 印度洋金枪鱼渔业管理 ［M］. 北京：科学出版社.

ISF，2019. Status of the world fisheries for tuna ［R］. Washington，D. C.：ISSF.

ICCAT，2018. Report of the Standing Committee on Research and Statistics ［R］. Madrid：ICCAT.

IOTC，2017. Report of the 21st Session of the Indian Ocean Tuna Commission ［R］. Seychelles：IOTC.

IOTC，2018. Report of the 21st Session of the Scientific Committee ［R］. Seychelles：IOTC.

https：//www. iotc. org/sites/default/files/documents/compliance/cmm/IOTC _ - _ Compendium _ of _ ACTIVE _ CMMs _ 29 _ October _ 2019 _ designed. pdf ［EB/OL］.

https：//www. iccat. int/Documents/Recs/COMPENDIUM _ ACTIVE _ ENG. pdf ［EB/OL］.

图书在版编目（CIP）数据

金枪鱼渔业资源与养护措施．大西洋和印度洋 / 宋
利明主编 . —北京：中国农业出版社，2022.4
ISBN 978 - 7 - 109 - 29274 - 1

Ⅰ．①金… Ⅱ．①宋… Ⅲ．①金枪鱼—水产资源—资
源保护 Ⅳ．①S965.332

中国版本图书馆 CIP 数据核字（2022）第 052116 号

金枪鱼渔业资源与养护措施——大西洋和印度洋
JINQIANGYU YUYE ZIYUAN YU YANGHU CUOSHI——DAXIYANG HE YINDUYANG

中国农业出版社出版
地址：北京市朝阳区麦子店街 18 号楼
邮编：100125
责任编辑：杨晓改
版式设计：杜 然 责任校对：周丽芳
印刷：北京通州皇家印刷厂
版次：2022 年 4 月第 1 版
印次：2022 年 4 月北京第 1 次印刷
发行：新华书店北京发行所
开本：850mm×1168mm 1/16
印张：21.75 插页：4
字数：600 千字
定价：128.00 元

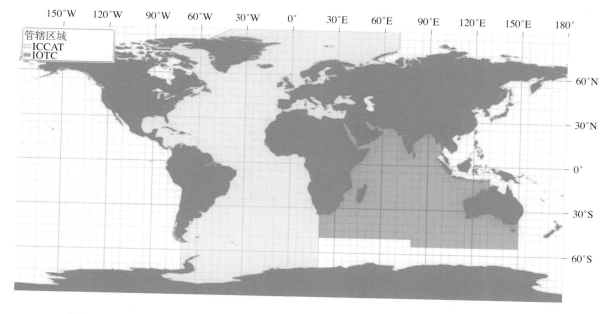

彩图1 养护大西洋金枪鱼国际委员会(ICCAT)和印度洋金枪鱼委员会(IOTC)管辖区域

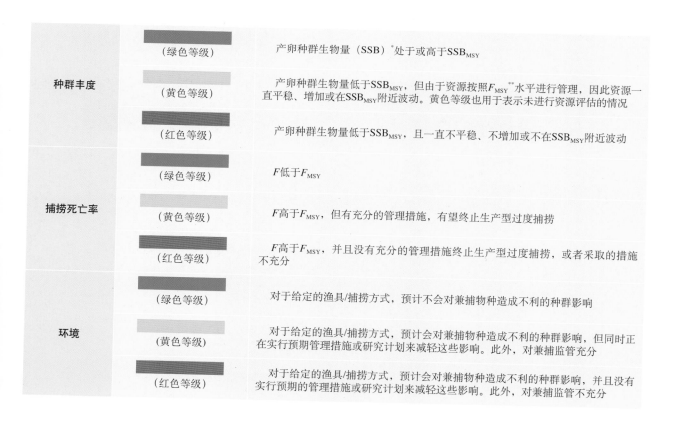

| 种群丰度 | (绿色等级) | 产卵种群生物量（SSB）*处于或高于$SSB_{MSY}$ |
|---|---|---|
| | (黄色等级) | 产卵种群生物量低于$SSB_{MSY}$，但由于资源按照$F_{MSY}$**水平进行管理，因此资源一直平稳、增加或在$SSB_{MSY}$附近波动。黄色等级也用于表示未进行资源评估的情况 |
| | (红色等级) | 产卵种群生物量低于$SSB_{MSY}$，且一直不平稳、不增加或不在$SSB_{MSY}$附近波动 |
| 捕捞死亡率 | (绿色等级) | $F$低于$F_{MSY}$ |
| | (黄色等级) | $F$高于$F_{MSY}$，但有充分的管理措施，有望终止生产型过度捕捞 |
| | (红色等级) | $F$高于$F_{MSY}$，并且没有充分的管理措施终止生产型过度捕捞，或者采取的措施不充分 |
| 环境 | (绿色等级) | 对于给定的渔具/捕捞方式，预计不会对兼捕物种造成不利的种群影响 |
| | (黄色等级) | 对于给定的渔具/捕捞方式，预计会对兼捕物种造成不利的种群影响，但同时正在实行预期管理措施或研究计划来减轻这些影响。此外，对兼捕监管充分 |
| | (红色等级) | 对于给定的渔具/捕捞方式，预计会对兼捕物种造成不利的种群影响，并且没有实行预期的管理措施或研究计划来减轻这些影响。此外，对兼捕监管不充分 |

彩图2 颜色等级评定的标准

*对于无法从资源评估中得出产卵种群生物量（SSB）的情况，使用总生物量（$B$）或其他丰度度量。
**由ISSF科学咨询委员会基于资源评估结果确定。通常，必须观察两年以上的稳定或增加的趋势。

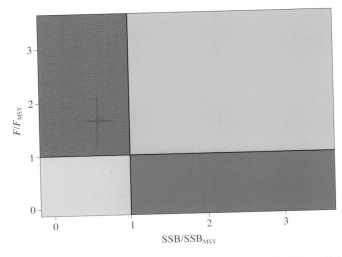

彩图3 最近估计得出的大西洋大眼金枪鱼SSB/SSB$_{MSY}$和$F/F_{MSY}$(蓝色)

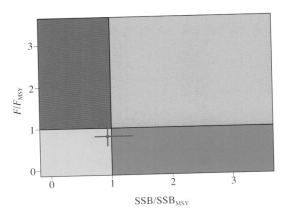

彩图4 最近估计得出的大西洋黄鳍金枪鱼
SSB/SSB$_{MSY}$和$F/F_{MSY}$(蓝色)

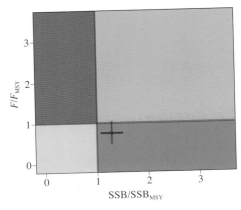

彩图5 最近估计得出的北大西洋长鳍金
枪鱼SSB/SSB$_{MSY}$和$F/F_{MSY}$(蓝色)

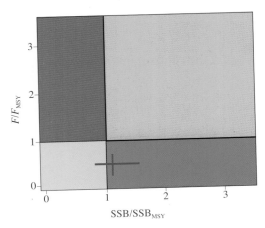

彩图6 最近估计得出的南大西洋长鳍金枪鱼SSB/SSB$_{MSY}$和$F/F_{MSY}$(蓝色)

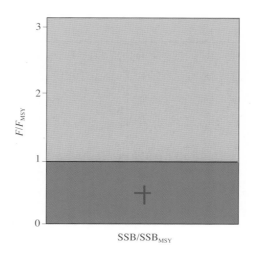

**彩图7 最新估计得出的东大西洋和地中海蓝鳍金枪鱼$F/F_{MSY}$（蓝色）**

注：黑色实线代表临时恢复目标参考点。

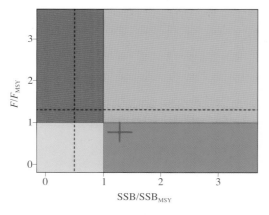

**彩图8 最近估计得出的印度洋大眼金枪鱼 $SSB/SSB_{MSY}$和$F/F_{MSY}$（蓝色）**

注：黑色实线代表临时目标参考点，黑色虚线代表临时限制参考点。

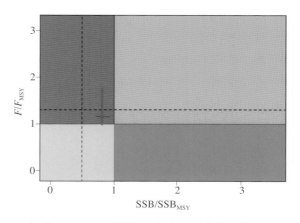

**彩图9 最近估计得出的印度洋黄鳍金枪鱼 $SSB/SSB_{MSY}$和$F/F_{MSY}$（蓝色）**

注：黑色实线代表临时目标参考点，黑色点线代表临时限制参考点。

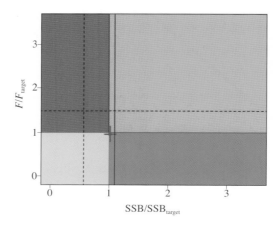

**彩图10 最近估计得出的印度洋长鳍金枪鱼$SSB/SSB_{target}$和$F/F_{target}$（蓝色）**

注：黑色实线代表临时目标参考点，黑色点线代表限制参考点。

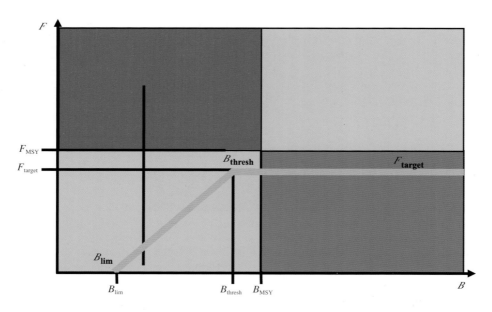

彩图11　SCRS于2010年建议的HCR的一般形式

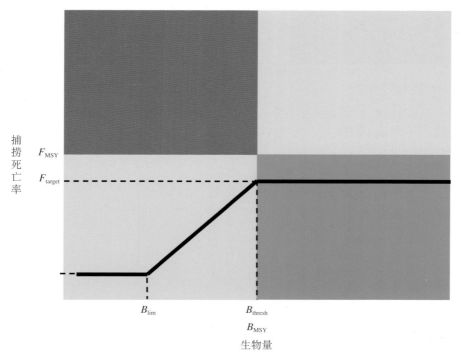

彩图12　HCR的图形